城镇供水行业职业技能培训系列丛书

自来水生产工基础知识与专业实务

南京水务集团有限公司　主编

中国建筑工业出版社

图书在版编目（CIP）数据

自来水生产工基础知识与专业实务/南京水务集团有限公司主编. —北京：中国建筑工业出版社，2019.7（2023.12重印）
（城镇供水行业职业技能培训系列丛书）
ISBN 978-7-112-23796-8

Ⅰ.①自…　Ⅱ.①南…　Ⅲ.①给水-制造-技术培训-教材
Ⅳ.①TU991

中国版本图书馆 CIP 数据核字(2019)第 103364 号

为更好地贯彻《城镇供水行业职业技能标准》，进一步提高供水行业从业人员职业技能，南京水务集团有限公司主编了《城镇供水行业职业技能培训系列丛书》。本书为丛书之一，以自来水生产工岗位应掌握的知识为指导，坚持理论联系实际的原则，从基本知识入手，系统地阐述了该岗位应该掌握的基础理论与基本知识、专业知识与操作技能以及安全生产知识。

本书可供城镇供水行业从业人员参考。

责任编辑：何玮珂　于　莉　杜　洁
责任校对：王　瑞

城镇供水行业职业技能培训系列丛书
自来水生产工基础知识与专业实务
南京水务集团有限公司　主编

*

中国建筑工业出版社出版、发行（北京海淀三里河路9号）
各地新华书店、建筑书店经销
北京科地亚盟排版公司制版
建工社（河北）印刷有限公司印刷

*

开本：787×1092毫米　1/16　印张：22¼　字数：549千字
2019年10月第一版　2023年12月第八次印刷
定价：**59.00**元
ISBN 978-7-112-23796-8
（34103）

《城镇供水行业职业技能培训系列丛书》
编委会

主　　编：单国平

副 主 编：周克梅

主　　审：张林生　许红梅

委　　员：周卫东　陈振海　陈志平　竺稽声　金　陵　祖振权

　　　　　黄元芬　戎大胜　陆聪文　孙晓杰　宋久生　臧千里

　　　　　李晓龙　吴红波　孙立超　汪　菲　刘　煜　周　杨

主编单位：南京水务集团有限公司

参编单位：东南大学

　　　　　江苏省城镇供水排水协会

本书编委会

主　　编：蔡光阳　祖振权

副 主 编：耿　雷　颜　磊

参　　编：陈　益　汪华耀　尚立方　李　浩　鲍　寻　王　超

《城镇供水行业职业技能培训系列丛书》
序　言

　　城镇供水，是保障人民生活和社会发展必不可少的物质基础，是城镇建设的重要组成部分，而供水行业从业人员的职业技能水平又是供水安全和质量的重要保障。1996 年，中国城镇供水协会组织编制了《供水行业职业技能标准》，随后又编写了配套培训丛书，对推进城镇供水行业从业人员队伍建设具有重要意义。随着我国城市化进程的加快，居民生活水平不断提升，生态环境保护要求日益提高，城镇供水行业的发展迎来新机遇、面临更大挑战，同时也对行业从业人员提出了更高的要求。我们必须坚持以人为本，不断提高行业从业人员综合素质，以推动供水行业的进步，从而使供水行业能适应整个城市化发展的进程。

　　2007 年，根据原建设部修订有关工程建设标准的要求，由南京水务集团有限公司主要承担《城镇供水行业职业技能标准》的编制工作。南京水务集团有限公司，有近百年供水历史，一直秉承"优质供水、奉献社会"的企业精神，职工专业技能培训工作也坚持走在行业前端，多年来为江苏省内供水行业培养专业技术人员数千名。因在供水行业职业技能培训和鉴定方面的突出贡献，南京水务集团有限公司曾多次受省、市级表彰，并于 2008 年被人社部评为"国家高技能人才培养示范基地"。2012 年 7 月，由南京水务集团有限公司主编，东南大学、南京工业大学等参编的《城镇供水行业职业技能标准》完成编制，并于 2016 年 3 月 23 日由住建部正式批准为行业标准，编号为 CJJ/T 225—2016，自 2016 年 10 月 1 日起实施。该《标准》的颁布，引起了行业内广泛关注，国内多家供水公司对《标准》给予了高度评价，并呼吁尽快出版《标准》配套培训教材。

　　为更好地贯彻实施《城镇供水行业职业技能标准》，进一步提高供水行业从业人员职业技能，自 2016 年 12 月起，南京水务集团有限公司又启动了《标准》配套培训系列丛书的编写工作。考虑到培训系列教材应对整个供水行业具有适用性，中国城镇供水排水协会对编写工作提出了较为全面且具有针对性的调研建议，也多次组织专家会审，为提升培训教材的准确性和实用性提供技术指导。历经两年时间，通过广泛调查研究，认真总结实践经验，参考国内外先进技术和设备，《标准》配套培训系列丛书终于顺利完成编制，即将陆续出版。

　　该系列丛书围绕《城镇供水行业职业技能标准》中全部工种的职业技能要求展开，结合我国供水行业现状、存在问题及发展趋势，以岗位知识为基础，以岗位技能为主线，坚持理论与生产实际相结合，系统阐述了各工种的专业知识和岗位技能知识，可作为全国供水行业职工岗位技能培训的指导用书，也能作为相关专业人员的参考资料。《城镇供水行业职业技能标准》配套培训教材的出版，可以填补供水行业职业技能鉴定中新工艺、新技术、新设备的应用空白，为提高供水行业从业人员综合素质提供了重要保障，必将对整个供水行业的蓬勃发展起到极大的促进作用。

中国城镇供水排水协会

2018 年 11 月 20 日

《城镇供水行业职业技能培训系列丛书》
前　言

　　城镇供水行业是城镇公用事业的有机组成部分，对提高居民生活质量、保障社会经济发展起着至关重要的作用，而从业人员的职业技能水平又是城镇供水质量和供水设施安全运行的重要保障。1996 年，按照国务院和劳动部先后颁发的《中共中央关于建立社会主义市场经济体制若干规定》和《职业技能鉴定规定》有关建立职业资格标准的要求，建设部颁布了《供水行业职业技能标准》，旨在着力推进供水行业技能型人才的职业培训和资格鉴定工作。通过该标准的实施和相应培训教材的陆续出版，供水行业职业技能鉴定工作日趋完善，行业从业人员的理论知识和实践技能都得到了显著提高。随着国民经济的持续、高速发展，城镇化水平不断提高，科技发展日新月异，供水行业在净水工艺、自动化控制、水质仪表、水泵设备、管道安装及对外服务等方面都发展迅速，企业生产运营管理水平也显著提升，这就使得职业技能培训和鉴定工作逐渐滞后于整个供水行业的发展和需求。因此，为了适应新形势的发展，2007 年原建设部制定了《2007 年工程建设标准规范制订、修订计划（第一批）》，经有关部门推荐和行业考察，委托南京水务集团有限公司主编《城镇供水行业职业技能标准》，以替代 96 版《供水行业职业技能标准》。

　　2007 年 8 月，南京水务集团精心挑选 50 名具备多年基层工作经验的技术骨干，并联合东南大学、南京工业大学等高校和省住建系统的 14 位专家学者，成立了《城镇供水行业职业技能标准》编制组。通过实地考察调研和广泛征求意见，编制组于 2012 年 7 月完成了《标准》的编制，后根据住房和城乡建设部标准司、人事司及市政给水排水标准化技术委员会等的意见，进行修改完善，并于 2015 年 10 月将《标准》中所涉工种与《中华人民共和国执业分类大典》（2015 版）进行了协调。2016 年 3 月 23 日，《城镇供水行业职业技能标准》由住房和城乡建设部正式批准为行业标准，编号为 CJJ/T 225—2016，自 2016年 10 月 1 日起实施。

　　《标准》颁布后，引起供水行业的广泛关注，不少供水企业针对《标准》的实际应用提出了问题：如何与生产实际密切结合，如何正确理解把握新工艺、新技术，如何准确应对具体计算方法的选择，如何避免因传统观念陷入故障诊断误区，等等。为了配合《城镇供水行业职业技能标准》在全国范围内的顺利实施，2016 年 12 月，南京水务集团启动《城镇供水行业职业技能培训系列丛书》的编写工作。编写组在综合国内供水行业调研成果以及企业内部多年实践经验的基础上，针对目前供水行业理论和工艺、技术的发展趋势，充分考虑职业技能培训的针对性和实用性，历时两年多，完成了《城镇供水行业职业技能培训系列丛书》的编写。

　　《城镇供水行业职业技能培训系列丛书》一共包含了 10 个工种，除《中华人民共和国执业分类大典》（2015 版）中所涉及的 8 个工种，即自来水生产工、化学检验员（供水）、供水泵站运行工、水表装修工、供水调度工、供水客户服务员、仪器仪表维修工（供水）、供水管道工之外，还有《大典》中未涉及但在供水行业中较为重要的泵站机电设备维修工、变配电运行工 2 个工种。

本系列《丛书》在内容设计和编排上具有以下特点：（1）整体分为基础理论与基本知识、专业知识与操作技能、安全生产知识三大部分，各部分占比约为 3：6：1；（2）重点介绍国内供水行业主流工艺、技术、设备，对已经过时和应用较少的技术及设备只作简单说明；（3）重点突出岗位专业技能和实际操作，对理论知识只讲应用，不作深入推导；（4）重视信息和计算机技术在各生产岗位的应用，为智慧水务的发展奠定基础。《丛书》既可作为全国供水行业职工岗位技能培训的指导用书，也能作为相关专业人员的参考资料。

《城镇供水行业职业技能培训系列丛书》在编写过程中，得到了中国城镇供水排水协会的指导和帮助，刘志琪秘书长对编写工作提出了全面且具有针对性的调研建议，也多次组织专家会审，为提升培训教材的准确性和实用性提供了技术指导；东南大学张林生教授全程指导丛书编写，对每个分册的参考资料选取、体量结构、理论深度、写作风格等提出大量宝贵的意见，并作为主要审稿人对全书进行数次详尽的审阅；中国生态城市研究院智慧水务中心高雪晴主任协助编写组广泛征集意见，提升教材适用性；深圳水务集团，广州水投集团，长沙水业集团，重庆水务集团，北京市自来水集团、太原供水集团等国内多家供水企业对编写及调研工作提供了大力支持，值此《丛书》付梓之际，编写组一并在此表示最真挚的感谢！

《丛书》编写组水平有限，书中难免存在错误和疏漏，恳请同行专家和广大读者批评指正。

南京水务集团有限公司

2019 年 1 月 2 日

前　言

随着社会和自来水行业的不断发展，现代供水企业对员工综合业务素养和职业技能提出了更高的要求。在净水过程中，自来水生产工是对原水进行操作、运行、管理及监视设备和设施、投加净水药剂等，使水质达到规定标准的重要岗位。为进一步提高城镇供水行业自来水生产工的职业技能水平，编写组按照住房和城乡建设部发布的《城镇供水行业职业技能标准》CJJ/T 225—2016 中"自来水生产工职业技能标准"的要求，结合自来水生产工工种特点，组织编写了本教材。

本教材根据岗位实际需求，广泛调研了供水行业制水工艺现状和发展趋势，扩充了大量行业新技术的应用知识，在广泛征求意见并认真总结编者们多年生产运行管理经验的基础上编写而成。本书主要内容有自来水生产的基础理论、自来水厂调度运行要素和技术分析；生产主要环节的设备、设施的运行管理；自来水厂计量管理体系的建立和有效运行；水质检测分析与试验以及自来水厂突发供水事故应急预案等。

本书编写组水平有限，书中难免存在疏漏和错误，恳请广大读者和同行专家们批评指正。

自来水生产工编写组

2019 年 3 月

目　　录

第一篇　基础理论与基本知识

第 1 章　水力学基础

1.1　水静力学

水静力学是研究液体处于静止状态时的力学规律及其在实际工程中的应用。"静止"是一个相对的概念。这里所谓的"静止状态"是指液体质点之间不存在相对运动，而处于相对静止或相对平衡状态的液体，作用在每个液体质点上的全部外力之和等于零。

1.1.1　等压面及其性质

（1）静水压强

在静止的液体中，围绕某点取一微小作用面，设其面积为 ΔA，作用在该面积上的压力为 ΔP，则为该点的静水压强，通常用符号 p 表示，即：

$$p = \frac{\Delta P}{\Delta A} \tag{1-1}$$

静水压强的单位为 $\mathrm{N/m^2}$（Pa）。

（2）静水压强的特性

1）静水压强方向垂直指向受压面。

在静止的液体中取出一团液体，用任意平面将其切割成两部分，则切割面上的作用力就是液体之间的相互作用力。现取下半部分为隔离体，如图 1-1 所示。

假如切割面上某一点 M 处的静水压力 P 的方向不是内法线方向而是任意方向，则 P 可以分解为切向应力 τ 和法向应力 P_n。

2）静水压强的大小与其作用面的方位无关，亦即同一水深任何一点处各方向上的静水压强大小相等。

（3）等压面

在相连通的液体中，由压强相等的各点所组成的面叫作等压面。等压面的重要特性是：在相对平衡的液体中，等压面与质量力正交。

常见的等压面有液体的自由表面（其上作用的压强一般是相等的大气压强）、平衡液体中不相混合的两种液体的交界面，等等。等压面是计算静水压强时常用的一个概念。

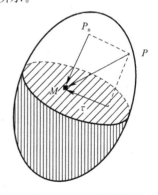

图 1-1　应力分析图

1.1.2　重力作用下的静水压强

工程实际中经常遇到的液体平衡问题是液体相对于地球没有运动的静止状态，此时液体所受的质量力仅限于重力。下面就针对静止液体中点压强的分布规律进行分析讨论。

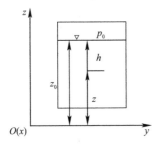

图 1-2　静止液体受力分析图

（1）重力作用下静水压强基本公式

由图 1-2 可知，对不可压缩均质流体，重度 γ 为常数，水深 $h=\dfrac{p}{\gamma}$。

$$z+\frac{p}{\gamma}=C \qquad (1\text{-}2)$$

式中　C——常数。

公式（1-2）表明，在重力作用下，不可压缩静止液体中各点的 $z+\dfrac{p}{\gamma}$ 值相等。式中 z 代表某点到基准面的位置高度，称为位置水头；$\dfrac{p}{\gamma}$ 代表该点到自由液面间单位面积的液柱重量，称为压强水头；$z+\dfrac{p}{\gamma}$ 称为测压管水头。对其中的任意两点 1 及 2，公式（1-2）可写成：

$$z_1+\frac{p_1}{\gamma}=z_2+\frac{p_2}{\gamma} \qquad (1\text{-}3)$$

这就是重力作用下静止液体应满足的基本方程式，是水静力学的基本方程式。在自由表面上，$z=z_0$，$p=p_0$，则 $C=z_0+\dfrac{p_0}{\gamma}$。代入公式（1-3）即可得出重力作用下静止液体中任意点的静水压强计算公式：

$$p=p_0+\gamma h \qquad (1\text{-}4)$$

由公式（1-4）可以看出，淹没深度相等的各点静水压强相等，故水平面即为等压面，它与质量力（即重力）的方向相垂直。如图 1-3（a）所示连通容器中过 1、2、3、4 各点的水平面即等压面。但必须注意，这一结论仅适用于质量力只有重力的同一种连续介质。对于不连续的液体（如液体被阀门隔开，见图 1-3（b）），或者一个水平面穿过两种及以上不同介质（见图 1-3（c）），则位于同一水平面上的各点压强并不一定相等，水平面不一定是等压面。

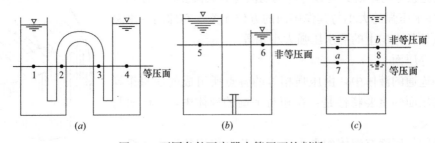

图 1-3　不同条件下容器内等压面的判断

（a）连通容器；（b）连通容器被隔断；（c）盛有不同种类液体的连通容器

（2）压强的计算单位

1）用一般的应力单位表示，即从压强的定义出发，以单位面积上的作用力来表示，如 Pa、kPa。

2）用大气压强的倍数表示，即以大气压强作为衡量压强大小的尺度。国际单位制规定：一个标准大气压（记为 atm）$=101325$Pa，它是纬度 $45°$ 海平面上，温度为 $0℃$ 时的大气压强。

工程上为便于计算，常用工程大气压来衡量压强。一个工程大气压（记为 at）=98kPa。

3）用液柱高表示。即：

$$h = \frac{p}{\gamma} = \frac{p}{\rho g} \tag{1-5}$$

公式（1-5）说明：任一点的静水压强 p 可化为任何一种重度为 γ 的液柱高度 h，因此也常用液柱高度作为压强的单位。例如一个工程大气压，如用水柱高表示，则为：

$$h = \frac{p_{at}}{\gamma} = \frac{98000}{9800} = 10\mathrm{mH_2O} \tag{1-6}$$

如用水银柱表示，则因水银的重度取为 γ=133230Pa/m，故有：

$$h = \frac{P_{at}}{\gamma} = \frac{98000}{133230} = 0.7356\mathrm{mHg} \tag{1-7}$$

1.2　水动力学

水动力学的任务是研究液体的机械运动规律及其工程应用。具体来讲，就是研究液体的运动要素（如速度、加速度等）随时间和空间的变化情况，以及建立这些运动要素之间的关系式，并利用这些关系式来解决工程上所遇到的实际问题。

1.2.1　恒定总流的基本方程

液体做机械运动时，它需要遵循物理学及力学中的质量守恒定律、能量守恒定律及动量守恒定律等普遍规律。

（1）恒定总流连续性方程

水流运动和其他物质运动一样，在运动过程中遵循质量守恒定律。连续性方程实质上是质量守恒在水流运动中的具体表现。通过对微小流束的运动方程进行积分，可得出恒定总流连续性方程为：

$$Q = A_1 v_1 = A_2 v_2 \tag{1-8}$$

式中　A_1、A_2——总流在不同过水断面的面积；

　　　v_1——总流过水断面 A_1 的断面平均流速；

　　　v_2——总流过水断面 A_2 的断面平均流速；

　　　Q——该总流通过任一过水断面的流量。

连续性方程是水力学的三大方程之一，是一个运动学方程，也是解决水力学问题的重要公式之一，它总结和反映了过水断面面积与断面平均流速沿流程的变化规律。

（2）恒定总流能量方程

连续性方程反映了水流流速与过水断面面积之间的关系，能量方程是水流运动必须遵循的另一个最基本的方程，是能量转化与守恒定律在水力学中的具体休现。

1）理想液体运动的伯努利方程

所谓理想液体，就是把水看作绝对不可压缩、不能膨胀、没有黏滞性、没有表面张力的连续介质。不可压缩理想液体恒定流情况下，微小流束内不同过水断面上，单位重量液体机械能保持相等，在水力学中被称为理想液体恒定微小流束的伯努利方程：

$$z_1 + \frac{p_1}{\rho g} + \frac{v_1^2}{2g} = z_2 + \frac{p_2}{\rho g} + \frac{v_2^2}{2g} \tag{1-9}$$

式中　　z_1、z_1——不同过水断面上单位重量液体相对基准面所具有的位置势能，简称位能，同时又表示元流上某点到基准面的位置高度，称为位置水头；

$\dfrac{p_1}{\rho g}$、$\dfrac{p_2}{\rho g}$——不同过水断面上单位重量液体所具有的压强势能，简称压能；同时又表示该点的测压管高度，称为压强水头；

$\dfrac{\mu_1^2}{2g}$、$\dfrac{v_2^2}{2g}$——不同过水断面上单位重量液体所具有的动能；同时又表示该点的流速高度，称为速度水头。

$z + \dfrac{p}{\rho g} + \dfrac{v^2}{2g}$——单位重量液体所具有的机械能；也称为总水头，用 H 表示。

2）实际液体元流的伯努利方程

实际液体具有黏滞性，运动时产生流动阻力。为了克服阻力做功，使得液体一部分机械能不可逆地转化为热能而散失。因此，实际液体流动时，单位重量液体所具有的机械能沿程减少，总水头线是沿程下降线。根据能量守恒定律，可得到实际液体元流的伯努利方程为：

$$z_1 + \frac{p_1}{\rho g} + \frac{v_1^2}{2g} = z_2 + \frac{p_2}{\rho g} + \frac{v_2^2}{2g} + h'_l \tag{1-10}$$

式中　　h'_l——元流单位重量液体机械能损失，也称为水头损失。

3）实际液体总流的伯努利方程

总流是无数元流的集合，而不同元流的运动状态又有所不同，因此，在考虑实际液体总流的能量方程时，我们先做以下几点假设或要求：

①　水流必须是恒定流。

②　作用于液体上的质量力只有重力。

③　在所选取的两个过水断面上，水流符合渐变流条件，而两断面间可以有急变流。

④　流量保持不变，即无液体流出或流入。

⑤　液体是均质的、不可压缩的。

⑥　液体运动的固体边界静止不动。

由此可以推导出实际液体总流的伯努利方程为：

$$z_1 + \frac{p_1}{\rho g} + \frac{\alpha_1 v_1^2}{2g} = z_2 + \frac{p_2}{\rho g} + \frac{\alpha_2 v_2^2}{2g} + h_l \tag{1-11}$$

式中　　v_1、v_2——总流的两过水断面的平均流速，用来代替各点的真实流速；

α_1、α_2——动能修正系数，其大小取决于过水断面上的流速分布情况，分布较均匀的流动 $\alpha = 1.05 \sim 1.10$，通常 $\alpha = 1.05$；

h_l——总流两过水断面间的平均机械能损失。

1.2.2　水头损失及液流形态

（1）水头损失

单位重量液体从一断面流至另一断面所损失的机械能称为两断面间的能量损失，也叫水头损失。

黏滞性的存在是液流水头损失产生的根源，是内在的、根本的原因。但从另一方面考虑，液流总是在一定的固体边界下流动，固体边界的沿程急剧变化必然导致主流脱离边壁，并在脱离处产生旋涡。旋涡的存在意味着液体质点之间的摩擦和碰撞加剧，这显然要引起另外的较大的水头损失。因此，必须根据固体边界沿程变化情况对水头损失进行分类。

水流横向边界对水头损失的影响：横向固体边界的形状和大小可用过水断面面积 A 与湿周 χ 来表示。湿周是指水流与固体边界接触的周界长度。湿周 χ 不同，产生的水流阻力不同。如果两个过水断面的湿周 χ 相同，但面积 A 不同，通过同样的流量 Q，水流阻力及水头损失也不相等。所以单纯用 A 或 χ 来表示水力特征并不全面，只有将两者结合起来才比较全面，为此，引入水力半径的概念。

水力学中习惯上称 $R=\dfrac{A}{\chi}$ 为水力半径，它是反映过水断面形状尺寸的一个重要的水力要素。

对于圆管，水力半径 R 为：

$$R = \frac{\pi r^2}{2\pi r} = \frac{r}{2} = \frac{d}{4} \tag{1-12}$$

式中　r——圆管半径；

　　　d——圆管直径。

对于方管，水力半径 R 为：

$$R = \frac{a^2}{4a} = \frac{a}{4} \tag{1-13}$$

式中　a——方管边长。

水流边界纵向轮廓对水头损失的影响：纵向轮廓不同的水流可能发生均匀流与非均匀流，其水头损失也不相同。

（2）水头损失的分类

边界形状和尺寸沿程不变或变化缓慢时的水头损失称为沿程水头损失，以 h_f 表示，简称沿程损失。

边界形状和尺寸沿程急剧变化时的水头损失称为局部水头损失，以 h_j 表示，简称局部损失。

从水流分类的角度来说，沿程损失可以理解为均匀流和渐变流情况下的水头损失，而局部损失则可以理解为急变流情况下的水头损失。

以上根据水流边界情况（外界条件）对水头损失所做的分类，丝毫不意味着沿程损失和局部损失在物理本质上有什么不同。不论是沿程水头损失还是局部水头损失，都是由于黏滞性引起内摩擦力做功消耗机械能而产生的。

在实践中，沿程损失和局部损失往往是不可分割、互相影响的，因此，在计算水头损失时要作这样一些简化处理：①沿流程如果有几处局部水头损失，只要不是相距太近，就可以把它们分别计算；②边界局部变化处，对沿程水头损失的影响不单独计算，假定局部损失集中产生在边界突变的一个断面上，该断面的上游段和下游段的水头损失仍然只考虑沿程损失，即将两者看成互不影响、单独产生的。这样一来，沿流程的总水头损失（以 h_w 表示）就是该流段上所有沿程损失和局部损失之和，即：

$$h_w = \sum h_f + \sum h_j \tag{1-14}$$

到此，我们可以得出结论，产生水头损失必须具备两个条件：液体具有黏滞性（内因）；受固体边界的影响，液体质点之间产生了相对运动（外因）。

（3）雷诺实验与液流形态

在自然界的条件下，水流运动时，内部存在着两种流动形态，在不同的水流形态下，水流的运动方式、断面流速分布规律、水头损失各不相同，英国物理学家雷诺在 1883 年通过大量的实验，证明并解决了判断方法。

1）雷诺实验

雷诺用滴管在流体内注入有色颜料（实验装置见图 1-4），发现流速不大时，管内呈现一条条与管壁平行并清晰可见的有色细丝即脉线，管内流体分层流动，互不混淆，流体这种形态的运动称为层流。若保持管径不变，增大流速，则脉线变粗，开始出现波纹，随管内流速的增加，波纹的数目和振幅逐渐加大，当流速达到某数值时，脉线突然分裂成许多运动着的小涡旋，继而很快消失，使整个管内的流体带上了淡薄的颜料的颜色。这说明管内流体的不规则运动，使各部分颜料颗粒相互剧烈掺混，并混乱而均匀地分散到整个流体之中，导致脉线消失，此时流体所处的流态便称为紊流或湍流。

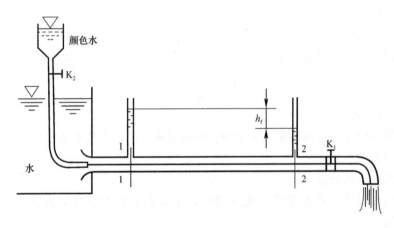

图 1-4　雷诺实验

当实验以相反的程序进行时，观察到的现象也以相反的次序出现，但紊流转化为层流时的流速数值要比层流转化为紊流时的流速数值小。

雷诺实验表明：同一种液体在同一管道中流动，当液体流动速度不同时，液体可能有两种不同的流动形态，即层流和紊流；层流和紊流的流态转变是一个可逆过程。紊流状态下，减小流速直至水流流态刚好呈现层流，此时的流速称为下临界流速；层流状态下，增大流速直至水流流态刚好呈现紊流，此时的流速称为上临界流速；实际中，上、下临界流速是不相同的，而上临界流速受实验环境的影响较大，故实验中常常用下临界流速来作为层流与紊流的临界值。

2）流态的判别标准

雷诺实验中，用染色液体目测的办法判别水流流态，但在实际的液流运动中，这种方法显然是难以办到的，况且也很不准确，带有主观随意性。利用临界流速可以判断水流流态，但临界流速有上临界流速与下临界流速之分，况且，实验表明：如果实验管径、液体的种类和温度不同，得到的临界流速值是不相同的。因此，用临界流速来判断流态也是不切实际的。

进一步实验研究表明，分别用下临界流速 v_c 与管径 D、运动黏滞系数 v 组成的无量纲数 Re_c 是一个常数。其中：

$$Re_c = \frac{v_c D}{v} \tag{1-15}$$

Re_c 称为下临界雷诺数，为一常数，对于圆管满流而言，$Re_c=2320$。因此，一般以下临界雷诺数作为判别流态的标准。

对于流速 v 与管径 D、运动黏滞系数 v 的实际液体，其雷诺数为：

$$Re = \frac{vD}{v} \tag{1-16}$$

将实际雷诺数与下临界雷诺数比较，即可判别液流流态：$Re<Re_c=2320$，流态为层流；$Re>Re_c=2320$，流态为紊流；$Re=Re_c=2320$，流态为临界流。

对于非圆管流或圆管非满流，可以采用水力半径 R 取代圆管管径 D 重新定义雷诺数 Re。水力半径计算公式为：

$$R = \frac{A}{\chi} \tag{1-17}$$

式中　A——过水断面面积；

　　　χ——湿周，即过流断面上流体与固体壁面接触的周界线。

此时下临界雷诺数 $Re_c=580$，$Re<Re_c=580$，流态为层流；$Re>Re_c=580$，流态为紊流；$Re=Re_c=580$，流态为临界流。

雷诺数的物理意义可以理解为水流的惯性力与黏滞力之比，这一点可通过量纲分析加以说明。流动一旦受到扰动，惯性作用将使紊动加剧，而黏性作用将使紊动趋于减弱。因此，雷诺数表征的是这两种作用相互影响的程度。雷诺数小，意味着黏性作用增强；雷诺数大，意味着惯性作用比黏性作用大。

（4）沿程水头损失的计算

1）达西-威斯巴赫公式

水头损失的计算是建立在经验公式的基础上的。达西（法国工程师）与威斯巴赫提出了圆管沿程水头损失的计算公式：

$$h_f = \lambda \frac{l}{D} \frac{v^2}{2g} \tag{1-18}$$

式中　λ——沿程阻力系数；

　　　l——管长，m；

　　　D——管径，m；

　　　v——断面平均流速，m/s；

　　　g——重力加速度，m/s²。

关于 λ 的求解，很多工程师依据经验提出了很多半经验公式或经验公式。

对于层流，沿程阻力系数 $\lambda = \dfrac{0.316}{Re}$。

对于紊流，1913 年布拉休斯提出了紊流光滑区经验公式：

$$\lambda = \frac{0.316}{Re^{0.25}} \qquad (1-19)$$

公式（1-19）的适用范围为 $3000 < Re < 10^5$。

2）谢才公式

均匀流情况下沿程水头损失与断面平均流速之间的关系式，即谢才公式，其数学表达式如下：

$$v = C\sqrt{RJ} \qquad (1-20)$$

式中　v——断面平均流速，m/s；

$\quad\quad R$——水力半径，m；

$\quad\quad J$——水力坡度，又称比降，流体从机械能较大的断面向机械能较小的断面流动时，总水头线的坡度；

$\quad\quad C$——谢才系数，$m^{1/2}/s$。

谢才公式其实是以不同形式给出了沿程水头损失与流速的关系。对比达西-威斯巴赫公式，可以得到谢才系数 C 与沿程阻力系数 λ 的关系，即：

$$\lambda = \frac{8g}{C^2} \qquad (1-21)$$

谢才公式也可用于不同流态或流区沿程水头损失的计算，只是流态和流区不同，谢才系数 C 的计算公式应该不同。

在实际工程中，绝大多数水流都属于紊流阻力平方区，而谢才系数的经验公式也是根据紊流阻力平方区的大量实测资料求得的，所以，对阻力平方区的紊流，实际上采用更多的是按经验公式来计算谢才系数。

① 曼宁公式：

$$C = \frac{1}{n}R^{1/6} \qquad (1-22)$$

式中　n——粗糙系数，它是衡量壁面粗糙程度对液流影响的一个综合性系数，其常见数值见表 1-1、表 1-2；

$\quad\quad R$——水力半径，m。

就谢才公式本身而言，可用于有压或无压均匀流的各阻力区。但采用曼宁公式计算的 C 值，只与壁面的粗糙程度有关，而与雷诺数无关，因此谢才公式在理论上仅适用于紊流粗糙区。

给水管粗糙系数　　　　　　　　　　　　表 1-1

管道类别		粗糙系数 n
钢管、铸铁管	水泥砂浆内衬	0.011～0.012
	涂料内衬	0.0105～0.0115
	旧钢管、旧铸铁管（未加内衬）	0.014～0.018
混凝土管	预应力混凝土管（PCP）	0.012～0.013
	预应力钢筒混凝土管（PCCP）	0.011～0.0125

排水管渠粗糙系数 表 1-2

管渠类别	粗糙系数 n	管渠类别	粗糙系数 n
UPVC 管、PE 管、玻璃钢管	0.009~0.011	浆砌砖渠道	0.015
石棉水泥管、钢管	0.012	浆砌块石渠道	0.017
陶土管、铸铁管	0.013	干砌块石渠道	0.020~0.025
混凝土及钢筋混凝土管、水泥砂浆抹面渠道	0.013~0.014	土明渠（包括带草皮）	0.025~0.030

② 巴甫洛夫斯基公式：

$$C = \frac{1}{n} R^y \tag{1-23}$$

式中 y 值可采用下式计算：

$$y = 2.5\sqrt{n} - 0.13 - 0.75\sqrt{R}(\sqrt{n} - 0.10) \tag{1-24}$$

巴甫洛夫斯基公式通常制成水力计算表应用，适用范围为 $0.1\text{m} \leqslant R \leqslant 3.0\text{m}$，$0.011 \leqslant n \leqslant 0.04$。

（5）局部水头损失的计算

局部水头损失是指由局部边界急剧改变导致水流结构改变、流速分布改变并产生旋涡区而引起的水头损失。

局部水头损失产生的主要原因是流体经局部阻碍时，因惯性作用，主流与壁面脱离，其间形成旋涡区，旋涡区流体质点强烈紊动，消耗大量能量；此时旋涡区质点不断被主流带向下游，加剧下游一定范围内主流的紊动，从而加大能量损失；局部阻碍附近，流速分布不断调整，也将造成能量损失。常见的几种典型的局部水头损失见图 1-5。

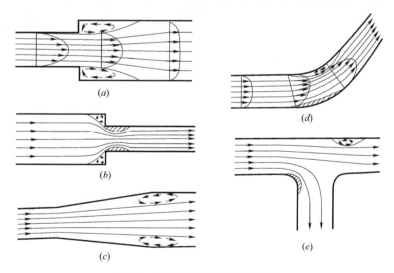

图 1-5 几种典型的局部水头损失
（a）突然扩大；（b）突然缩小；（c）逐渐扩大；（d）转弯；（e）三通

局部水头损失通用公式为：

$$h_j = \zeta \frac{v^2}{2g} \tag{1-25}$$

式中 ζ——局部阻力系数；

v——水流流速，m。

一般情况，ζ 只取决于局部阻碍的形状，而与 Re 无关。但由于局部阻碍的形式多样，流动的现象较为复杂，故局部阻力系数多由实验确定。

常用管道管件的局部阻力系数见表1-3。

常用管道管件的局部阻力系数　　　　　　表1-3

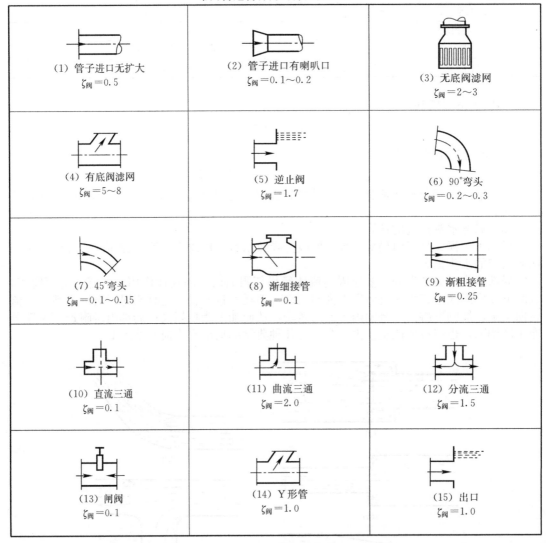

1.2.3　孔口、管嘴出流

掌握流体孔口、管嘴出流与有压管流这方面的规律对自来水生产具有很大的实际意义。如某些测量设备均属于孔口出流，自来水厂中投加混凝剂设备上的管嘴和消防用的水枪则属于管嘴出流，在水处理工程中又常常涉及有压管流的计算与校核。

（1）孔口出流

1）薄壁小孔口恒定出流

容器壁上开孔，水经孔口出流的水力现象称为孔口出流。当孔口泄流后，容器内的液体得到不断地补充，保持水头 H 不变，称为恒定出流。

当孔口具有锐缘，水流与孔壁仅在一条周线上接触，壁厚对出流无影响，这样的孔口称为薄壁孔口。

孔口上、下缘在水面下的深度不同，其作用水头不同。在实际计算中，若孔口直径 D 与孔口形心在水面下的深度 H 相比较很小，即 $D \leqslant 0.1H$，便可认为孔口断面各点水头一致；这样的孔口称为薄壁小孔口；当 $D > 0.1H$ 时，应考虑孔口不同高度上的水头不等，这样的孔口是大孔口。

① 自由出流

如图 1-6 所示，孔口中心的水头计保持不变，由于孔径较小，认为孔口各处的水头都为 H，水流由各个方向向孔口集中射出，在惯性的作用下，约在离孔口 $d/2$ 处的 c-c 断面收缩完毕后流入大气。c-c 断面称为收缩断面。这类泄流主要是求泄流量。

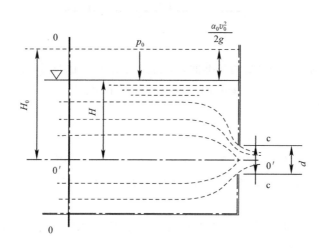

图 1-6　孔口自由出流

设孔口断面面积为 A，收缩面积为 A_c，则：

$$\varepsilon = \frac{A_c}{A} \qquad (1\text{-}26)$$

式中　ε——收缩系数，当孔口为小孔口时，$\varepsilon = 0.64$。

以过孔口中心的水平面 $0'\text{-}0'$ 为基准面，取上游符合缓变流的 0-0 断面及收缩断面 c-c，列出伯努利方程，整理所列伯努利方程可得收缩断面流速与孔口流量为：

$$v_c = \frac{1}{\sqrt{\alpha_c + \zeta_0}} \sqrt{2gH_0} = \varphi_0 \sqrt{2gH_0} \qquad (1\text{-}27)$$

$$Q = v_c A_c = \varphi_0 \varepsilon A \sqrt{2gH_0} = \mu_0 A \sqrt{2gH_0} \qquad (1\text{-}28)$$

式中　H_0——作用水头，如流速 $v_0 \approx 0$，则 $H_0 \approx H(\mathrm{m})$；

ζ_0——孔口的局部阻力系数，薄壁小孔时取 $\zeta_0 = 0.06$；

φ_0——孔口的流速系数，$\varphi_0 = \dfrac{1}{\sqrt{\alpha_c + \zeta_0}} \approx \dfrac{1}{\sqrt{1 + \zeta_0}}$，薄壁小孔时取 $\varphi_0 = 0.97$；

μ_0——孔口的流量系数，$\mu_0 = \varphi_0 \varepsilon$，薄壁小孔时取 $\mu_0 = 0.62$。

② 淹没出流

如图 1-7 所示，孔口位于下游水位以下，从孔口流出的水流流入下游水体中，这种出流称为孔口淹没出流。孔口断面各点的水头均相同，所以淹没出流无大小孔口之分。

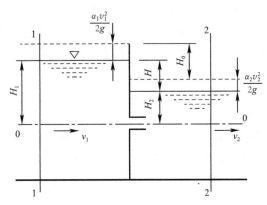

图 1-7　孔口淹没出流

以过孔口中心的水平面 0-0 为基准面，取上、下游过水断面 1-1、2-2，列出伯努利方程，整理所列伯努利方程可得收缩断面流速与孔口流量为：

$$v_c = \frac{1}{\sqrt{\zeta_0 + \zeta_{se}}} \sqrt{2gH_0} = \varphi_0 \sqrt{2gH_0} \tag{1-29}$$

$$Q = v_c A_c = \varphi_0 \varepsilon A \sqrt{2gH_0} = \mu_0 A \sqrt{2gH_0} \tag{1-30}$$

式中　H_0——作用水头，如流速 $v_0 \approx 0$，则 $H_0 = H_1 - H_2 = H(\mathrm{m})$；

　　　ζ_0——孔口的局部阻力系数；

　　　ζ_{se}——水流收缩断面突然扩大的局部阻力系数，当扩大后的过水断面面积远大于扩大前的过水断面面积时，$\zeta_{se} \approx 1$；

　　　φ_0——孔口的流速系数，$\varphi_0 = \dfrac{1}{\sqrt{\zeta_{se} + \zeta_0}} \approx \dfrac{1}{\sqrt{1 + \zeta_0}}$；

　　　μ_0——孔口的流量系数，$\mu_0 = \varphi_0 \varepsilon$。

对比小孔口恒定出流时自由出流与淹没出流的流量公式可以发现，两式的形式相同，各项系数也相同。但应该注意的是自由出流的水头 H 是水面至孔口形心的深度，而淹没出流的水头则是上下游水面高差，因为淹没出流孔口断面各点的水头相同，所以淹没出流无"大"或"小"孔口之分。

2）孔口变水头出流

当液体通过孔口注入容器或从容器中泄出时，其有效水头随时间改变，称为孔口变水

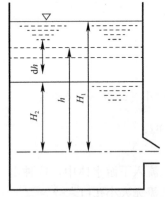

头出流。如图 1-8 所示，这种出流的流速、流量都随时间改变，属于非恒定流。给水工程中水池的注水和放空、水床的放空、船闸闸室的充水及放水等均属于变水头出流之例。一般地，当容器的面积较大或孔口的面积较小时，容器内液面高程变化缓慢，则把整个非恒定流过程分成很多微小时间段，在每一个微小时间段内，认为液面的高程不变，孔口的恒定流公式仍然适用，这样就把非恒定流的问题转化为恒定流的问题来处理。变水头出流的计算主要是计算泄空和充满所需的时间，或根据出流时间反求泄流量和液面高程变化情况。

图 1-8　变水头自由出流

经计算整理可知，水位由 H_1 降低至 H_2 所需时间为：

$$t = \frac{2A_t(\sqrt{H_1} - \sqrt{H_2})}{\mu_0 A \sqrt{2g}} \tag{1-31}$$

式中　A_t——柱形容器的截面积；

　　　μ_0——孔口的流量系数，$\mu_0 = \varphi_0 \varepsilon$。

令 $H_2 = 0$，即可得出容器放空时间：

$$t = \frac{2A_t \sqrt{H_1}}{\mu_0 A \sqrt{2g}} = \frac{2A_t H_1}{\mu_0 A \sqrt{2gH_1}} = \frac{2V}{Q_{max}} \tag{1-32}$$

式中　V——容器放空的体积，m^3；

　　　Q_{max}——初始出流时的最大流量，m^3/s。

公式（1-32）表明，变水头出流容器的放空时间，等于在起始水头 H_1 作用下，流出同体积水所需时间的 2 倍。

（2）管嘴出流

1）圆柱形外管嘴恒定出流

如图 1-9 所示，在孔口处接一长 $L = (3 \sim 4)D$ 的短直管，水流通过短管的出流称为管嘴出流。管嘴出流的特点是在距管道入口不远处，形成一收缩断面 c-c，在收缩断面处水流与管壁脱离，并形成旋涡区。而后水流逐渐扩张并充满全管泄出。

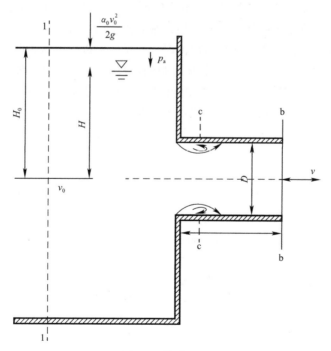

图 1-9　管嘴出流

取容器内过水断面 1-1 与管嘴出口断面 b-b，列出伯努利方程，整理所列伯努利方程可得管嘴出口流速与管嘴流量为：

$$v = \frac{1}{\sqrt{\alpha + \zeta_n}} \sqrt{2gH_0} = \varphi_n \sqrt{2gH_0} \tag{1-33}$$

$$Q = vA = \varphi_n A \sqrt{2gH_0} = \mu_n A \sqrt{2gH_0} \tag{1-34}$$

式中　H_0——作用水头，如流速 $v_0 \approx 0$，则 $H_0 = H(m)$；

　　　ζ_n——管嘴的局部损失系数，相当于管道锐缘进口的损失系数，$\zeta_n = 0.5$；

　　　φ_n——管嘴的流速系数，$\varphi_n = \dfrac{1}{\sqrt{\alpha + \zeta_n}} = \dfrac{1}{\sqrt{1+0.5}} = 0.82$；

　　　μ_n——管嘴的流量系数，因出口断面无收缩，故 $\mu_n = \varphi_n = 0.82$。

对比孔口自由出流与管嘴出流时的流量公式可以发现，两式的形式完全相同，然而流量系数 $1.32\mu_0 = \mu_n$，可见在相同的作用水头下，同样断面积管嘴的过流能力是孔口过流能力的 1.32 倍。

2）收缩断面的真空

孔口外加了管嘴，增加了阻力，但流量并未减少，反而比原来提高了 32%，这是因为收缩断面处真空起的作用。这种真空状态就像水泵一样作用于液体的出流，如把一支液体真空计接于管嘴壁上，则很容易证明这种真空的存在。

比较孔口自由出流和管嘴出流，前者的收缩断面在大气中，而后者的收缩断面在短管内并形成真空区，真空高度达作用水头的 0.75 倍。其对水流的作用相当于把孔口的作用水头增大 75%，故而圆柱形外管嘴的流量大于孔口自由出流的流量。

3）圆柱形外管嘴的正常工作条件

实际中，当收缩断面的真空度超过 $7mH_2O$ 时，该处的水汽化，并形成通道与外界相通，使得收缩断面的真空被破坏，此时出口处水脱离壁面，管嘴不再保持满流，失去管嘴增大出流量的作用，水流现象又同孔口出流时一样了。所以一般认为收缩断面的真空度不能超过 $7mH_2O$，因此作用水头 H 也是有限制的，$H < 9m$。其次，对管嘴的长度也有限制，长度过短，水流收缩后来不及扩大到整个出口断面，收缩断面的真空无法形成，管嘴无法发挥作用；长度过长，沿程水头损失不容忽略，管嘴出流变为短管流动。

所以，圆柱形外管嘴的正常工作条件是：作用水头不大于 9m；管嘴长度 $L = (3 \sim 4)D$。

1.2.4　有压管流

有压管流指液体在管道中的满管流动，除了特殊点外，管内液体的相对压强一般不等于零。工程中为了简化计算，将有压管按沿程水头损失和局部水头损失在全部损失中所占的比例不同，分为短管与长管。所谓"短管"，是指局部水头损失与流速水头之和所占的比重较大，计算中不能忽略的管路。如抽水机的吸水管、虹吸管和穿过路基的倒虹吸管等均属于短管。所谓"长管"，是指局部水头损失与流速水头之和所占的比重较小，计算中可以忽略的管路。给水工程中的给水管常按长管处理。短管、长管水力计算的基本依据是连续性方程和能量方程。

（1）短管的水力计算

1）基本公式

按液体流经管道后出流的方式分为自由出流与淹没出流。

如图 1-10、图 1-11 所示，短管自由出流指水流经管道后流入大气，流出管口的水流各点压强均等于大气压。短管淹没出流指水流经管道后直接流入水中，并发生出口局部水头损失。

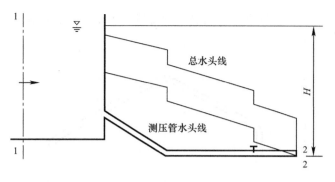

图 1-10 短管自由出流

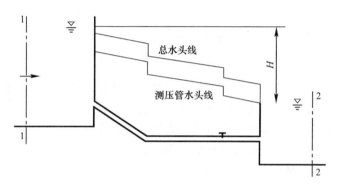

图 1-11 短管淹没出流

在伯努利方程的基础上，结合水头损失的计算公式以及自身特点可以得出短管自由出流流量 Q 的基本公式：

$$Q = vA = \mu_s A \sqrt{2gH} \qquad (1-35)$$

式中　μ_s——短管管系流量系数；

　　　H——作用水头，m。

短管淹没出流与短管自由出流具有相同的计算公式。不同之处在于公式中作用水头为短管上下游自由液面的高差以及管系流量系数为 $\mu_s = \dfrac{1}{\sqrt{\lambda \dfrac{l}{D} + \Sigma \zeta}}$，局部阻力系数中包含出口阻力系数。

2）虹吸管的水力计算

虹吸管有着极其广泛的应用。如为减少挖方而跨越高地铺设的管道、给水建筑中的虹吸泄水管等。

凡部分管道轴线高于上游供水自由水面的管道都叫作虹吸管，如图 1-12 所示。最简单的虹吸管为一倒 V 形弯管连接上下游液体，由于其部分管道高于上游液面或供水自由液面，为使虹吸作用开动，必须由管中预排出空气，在管中初步造成负压，在负压的作用下，液体自高液位处进入管道自低液位处排出。由此可见，虹吸管乃是一种在负压（真空）下工作的管道，负压的存在使溶解于液体中的空气分离出来，随着负压的加大，分离出的空气会急剧增加，在管顶会集结大量的气体挤压有效的过水断面，阻碍水流的运动，严重的会造成断流。为保证虹吸管能通过设计流量，工程上一般限制管中最大允许真空度为 $[h_v]=7\sim8.5\mathrm{mH_2O}$。

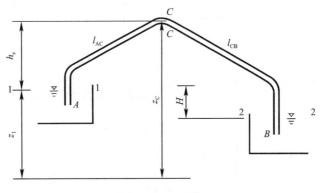

图 1-12　虹吸管

工程实际中，关于虹吸管的水力计算可按照短管计算，其计算的主要任务是计算虹吸管的输水能力与确定虹吸管顶部的真空值或安装高度。

虹吸管的出流流量可以参照短管出流的流量公式计算。

虹吸管最大真空高度的计算可以直接应用伯努利方程。图 1-12 中，取已知断面 1-1 和最大真空断面 C-C 列伯努利方程，其中 $v_1=0$，得：

$$\frac{p_a-p_c}{\rho g}=(z_C-z_1)+\left(\alpha+\lambda\frac{l_{AC}}{D}+\sum_{AC}\zeta\right)\frac{v^2}{2g}$$

即：
$$\frac{p_v}{\rho g}=h_s+\left(\alpha+\lambda\frac{l_{AC}}{D}+\sum_{AC}\zeta\right)\frac{v^2}{2g}<[h_v] \tag{1-36}$$

为保证虹吸管的正常运行，管路必须满足：作用水头 $H>0$ 或 $\frac{p_v}{\rho g}<[h_v]$。

为方便大家理解，现举例说明：

【例 1-1】　如图 1-12 所示的虹吸管，上下游水池的水位差 $H=2\mathrm{m}$，管长 $l_{AC}=15\mathrm{m}$，$l_{CB}=20\mathrm{m}$，管径 $D=200\mathrm{mm}$。进口阻力系数 $\zeta_{en}=0.5$，出口阻力系数 $\zeta_{ex}=1$，各转弯的阻力系数 $\zeta_b=0.2$，沿程阻力系数 $\lambda=0.025$，管顶最大允许真空高度$[h_v]=7\mathrm{mH_2O}$。试求通过流量及管道最大的允许超高 h_s。

【解】　依据：$Q=vA=\mu_s A\sqrt{2gH}=\dfrac{\pi D^2}{4\sqrt{\lambda\dfrac{l}{D}+\zeta_{en}+3\zeta_b+\zeta_{ex}}}\sqrt{2gH}$

可知通过流量为：$Q=\dfrac{\pi\times0.2^2}{4\sqrt{0.025\dfrac{35}{0.2}+0.5+0.6+1}}\sqrt{2\times9.8\times2}=0.077\mathrm{m^3/s}$

将 $\dfrac{p_v}{\rho g}$ 以 $\left[\dfrac{p_v}{\rho g}\right]=7\mathrm{m}$ 代入 $\dfrac{p_v}{\rho g}=h_s+\left(\alpha+\lambda\dfrac{l_{AC}}{D}+\sum_{AC}\zeta\right)\dfrac{v^2}{2g}$

整理得最大允许超高为：

$$h_s=\left[\frac{p_v}{\rho g}\right]-\left(\alpha+\lambda\frac{l_{AC}}{D}+\sum_{AC}\zeta\right)\frac{v^2}{2g}=7-\left(1+0.025\times\frac{15}{0.2}+0.5+0.2\times2\right)\frac{2.46^2}{19.6}=5.83\mathrm{m}$$

3）水泵吸水管的水力计算

水泵从蓄水池抽水并送至水塔，需经吸水管和压水管两段管路。水泵工作时，由于转轮的转动，使水泵进口端形成真空，水流在水池水面大气压的作用下沿吸水管上升，经水泵获得新的能量后进入压水管送至水塔。水泵的吸水管属于短管。吸水管的计算任务是确定水泵的最大允许安装高度及管径。

如图 1-13 所示，取吸水池水面 1-1 和水泵进口断面 2-2 列伯努利方程，忽略吸水池水面流速，得：

$$\frac{p_a}{\rho g} = H_p + \frac{p_2}{\rho g} + \frac{\alpha v^2}{2g} + h_1$$

$$H_p = h_v - \left(\alpha + \lambda \frac{l}{D} + \sum \zeta\right)\frac{v^2}{2g} \tag{1-37}$$

式中　H_p——水泵的安装高度，m；

　　　h_v——水泵进口断面真空高度，$h_v = \frac{p_a - p_2}{\rho g}$，m；

　　　λ——吸水管沿程阻力系数；

　　　$\sum \zeta$——吸水管各项局部阻力系数之和。

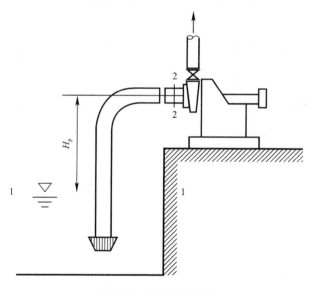

图 1-13　离心泵吸水管

公式（1-37）表明，水泵的安装高度主要与水泵进口的真空度有关，还与管径、管长和流量有关。如果水泵进口的真空度过大，当进口断面绝对压强低于该水温下的汽化压强时，管内液体将迅速汽化，气泡随水流进入泵内，受到压缩而突然溃灭。周围的水以极大的速度向溃灭点冲击，在该点造成高达数十兆帕的压强。这个过程往往会导致水泵内部零件的损坏，这种现象称为气蚀。严重的气蚀将会影响水泵的正常工作，为防止气蚀一般水泵的允许真空度 $[h_v] = 6 \sim 7 \text{mH}_2\text{O}$。

为方便大家理解，现举例说明：

【例 1-2】 离心泵抽水系统如图 1-13 所示。已知泵的抽水量 $Q = 8.8 \text{L/s}$，吸水管长度

与直径分别为 $l = 7.5\text{m}$ 和 $D = 100\text{m}$，吸水管沿程阻力系数 $\lambda = 0.045$，有滤网底阀的局部阻力系数 $\zeta_v = 7.0$，直角弯管的局部阻力系数 $\zeta_b = 0.3$，泵的允许吸水真空高度 $[h_v] = 5.7\text{mH}_2\text{O}$，试确定水泵的最大安装高度 H_p。

【解】 依据：$H_p = h_v - \left(\alpha + \lambda \dfrac{l}{D} + \sum \zeta \right) \dfrac{v^2}{2g}$

局部阻力系数总和 $\sum \zeta = 7 + 0.3 = 7.3$

管内流速，$v = \dfrac{4Q}{\pi D^2} = 1.12\text{m/s}$

以允许吸水真空高度 $[h_v] = 5.7\text{mH}_2\text{O}$ 代入，得最大安装高度为：

$$H_p = 5.7 - \left(1 + 0.045 \times \frac{7.5}{0.1} + 7.3 \right) \frac{1.12^2}{2 \times 9.8} = 4.95\text{m}$$

（2）长管的水力计算

1）简单管道

长管分为简单管道和复杂管道。凡是管径沿程不变，流量也不变的管道称为简单管道。简单管道的计算是一切复杂管道计算的基础。

如图 1-14 所示，由水箱引出简单管道，长度为 l，直径为 D，水箱水面距离管道出口高度为 H。长管的全部作用水头都消耗为沿程水头损失，即：

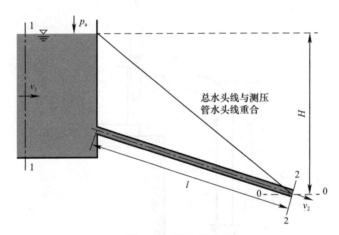

图 1-14 简单管道

$$H = h_f \tag{1-38}$$

将达西-威斯巴赫公式代入公式（1-38），得：

$$H = h_f = \lambda \frac{l}{D} \frac{v^2}{2g} = \frac{8\lambda}{g \pi^2 D^5} l Q^2 \tag{1-39}$$

令：

$$a = \frac{8\lambda}{g \pi^2 D^5} \tag{1-40}$$

则：

$$H = h_f = a l Q^2 = s Q^2 \tag{1-41}$$

或：

$$J = \frac{h_f}{l} = a Q^2 \tag{1-42}$$

式中 a——单位管长的阻抗，称为比阻，s^2/m^6；

$\quad\quad s$——阻抗，s^2/m^5；

$\quad\quad J$——水力坡度。

若将沿程阻力系数与谢才系数的关系式代入公式（1-40），则可知谢才系数表示的比阻关系式为：

$$a = \frac{64}{\pi^2 C^2 D^2} \tag{1-43}$$

实际中，可以根据具体的沿程阻力系数或谢才系数计算公式求解比阻。例如选用曼宁公式计算谢才系数，得比阻的计算式为：

$$a = \frac{10.3 n^2}{D^{5.33}} \tag{1-44}$$

【例 1-3】 如图 1-15 所示，由屋顶水箱向车间供水，采用铸铁管。管长 $l=3000\text{m}$，管径 $D=400\text{mm}$，水箱所在地地面标高 $z_t=50\text{m}$，水箱水面距离地面的高度 $H_1=10\text{m}$，车间地面标高 $z_w=35\text{m}$，供水点需要的最小服务水头 $H_2=15\text{m}$，求供水量 Q。

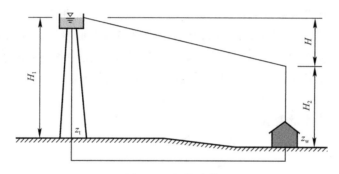

图 1-15 长管计算

【解】 首先计算作用水头：

$$H = (z_t + H_1) - (z_w + H_2) = (50 + 10) - (35 + 15) = 10\text{m}$$

再利用曼宁公式可知：

$$a = \frac{10.3 \times 0.013^2}{0.4^{5.33}} = 0.23 s^2/m^6$$

再代入公式（1-41）换算后可知：

$$Q = \sqrt{\frac{H}{al}} = \sqrt{\frac{10}{0.23 \times 3000}} = 0.12\text{m}^3/\text{s}$$

2）串联管道

由直径不同的几段管段依次连接而成的管道，称为串联管道。串联管道各管段通过的流量可能相同，也可能不同，如图 1-16 所示。

设串联管道各管段的长度分别为 l_1、l_2……，相应管径分别为 D_1、D_2……，通过的流量分别为 Q_1、Q_2……，节点处分出流量分别为 q_1、q_2……。依据连续性方程可知：

$$Q_i = q_1 + Q_{i+1} \tag{1-45}$$

因为每段管道均为简单管道，每段都可以按照简单管道计算，串联管道的总水头损失等于各管段水头损失的总和，即：

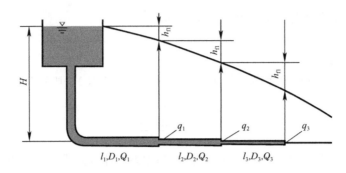

图 1-16　串联管道

$$H = \sum_{i=1}^{n} h_{\mathrm{f}i} = \sum_{i=1}^{n} S_i Q_i^2 \tag{1-46}$$

串联管道的水头线是一条折线，这是因为各管段的水力坡度不等的原因。实际中，关于串联管道的计算问题通常是求水头、流量及管径。

3）并联管道

在两节点之间并设两根以上管段的管道称为并联管道，每根管道的管径、管长及流量均不一定相等。如图 1-17 所示，两节间有三根管段组成并联管道，并联管道的计算原理仍然是伯努利方程和连续性方程。其主要特点是：并联管道中各支管的能量损失均相等、总管道的流量应等于各支管流量之和。据此可以列出下列公式：

$$h_{\mathrm{f}2} = h_{\mathrm{f}3} = h_{\mathrm{f}4} = h_{\mathrm{f}AB} \tag{1-47}$$

也可以用阻抗或流量表示：

$$s_2 Q_2^2 = s_3 Q_3^2 = s_4 Q_4^2 = sQ^2 \tag{1-48}$$

$$Q = Q_2 + Q_3 + Q_4 \tag{1-49}$$

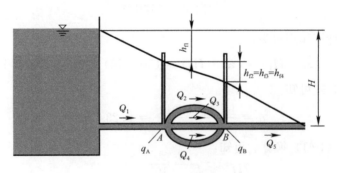

图 1-17　并联管道

实际运用中，常常可以联立上述公式（1-48）、公式（1-49），便可求解出各支管的流量及水头损失。

（3）有压管流中的水击现象

有压管流中，由于诸如阀门突然关闭或水泵机组突然停机等某种原因使水流速度突然发生变化，同时引起管内压强大幅波动的现象，称为水击或水锤。水击引起的压强升高可达管道正常工作压强的几十倍至数百倍。压强大幅波动可导致管道系统强烈振动，甚至导致管道爆裂等。

以管道末端阀门突然关闭为例说明水击发生的原因。设水管管道长为 l，直径为 D。

阀门关闭前水流流动恒定，流速为 v。若不计流速水头和水头损失，沿程各断面压强水头均为 $\frac{p_0}{\rho g}=H$。阀门突然关闭时，紧靠阀门的水层突然停止流动，流速由 v 变成 0。根据动量定理，该水层动量的变化，等于阀门对其的作用力。于是在此外力作用下，阀门处水层的压强增至 $p_0+\Delta p$，其中的压强增量 Δp 称为水击压强。增大后的水击压强使停止流动的水层受到压缩，周围管壁膨胀。后续水层在进占前一层因体积压缩、管壁膨胀而余出的空间后停止流动，并发生与前一层完全相同的现象，这种现象逐层发生，以波的形式由阀门传向管道进口。

通过研究水击发生的原因及影响因素，可以找到防止水击危害的措施。

1）限制管中流速。水击压强与管道中流速成正比，减小流速便可减小水击压强。因此一般给水管网中，限制 $v<3\mathrm{m/s}$。

2）控制阀门关闭或开启时间，以避免直接水击，也可降低间接水击压强。

3）缩短管道长度或采用弹性模量较小的管道。缩短管道长度，即缩短水击波相长，可使直接水击变为间接水击，也可降低间接水击压强；采用弹性模量较小的管道，使水击波传播速度减缓，从而降低直接水击压强。

4）设置安全阀或减压设施，进行水击过载保护。

（4）文丘里管

测量恒定有压管流的流量常用文丘里管，它由收缩段、喉道和扩散段三部分所组成，如图 1-18 所示。在收缩段前的断面 1-1 及断面最小的喉道断面 2-2 处布置测压孔，并接上测压装置（压差计），如图 1-18 所示。

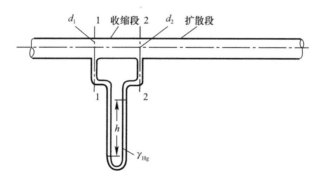

图 1-18 文丘里管

根据已知的文丘里管直径尺寸，通过测量压差计的读数，即可求得管内的流量。取断面 1-1、2-2 在渐变流区域，为过流断面；计算点取在管轴处，以通过管轴线的水平面为基准面。对断面 1-1、2-2 写伯努利方程，略去两断面间的能量损失，得：

$$z_1+\frac{p_1}{\gamma}+\frac{\alpha_1 v_1^2}{2g}=z_2+\frac{p_2}{\gamma}+\frac{\alpha_2 v_2^2}{2g} \tag{1-50}$$

由水银压差计读数可得：

$$\frac{p_1-p_2}{\gamma}=\frac{(\gamma_{\mathrm{Hg}}-\gamma)h}{\gamma}=\frac{(133.28\times10^3-9.8\times10^3)h}{9.8\times10^3}=12.6h \tag{1-51}$$

根据总流连续性方程可得：

$$v_1 = \frac{A_2 v_2}{A_1} = \frac{d_2^2}{d_1^2} v_2 \tag{1-52}$$

联立公式（1-50）～公式（1-52），因为 $z_1 = z_2 = 0$，取 $\alpha_1 = \alpha_2 = 1$，所以：

$$v_2 = \frac{1}{\sqrt{1 - \left(\frac{d_2}{d_1}\right)^4}} \sqrt{2g \times 12.6h} \tag{1-53}$$

因为 $Q' = A_2 v_2 = \frac{\pi}{4} d_2^2 v_2$，所以：

$$Q' = \frac{\pi d_2^2 d_1^2}{4 \sqrt{d_1^4 - d_2^4}} \sqrt{2g \times 12.6h} \tag{1-54}$$

实际上水流从断面 1-1 流到断面 2-2 总会有些能量损失，所以实际水流速度和流量都会比上述各式计算所得值为小。因此在应用公式（1-54）计算流量时，需加一校正系数 μ，即：

$$Q' = \mu \frac{\pi d_2^2 d_1^2}{4 \sqrt{d_1^4 - d_2^4}} \sqrt{2g \times 12.6h} \tag{1-55}$$

μ 称为流量系数，它不是常数，随水流情况和文丘里管的材料性质、尺寸等而变化，一般取 0.98。

第 2 章　水化学基础

2.1 表面化学与胶体化学

2.1.1 表面化学

自然界中的物质一般以气、液、固三种相态存在，三种相态相互接触可产生五种界面（所有两相的接触面）：气-液、气-固、液-液、液-固、固-固界面。一般常把与气体接触的界面称为表面，如气-液界面常称为液体表面，气-固界面常称为固体表面。

（1）表面张力与表面吉布斯自由函数

物质表面层中的分子与内部分子二者所处的力场是不同的。以与饱和蒸气相接触的液体表面分子与内部分子受力情况为例（见图 2-1），在液体内部的任一分子 A，皆处于同类分子的包围之中，平均来看，该分子与其周围分子间的吸引力是球形对称的，各个相反方向上的力彼此相互抵消，其合力为零。然而表面层中的分子 B，则处于力场不对称的环境中。液体内部分子对表面层中分子的吸引力远远大于液面上蒸气分子对它的吸引力，使表面层中的分子恒受到指向液体内部的拉力，因而液体表面的分子总是趋于向液体内部移动，力图缩小表面积，液体表面就如同一层绷紧了的富于弹性的膜。这就是为什么小液滴总是呈球形，肥皂泡要用力吹才能变大的原因：因为相同体积的物体球形表面积最小，扩张表面就需要对系统做功。

假如用细铁丝制成一个框架（见图 2-2），其一边是可以自由移动的金属丝。将此金属丝固定后使框架蘸上一层肥皂膜。若放松金属丝，肥皂膜就会自动收缩以减小表面积。这时欲使膜维持不变，需在金属丝上施加一相反的力 F，其大小与金属丝的长度 l 成正比，比例系数（即表面张力）以 γ 表示，因膜有两个表面，故可得：

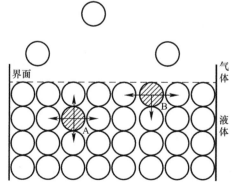

图 2-1　液体表面分子 B 与内部分子 A
受力情况差别示意图

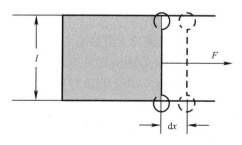

图 2-2　表面张力和表面功示意图

$$F = 2\gamma l \tag{2-1}$$

即：

$$\gamma = \frac{F}{2l} \tag{2-2}$$

表面张力 γ 可看作是引起液体表面收缩的单位长度上的力，其单位为 N/m。γ 的方向是和液面相切的，并和两部分的分界线垂直。如果液面是平面，表面张力就在这个平面上，见图 2-2。如果液面是曲面，表面张力则在这个曲面的切面上，见图 2-3。从另一个角度来看，若要使图 2-2 中的液膜增大 dA_s 的面积，则需抵抗 γ，这种在形成新表面时环境对系统所做的功，称为表面功，是一种非体积功，用 W'_r 表示。在力 F 的作用下使金属丝向右移动 dx 距离，忽略摩擦力的影响，这一过程所做的可逆非体积功为：

$$\delta W'_r = F dx = 2\gamma l dx = \gamma dA_s \tag{2-3}$$

$dA_s = 2l dx$ 为增大的液体表面积，将上式移项可得：

$$r = \frac{\delta W'_r}{dA_s} \tag{2-4}$$

由此可知，γ 亦表示使系统增加单位表面积所需的可逆非体积功，单位为 J/m^2。

（2）弯曲液面的附加压力及其现象

1）弯曲液面的附加压力——拉普拉斯方程

一般情况下液体表面是水平的，而液滴、水中的气泡的表面则是弯曲的。液面可以是凸的，也可以是凹的。

在一定外压下，水平液面下的液体所承受的压力等于外界压力。但凸液面下的液体，不仅要承受外界的压力，还要受到因液面弯曲而产生的附加压力 Δp，下面通过图 2-3 来说明产生附加压力的原因。

取球形液滴的某一球缺，如图 2-3（a）所示，凸液面上方为气相，其压力为 p_g，凸液面下方为液相，其压力为 p_l。球缺底边为一圆周，表面张力即作用在圆周线上，其方向垂直于圆周线且与液滴的表面相切。圆周线上表面张力的合力在底边的垂直方向上的分力并不为零，而是对底边下面的液体造成了额外的压力。即凸液面使液体所承受的压力 p_l 大于液面外大气的压力 p_g。将任何弯曲液面凹面一侧的压力以 $p_内$ 表示，凸面一侧的压力以 $p_外$ 表示，将弯曲液面内外的压力差 Δp 称为附加压力，则有：

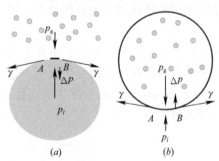

图 2-3　凸面及凹面的受压情况示意图
（a）凸液面（液滴）；（b）凹液面（气泡）

$$\Delta p = p_内 - p_外 \tag{2-5}$$

这样凹面一侧的压力总是大于凸面一侧的压力，其方向指向凹面曲率半径中心。对于液滴（凸液面），弯曲液面对里面液体的附加压力 $\Delta p = p_内 - p_外 = p_l - p_g$；而对于液体中的气泡（凹液面），弯曲液面对里面气体的附加压力 $\Delta p = p_内 - p_外 = p_g - p_l$。这样定义的 Δp 将总是一个正值。

为导出弯曲液面的附加压力 Δp 与弯曲液面曲率半径的关系，设有一凸液面 AB（见图 2-4），其球心为 O，球半径为 r，球缺底面圆心为 O_1，底面半径为 r_1，液体表面张力为 γ。即弯曲液面对于单位水平面上的附加压力（即压强）为：

$$\Delta p = \frac{2\pi r_1 \gamma r_1 / r}{\pi r_1^2}$$

整理后得：

$$\Delta p = \frac{2\gamma}{r} \tag{2-6}$$

公式（2-6）称为拉普拉斯（Laplace）方程。拉普拉斯方程表明：弯曲液面的附加压力与液体表面张力呈正比，与曲率半径呈反比。

2）毛细现象

弯曲液面的附加压力可产生毛细现象。把一支半径一定的毛细管垂直地插入某液体中，如果该液体能润湿管壁，液体将在管中呈凹液面，液体与管壁的接触角 $\theta < 90°$，液体将在毛细管中上升，如图 2-5 所示。由于附加压力 Δp 指向大气，而使凹液面下的液体所承受的压力小于管外水平液面下的压力。在这种情况下，液体将被压入管内，直至上升的液柱所产生的静压力 $\rho g h$ 与附加压力 Δp 在量值上相等，方可达到力的平衡，即：

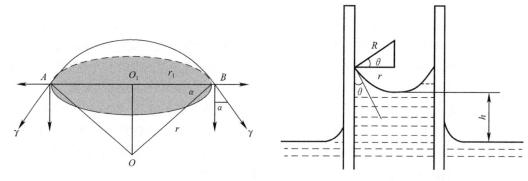

图 2-4　弯曲液面 Δp 与弯曲液面曲率半径的关系　　　　图 2-5　毛细管现象

$$\Delta p = \frac{2\gamma}{R} = \rho g h \tag{2-7}$$

由图 2-5 的几何关系可以看出：接触角 θ 与毛细管的半径 r 及弯曲液面曲率半径 R 之间的关系为：

$$\cos\theta = r/R \tag{2-8}$$

将公式（2-8）代入公式（2-7），可得到液体在毛细管中上升的高度为：

$$h = \frac{2\gamma\cos\theta}{r\rho g} \tag{2-9}$$

式中　γ——液体的表面张力；

　　　ρ——液体的密度；

　　　g——重力加速度。

由公式（2-9）可知：在一定温度下，毛细管越细，液体的密度越小，液体对管壁的润湿越好，即接触角 θ 越小，液体在毛细管中上升得越高。

当液体不能润湿管壁，即 $\theta > 90°$，$\cos\theta < 0$ 时，液体在毛细管内呈凸液面，h 为负值，代表液面在管内下降的深度。例如，将玻璃毛细管插入水银内，可观察到水银在毛细管内下降的现象。

（3）溶液表面的吸附现象

溶质在溶液表面层（或表面相）中的浓度与在溶液本体（或体相）中的浓度不同的现象称为溶液表面的吸附现象。纯液体恒温恒压下，表面张力是一定值。而对于溶液来说，由于溶质还在溶液表面发生吸附，进而改变溶液的表面张力，所以溶液的表面张力不仅是温度、压力的函数，还是溶质组成的函数。

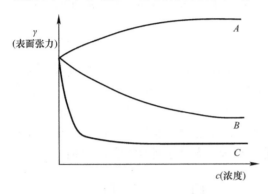

图 2-6　γ 与 c 关系示意图

例如，在一定温度的纯水中，分别加入不同种类的溶质时，溶质的浓度 c 对溶液表面张力 γ 的影响大致可分为三种类型，如图 2-6 所示。曲线 A 表明：随着溶质浓度的增加，溶液的表面张力稍有升高。就水溶液而言，属于此种类型的溶质有无机盐类（如 NaCl）、不挥发性酸（如 H_2SO_4）、碱（如 NaOH），以及含有多个—OH 的有机化合物（如蔗糖、甘油等）。曲线 B 表明：随着溶质浓度的增加，溶液的表面张力逐渐下降。大部分的低脂肪酸、醇、醛等极性有机物的水溶液皆属于此类。曲线 C 表明：在水中加入少量的某溶质时，却能引起溶液的表面张力急剧下降，至某一浓度之后，溶液的表面张力几乎不再随溶质浓度的上升而变化。属于此类的化合物可以表示为 RX，其中 R 代表含有 10 个或 10 个以上碳原子的烷基；X 则代表极性基团，一般可以是—OH、—COOH、—CN、—$CONH_2$，也可以是离子基团，如 SO_3^-、—NH_3^+ 等。

溶液表面的吸附现象，可用恒温、恒压下溶液表面吉布斯函数自动减小的趋势来说明。在一定 T、p 下，由一定量的溶质与溶剂所形成的溶液，因溶液的表面积不变，降低表面吉布斯函数的唯一途径就是尽可能地使溶液的表面张力降低。而降低表面张力则是通过使溶液中相互作用力较弱的分子富集到表面而完成的。

当溶剂中加入图 2-6 中曲线 B、C 类的物质后，由于它们都是有机类化合物，分子之间的相互作用较弱，当它们富集于表面时，会使表面层中分子间的相互作用减弱，使溶液的表面张力降低，所以这类物质会自动地富集到表面，使得它在表面的浓度高于本体浓度，这种现象称为正吸附。

与此相反，当溶剂中加入图 2-6 中曲线 A 类的物质后，由于它们是无机的酸、碱、盐类物质，在水中可解离为正、负离子，使溶液中分子之间的相互作用增强，使溶液的表面张力升高。多羟基类有机化合物作用相似，为降低这类物质的影响，使溶液的表面张力升高得少一些，这类物质会自动地减小在表面的浓度，使得它在表面的浓度低于本体浓度，这种现象称为负吸附。

一般而言，凡是能使溶液表面张力升高的物质，皆称为表面惰性物质；凡是能使溶液表面张力降低的物质，皆称为表面活性物质。表面活性越大，溶质的浓度对溶液表面张力的影响就越大。

2.1.2　胶体化学

（1）胶体的分类

胶体化学所研究的主要对象是高度分散的多相系统。由一种或几种物质的微粒分布在另一种介质中所形成的混合物称为分散系统。被分散成微粒的物质称为分散相；微粒能在其中分散的物质称为分散剂，也称为分散介质。根据分散相粒子的大小，分散系统可分为真溶液、胶体分散系统和粗分散系统，如表 2-1 所示。

分散系统分类（按分散相粒子大小）　　　　　　　　　　　表 2-1

分散系统		分散相	分散相粒子直径	性质	实例
真溶液	分子溶液、离子溶液等	小分子、离子、原子	<1nm	均相，热力学稳定系统，扩散快、能透过半透膜，形成真溶液	氯化钠或蔗糖的水溶液，混合气体等
胶体分散系统	溶胶	胶体粒子	1~1000nm	多相，热力学不稳定系统，扩散慢、不能透过半透膜，形成胶体	氢氧化铁溶胶
	高分子溶液	高（大）分子	1~1000nm	均相，热力学稳定系统，扩散慢、不能透过半透膜	聚乙烯醇水溶液
	缔合胶体	胶束	1~1000nm	均相，热力学稳定系统，扩散慢、不能透过半透膜	表面活性剂水溶液
粗分散系统	乳状液、泡沫、悬浮液	粗颗粒	1~1000nm	多相，热力学不稳定系统，扩散慢或不扩散、不能透过半透膜或滤纸，形成悬浮液或乳状液	浑浊泥水、牛奶、豆浆等

溶胶也可依据分散相和分散介质聚集状态的不同，分为气溶胶（分散介质为气态）、液溶胶（分散介质为液态）和固溶胶（分散介质为固态），如表 2-2 所示。

溶胶分类　　　　　　　　　　　　　　表 2-2

名称	分散相	分散介质	实例
气溶胶	液固	气态	云、雾、喷雾 烟、粉尘
液溶胶	气液固	液态	肥皂泡沫、牛奶、含水原油、油墨、泥浆
固溶胶	气液固	固态	泡沫塑料、珍珠、有色玻璃、某些合金

（2）溶胶的光学性质

溶胶的光学性质是其高度的分散性和多相的不均匀性特点的反映。

例如，在暗室里，将一束经聚集的光线投射到溶胶上，在与入射光垂直的方向上可观察到一个发亮的光锥，如图 2-7 所示。此现象是英国物理学家丁铎尔（Tyndall）于 1869 年首先发现的，故称为丁铎尔效应。而对于纯水或真溶液，用肉眼几乎观察不到此种现象，故丁铎尔效应是人们用于鉴别溶胶与真溶液的最简便的方法。

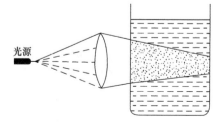

图 2-7　丁铎尔效应

光束投射到分散系统上，可以发生光的吸收、反射、散射或折射。当入射光的频率与分子的固有频率相同时，发生光的吸收；当光束与系统不发生任何相互作用时，光可透过；当入射光的波长小于分散相粒子的尺寸时，发生光的反射；当入射光的波长大于分散相粒子的尺寸时，发生光的散射。可见光的波长在 $400\sim760nm$ 的范围，一般胶粒的尺寸为 $1\sim1000nm$，当可见光束投射于溶胶时（如粒子的直径小于可见光波长），则发生光的散射现象。这样被光照射的微小晶体上的每个分子，向四面八方辐射出与入射光有相同频率的次级光波，由此可知，产生丁铎尔效应的实质是光的散射。

（3）溶胶的动力学性质

1）布朗运动

在显微镜下，人们观察到分散介质中的溶胶粒子处于永不停息、无规则的运动之中，这种运动即为布朗运动。在分散系统中，分散介质的分子皆处于无规则的热运动状态，它们从四面八方连续不断地撞击分散相的粒子。对于接近或达到溶胶大小的粒子，与粗分散的粒子相比较，它们所受到的撞击次数要少得多，在各个方向上所遭受的撞击力完全相互抵消的概率甚小。某一瞬间，粒子从某一方向得到冲量便可以发生位移，如图 2-8（a）所示。图 2-8（b）是每隔相等的时间，在超显微镜下观察一个粒子运动的情况，它是空间运动在平面上的投影，可近似地描绘胶粒的无序运动。可见，布朗运动是分子热运动的必然结果，是胶粒的热运动。

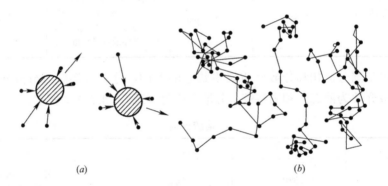

（a）　　　　　　　　　　　　　　　　（b）

图 2-8　布朗运动

（a）胶粒受介质分子冲击示意图；（b）超显微镜下胶粒的布朗运动

2）扩散

对于真溶液，当存在浓度梯度时，溶质、溶剂分子会因分子热运动而发生定向迁移从而趋于浓度均一的扩散过程。同理，对于存在浓度梯度的溶胶分散系统，尽管从微观上每个溶胶粒子的布朗运动是无序的，向各个方向运动的概率都相等，但从宏观上来讲，总的净结果是溶胶粒子发生了由高"浓度"向低"浓度"的定向迁移过程，这种过程即为溶胶粒子的扩散。

3）沉降与沉降平衡

多相分散系统中的粒子，因受重力作用而下沉的过程称为沉降。因布朗运动及由浓度差引起的扩散作用使粒子趋于均匀分布。沉降与扩散是两个相反的作用。当粒子很小，受重力影响可忽略时，主要表现为扩散（如真溶液）；当粒子较大，受重力影响占主导作用时，主要表现为沉降（如浑浊的泥水悬浮液）；当粒子的大小相当，重力作用和扩散作用相近时，构成沉降平衡；粒子沿高度方向形成浓度梯度，粒子在底部密度较高，在上部密度较低，一些胶体系统在适当条件下会出现沉降平衡，如图 2-9 所示。

（4）电泳

在外电场的作用下，溶胶粒子在分散介质中定向移动的现象称为电泳。电泳现象说明溶胶粒子是带电的。图 2-10 是一种测定电泳速度的实验装置。以 $Fe(OH)_3$ 溶胶为例，实验时先在 U 形管中装入适量的 NaCl 溶液，再通过支管从 NaCl 溶液的下面缓慢地压入棕红色的 $Fe(OH)_3$ 溶胶，使其与 NaCl 溶液之间有清楚的界面，通入直流电后可以观察到电泳管中阳极一端界面下降，阴极一端界面上升，$Fe(OH)_3$ 溶胶向阴极方向移动。这说明 $Fe(OH)_3$ 溶胶粒子带正电荷。

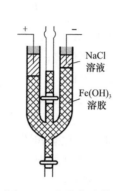

图 2-9　沉降平衡　　　　图 2-10　电泳实验装置

2.2　氧化还原化学

2.2.1　氧化还原反应的原理及能斯特方程

氧化还原反应的原理是电子由一种原子或离子转移到另一种原子或离子上，失去电子的过程称为氧化，获得电子的过程称为还原。例如，碘离子（I^-）氧化为碘分子（I_2），重铬酸根离子（$Cr_2O_7^{2-}$）还原为三价铬离子（Cr^{3+}）：

$$2I^- \rightleftharpoons I_2 + 2e;$$
$$Cr_2O_7^{2-} + 14H^+ + 6e \rightleftharpoons 2Cr^{3+} + 7H_2O$$

由于电子不能独立存在于溶液中，所以氧化还原反应中氧化过程和还原过程必然同时存在，即一种原子（或离子）被氧化的同时，必然伴随着另一种离子（或原子）被还原。如重铬酸根离子与碘离子的反应：

$$Cr_2O_7^{2-} + 6I^- + 14H^+ \rightleftharpoons 2Cr^{3+} + 7H_2O + 3I_2$$

在反应中得到电子的物质称为氧化剂，它能使其他物质氧化而本身被还原，如上述反应中的 $Cr_2O_7^{2-}$；在反应中失去电子的物质称为还原剂，它能使其他物质还原而本身被氧化，如上述反应中的 I^-。无机物的氧化还原反应一般都是可逆的，有机物的氧化还原反应多是不可逆的。

具有氧化还原性质的物质，总是由其氧化态和还原态组成一个氧化还原电对，即：

$$氧化型 + ne \Longleftrightarrow 还原型$$

每一可逆的氧化还原电对的氧化或还原能力的强弱用氧化势表示。氧化势越大，则氧化态的氧化能力越强，即容易接受电子，而其还原态的还原能力越弱；相反，氧化势越小，则还原态的还原能力越强，即容易给出电子，而其氧化态的氧化能力越弱。

每一物质氧化势的大小，是由氧化还原电对与标准氢电极组成的原电池测得的电势表示。当氧化还原电对的氧化态和还原态的离子浓度各为 1mol/L 时，所测得的电势为该物质的标准氧化势 E_0。

每一物质的氧化势由其本质决定，但也与其浓度有关。氧化势与浓度（或活度）的关系可用能斯特方程表示，在 20℃时，有：

$$E = E_0 + \frac{0.059}{n} \lg \frac{[氧化态]}{[还原态]} \tag{2-10}$$

式中　　E——电对的氧化势；

E_0——电对的标准氧化势；

n——电子转移的数目；

[氧化态]——平衡时，氧化态的浓度（活度），mol/L；

[还原态]——平衡时，还原态的浓度（活度），mol/L。

根据能斯特方程可知，氧化态和还原态的浓度比值对氧化势有影响，溶液的 H^+ 浓度对氧化势也有影响。例如，高锰酸根离子（MnO_4^-）在酸性溶液中被还原：

$$MnO_4^- + 8H^+ + 5e \Longleftrightarrow Mn^{2+} + 4H_2O$$

$$E = E_0 + \frac{0.059}{5} \lg \frac{[MnO_4^-][H^+]^8}{[Mn^{2+}]}$$

因为 H^+ 也参与反应，所以 H^+ 浓度改变，则电对的氧化势也会改变。如果溶液中有配位化合物或沉淀形成，就会改变氧化态与还原态的浓度比值，使该电对的氧化势发生变化。

2.2.2　氧化还原反应的方向及完全程度

氧化还原反应的方向和反应的完全程度由各氧化剂和还原剂两电对的氧化势差别来决定。氧化还原反应是从较强的氧化剂和还原剂向生成较弱的氧化剂和还原剂的方向进行的。即每一个氧化势较大的氧化剂，均能氧化电势较小的还原剂。相反，每一个氧化势较小的还原剂，均能还原电势较大的氧化剂。例如，金属 Zn（$E_0 = -0.76V$）是比 Pb（$E_0 = -0.13V$）或 Cu（$E_0 = +0.34V$）较强的还原剂，若用金属 Zn 对 Pb^{2+}、Cu^{2+} 的溶液作用，则 Pb^{2+} 或 Cu^{2+} 将会被还原，反应如下：

$$Pb^{2+} + Zn \longrightarrow Pb\downarrow + Zn^{2+}$$

$$Cu^{2+} + Zn \longrightarrow Cu\downarrow + Zn^{2+}$$

两电对的氧化势差别越大，反应进行的越完全。如果差别较小，反应进行程度很小就达到平衡，反应不完全。

2.2.3　氧化还原反应速率的影响因素

虽然氧化还原反应可根据电对的氧化势判断反应进行的方向和完全程度，但这只是表明反应进行的可能性，并不能给出反应进行的速率。除了参与反应的氧化还原电对本身的性质，外界条件（如反应物的浓度、温度、催化剂等）也是影响氧化还原反应速率的因素。

通常来说，反应物的浓度越大，反应的速率越快。对于大多数反应而言，升高溶液的温度，可提高反应速率。因为溶液温度升高时，不仅增加了反应物之间的碰撞概率，还增加了活化分子或活化离子的数目（一般溶液的温度每升高 $10℃$，可以使反应速率增加 $2\sim3$ 倍）。在分析中，经常利用催化剂来改变反应速率。催化剂分为正催化剂和负催化剂。正催化剂加快反应速率，负催化剂减慢反应速率。负催化剂又叫"阻化剂"。

2.3 微生物基础

微生物是存在于自然界的一大群形体微小、结构简单、肉眼不能直接看到，必须借助光学显微镜或电子显微镜放大数百至数万倍才能观察到的微小生物。包括细菌、病毒、真菌、放线菌、螺旋体、立克次体、支原体、衣原体和原虫等。微生物种类繁多、分布广泛，与人类关系密切。在地表水和饮用水等水质监测中，细菌因其繁殖快、部分种类对人类有致病性等特点，成为水质监测的重要指标。

2.3.1 细菌的形态和结构

细菌是一类个体微小、结构简单、以二分裂方式繁殖的原核单细胞微生物。细菌一般表现为球状、杆状，还有一部分卷曲成螺旋状，如图 2-11 所示。了解细菌的形态和结构对细菌鉴别及研究细菌的生物学特性有重要意义。

细菌的基本结构为细胞壁、细胞膜、细胞质、核质等，也是大多数细菌都有的结构。某些细菌还有特殊结构，如鞭毛、菌毛、荚膜和芽孢等，如图 2-12 所示。

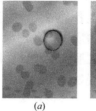 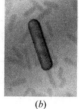 

（a）　　　　　　（b）　　　　　　（c）

图 2-11　细菌形态种类

（a）球菌；（b）杆菌；（c）螺旋菌

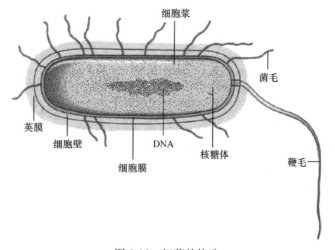

图 2-12　细菌的构造

2.3.2　细菌的代谢

细菌的新陈代谢是指细菌细胞内合成代谢与分解代谢的总和。其显著特点是代谢旺盛和代谢类型的多样化。

细菌的代谢分为两大类，即物质代谢和能量代谢，如图 2-13 所示。

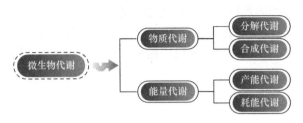

图 2-13　微生物代谢分类

（1）物质代谢

物质代谢分为物质的分解和合成。分解代谢是使结构复杂的大分子降解为小分子物质的过程；合成代谢则是利用小分子物质合成大分子物质的过程。

1）分解代谢

对糖类的分解：细菌分泌胞外酶，将菌体外的多糖分解成单糖（葡萄糖）后再吸收。大多数细菌通常都是先将多糖分解为单糖，进而再转化为丙酮酸。形成丙酮酸后，需氧菌和厌氧菌对其利用上则有所不同。需氧菌将丙酮酸经三羧酸循环彻底分解成 CO_2 和水；厌氧菌则发酵丙酮酸，产生各种酸类、醛类、醇类、酮类。

对蛋白质的分解：蛋白质分子在细菌分泌的蛋白质水解酶的作用下，在肽键处断裂，生成多肽和二肽。多肽和二肽在肽酶的作用下水解，生成各种氨基酸。二肽和氨基酸可被细菌吸收，氨基酸在体内脱氨基酶的作用下，经脱氨基作用生成氨。

对特定有机物的分解：如变形杆菌能具有尿素酶，可以水解尿素，产生氨。乙型副伤寒沙门菌和变形杆菌都具有脱硫氢基作用，使含硫氨基酸（胱氨酸）分解成氨和 H_2S。

对无机物的分解：有些产气肠杆菌能分解柠檬酸盐生成碳酸盐，并分解培养基中的铵盐生成氨。细菌还原硝酸盐为亚硝酸盐、氨和氮气的作用，称为硝酸盐还原作用。

各种细菌产生的酶不同，其代谢的基质不同，代谢的产物也不一样，故也可用于鉴别细菌。

2）合成代谢

细菌利用营养物及分解代谢中释放的能量，发生还原吸热及物质合成过程，使简单的小分子物质合成复杂的大分子物质，是细菌生长繁殖的基础。在这个过程中要消耗能量。

细菌合成代谢的过程中会形成各类合成代谢产物，如热原质、毒素、色素、抗生素、维生素等。根据代谢产物的特点，也可用于鉴别细菌。

3）分解代谢与合成代谢的关系

分解代谢与合成代谢两者密不可分。其各自的方向与速度受生命体内、外各种因素的调节，以适应不断变化着的内、外环境。复杂分子（有机物）经过分解代谢生成简单分子＋ATP＋[H]。分解代谢为合成代谢提供所需要的能量和原料，而合成代谢又是分解代谢的基础。

（2）能量代谢

根据初始能量的来源不同，通常将细菌分为化能异养菌、光能营养菌、化能自养菌，如图 2-14 所示。

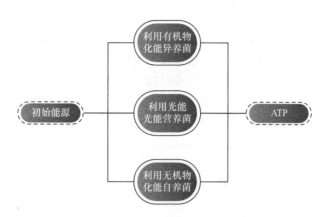

图 2-14　不同类型能量代谢微生物分类

在净水工艺中，各种滤池中均有参与水处理的细菌种群，其中大部分只能以有机物或无机物为初始能源，这类细菌主要有化能异养菌和化能自养菌。

1）化能异养菌

根据生物氧化时是否有外源电子受体，以及最终的外源电子受体是否是氧分子，化能异养菌可分为发酵和呼吸，呼吸又包括有氧呼吸和厌氧呼吸。本质上它们均是氧化还原反应。其中在饮用水处理过程中，以细菌呼吸作用为主。

2）化能自养菌

又称化能无机营养菌，是一类不依赖任何有机营养物即可正常生长、繁殖的细菌。这类细菌能氧化某种无机物，并利用所产生的化学能还原二氧化碳和生成有机碳化合物。

① 氨的氧化

氨（NH_3）同亚硝酸（NO_2^-）是可以用作能源的最普通的无机氮化合物，能被硝化细菌所氧化，硝化细菌可分为两个亚群：亚硝化细菌和硝化细菌。氨氧化为硝酸的过程可分为两个阶段，先由亚硝化细菌将氨氧化为亚硝酸，再由硝化细菌将亚硝酸氧化为硝酸。

② 铁锰的氧化

氧化铁、锰鞘细菌是一类具有催化铁、锰氧化能力的丝状菌，在净水过程中，生物除锰需要亚铁的参与，亚铁的存在除了能够促进细菌分泌胞外酶并刺激其活性外，还能通过铁离子的变价传递电子，催化锰离子的氧化反应，从而促进对二价锰的降解。

2.3.3　细菌的生长繁殖规律

细菌在适宜的环境条件下，按照自身的代谢方式进行代谢活动，如果同化作用大于异化作用，则细胞质的量不断增加，当增长到一定程度时，就以二分裂方式形成两个基本相似的子细胞，子细胞又重复以上过程，此过程称为繁殖。

细菌生长繁殖过程中需要利用的多种营养物质有：水（营养物质溶于水，其吸收和代谢均需有水）、碳源（主要源于糖类，提供能量）、氮源（主要源于氨基酸、蛋白质、硝酸盐等，合成菌体成分）、无机盐（钾、钠、钙、镁等）、生长因子（生长必需但自身无法合成的物质，如某些维生素、氨基酸等）。

大多数细菌的繁殖速度都很快，如大肠杆菌在适宜的条件下，每 20min 左右便可分裂一次，如果始终保持这样的繁殖速度，短时间内，其子代群体将达到无法想象的数量。然而实际情况并非如此。

将细菌接种到培养基中，在适宜的条件下培养，定时取样测定细菌含量，可以观察到以下现象：开始在短暂的时间内，细菌数量并不增加，之后细菌数量增加变快，既而细菌数又趋于稳定，最后逐渐下降。如果以培养时间为横坐标，以细菌数目的对数或生长速度为纵坐标作图，可以得到一条曲线，称为生长繁殖曲线，又称为生长曲线，如图 2-15 所示。生长曲线代表了细菌在新的适宜的环境中生长繁殖直至衰老死亡动态变化的全过程。

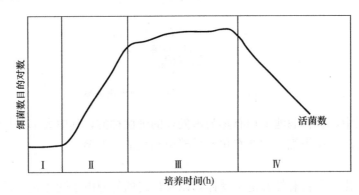

图 2-15　典型的细菌生长曲线

Ⅰ—迟缓期；Ⅱ—对数增长期；Ⅲ—稳定生长期；Ⅳ—衰亡期

（1）细菌生长曲线

典型的细菌生长曲线包括四个时期：迟缓期、对数增长期、稳定生长期、衰亡期。

1）迟缓期

生长速率常数为零，对不良环境的抵抗能力下降。原因是细菌刚刚接种到培养基上，其代谢系统需要适应新的环境，同时要合成酶、辅酶、其他中间代谢产物等，所以此时期的细菌数量没有增加。

2）对数增长期

生长速率最快、代谢旺盛、酶系活跃、活细菌数和总细菌数大致接近、细胞的化学组成及形态理化性质基本一致。原因是经过迟缓期的准备，为此时期的细菌生长提供了足够的物质基础，同时对外界环境的适应也达到了最佳状态。

3）稳定生长期

活细菌数保持相对稳定、总细菌数达到最高水平、细胞代谢产物积累达到最高峰、芽孢杆菌开始形成芽孢。原因是营养的消耗使营养物比例失调、有害代谢产物积累、pH 值等外部环境条件不适宜细菌生长。

4）衰亡期

细菌死亡速度大于新生成速度、整个群体出现负增长，细胞开始畸形，细胞死亡出现自溶现象。原因是外部环境对继续生长越来越不利，细胞的分解代谢大于合成代谢，继而导致大量细菌死亡。

（2）生长曲线测定

生长曲线测定分为生长量测定法和微生物计数法。

生长量测定法包含比浊法、体积测量法、称干重法、菌丝长度测量法等。微生物计数法包含液体稀释法、平板菌落计数法、染色计数法、比例计数法、试纸法、膜过滤法等。目前为止，操作较简便、成本较低、应用较广的方法有比浊法、液体稀释法、平板菌落计数法。

在细菌的对数增长期，以下三个重要的指标常用来反映细菌生长的情况：分裂的次数（n），即一个单细胞一分为二的次数；生长速率常数（R），指每小时细胞分裂的次数；代时（G），指细胞每分裂一次所需要的时间。常见典型细菌的代时见表2-3。

常见典型细菌代时　　　　　　　　　　表2-3

细菌种类	培养基	培养温度（℃）	代时（min）
大肠杆菌（Escherichia coli）	肉汤	37	17
产气肠杆菌（Enterobacter aerogenes）	合成培养基	37	29～44
嗜热芽孢杆菌（Bacillus thermophilus）	肉汤	55	18.3
枯草芽孢杆菌（Bacillus subtilis）	肉汤	25	26～32
金黄色葡萄球菌（Staphylococcus aureus）	肉汤	37	27～30

在净水工艺中，滤池常利用菌体代谢作用来净化水体中的有机物或无机物，亦称为生物降解作用。只有当整个菌群处于对数增长期，代谢活动最旺盛时，其生物降解作用最强。微污染水处理的生物接触氧化、深度处理的生物活性炭技术均是目前国内正在大力推广的主流处理工艺，均是利用细菌的生物降解作用完成对水体微量有机物的降解和去除。

（3）莫诺（Monod）方程

莫诺（Monod）方程描述了微生物比增长速率与有机底物浓度之间的函数关系。最早由法国生物学家Monod进行单一底物的细菌培养实验总结得来，即当化合物作为唯一碳源时其降解速率方程如下：

$$\mu = \frac{\mu_{max}S}{K_s + S}$$
（2-11）

式中　μ——微生物比增长速率，即单位生物量的增长速率，t^{-1}；

　　　μ_{max}——微生物最大比增长速率，t^{-1}；

　　　K_s——半饱和常数，为当$\mu = \mu_{max}/2$时的底物浓度；

　　　S——单一限制性底物浓度。

从公式（2-11）可以看出，微生物比增长速率是微生物浓度的函数，也是底物浓度的函数。营养物质（底物）的浓度与组成会影响微生物培养的生长速度。对微生物的生长起到限制作用的营养物称为限制性底物。

在实验室条件下，底物浓度并不是恒定不变的，因此，在底物浓度变化的过程中，比增长速率（μ）与底物浓度（S）在不同阶段对应不同的关系，如图2-16所示。

1）在高底物浓度的条件下，$S \gg K_s$，莫诺方程中的K_s值可以忽略不计，于是莫诺方程可简化为：

$$\mu = \mu_{max}$$
（2-12）

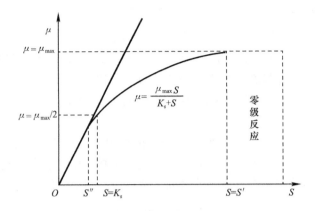

图 2-16　比增长速率（μ）与底物浓度（S）的关系曲线

说明在高底物浓度的条件下，$S \gg K_s$，微生物处于对数生长期，以最大的速度增长，增长速度与底物的浓度无关，呈零级反应，即图中底物浓度 S 大于 S' 的区段，这时底物的浓度再行提高，降解速度也不会提高。

2）在低底物浓度的条件下，$S \propto K_s$，莫诺方程分母中的 S 值可以忽略不计，于是莫诺方程可简化为：

$$\mu = \frac{\mu_{max}}{K_s} S \tag{2-13}$$

微生物增长遵循一级反应，微生物酶系统多未被饱和，底物的浓度已经成为微生物增长的控制因素，即图中底物浓度 $S=0 \sim S''$ 的区段，曲线的表现形式为通过原点的直线。这时增加底物浓度将提高微生物的比增长速率。

2.3.4　水质的微生物指标

目前《生活饮用水卫生标准》GB 5749—2006 中规定的水质微生物指标共 6 项，其中 4 项常规指标，分别为菌落总数、总大肠菌群、耐热大肠菌群、大肠埃希氏菌，2 项非常规指标，分别为贾第鞭毛虫、隐孢子虫。随着社会对饮用水微生物风险的日益重视，肠球菌、产气荚膜梭状芽孢杆菌及军团菌的检测也进入了人们的视野。

（1）菌落总数

菌落总数是指在营养琼脂上有氧条件下 37℃培养 48h 后，1mL 水样所含菌落的总数。菌落总数不适合作为致病菌污染的指示菌，但适合作为水处理和消毒运行监测的指示菌，适合作为评价输配水系统清洁度、完整性和生物膜存在与否的指标。在饮用水处理过程中，混凝沉淀可以降低菌落总数，但细菌在其他工艺段如生物活性炭滤池或砂滤池中有可能增殖。氯、臭氧和紫外线等消毒可以明显降低菌落总数，但在实际工作中，消毒不可能完全杀灭细菌；在条件适宜的情况下，细菌又会繁殖。其主要影响因素包括温度、营养（如可同化有机碳）、消毒剂的残留量和水流速度等。《生活饮用水卫生标准》GB 5749—2006 中的限值为 100CFU/mL。

（2）总大肠菌群

总大肠菌群是指在 37℃培养 24h 能发酵乳糖、产酸产气、需氧或兼性厌氧的革兰氏阴性无芽孢杆菌。总大肠菌群在自然界分布广泛，包括不同属的多种细菌，因此总大肠菌群不能作为粪便污染的直接指示菌，可以作为评价输配水系统清洁度、完整性和生物膜存在与否的指标，但不如菌落总数灵敏。总大肠菌群还可以用于评价消毒效果。一旦检出，表明水处理不充分或输配水系统和贮水装置中有生物膜形成或被异物污染。《生活饮用水卫生标准》GB 5749—2006 中的限值为不得检出。

（3）耐热大肠菌群（粪大肠菌群）和大肠埃希氏菌

耐热大肠菌群（粪大肠菌群）是指在 44～45℃仍能生长的大肠菌群。耐热大肠菌群是《生活饮用水卫生标准》GB 5749—2006 中规定的检测指标，粪大肠菌群是《地表水环境质量标准》GB 3838—2002 中规定的检测指标，通常也看作是一个指标，因为两者从定义上来讲并无太大差别（检测方法相同），且在欧美等国家标准中均有使用，只是从分类学的角度耐热大肠菌群比粪大肠菌群范围稍大。近年来耐热大肠菌群使用频率更高一些。

多数水体中耐热大肠菌群的优势菌种为大肠埃希氏菌。耐热大肠菌群虽然可靠性差，但因广泛存在于温血动物的粪便中，可以作为粪便污染指标；但进行饮用水水质检测时，首选大肠埃希氏菌作为消毒指示菌，这是因为大肠埃希氏菌主要存在于人体肠道中，与肠道病毒、原虫相比更敏感。

耐热大肠菌群（粪大肠菌群）和大肠埃希氏菌一般在输配水和贮水系统中极少检出，一旦检出，就意味着整个系统存在传播肠道致病菌的潜在风险。《生活饮用水卫生标准》GB 5749—2006 中的限值为不得检出。

（4）隐孢子虫和贾第鞭毛虫

隐孢子虫是一种球形寄生虫，具有复杂的生活史，可进行有性与无性繁殖，主要宿主是人和幼畜，其卵囊可在新鲜水中存活数周或数月，传播途径以粪便—口为主，主要感染途径是人与人接触，其他感染来源包括摄取被污染的食物和水以及直接与感染的动物接触。隐孢子虫卵囊对氧化性消毒剂如氯有很强的抵抗力，且由于卵囊体积较小，难以用常规的颗粒性过滤工艺去除，现阶段用膜过滤技术可有效去除卵囊。

贾第鞭毛虫是一种寄生于人体和某些动物胃肠道内的带鞭毛原虫，其生活史较简单，由带鞭毛的滋养体和感染性的厚壁包囊构成。前者在胃肠道内繁殖，后者间歇性脱落并随粪便排出。贾第鞭毛虫能在人类和许多动物体内繁殖，并把包囊排入环境，这些包囊生命力很强，在新鲜水中可存活数周或数月。贾第鞭毛虫包囊对氧化性消毒剂如氯的抵抗力强于肠道细菌，但弱于隐孢子虫卵囊。《生活饮用水卫生标准》GB 5749—2006 中"两虫"的限值均为<1 个/10L。

（5）产气荚膜梭状芽孢杆菌

梭状芽孢杆菌是指一类革兰氏阳性、厌氧、能够还原亚硫酸盐的杆菌。它们能产生芽孢，对不良水环境条件如紫外线照射、温度、极端 pH 值和诸多氯消毒过程等有很强的抵抗力。最具代表的就是产气荚膜梭状芽孢杆菌，该菌来源于人和其他温血动物的肠道，在大多数水体中不繁殖，是粪便污染的特异性指示菌。因产气荚膜梭状芽孢杆菌对消毒和其他不良环境条件有较强的抵抗力，所以该菌还可以作为水体受到粪便陈旧污染的指示菌。在水体中检出该菌提示水体存在粪便间歇性污染的可能，又因为其芽孢的生存时间较长，因此还可用于过滤效果的评价。

（6）肠球菌

肠球菌是粪链球菌的一个亚群，为革兰氏阳性菌，对氯化钠和碱性条件具有耐受性。它们兼性厌氧，以单细胞、成对或以短链形式出现。肠球菌可用作粪便污染的指示菌。多数菌种不能在水中繁殖。在人体肠道中其数量较大肠菌群低一个数量级，但对干燥和氯的抵抗力更强，常用于评价输配水系统维修后或新管道铺设后的水质。

（7）军团菌

军团菌是一类革兰氏阴性杆菌，无芽孢、无荚膜、有端鞭毛或侧鞭毛。军团菌广泛存在于各种水环境中，生长的温度范围为25℃以上。所有军团菌都具有潜在致病性。在自然界军团菌主要分布在淡水环境如河流、溪水和蓄水池中，但数量相对较低。在某些人造水环境中，该菌可大量存在，如与空调系统有关的水冷设备、热水供应系统，这些环境可为军团菌提供适宜的生长条件。军团菌可在生物膜和沉积物中存活和生长。其对供水管道的安全性评价意义不容忽视。

2.3.5 国内外水质微生物指标比较

饮用水中的微生物可引发突发公共卫生事件，因此，国内外都非常重视饮用水中微生物指标的监测，不同国家和地区所选用的监测指标并不一致，如表 2-4 所示。从指标数量上看，美国最多，高达 7 项，且当贾第鞭毛虫和病毒被灭活后，军团菌也能得到有效控制，因此，虽然列出了军团菌这项指标，但并未给出具体限值；中国有 6 项，日本有 3 项，欧盟以及 WHO 较少，只有 2 项。

中国、美国、欧盟、日本、WHO 的饮用水标准中微生物指标比较　　　　表 2-4

项目	中国（2006）	美国（2012）	欧盟（2015）	日本（2015）	WHO（4th）
菌落总数	100CFU/mL	—	—	100CFU/mL	—
总大肠菌群	不得检出	5%①	—	不得检出	不得检出
耐热大肠菌群	不得检出	—	—	—	不得检出
大肠埃希氏菌	不得检出	—	不得检出	—	—
贾第鞭毛虫	<1 个/10L	99.9%去除、灭活	—	—	—
隐孢子虫	<1 个/10L	99.9%去除、灭活	—	—	—
病毒	—	99.9%去除、灭活	—	—	—
异养菌总数	—	500CFU/mL	—	2000CFU/mL	—
肠球菌	—	—	不得检出	—	—
军团菌	—	无限值	—	—	—
浊度	—	5NTU	—	—	—

　① 表示每月样品中总大肠菌群的检出率不超过 5%；若总大肠菌群检出，则必须检测粪大肠菌群，且粪大肠菌群不得检出。

值得注意的是，美国和日本均引入了异养菌总数这一指标。部分异养菌本身不会影响人体健康，但是它可以作为细菌消毒效率和管网清洁度的指示菌，因为出厂水经消毒后进入管网，异养菌可以在适宜条件下利用水中的营养元素和可生物同化有机碳进行繁殖，造成二次污染。此外，浊度被美国列在微生物指标中，这反映了美国对浊度的认识不仅仅局限在感官上，更视其为细菌和病毒的载体。水的浊度降低，则相应的微生物也能够得到有效去除。

世界卫生组织在《饮用水水质准则》中明确提出：无论发展中国家还是发达国家，与饮用水有关的安全问题大多来自于微生物，并将微生物问题列为首位。随着微生物指标在水质标准中地位的提升和近年来微生物检测技术的突飞猛进，我国的《生活饮用水卫生标准》GB 5749—2006 中微生物指标数量与 WHO、欧盟、美国和日本等发达国家相比较，已基本和世界接轨，甚至某些指标更严于发达国家。而更多的微生物指标对于研究饮用水的生物稳定性有着重要的意义。

第 3 章 泵 与 泵 站

3.1 常用泵的分类与铭牌

3.1.1 常用泵的分类

泵的品种系列繁多，按照其工作原理可以分为以下三类。

（1）叶片式泵

利用安装在泵轴上的叶轮旋转，叶片与被输送液体发生力的作用，使液体获得能量，以达到输送液体的目的。根据叶轮出水的水流方向可以将叶片式泵分为径向流、轴向流和斜向流三种。有径向流叶轮的水泵称为离心泵，液体质点在叶轮中流动时主要受到离心力的作用；有轴向流叶轮的水泵称为轴流泵，液体质点在叶轮中流动时主要受到轴向升力的作用；有斜向流叶轮的水泵称为混流泵，它是上述两种叶轮的过渡形式，液体质点在叶轮中流动时，既受到离心力的作用，又受到轴向升力的作用。叶片式泵具有效率高、启动迅速、工作稳定、性能可靠、容易调节等优点，供水企业广泛地采用这类泵。

（2）容积式泵

利用泵内机械运动的作用，使泵内工作室的容积发生周期性的变化，对液体产生吸入和压出作用，使液体获得能量，以达到输送液体的目的。一般使工作室容积改变的方式有往复运动和旋转运动两种。属于往复运动的容积式泵有活塞式往复泵、柱塞式往复泵等；属于旋转运动的容积式泵有转子泵等。在供水企业中这类泵多应用于加药、计量系统中。

（3）其他类型泵

其他类型泵是指除叶片式泵和容积式泵以外的特殊泵。如射流泵、水锤泵、水环式真空泵等。这些泵的工作原理各不相同，如射流泵是利用高速蒸汽或液体在一种特殊形状的管段（喉管）中运动，产生负压抽吸作用来输送液体，供水企业中的加氯机即采用这种装置将氯送入压力水管中。水锤泵是利用水流由高处下泄的冲力，在阀门突然关闭时产生的水锤压力，把水送到更高的位置。水环式真空泵是靠泵腔内偏心叶轮不断旋转，使得泵腔容积不断变化来实现吸气、压缩和排气。

以上各类泵是供水企业和其他行业经常使用的一些主要泵型。就其数量而言，以叶片式泵的数量最多，应用范围最广泛，特别是叶片式泵中的离心泵尤其如此。本章节主要以离心泵作为对象来进行介绍。

各种类型的泵使用范围是不相同的，图 3-1 为常用的几种泵的总型谱图。由图可知，各类叶片式泵的使用范围非常广泛。其中离心泵、轴流泵、混流泵、往复泵的使用范围各不相同，往复泵使用侧重于高扬程、小流量。轴流泵和混流泵使用侧重于低扬程、大流量。而离心泵使用范围介于两者之间，其工作区域最广，产品的品种、规格也最多。

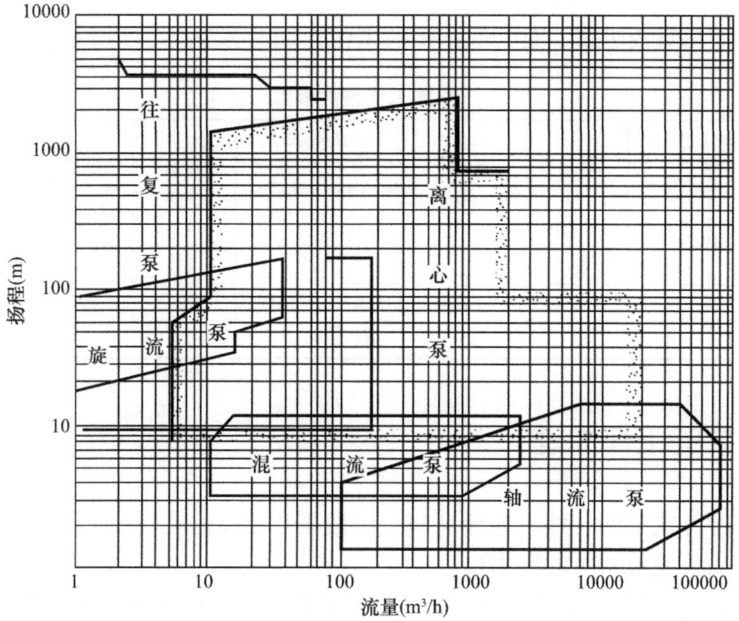

图 3-1　常用的几种泵总型谱图

3.1.2　水泵的铭牌

每台水泵的外壳上都钉有一块金属牌子，上面标明一些数据，这块金属牌子叫水泵的铭牌，它是水泵性能参数的具体反映。丢失铭牌的水泵其性能参数将难以确定，所以，应加强对水泵铭牌的保护。以安德里茨水泵的铭牌为例，如图 3-2 所示。

ANDRITZ			
Company（制造商） Address	Andritz China		
Type（型号）	SFWP80-800　AD		
No（出厂序号）	××××××		
Year Buit（出厂日期）	2017	Imp. Φ （进口直径）	980mm
Q（流量）	6200m³/h	H（扬程）	45m
P（电机功率）	1000kW	n（电机转速）	590V/min
T（临界温度）	××℃	C（介质浓度）	××%

图 3-2　水泵的铭牌

上述性能参数是水泵在输送 20℃的清水，大气压力为 1atm（10.33mH₂O），泵在设计转速下运转，泵效率为最高时的参数值。由于在实际工作中，水泵受到温度、管路等因素的影响，水泵往往不能稳定地工作在这一参数值上。因此，水泵在出厂使用说明书上给出了泵性能参数范围，即高效区。一般应把水泵的运行参数尽量控制在这个高效区范围以内为最经济。

以 14Sh-13 单级双吸离心泵为例，泵的工作性能参数见表 3-1 所示。

泵的工作性能参数　　　　　　　　　　　　　　　　　表 3-1

| 泵型号 | 流量 Q | | 扬程 H (m) | 转速 n (r/min) | 功率 N | | 效率 η (%) | 允许吸上真空高度 H_s (m) | 叶轮直径 D_2 (mm) | 泵质量 W (kg) |
	(m³/h)	(L/s)			轴功率 (kW)	电动机功率 (kW)				
14Sh-13	972	270	50	1470	164	230	81	3.5	410	1105
	1260	350	43.8		179		84			
	1480	410	37		188		79			

3.2 离心泵的工作原理

离心泵是叶片式泵的一种，这种泵的工作是靠叶轮高速旋转时叶片拨动液体旋转，使液体获得离心力而完成水泵的输水过程。

充满水的叶轮在泵壳内高速旋转时，水在离心力的作用下被以很高的速度甩出叶轮，飞向泵壳蜗室汇流槽中，这时的水具有很高的能量，由于蜗室汇流槽断面积是逐渐扩大的，汇集在这里的水流速度逐渐减小，压力逐渐增高。由于泵内的压力高于水泵出水管路的压力，水永远由高压区流向低压区，所以，水通过水泵获得能量后源源不断地流向出水管路，如图 3-3 所示。

离心泵出水压力的高低与叶轮直径的大小和叶轮转速的高低有着直接的关系；叶轮直径大、转速高，水泵的出水压力也高；叶轮直径小、转速低，水泵的出水压力也低。

叶轮中的水受离心力的作用而流向出水管路；同样，由于叶轮中的水受离心力的作用使叶轮中心区域形成低压区而使水泵得以吸水。取一个盛着半杯水的玻璃杯，使杯中水面平静，然后拿一支筷子沿玻璃杯内壁快速旋转起来，当水的旋转速度达到一定值时，杯内水面不再保持水平面，而是杯子中心部位的水面产生下落，靠近杯子内壁部位的水面产生上升，如图 3-4 所示。这种现象叫做旋涡运动，它是由于水流旋转时产生离心力的结果。

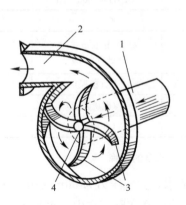

图 3-3　离心泵出水示意图
1—进水管；2—出水口；3—叶轮；4—吸入口

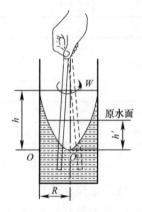

图 3-4　旋涡现象

玻璃杯的半径越大，杯内液体旋转角速度越快，液面总升高就越大（即泵的扬程）。由图 3-4 可以看出，杯中水面下降了 h' 高度，说明杯子中心部位压力下降，这个下降高度称为吸程。离心泵就是靠旋涡作用来吸水的。

离心泵运行时，泵壳相当于玻璃杯，叶轮相当于筷子，不同的是泵壳内充满水，是密封的。图 3-5 为离心泵吸水示意图，当叶轮高速旋转时，泵壳内的水由于受离心力的作用，在叶轮中心部位产生一个旋涡，形成真空，而水泵吸水池的液面却作用着大气压力，压力较高的水总是自动向压力较低的部位流动，所以吸水池内的水在大气压力的作用下，通过水泵吸水管路被压入水泵内，填补叶轮中心部位所形成的真空，从而达到水泵吸水的目的。

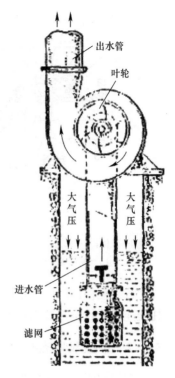

如果泵内叶轮中心部位为绝对真空，外面的大气压力为一个标准大气压，则这台离心泵的吸程最大为 10.33m，这是个理想化的数值，事实上达不到这个数值，因为泵内叶轮中心部位不可能达到绝对真空；吸水管路中流动的水因为摩擦作用，需要消耗一部分能量，所以，离心泵最大吸上高度一般在 6~8m 左右。

图 3-5 离心泵吸水示意图

综上所述，离心泵进行输水，主要是叶轮在充满水的蜗壳内高速旋转产生离心力，由于离心力的作用，使蜗壳内叶轮中心部位形成真空，吸水池内的水在大气压力的作用下，沿吸水管路流入叶轮中心部位填补这个真空区域；流入叶轮的水又在高速旋转中受离心力的作用被甩出叶轮，经蜗形泵壳中的流道而流入水泵的压力出水管路。这样，叶轮不停地高速旋转，吸水池中的水源源不断地被大气压入水泵内，水通过水泵获得能量，而被压出水泵进入出水管路。就这样，完成了水泵的连续输水过程。

离心泵在启动前，一定要将水泵蜗壳内充满水，如果叶轮在空气中旋转，由于空气的质量远远小于水的质量，故空气所获得的离心力不足以在叶轮中心部位形成所需要的真空值，吸水池中的水也不会进入到水泵内，水泵将无法工作。值得提出的是：离心泵启动前，一定要向蜗壳内充满水以后，方可启动，否则将造成泵体发热、振动，进而造成设备事故。

3.3 离心泵的构造与主要零件

3.3.1 单级单吸离心泵的构造

单级指只有一个叶轮，单吸指叶轮由单侧水平方向进水。这种泵用途很广泛。其流量在 5.5~300m³/h 范围内，扬程在 8~150m 范围内。图 3-6 为单级单吸离心泵的典型结构。泵轴 4 的一端在托架 5 内用轴承支承，另一端悬出，称为悬臂端，在悬臂端装有叶轮。轴承可以用机油润滑，也可以用黄油润滑。轴封装置多采用填料密封，高压泵或输送腐蚀介质的泵多采用机械密封方式。单级单吸离心泵的叶轮上开有平衡孔以平衡轴向力。这种泵结构简单、工作可靠、零件少、易于加工，故产品产量很大，分布很广。

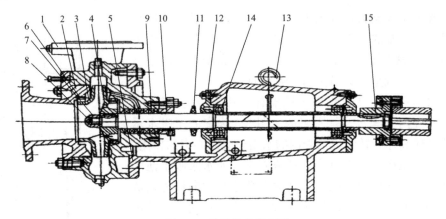

图 3-6　单级单吸离心泵

1—泵体；2—泵盖；3—叶轮；4—轴；5—托架；6—密封环；7—叶轮螺母；8—外舌止退垫圈；9—填料；
10—填料压盖；11—挡水圈；12—轴承端盖；13—油标尺；14—单列向心球轴承；15—联轴器

　　该泵在检修时可以不拆卸泵的吸入管及压水管，只要将托架止口上的螺母松开即可将托架连同叶轮全部抽出，这种结构称为后开门式。

3.3.2　单级双吸离心泵的构造

　　单级双吸离心泵的外形如图 3-7 所示。它的主要零件与单级单吸离心泵基本相似，所不同的是：双吸泵的叶轮是对称的，好像由两个相同的单吸式叶轮背靠背地连接在一起，水从两面进入叶轮，叶轮用键、轴套和两侧的轴套螺母固定，其轴向位置可通过轴套螺母

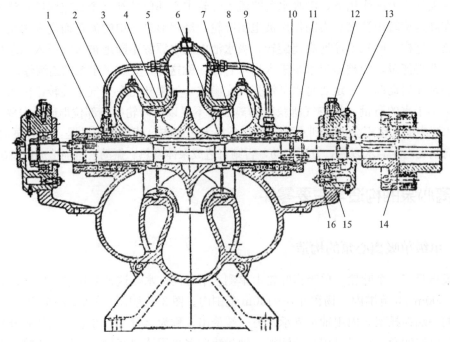

图 3-7　单级双吸离心泵

1—泵体；2—泵盖；3—叶轮；4—轴；5—双吸密封环；6—轴套；7—填料套；8—填料；9—水封环；10—填料
压盖；11—轴套螺母；12—轴承体；13—单列向心球轴承；14—联轴器部件；15—轴套挡套；16—轴承端盖

进行调整；双吸泵的泵盖与泵体共同构成半螺旋形吸入室和蜗形压出室。泵的吸入口和压水口均铸在泵体上，呈水平方向，与泵轴垂直。水从吸入口流入后，沿着半螺旋形吸入室从两面流入叶轮，故该泵称为双吸泵；泵盖与泵体的接缝是水平中开的，故又称为水平中开式泵；双吸泵在泵体与叶轮进口外缘配合处装有两只减漏环，称为双吸减漏环。在减漏环上有凸起的半圆环，嵌在泵体凹槽内，起定位作用。双吸泵在泵轴穿出泵体的两端共装有两套填料密封装置，水泵运行时，少量高压水通过泵盖中开面上的凹槽及水封环流入填料室中，起水封作用；双吸泵从进水口方向看，在轴的一端安装联轴器，根据需要也可在轴的另一端安装联轴器，泵轴两端用轴承支撑。

单级双吸离心泵的特点是流量较大，扬程较高；泵体是水平中开的，检修时不需拆卸电动机及管路，只要揭开泵盖即可进行检查和维修；由于叶轮对称布置，叶轮的轴向力基本达到平衡，故运转较平稳；由于泵体比较笨重，占地面积大，故适宜于固定使用。

3.3.3 离心泵的主要部件

离心泵是由许多部件组成的。下面分别说明各部件的作用、材料和组成。

（1）叶轮

叶轮是水泵过流部件的核心部分，它转速高、出力大，所以叶轮的材质应具有高强度、抗汽蚀、耐冲刷的性能，一般采用高牌号的铸铁、铸钢、不锈钢、磷青铜等材料制成。同时，要求叶轮的质量分布均匀，以减少由于高速旋转而产生的振动，通常叶轮在装配前需要通过静平衡实验。叶轮的内外表面要求光滑，以减少水流的摩擦损失。

（2）密封环

密封环一般装在水泵叶轮水流进口处相配合的泵壳上，密封环的作用是保持叶轮进口外缘与泵壳间有适宜的转动间隙，以减少液体由高压区至低压区的泄漏，因此一般将密封环称为减漏环。密封环的另一作用是准备用来承磨的，因为在实际运行中，在叶轮吸入口的外圆与泵壳内壁的接缝部位上摩擦常是难免的，泵中有了密封环，当间隙磨大后，只须更换该部件而不致使叶轮和泵壳报废，因此，密封环又称承磨环，是一个易损件，一般用铸铁或其他耐磨金属制成，磨损后可以更换。

离心泵密封环的结构形式较多，接缝面可以做成多齿型，以增加水流回流时的阻力，提高减漏效果，图 3-8 所示为三种不同形式的密封环。图 3-8（c）为双环迷宫型的密封环，其水流回流时的阻力很大，减漏效果好，但构造复杂。

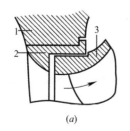 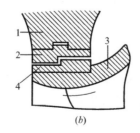 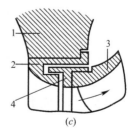

（a） （b） （c）

图 3-8　密封环

（a）单环型；（b）双环型；（c）双环迷宫型

1—泵壳；2—镶在泵壳上的密封环；3—叶轮；4—镶在叶轮上的密封环

密封环接缝间隙既不能过大，也不能过小。间隙过大时，漏失增大，容积损失也加大；间隙过小时，叶轮与密封环之间可能产生摩擦增大机械损失，有时还会引起振动及设备事故。通常，根据不同泵型，密封环接缝间隙保持在 0.25～1.10mm 之间为宜，否则应更换适宜的密封环。

（3）泵壳（含泵体和泵盖）

离心泵的泵壳通常铸成蜗壳形，其过水部分要求有良好的水力条件。叶轮工作时，沿蜗壳的渐扩断面上，流量是逐渐增大的，为了减少水力损失，在泵设计中应使沿蜗壳渐扩断面流动的水流速度是一常数。水由蜗壳排出后，经锥形扩散管流入压水管。蜗壳上锥形扩散管的作用是降低水流速度，使流速水头的一部分转化为压力水头。

泵壳材料的选择，除了考虑介质对过流部分的腐蚀和磨损以外，还应使壳体具有作为耐压容器的足够的机械强度。其材质大多采用铸铁或球墨铸铁，特殊场合也可采用不锈钢和铸钢。要求内表面光滑，壳体内流道变化均匀，不能有砂眼、气孔、裂缝等缺陷。

（4）泵轴

泵轴的作用是通过联轴器和原动机相连接，将原动机的转矩传给叶轮，所以它是传递机械能的主要部件。泵轴的材料一般采用优质碳素结构钢或不锈钢，一些特殊场合，泵轴亦可采用含铬的特殊钢。泵轴应有足够的抗扭强度和刚度，其挠度不应超过允许值；工作转速不能接近产生共振现象的临界转速。在泵轴的一些容易被腐蚀或磨损的部位，通常加装轴套来保护，轴套也起到固定叶轮的作用。根据输送液体情况，轴套可选用高牌号铸铁、青铜或合金钢。叶轮和轴用键来连接。键是转动体之间的连接件，离心泵中一般采用平键，这种键只能传递扭矩而不能固定叶轮的轴向位置，在大、中型泵中叶轮的轴向位置通常采用轴套和并紧轴套的螺母来定位。

（5）轴封装置

泵轴穿出泵壳时，在泵轴与泵壳之间存在着间隙，如不采取措施，间隙处就会有泄漏。当间隙处的液体压力大于大气压力（如单吸式离心泵）时，泵壳内的高压水就会通过此间隙向外大量泄漏；当间隙处的液体压力为真空（如双吸式离心泵）时，则大气就会从间隙处漏入泵内，从而降低泵的吸水性能。为此，需在泵轴与泵壳之间的间隙处设置密封装置，称为轴封。目前应用较多的轴封装置有填料密封、机械密封。

1）填料密封

① 填料密封的结构：如图 3-9（a）所示，为使用最广的带水封环的压盖填料式密封装置，主要由填料 3、水封环 5、填料筒 4 和填料压盖 2 组成。填料又名盘根，在轴封装置中起着阻水或阻气的密封作用。常用的填料是浸油、浸石墨的石棉绳填料。近年来，随着工业的发展，出现了各种耐高温、耐磨损以及耐强腐蚀的填料，如用碳素纤维、不锈钢纤维及合成树脂纤维编织成的填料等。为了提高密封效果，填料绳一般做成矩形断面。填料是用压盖来压紧的，它对填料的压紧程度可通过拧松拧紧压盖上的螺栓来进行调节。填料密封装置结构简单、成本低、适用范围广。不足之处是使用寿命短、密封性能不甚理想。

② 填料密封的原理：将该密封装置安装完毕拧紧填料压盖螺母，则压盖对填料做轴向压缩，由于填料具有塑性，因而产生径向力，并与泵轴 1 紧密接触。与此同时，填料中浸渍的润滑剂被挤出，在接触面上形成油膜，以利润滑。显然，良好的密封在于保持良好

的润滑和适当的压紧，若润滑不良或压得过紧，都会使油膜中断，造成填料与轴之间出现干摩擦，最后导致烧轴事故。填料筒中水封环的作用是将水泵高压液体均匀地扩散到泵轴与填料的圆周方向，然后一部分沿轴表面（或轴套表面）进入泵体内，而另一部分泄到泵体外，这部分液体起到润滑和冷却的双重作用。当泵内压力小于泵外压力时，还起到阻止空气进入泵内的作用。

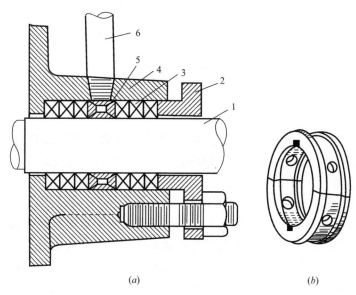

图 3-9 带水封环的填料密封

（a）压盖填料型填料盒；（b）水封环

1—轴；2—填料压盖；3—填料；4—填料筒；5—水封环；6-水封管

③ 泥状软填料密封：这是一种新的无石棉高分子材料合成的密封填料，外观如胶泥状具有特殊的可塑性，能够在填料函内由两端盘根密封闭住填料后形成圆筒状的滑块，与轴的相对运动面之间产生非常薄的液膜，由于软填料的特殊材料的作用，产生的摩擦热接近于零。因此是世界上产生摩擦阻力最小的填料之一，而填料之间高分子阻隔剂的作用保证了介质之间的不渗漏。因此，该种填料是唯一一种可塑的、低摩擦而不需冷却水冲洗的泵用填料。

泥状软填料装在填料箱内，压盖通过压盖螺栓轴向预紧力的作用使软填料产生轴向压缩变形，同时引起填料产生径向膨胀的趋势，而填料的膨胀又受到填料箱内壁与轴表面的阻碍作用，使其与两表面之间产生紧贴，间隙被填塞而达到密封。即泥状软填料是在变形时依靠合适的径向力紧贴轴和填料箱内壁表面，以保证可靠的密封。它的主要特点包括不需冲洗和冷却；可节约轴功率的消耗，节约电能；永不磨损轴和轴套；可在线修复（即在不停机的状态下调整、修复和补充），维修强度低，安装简单，维护方便；无规格限制，可减少库存，使用寿命长；泄漏量减少或可做到无泄漏；具有反复使用性，长期使用综合经济效益显著。

2）机械密封

① 机械密封的结构：如图 3-10 所示，机械密封主要由动环 5（随轴一起旋转并能作轴向移动）、静环 6、压紧元件（弹簧 2）和密封元件（密封圈 4、7）等组成。

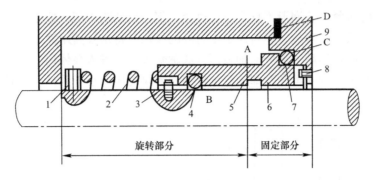

图 3-10　机械密封结构

1—弹簧座；2—弹簧；3—传动销；4—动环密封圈；5—动环；6—静环；

7—静环密封圈；8—防转销；9—压盖

② 机械密封的原理：机械密封又称端面密封，其工作原理是动环密封腔中液体的压力和压紧元件的压力，使其端面贴合在静环的端面上，并在两环端面 A 上产生适当的比压（单位面积上的压紧力）和保持一层极薄的液体膜而达到密封的目的。而动环和轴之间的间隙 B 由动环密封圈 4 密封，静环和压盖之间的间隙 C 由静环密封圈 7 密封。如此构成的三道密封（即 A、B、C 三个界面之密封），封堵了密封腔中液体向外泄漏的全部可能的途径。密封元件除了密封作用以外，还与作为压紧元件的弹簧一道起到了缓冲补偿作用。泵在运转中，轴的振动如果不加缓冲地直接传递到密封端面上，那么密封端面不能紧密贴合而会使泄漏量增加，或者由于过大的轴向载荷而导致密封端面磨损严重，使密封失效。另外，端面因摩擦必然会产生磨损，如果没有缓冲补偿，势必会造成端面的间隙越来越大而无法密封。

与填料密封相比较，机械密封有许多优点：密封可靠，在较长时期内的使用中，不会泄漏或很少泄漏；使用寿命长；维修周期长，一般情况下可以免去日常维修；摩擦损失小，一般仅为填料密封方式的 10%～50%；轴或轴套不受磨损。

机械密封虽然有以上优点，但它存在着结构复杂、加工精度要求高、安装技术要求高、材料价格高等不足。

（6）轴承体

轴承体是一个组合件，它包含轴承座和轴承两大部分，轴承安装于轴承座内作为转动体的支持部分。水泵常用的轴承根据其结构的不同，可以分为滚动轴承与滑动轴承两大类。

1）滚动轴承：它的基本构成有内圈、外圈、滚动体、保持架等，内、外圈分别与泵轴的轴颈和轴承座安装在一起，内圈随泵轴一起转动，外圈静止不转，如图 3-11 所示。

滚动轴承的材料采用铬合金钢中的一种特殊品种——滚动轴承钢。而其保持架一般采用低碳钢或青铜制成。滚动轴承有以下优点：摩擦阻力小，转动效率高；外形尺寸小，规格标准统一，方便检修更换；润滑剂消耗少，轴承不易烧坏。它的不足方面有：工作时噪声较大，转动不够平稳，承受冲击负荷能力较差。

2）滑动轴承：大、中型水泵多采用滑动轴承。水泵转子的重力，通过轴颈传递给油膜，油膜再传递给瓦衬，直至轴承座上。按照承受载荷的方向不同，滑动轴承分为向心滑动轴承和推力滑动轴承，卧式泵的轴承以向心型为主，如图 3-12 所示。

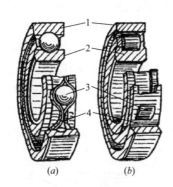

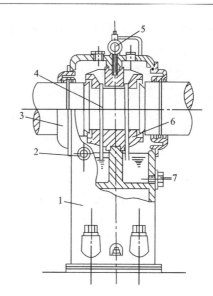

图 3-11　滚动轴承的基本构造

(a) 单列向心球轴承；(b) 单列向心圆柱滚子轴承

1—外圈；2—内圈；3—滚动体；4—保持架

图 3-12　滑动轴承的组成

1—轴承座；2—油标孔；3—挡油环；4—油环

5—油杆；6—轴瓦；7—排油塞

① 轴承座：它是支承轴瓦和转子的主要部件，内部制成空箱形构成油室，是容纳轴承润滑油的空间，轴承座通常有铸铁、铸钢、钢板焊接等形式。轴承座的上部称为轴承盖，轴承盖与轴承座用圆柱销定位，用止口定心。

② 轴瓦：它位于轴承座与轴颈之间，轴瓦由瓦背和瓦衬组成，瓦背一般由青铜或铸铁制成；瓦衬由专用轴承合金（也称巴氏合金❶）浇铸在瓦背上而制成，轴承合金摩擦系数小，抗绞合性能好，导热性好，并且具有足够的机械强度。

③ 油环：油环是滑动轴承自润滑的零件，随着泵轴的转动，油环把油室内的润滑油自下而上带至轴瓦的油腔内，以形成油楔和油膜，同时起到冷却和润滑轴瓦的作用。

④ 油标孔：它安装在轴承座的油面线上，是观察轴承座油面位置的装置。

⑤ 排油孔：它位于油室底部，是用于排放污油的。

滑动轴承的优点有：工作可靠、平稳无噪声，因为润滑油膜具有吸收振动的作用，所以滑动轴承能承受较大的冲击载荷。它的不足方面有：结构复杂、零件多、体积大，故多用在大、中型水泵上。

（7）联轴器

联轴器用于连接两个轴，使它们一起转动，以传递功率。

联轴器连接的两个轴，由于制造、装配、安装存在误差，两轴心线位置不可能完全重合。同时，机器在运转中零件产生变形，由于温度变化使两轴产生偏斜和位移，这种轴心线的不同轴度若不能得到补偿，则必然产生附加应力和变形，并由此产生振动，使运行状况恶化。

弹性联轴器的特点是：在两个半联轴器的中间设置弹性元件，通过弹性元件的弹性变形来补偿两轴心线的不同轴度。又因弹性元件具有缓冲、阻尼振动的特点，所以在启动频

---

❶ 巴氏合金：系锡（Sn）、铅（Pb）、锑（Sb）、铜（Cu）的合金，统称为巴氏合金，其特点是柔软、耐磨、富有塑性、油附着性好，通常将它附在青铜或铸铁的轴瓦上使用。

繁、载荷变动、高速运转和两轴严格对中有困难的场合经常采用。下面介绍水泵经常使用的三种弹性联轴器。

1）尼龙柱销联轴器：由两个半联轴器1、2及尼龙柱销3和挡环4组成，如图3-13所示。它的构造比较简单，制造容易，维修方便，并有一定的吸振功能。这种联轴器的弹性元件为圆柱尼龙销，因尼龙对温度变化敏感，故该联轴器的工作温度应在−20～70℃范围内。这种联轴器允许两轴有0.5°的角位移或0.1～0.25mm的径向位移。

2）弹性圈柱销联轴器：由半联轴器、柱销、弹性圈和挡圈组成，如图3-14所示。弹性圈一般用橡胶制成，其断面呈梯形，联轴器允许径向有0.14～0.2mm的位移或两轴有0°40″的角位移。弹性圈柱销联轴器的弹性良好，能吸收一部分冲击力。主要用于连接载荷有变化、启动频繁的中、小功率的机器上。这种联轴器所连接两轴的位移角不得超过允许值，否则，弹性圈很快磨损。另外，应确保油类及其他对橡胶有害的介质不与联轴器接触。

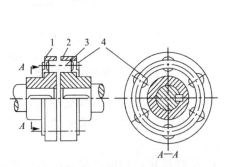

图3-13 尼龙柱销联轴器

1、2—半联轴器；3—尼龙柱销；4—挡环

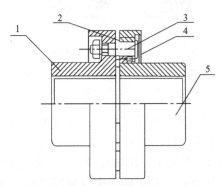

图3-14 弹性圈柱销联轴器

1、5—半联轴器；2—挡圈；3—柱销；4—弹性圈

弹性圈柱销联轴器有易于制造、拆装方便、成本较低等优点。缺点是弹性圈易磨损、寿命短、外廓尺寸较大。弹性圈柱销联轴器在供水企业泵房的水泵上得到较多的应用。

3）爪形弹性联轴器：由两个爪形半联轴器和中间的橡胶星形轮组成，如图3-15所示。橡胶星形轮为弹性元件，传递扭矩时，动力从一个半联轴器输入，该半联轴器拨动橡胶星形轮，通过橡胶星形轮再拨动另一个半联轴器，将动力输出。橡胶星形轮构造简单、装卸方便、弹性好、径向尺寸小。适用于启动频繁、正反多变、有冲击载荷的中、小功率的两个轴相连接，允许径向位移在0.1～0.3mm范围、相对角位移为1°。

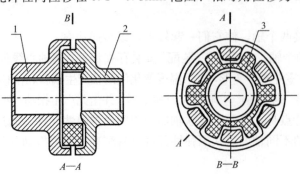

图3-15 爪形弹性联轴器

1、2—半联轴器；3—橡胶星形轮

（8）轴向力平衡措施

单吸式离心泵，由于其叶轮缺乏对称性，离心泵工作时，叶轮两侧作用的压力不相等，如图 3-16 所示。因此，在泵叶轮上作用有一个推向吸入口的轴向力 ΔP。这种轴向力特别是对于多级单吸式离心泵来讲，数值相当大，必须采用专门的轴向力平衡装置来解决。对于单级单吸式离心泵而言，一般采取在叶轮的后盖板上钻开平衡孔，并在后盖板上加装减漏环，如图 3-17 所示。此环的直径可与前盖板上的减漏环直径相等。压力水经此减漏环时压力下降，并经平衡孔流回叶轮中去，使叶轮后盖板上的压力与前盖板相接近，这样就消除了轴向推力。此方法的优点是构造简单，容易实行。缺点是叶轮流道中的水流受到平衡孔回流水的冲击，使水力条件变差，泵的效率有所降低。一般在单级单吸式离心泵中，此方法应用仍是很广的。

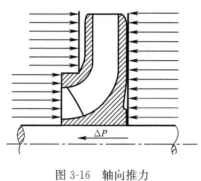

图 3-16 轴向推力

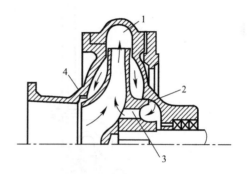

图 3-17 平衡孔
1—排出压力；2—加装的减漏环；
3—平衡孔；4—泵壳上的减漏环

3.4 离心泵的主要技术参数

表示泵的工作性能的参数叫做泵的技术参数。离心泵的技术参数有：流量 Q、扬程 H、轴功率 N、转速 n、效率 η、允许吸上真空高度 H_s（或汽蚀余量 Δh）、比转速 n_s。

（1）流量

水泵在单位时间内所输送液体的体积称为流量，用字母 Q 表示。它的单位一般为 m^3/h、m^3/s、L/s。对于输送清水，它们的换算关系为：$1L/s = 3.6m^3/h$；$1m^3/s = 3600m^3/h$。

水泵铭牌上的流量指水泵在额定转速下最佳工作状况时的出水量，它又称为额定流量。水泵在实际工作中，由于受其他因素和其他技术参数变化的影响，其流量值也会有变化。

（2）扬程

单位质量的液体通过水泵以后所获得的能量称为扬程，又叫总扬程或全扬程，用字母 H 表示，其单位为 m，即液柱高度。

水泵铭牌上的扬程是指水泵在额定转速下最佳工作状况时的总扬程，它又称为额定扬程。水泵的总扬程是该水泵具有的扬水能力。这与水泵工作时的实际扬程（净扬程）不是一个概念，它们之间有一定关系，水泵的实际扬程 $H_{实}$ 是指进水池水面与出水池水面之间的垂直距离。它和总扬程相比，相差一个损失扬程 $H_{损}$。水在泵体内、管道内流动，要克服其内壁的摩擦，以及产生涡流等现象，损失一部分能量，也就是损失一部分扬程，如图 3-18 所示。

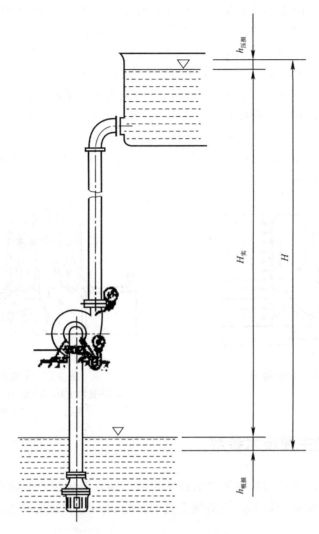

图 3-18　水泵扬程示意图

我们通过图 3-18 可以了解到下述关系（以垂直距离计算）：

$$H = H_实 + h_{吸损} + h_{压损} \tag{3-1}$$

（3）功率

水泵在单位时间内所做的功称为功率，离心泵的功率是指离心泵的轴功率，即原动机传给泵的功率，用字母 N 表示，单位为 kW，它有如下关系：

$$1kW = 102kg \cdot m/s = 1000N \cdot m/s$$

1）有效功率 N_e：有效功率是水泵在单位时间内对排出的液体所做的功。泵的有效功率可以根据流量 Q、扬程 H 和所输送液体的重度 γ 计算出来：

$$N_e = \frac{\gamma QH}{1000} \tag{3-2}$$

式中　Q——所输送液体的体积流量，m^3/s；

H——泵的全扬程，m；

γ——所输送液体的重度，N/m³。

2）轴功率 N：轴功率是原动机输送给水泵的功率，常用的单位为 kW。由于泵内总是存在损失功率，所以有效功率总是小于泵的轴功率。如已知该泵的总效率为 η，则泵的轴功率可以用下式计算：

$$N = \frac{N_e}{\eta} = \frac{\gamma QH}{1000\eta} \tag{3-3}$$

3）配套功率 N_g：配套功率是指某台水泵应该选配的原动机所具有的功率。配套功率比轴功率大，因为在动力传递给水泵轴时，传动装置也有功率损失，如带传动效率为 95%～98%，联轴器直接传动效率接近 100%。在选择水泵配套原动机的功率时，除考虑传动装置的功率损失以外，还应考虑到水泵出现超载运行的情况，原动机必须具有储备功率，以增加原动机的安全保险量，一般增加 10%～30% 的功率作为储备功率。

水泵、电动机组的功率分配情况如图 3-19 所示。

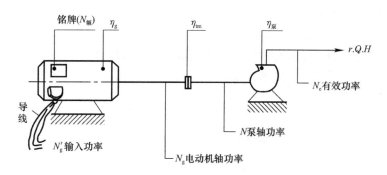

图 3-19　水泵、电动机组功率分配

N—电动机铭牌上的额定功率；η_g—电动机的效率；η_{tm}—传动效率

（4）效率

效率是水泵的有效功率和轴功率之比值，用 η 表示。

效率是衡量水泵性能好坏的重要经济技术指标，效率高的水泵，说明该泵设计制造先进、设备维护良好、运行正常所致。水泵铭牌上的效率是指该台水泵在额定转速下运行时可以达到的最高效率。一般水泵效率在 60%～85% 之间，有的大型水泵可以达到 90% 以上。高效率的泵说明做同样的功，该泵所消耗的能源最低。因此，提高水泵运行效率是节约能源的一个重要途径。

（5）转速

转速指水泵叶轮在每分钟内的转动圈数，通常用 n 表示，单位为 r/min。水泵铭牌上标出的转速是该水泵的额定转速，它是设计水泵的基本参数之一，使用水泵时应保证在这个转速下运行，不能随意改变，否则会引起流量、扬程、轴功率和效率的相应变化，甚至造成设备事故。

（6）允许吸上真空高度 H_s 及汽蚀余量 Δh

1）允许吸上真空高度 H_s

指水泵在标准状况下，水温为 20℃，表面压力为一个标准大气压下运转时，水泵所允许的最大吸上真空高度，单位为 mH₂O，一般用 H_s 来反映水泵的吸水性能。它是水泵运行不产生汽蚀的一个重要参数。

2）汽蚀余量 Δh

指水泵进口处，单位质量液体所具有的超过饱和蒸汽压力的富裕量，它是水泵吸水性能的一个重要参数，单位为 mH₂O。汽蚀余量也常用 NPSH 表示。

（7）比转速

它是表示水泵特性的一个综合性的数据。比转速虽然也有转速二字，但它与水泵转速是完全不同的两个概念。水泵的比转速是指一个假想叶轮的转速，这个叶轮与该水泵的叶轮几何形状完全相似，它的扬程为 1m、流量为 0.075m³/s 时所具有的转速。比转速常用符号 n_s 来表示。

$$n_s = 3.65 \frac{n \cdot \sqrt{Q}}{H^{3/4}} \tag{3-4}$$

式中　Q——设计点流量，m³/s；

　　　H——设计点扬程，m；

　　　n——泵的设计转速，r/min。

在计算比转速时以单个叶轮的设计点的流量和扬程来计算。

对于双吸泵，比转速以下式来计算：

$$n_s = 3.65 \frac{n \cdot \sqrt{Q/2}}{H^{3/4}} \tag{3-5}$$

对于多级泵，比转速以下式来计算：

$$n_s = 3.65 \frac{n \cdot \sqrt{Q}}{\left(\frac{H}{i}\right)^{3/4}} \tag{3-6}$$

式中　i——泵的级数。

比转速在水泵的设计工作中是一个重要参数，比转速与水泵的性能和性能曲线变化规律有很大关系，同时，比转速又影响到水泵叶轮的几何形状。所以，知道水泵的比转速后就可以大致知道这台水泵的性能和性能曲线变化规律，以及叶轮的形状。见表 3-2。

比转速与叶轮形状及水泵性能曲线的关系　　　　表 3-2

水泵类型		比转速	叶轮简图	尺寸比	叶片形状	性能曲线
离心泵	低比转速	50～80		$\frac{D_2}{D_0} \approx 2.5$	圆柱形	
	中比转速	80～150		$\frac{D_2}{D_0} \approx 2.0$	进口处扭曲 出口处圆柱形	
	高比转速	150～300		$\frac{D_2}{D_0} \approx 1.8～1.4$	扭曲形	

续表

水泵类型	比转速	叶轮简图	尺寸比	叶片形状	性能曲线
混流泵	$300\sim500$		$\dfrac{D_2}{D_0}\approx1.2\sim1.1$	扭曲形	
轴流泵	$500\sim1000$		$\dfrac{D_2}{D_0}\approx0.8$	扭曲形	

从表 3-2 可以看出，比转速越小，叶轮的出口宽度越窄，叶轮的外径就越大，流道窄而长；反之，比转速越大，叶轮的出口宽度越宽，叶轮的外径就越小，流道短而宽。我们常以比转速的大小来区分离心泵、混流泵、轴流泵。比转速和水泵的性能关系：比转速大，水泵的扬程低而流量大；比转速小，水泵的流量小而扬程高。

3.5 离心泵的性能参数

离心泵的性能主要通过性能参数来体现，如某台泵扬程、流量、转速、功率、效率、允许吸上真空高度都有其对应的参数，这些参数之间互相联系又互相制约，当其中的一个参数发生变化时，其他参数也都跟随发生变化。通常，离心泵的主要性能参数之间的相互关系和变化规律用曲线表示出来，这种曲线称为离心泵的性能曲线或特性曲线，离心泵的性能曲线是液体在泵内运动规律的外部表现形式。

3.5.1 离心泵的性能曲线

在绘制离心泵的性能曲线时，通常把某个固定转速下的流量 Q 与扬程 H、流量 Q 与轴功率 N、流量 Q 与效率 η、流量 Q 与允许吸上真空高度 H_s 之间相互变化规律的几条曲线绘制在一个坐标图上，一般用流量 Q 作为几个参数共同的横坐标，用扬程 H、轴功率 N、效率 η、允许吸上真空高度 H_s 或必须汽蚀余量（NPSH）作为纵坐标。图 3-20 所示为 32SA-10A 型单级双吸式离心泵的性能曲线，其额定转速为 730r/mim，它的横坐标为流量 Q，其单位为 m³/h 或 L/s。左上纵标为扬程 H，单位为 m；右上纵坐标为轴功率 N，单位为 kW；右下纵坐标为效率 η，单位用百分数表示；左下纵坐标为允许吸上真空高度 H_s，单位为 m。由性能曲线图可以看出水泵性能参数之间相互变化情况：当该泵流量为 1200L/s 时，相应的 $H=85m$，$N=1100kW$，$\eta=85\%$，$H_s=4.5m$；当流量变化到 1758L/s 时，相应的 $H=75m$，$N=1405kW$，$\eta=92\%$，$H_s=2m$。

（1）流量——扬程曲线

从图 3-20 可以看出，双吸式离心泵的流量较小时，其扬程较高；当流量慢慢增加时，扬程却跟着逐渐降低。如当流量为 700L/s 时，其扬程为 89m；当流量增加到 1900L/s 时，其扬程降低到 70m。扬程随着流量增加而降低，曲线变化较平缓。

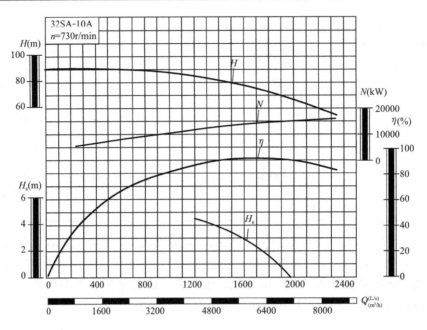

图 3-20　32SA-10A 型离心泵性能曲线

（2）流量——功率曲线

从图 3-20 可以看出，双吸式离心泵的流量较小时，其轴功率也较小；当流量逐渐增大时，轴功率曲线有上升。如当流量为 800L/s 时，其轴功率为 995kW；当流量为 2300L/s 时，其轴功率上升到 1650kW。但也有的泵型流量再继续增加时，轴功率不但不再增加，反而慢慢下降，整个曲线的变化比较平缓。此种曲线多发生在高比转速离心泵型中。

（3）流量——效率曲线

从图 3-20 还可以看出，双吸式离心泵的流量较小时，其效率并不高；当流量逐渐增大时，效率也慢慢提高；当流量增加到一定数量后，再继续增加时，效率非但不再继续提高，反而慢慢降低。如当流量为 1000L/s 时，其效率为 80%；当流量增大到 1758L/s 时，其效率达到最高值，为 92%；当流量由 1758L/s 再继续增大到 2300L/s 时，其效率降到 82%。

（4）流量——允许吸上真空高度曲线

如图 3-20 所示的 H_s 曲线，在该曲线上各点的纵坐标，表示水泵在相应流量下工作时，水泵所允许的最大极限吸上真空高度值。它并不表示在某流量 Q、扬程 H 点工作时的实际吸水真空高度值。水泵的实际吸水真空高度值，必须小于 $Q—H_s$ 曲线上的相应值。否则，水泵将会产生汽蚀现象。

从上面性能曲线的简单分析可以知道：效率曲线 $Q—\eta$ 的顶峰处工作效率最高，其余各点都比它低。水泵铭牌上标明的流量、扬程、轴功率、效率等参数，就是指水泵在最高效率下工作的各项参数值。如果选择的水泵在实际运行时的流量、扬程、轴功率等参数，正好和铭牌上标明的一致，那是最好的情况，即最经济的情况。

但在实际使用中难于做到这一点。也就是说，水泵在实际工作时，不一定在高效率点工作。鉴于这种情况，一般在最高效率点左右划定一段效率比较高的范围，要求水泵尽可能地在这个范围工作，这个范围叫做水泵工作的高效区。常常在水泵流量—扬程（Q—H）

曲线上，用两个波形符号"§"括起来表示。工作范围内 3 个点的参数或 4 个点的参数，一般列表介绍，这种表叫水泵性能表，它可以在水泵产品说明书中或水泵产品样本中查到。表 3-3 所列为 32SH-19 型双吸式水泵性能表，表中列出了工作范围内的 4 个参数，其中最上一个参数是 $Q—H$ 曲线图中左边波形符号与该曲线交点的数值，最下一个参数是 $Q—H$ 曲线图中右边波形符号与该曲线交点的数值；中间两个参数是效率最高的两个工作点的数值。

32SH-19 型水泵性能表 表 3-3

流量 Q		扬程 H (m)	转数 n (r/min)	功率 N (kW)		效率 η (%)	允许吸上真空高度 H_s(m)	叶轮直径 D(mm)	泵的质量 (kg)
(m³/h)	(L/s)			轴功率	配套功率				
4700	1305	35		575		78			
5500	1530	32.5	730	580	625	84	4.35	740	5100
6010	1670	28.9		567		83.5			
6460	1795	25.4		567		80.4			

在其他几何参数不变的情况下，如果改变叶轮出口直径 D_2，泵的性能曲线平行上下移动；加大 D_2，曲线平行上移，减小 D_2，曲线平行下移，如图 3-21 （a）所示。如果改变叶轮出口宽度 b_2，泵的性能曲线变得倾斜或平缓；b_2 变小，曲线加大向下倾斜，b_2 变大，曲线变得平缓，如图 3-21 （b）所示。如果改变叶片出口安放角 $β_2$，泵的性能曲线倾斜率发生变化；$β_2＝90°$时，曲线呈水平状，$β_2＜90°$时，曲线呈向下倾斜状，$β_2＞90°$时曲线呈上升状，如图 3-21 （c）所示。

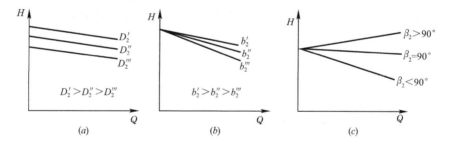

图 3-21 D_2、b_2、$β_2$ 对性能曲线的影响
（a）D_2 对性能曲线的影响；（b）b_2 对性能曲线的影响；（c）$β_2$ 对性能曲线的影响

离心泵性能曲线的形状除受叶轮几何参数（见图 3-22）的影响外，还受其他过流部件几何参数的影响。

3.5.2 管路特性曲线和运行工况点

通过对离心泵性能曲线的分析可以看出，每一台水泵都有它自己固有的性能曲线，这种曲线反映出该台水泵本身的工作能力，在现实运行中，要发挥泵的这种能力，还必须结合输水管路系统联合运行，才可完成上述目的。在此，提出一个水泵装置的实际工况点的确定问题。所谓工况点，就是指水泵在已确定的管路系统中，实际运行时所具有的流量 Q、扬程 H、轴功率 N、效率 $η$、允许吸上真空高度 H_s 等的实际参数值。工况点的各项

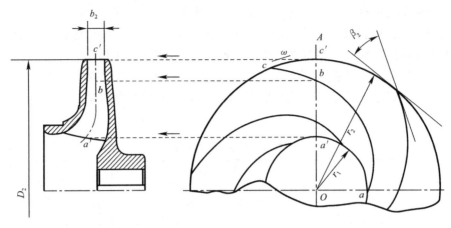

图 3-22 叶轮几何参数

参数值，反映了水泵装置系统的工作状况和工作能力，它是泵站设计和运行管理中的一个重要问题。

（1）管路特性曲线

一定规格及配置一定零部件的管路的流量和水头损失变化关系，称为管路水头损失变化关系的曲线，即管路特性曲线。

管路损失扬程（$h_{损}$），可以分为沿程损失扬程（$h_{沿}$）和局部损失扬程（$h_{局}$）两部分。沿程损失扬程是指水流流经管道时，水体与管道内壁之间发生摩擦所消耗的能量，它与管路的长短、口径的大小和通过水量的多少等有关；局部损失扬程是指水流流经弯头及管路附件处，水体的撞击、挤压等所消耗的能量，它与弯头、管路附件的多少及形式有关。

管路沿程损失扬程 $h_{沿}$ 和管路局部损失扬程 $h_{局}$ 可以用下式分别计算：

$$h_{沿} = \varepsilon_{沿} \cdot L \cdot Q^2 \tag{3-7}$$

式中 $h_{沿}$——管路沿程损失扬程，m；

      $\varepsilon_{沿}$——管路摩阻率（可查表 3-4 得到）；

      L——管路长度，m；

      Q——通过管路中的流量，m^3/s。

铸铁管和钢管的摩阻率 表 3-4

内直径 D（mm）	摩阻率（$\varepsilon_{沿}$）	内直径 D（mm）	摩阻率（$\varepsilon_{沿}$）
12.50	32950000	80.50	1168
15.75	8809000	100.00	365.3
21.25	1643000	106	267.4
27.00	436700	125	110.8
35.75	93860	126	106.2
41.00	44530	131	86.29
50.00	15190	148	44.95
53.00	11080	150	41.85
68.00	2893	156	33.95
75.00	1709	174	18.96

续表

内直径 D（mm）	摩阻率（$\varepsilon_{沿}$）	内直径 D（mm）	摩阻率（$\varepsilon_{沿}$）
199	9.273	450	0.1195
200	9.029	458	0.1089
225	4.822	500	0.06839
250	2.752	509	0.06222
253	2.583	600	0.02602
279	1.535	610	0.02384
300	1.025	700	0.01150
305	0.9392	800	0.005665
331	0.6088	900	0.003034
350	0.4529	1000	0.001736
357	0.4078	1200	0.0006605
400	0.2232	1400	0.0002918
406	0.2062		

注：表中摩阻率是按水流量单位为 m³/s 计算而得。

$$h_{局} = \sum\varepsilon_{局} \cdot \frac{v^2}{2g} \tag{3-8}$$

式中　$h_{局}$——管路局部损失扬程，m；

　　　$\sum\varepsilon_{局}$——管路局部阻力系数总和（查表 1-3，然后相加）；

　　　v——管路中水的流速，m/s；

　　　g——重力加速度，9.81m/s²。

管路损失扬程 $h_{损}$ 为管路沿程损失扬程 $h_{沿}$ 与管路局部损失扬程 $h_{局}$ 之和：

$$h_{损} = h_{沿} + h_{局} = \varepsilon_{沿} \cdot L \cdot Q^2 + \sum\varepsilon_{局} \cdot \frac{v^2}{2g} \tag{3-9}$$

因为 $v = \dfrac{Q}{2}$（A 为管道横截面积，m²），所以公式（3-9）可以简化为：

$$h_{损} = \left(\varepsilon_{沿} \cdot L + \frac{\sum\varepsilon_{局}}{2g \cdot A^2} \right) \cdot Q^2 \tag{3-10}$$

当管路安装方案已确定好，则 ε、L、A 等值也就固定不变，所以 $\varepsilon_{沿} \cdot L + \dfrac{\sum\varepsilon_{局}}{2g \cdot A^2}$ 也就是常数，将其用 C 表示，公式（3-10）可表示为：

$$h_{损} = C \cdot Q^2 \tag{3-11}$$

根据装置系统不同的流量，代入公式（3-11），即可求得不同的 $h_{损}$。图 3-23 所示为管路特性曲线。

应该提出，在计算 $h_{沿}$ 时，当管路中流速 v 小于 1.2m/s 时，$\varepsilon_{沿}$ 值应乘以校正系数 K，见表 3-5 所列 K 值。

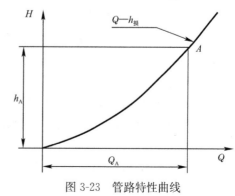

图 3-23　管路特性曲线

当流速小于 1.2m/s 时摩阻率的校正系数　　　　　　表 3-5

流速（m/s）	0.20	0.40	0.50	0.60	0.70	0.80	0.90	1.00	1.10	1.20
校正系数 K	1.41	1.20	1.15	1.15	1.085	1.06	1.04	1.031	1.015	1.00

在实际应用中，为了确定水泵装置的工况点，常利用管路特性曲线与水泵的外部条件（如水泵的静扬程 H_{ST}）联系起来考虑，按公式 $H = H_{ST} + h_{损}$，并以流量 Q 为横坐标、扬程 H 为纵坐标画出如图 3-24 所示的曲线，此曲线称为水泵管路装置特性曲线。

该曲线上任意点 K 的纵坐标 h_K，表示水泵在输送流量为 Q_K 的水，将其提升到高度为 H_{ST} 时，管路对单位质量的液体所消耗的能量。

水泵装置的静扬程 H_{ST}，在实际工作中，可以是吸水池液面至高位水池液面间的垂直高度，也可以是吸水池液面至压力管路间的压差。因此，管路特性曲线只表示 $H_{ST}=0$ 时的特殊情况。

（2）离心泵装置的运行工况点

将水泵的性能曲线 $Q—H$ 和管路特性曲线 $Q—h_{损}$ 按同一个比例、同一个单位画在同一个坐标图上，那么两条曲线的交点 M 即为水泵在该装置系统的运行工况点。

在交点 M 上两条曲线有共同的流量和扬程。工况点 M 是水泵在运行中所具有扬程与管路系统相平衡的点，如图 3-25 所示。只要外界条件不发生变化，水泵装置系统将稳定地在这个点工作。

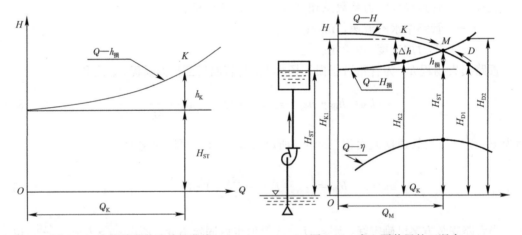

图 3-24　水泵管路装置特性曲线　　　　　图 3-25　离心泵装置的工况点

假设工况点不在 M 点而在 M 点左边的 K 点，由图 3-25 可以看出，当流量为 Q_K 时，水泵传递给液体的总能量 H_{K1} 将大于管路所需要的总能量 H_{K2}，富裕能量为 Δh，此富裕能量促使管路中水流加速、流量增加，由此使水泵的工况点自动向右移动，直到移至 M 点达到平衡。

假设工况点不在 M 点而在 M 点右边的 D 点，结果水泵传递给液体的总能量 H_{D1} 小于管路所需要的总能量 H_{D2}，管路中因水流获得的能量不足，流速减慢、流量减少，由此使水泵的工况点自动向左移动，直到退回 M 点达到平衡。

在实际的工程设计中，往往将运行工况点选择在水泵的运行高效区内，这样最合理、最经济。

（3）离心泵的并联运行

一台以上的水泵对称分布，同时向一个压出管路输水，称为并联运行。水泵并联运行可以增加供水量，总供水量等于并联后单台泵出水量之和；可以通过开停泵的台数来调节总供水量；水泵并联运行后，如果其中某台发生故障，其他几台仍可继续供水，提高了供水的安全可靠性。

多台泵并联运行，一般是建立在各台泵的扬程范围比较接近的基础上。如果扬程范围相差较大，高扬程泵任何一个工况点的扬程都比低扬程泵的起始扬程高，则高扬程泵运行时低扬程泵送不出去水，甚至水由低扬程泵倒流。所以，泵站经常采用同型号水泵并联，或者采用扬程相同流量不相同的泵并联。

在此介绍同型号的两台泵并联运行时工况点的确定及性能参数的变化情况。图 3-26 所示为同型号、同水位、对称布置的两台水泵并联运行的性能曲线。

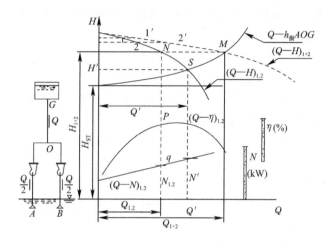

图 3-26　同型号、同水位两台泵并联运行的性能曲线

由于两台水泵同在一个吸水池中抽水，由吸入口 A、B 两点至压水管交点 O 的管路安装情况相同，所以 $h_{损AO}=h_{损BO}$，AO、BO 管路各通过流量为 $\dfrac{Q}{2}$，由 OG 管路流入高位水池的流量为两台泵流量之和。因此，两台泵并联工作可以是在同一扬程下流量的相加。在绘制并联后总的性能曲线时，可以在单台泵 $(Q—H)_{1,2}$ 曲线上任取几个点 1、2⋯⋯，然后在相同高度的纵坐标值上把相应的流量加倍，得到 $1'$、$2'$⋯⋯。用光滑曲线将 $1'$、$2'$⋯⋯连起来，即可绘出并联运行后的总性能曲线 $(Q—H)_{1+2}$。图 3-26 中 $(Q—H)_{1,2}$ 表示单台泵 1 或单台泵 2 的单台性能曲线，$(Q—H)_{1+2}$ 表示两台泵并联运行后总的性能曲线。

通过两台泵并联运行的工作点 M，做平行于横坐标 Q 的直线，交单台泵运行时的性能曲线于 N 点。此 N 点为并联运行时各单台泵的运行工况点，其流量为 $Q_{1,2}$，扬程 $H_1=H_2=H_{1+2}$，自 N 点作直线交 $Q—\eta$ 曲线于 P 点，交 $Q—N$ 曲线于 q 点，P、q 点分别为并联运行时各单台泵的效率点和轴功率点。如果这时停止一台泵的运行，只开一台泵，则 S 点可视作单台泵的运行工况点，这时流量为 Q'，扬程为 H'，轴功率为 N'。

由图 3-26 可以看出，单台泵运行时的轴功率大于并联运行时各单台泵的轴功率，即

$N'>N_{1,2}$。因此在给泵选配电动机时，应按单台泵独立运行时考虑配套功率。还可以看出，一台泵单独运行时的流量大于并联运行时每一台泵的流量，即 $Q'>Q_{1,2}$，$2Q'>Q_{1+2}$。两台泵并联运行时，其总流量不是单台泵运行时流量成倍增加值。另外，单台泵运行时的扬程小于并联运行时各单台泵的扬程，即 $H'<H_{1+2}$。

3.5.3 改变离心泵性能的方法

离心泵样本上提供的性能曲线，是该泵性能参数在额定值时所反映出来的曲线，在实际工作中往往难于保证性能参数在额定值下运行，为了使泵尽可能在合理的范围内运行，常常采用改变管路装置性能曲线和改变泵的性能曲线的方法。

（1）改变管路装置性能曲线

采用调节出水阀门开度改变装置性能曲线的方法使一部分能量消耗在克服阀门阻力上，该能量消耗降低了水泵的装置效率。故该方法在供水企业的泵站内一般不予采用。

（2）改变泵的性能曲线

改变离心泵本身的性能曲线常用改变离心泵转速或切削叶轮外径的方法。

1）改变离心泵转速

改变离心泵转速可以改变泵的性能曲线。用这种方法调节离心泵时，没有附加能量损失，在一定的调节范围内泵的装置效率变化不大。

当转速变化差值超过原转速的 20% 时，泵的效率要发生变化，转速降低，泵效率下降；转速增加，泵效率提高。

2）切削叶轮外径

切削叶轮外径就是把叶轮外径切削得小一些，它是改变水泵性能曲线的一种简便易行的方法。

应该指出，叶轮直径是不可任意切削的，如果切削量大，则影响水泵的效率。叶轮直径的允许切削量与泵的比转速 n_s 有关。

对于多级泵，为了改变泵的性能，除可以采用上述两种方法外，还可以采取拆除叶轮、减少水泵级数的方法。拆除叶轮应在泵出水端进行，如在泵吸入端拆除叶轮，则增加了吸入阻力，有可能出现汽蚀现象。

3.6 其他常用水泵的构造与工作原理

3.6.1 轴流泵的构造与工作原理

（1）轴流泵的基本构造

轴流泵的外形很像一根水管，泵壳直径与吸水口直径差不多，既可以垂直安装（立式）和水平安装（卧式），也可以倾斜安装（斜式）。图 3-27（a）所示为立式半调（节）型轴流泵的外形图。图 3-27（b）所示为该泵的结构图，其基本部件由吸入管 1，叶轮（包括叶片 2、轮毂体 3），导叶 4，泵轴 8，出水弯管 7，上下轴承 5、9，填料盒 12 以及叶片角度的调节机构等组成。

1）吸入管：为了改善入口处水力条件，常采用符合流线形的喇叭管或做成流道形式。

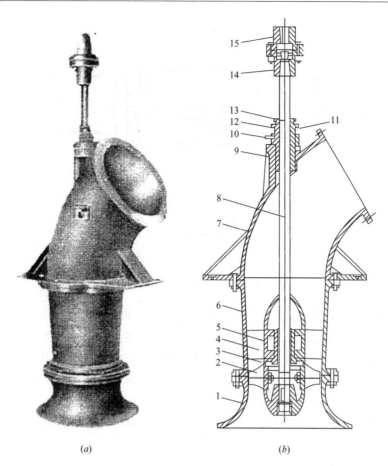

图 3-27　立式半调型轴流泵

(a) 外形图；(b) 结构示意图

1—吸入管；2—叶片；3—轮毂体；4—导叶；5—下导轴承；6—导叶管；7—出水弯管；8—泵轴；9—上导轴承；

10—引水管；11—填料；12—填料盒；13—压盖；14—泵联轴器；15—电动机联轴器

2) 叶轮：叶轮是轴流泵的主要工作部件，其性能直接影响到泵的性能。叶轮按其调节的可能性，可以分为固定式、半调式和全调式三种。固定式轴流泵的叶片和轮毂体铸成一体，叶片的安装角度是不能调节的。半调式轴流泵的叶片用螺母栓紧在轮毂体上，在叶片的根部上刻有基准线，而在轮毂体上刻有几个相应的安装角度的位置线，如图 3-28 所示的−4°、−2°、0°、+2°、+4°等。叶片的安装角度不同，其性能曲线将不同。根据使用要求可把叶片安装在某一位置上，在使用过程中，如工况发生变化需要进行调节时，可以把叶轮卸下来，将螺母松开转动叶片，使叶片的基准线对准轮毂体上的某一角度线，然后把螺母拧紧，装好叶轮即可。全调式轴流泵就是该泵可以根据不同的扬程与流量要求，在停机或不停机的情况下，通过一套油压调节机构来改变叶片的安装角度，从而改变其性能，以满足使用要求。这种全调式轴流泵调节机构比较复杂，一般应用于大型轴流泵站。

3) 导叶：在轴流泵中，液体运动好像沿螺旋面的运动，液体除了轴向前进外，还有旋转运动。导叶是固定在泵壳上不动的，水流经过导叶时就消除了旋转运动，把旋转的动能变为压力能。因此，导叶的作用就是把叶轮中向上流出的水流旋转运动变为轴向运动。一般轴流泵中有 6～12 片导叶。

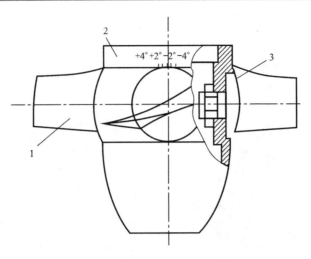

图 3-28 半调式叶片

1—叶片；2—轮毂体；3—调节螺母

4）轴和轴承：在大型轴流泵中，为了在轮毂体内布置调节、操作机构，泵轴常做成空心轴，里面安置调节操作油管。轴承在轴流泵中按其功能有两种：①导轴承（图 3-27 (b) 中 5 和 9），主要用来承受径向力，起到径向定位作用；②推力轴承，在立式轴流泵中，其主要作用是用来承受水流作用在叶片上的方向向下的轴向推力、泵转动部件重量以及维持转子的轴向位置，并将这些推力传到机组的基础上去。

5）密封装置：轴流泵出水弯管的轴孔处需要设置密封装置，常用压盖填料型的密封装置。

（2）轴流泵的工作原理

轴流泵的工作是以空气动力学中机翼的升力理论为基础的。其叶片与机翼具有相似形状的截面，一般称这类形状的叶片为翼型，如图 3-29 所示。在风洞中对翼型进行绕流试验表明，当流体绕过翼型时，在翼型的首端 A 点处分离成为两股流，它们分别经过翼型的上表面（即轴流泵叶片工作面）和下表面（即轴流泵叶片背面），然后，同时在翼型的尾端 B 点汇合。由于沿翼型下表面的路程要比沿翼型上表面的路程长一些，因此，流体沿翼型下表面的流速要比沿翼型上表面的流速大，相应地，翼型下表面的压力将小于上表面，流体对翼型将有一个由上向下的作用力 P。同样，翼型对于流体也将产生一个反作用力 P'，此 P' 力的大小与 P 相等，方向由下向上，作用在流体上。

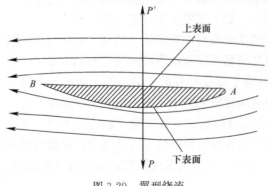

图 3-29 翼型绕流

图 3-30 为立式轴流泵工作示意图。具有翼型断面的叶片，在水中作高速旋转时，水流相对于叶片就产生了急速的绕流，如上所述，叶片对水将施以力 P'，在此力作用下，水就被压升到一定的高度上去。从离心泵的基本方程可知，不论叶片形状如何，方程的形式仅与进出口动量矩有关，也即不管叶轮内部的水流情况怎样，能量的传递都取决于进出口速度四边

形，因此，此基本方程不仅适用于离心泵，同样也适用于轴流泵、混流泵等一切叶片泵，故也称为叶片泵基本方程。

（3）轴流泵的性能特点

轴流泵与离心泵相比，具有下列性能特点：

1）扬程随流量的减小而剧烈增大，$Q—H$ 曲线陡降，并有转折点，如图 3-31 所示。其主要原因是，流量较小时，在叶轮叶片的进口和出口处产生回流，水流多次重复得到能量，类似于多级加压状态，所以扬程急剧增大。又回流使水流阻力损失增加，从而造成轴功率增大的现象，一般空转扬程 H_0 约为设计工况点扬程的 1.5～2 倍。

2）$Q—N$ 曲线也是陡降曲线，当 $Q=0$（出水闸阀关闭）时，其轴功率 $N_0=(1.2～1.4)N_d$，N_d 为设计工况时的轴功率。因此，轴流泵启动时，应当在闸阀全开情况下来启动电动机，一般称为"开闸启动"。

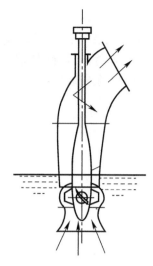

图 3-30　立式轴流泵工作示意图

3）$Q—\eta$ 曲线呈驼峰形。也即高效率工作的范围很小，流量在偏离设计工况点不远处效率下降很快。根据轴流泵的这一特点，采用闸阀调节流量是不利的。一般只采取改变叶片装置角 β 的方法来改变其性能曲线，故称为变角调节。大型全调式轴流泵，为了减小泵的启动功率，通常在启动前先调小叶片的 β 角，待启动后再逐渐增大 β 角，这样就充分发挥了全调式轴流泵的特点。图 3-32 表示同一台轴流泵，在一定转速下，把不同叶片装置角 β 时的性能曲线、等效率曲线以及等功率曲线等绘在一张图上，称为轴流泵的通用特性曲线。有了这种图，可以很方便地根据所需要的工作参数来找适当的叶片装置角，或用这种图来选择泵。

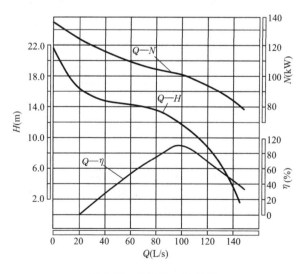

图 3-31　轴流泵特性曲线

4）在泵样本中，轴流泵的吸水性能一般是用汽蚀余量 Δh 来表示的。汽蚀余量值由水泵厂汽蚀试验中求得，一般轴流泵的汽蚀余量都要求较大，因此，其最大允许吸上真空高度都较小，有时叶轮常常需要浸没在水中一定深度处，安装高度为负值。为了保证在运行中轴流泵内不产生汽蚀，须认真考虑轴流泵的进水条件（包括吸水口淹没深度、吸水流道的形状等），运行中实际工况点与该泵设计工况点的偏离程度，以及叶轮叶片形状的制造质量和泵安装质量等。

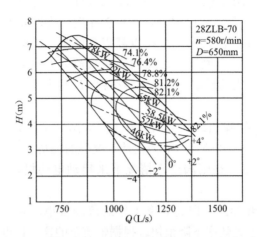

图 3-32　轴流泵的通用特性曲线

3.6.2　混流泵的构造与工作原理

混流泵根据其压水室的不同，通常可分为蜗壳式（见图 3-33）和导叶式（见图 3-34）两种。混流泵从外形上看，蜗壳式与单吸式离心泵相似，导叶式与立式轴流泵相似。其部件也无多大区别，所不同的仅是叶轮的形状和泵体的支承方式。混流泵叶轮的工作原理是介于离心泵和轴流泵之间的一种过渡形式，叶片泵基本方程同样适合于混流泵。

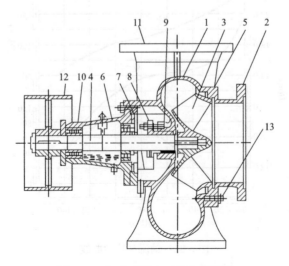

图 3-33　蜗壳式混流泵构造装配图

1—泵壳；2—泵盖；3—叶轮；4—泵轴；5—减漏环；6—轴承盒；7—轴套；8—填料压盖；9—填料；
10—滚动轴承；11—出水口；12—皮带轮；13—双头螺丝

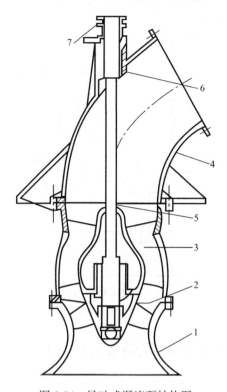

图 3-34　导叶式混流泵结构图

1—进水喇叭；2—叶轮；3—导叶体；4—出水弯管；5—泵轴；6—橡胶轴承；7—填料函

3.6.3　射流泵的构造与工作原理

射流泵也称水射器。其基本构造如图 3-35 所示，由喷嘴 1、吸入室 2、混合管 3 以及扩散管 4 等部分所组成。构造简单，工作可靠，在臭氧投加、氯气投加等给水排水工程中经常应用。

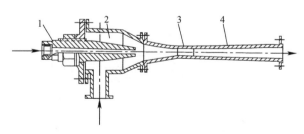

图 3-35　射流泵构造

1—喷嘴；2—吸入室；3—混合管；4—扩散管

射流泵的工作原理如图 3-36 所示，高压流量 Q_1 由喷嘴高速射出时，连续带走吸入室 2 内的空气，在吸入室内形成不同程度的真空，被抽升的液体在大气压力作用下，以流量 Q_2 由吸水管 5 进入吸入室内，两股液体（$Q_1 + Q_2$）在混合管 3 中进行能量的传递和交换，使流速、压力趋于相等，然后经扩散管 4 使部分动能转化为压能后，以一定流速由压出管 6 输送出去。

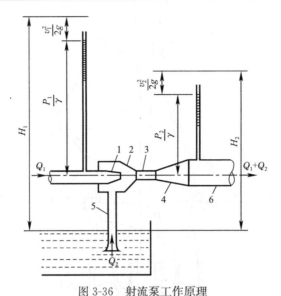

图 3-36　射流泵工作原理

1—喷嘴；2—吸入室；3—混合管；4—扩散管；5—吸水管；6—压出管

3.6.4　活塞（或柱塞）式往复泵的构造与工作原理

往复泵主要由泵缸、活塞（或柱塞）和吸水阀、压水阀所构成。它的工作是依靠在泵缸内作往复运行的活塞（或柱塞）来改变工作室的容积，从而达到吸入和排出液体的目的。由于泵缸主要工作部件（活塞或柱塞）的运动为往复式，因此称为往复泵。

图 3-37 为往复泵工作示意图。柱塞 7 由飞轮通过曲柄连杆机构来带动，当柱塞向右移动时，泵缸内造成低压，上端的压水阀 3 被压而关闭，下端的吸水阀 4 便被泵外大气压

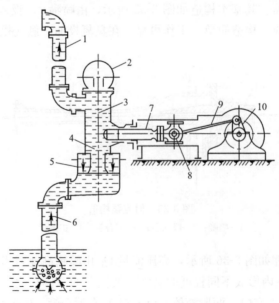

图 3-37　往复泵工作示意图

1—压水管路；2—压水空气室；3—压水阀；4—吸水阀；5—吸水空气室；6—吸水管路；

7—柱塞；8—滑块；9—连杆；10—曲柄

作用下的水压力推开，水由吸水管进入泵缸，完成了吸水过程。相反，当柱塞由右向左移动时，泵缸内造成高压，吸水阀被压而关闭，压水阀受压而开启，由此将水排出，进入压水管路，完成了压水过程。如此周而复始，柱塞不断地进行往复运行，水就不断地被吸入和排出。活塞或柱塞在泵缸内从一顶端位置移至另一顶端位置，这两顶端之间的距离称为活塞行程长度，也称冲程。两顶端叫做死点。

3.6.5 水环式真空泵的构造与工作原理

水环式真空泵适合于大型泵引水用，由泵体和泵盖组成圆形工作室，在工作室内偏心地装置一个由多个呈放射状均匀分布的叶片和叶轮毂组成的叶轮，如图 3-38 所示。

水环式真空泵由星状叶轮 1、水环 2、进气口 3 和排气口 4 等组成。叶轮偏心安装于泵壳内。工作时要不断充入一定量的循环水，以保证真空泵工作。工作原理：启动前，泵内灌入一定量的水，叶轮旋转时产生离心力。在离心力的作用下将水甩向四周而形成一个旋转的水环 2，水环上部的内表面与叶轮壳相切。沿顺时针方向旋转的叶轮，在图中右半部的过程中，水环的内表面渐渐离开轮壳，各叶片间形成的体积递增，压力随之降低，空气从进气口吸入；在图中左半部的过程中，水环的内表面又渐渐靠近轮壳，各叶片间形成的体积减小，压力随之升高，将吸入的空气经排气口排出。叶轮不断旋转，真空泵不断地吸气和排气。

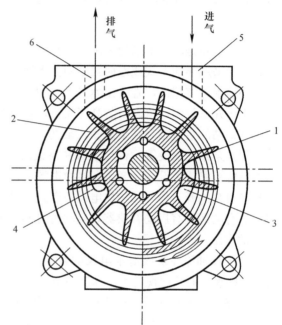

图 3-38 水环式真空泵构造图
1—星状叶轮；2—水环；3—进气口；
4—排气口；5—进气管；6—排气管

3.7 泵站

泵站是给水系统中的一个重要组成部分，它是由不同形式的泵房和各种形式的机泵设备、管路、计量仪表和附属设备综合组成的。如各种不同形式和功能的水泵及其原动机、泵站内外的取水管道和出水管道及其附件，以及供给原动机电源的供配电装置和必不可少的真空引水装置，各种显示运行参数的计量、检测仪表等。

3.7.1 泵站的分类

按照泵站在给水系统中的作用，泵站可分为一级泵站、二级泵站和循环泵站等。一级泵站一般是取水泵站，它们的作用是从江、河、湖泊、水库或地层之下等不同的水源中取水，而后加压以输水管路输送至中途加压泵站或直接输送至净、配水厂。二级泵站是把净水厂处理后的符合饮用水标准的水，通过机泵加压用配水管网输送给用户。加压泵站常设置在一级泵站和二级泵站中间。

按照泵站内部安装的水泵类型，泵站又可分为深井泵站（一般安装长轴深井泵或潜水电泵）卧室泵站（一般安装卧室离心泵）以及立式泵站（一般安装轴流泵或混流泵）。

3.7.2　几种常见的泵站及其内部设置

（1）深井泵站

深井泵站是以地下水为水源的取水泵站或为管网低压区加压的泵站。一般建成矩形或圆形，多采用半地下式或地面式结构。半地下式泵站的优点为水力条件好，出水管可直接与室外输水管道相连，省去出水弯头，从而减少了水力损失，而且防冻条件也较好。另外，由于井室较深，检修吊装高度充裕，检修时可不用在井室顶上设三角起吊支架。但半地下式泵站的造价相对高于地面式泵站。

深井泵站内除设置一台长轴深井泵或潜水电泵外，还设有配电盘（开关柜），它是由室外输电线路或单设一台变压器供给电源的。配电盘的功能主要是为长轴深井泵提供电源和控制机泵的开、停，保护机电设备以及提供运行状态的仪表显示，如电压、电流、用电量等，有的还设有启动补偿器，启动时可避免大电流对电动机的冲击，对延长设备寿命有一定的作用。

由于长轴深井泵或潜水电泵的泵头（泵壳和叶轮）均装在井内动水位以下（约 3～5m），扬水管的长度视动水位深度而定，少则十几米多则几十米或上百米不等。泵座地面上的管路有出水管和排水管两种，出水管与排水管上分别装有它们自己的阀门。

出水管是为正常供水之用，它与室外干线输水管路相连。排水管是为泵大修后或井水受到污染、出砂时作为排污使用。由于深井泵站多由数个或数十个连接在公共的输水干管上，为了防止某深井泵站停用时水由联络输水干管反流入井内而损失水量和停泵时产生水锤和水泵逆转，故在泵出水管道上装有止回阀。

长轴深井泵是由数根乃至数十根泵轴和相配合的橡胶轴承及支架组成的传动装置，传动轴与轴承之间必须有清洁水作为润滑剂，否则将使橡胶轴承烧毁，即所谓的抱轴事故。因此，泵站内必须设置预润水箱或预润水管。

深井泵站应在对准设备垂直房顶上设有检修的吊装孔，吊装孔和顶板应具有足够的承载能力。深井泵站室外应设排污用的排水井、排水管道及检修用的阀门井，以满足检修工作需要。

（2）卧式泵站

卧式泵站一般在泵站内装置数台同型号或不同型号的卧式离心泵或卧式混流泵，卧式泵站可以作为取水、加压和配水泵站使用。该泵站的形式大部分为矩形，也有少数为圆形的。它们的结构形式有地面式和半地下式两种。其结构形式主要根据工艺条件、气候条件和工程造价等因素综合确定，但它们的内部配置和附属设备大体上是相同的，如图 3-39 及图 3-40 所示。

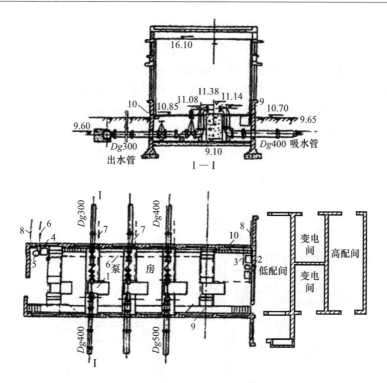

图 3-39 地面式卧式泵站

1—卧式离心泵及电动机；2—真空泵；3—真空管；4—排水泵；5—集水坑；6—$Dg80$ 排水管；
7—$Dg25$ 排水管；8—给水管；9—动力电缆沟；10—控制电缆沟

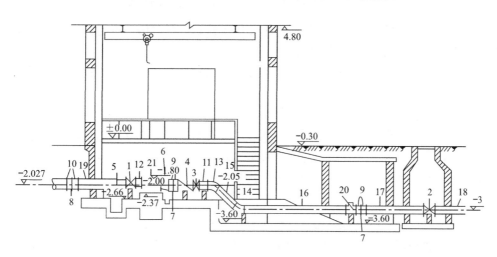

图 3-40 半地下式卧式泵站

1—吸水阀；2—出水检修阀；3—出水阀；4—止回阀；5—偏心大小头；6—出水大小头；7—柔性接口；
8—柔性接口；9、10—柔性接口短管；11—出水短管；12—吸水短管；13、14、15—出水弯管；
16、17、18—出水管；19—吸水管；20—流量计；21—水泵

其各部分功能简述如下：

1）吸水管路

吸水管路设在水泵的吸水侧，是水泵汲取水源的管路。作为一级泵站，它可以设在岸

边汲取江、河及水库中的水转输到净、配水厂；它如作为二级泵站时可以从清水池或吸水井中吸水，加压后送至配水管网供用户使用。一般小型泵站的吸水管在底部装有底阀，如图 3-41 所示。底阀上装有止回阀板，吸水时阀板向上开启，停机时阀板关闭，如无泄漏，使吸水管内处于满水状态，便于开机前的准备工作。但经长时间使用后，底阀有可能不严，此时需用人工或从管网辅助灌水，如底阀漏水严重应提出修理。底阀的缺点除修理困难外，还对吸水扬程造成一定的损失，故现代化的大、中型泵站均取消底阀而采用喇叭管，并使用抽真空引水的办法向泵内充水排气，这种方式可减少吸上水头损失和维修量。喇叭管装在吸水管头部，其形式如图 3-42 所示。

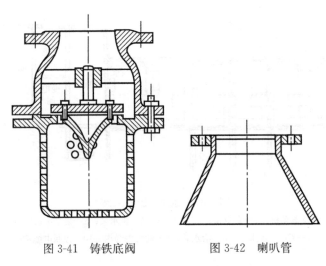

图 3-41　铸铁底阀　　　　　　图 3-42　喇叭管

　　吸水管在进入泵站之后还装有阀门，主要用于检修机泵时用，平时处于常开状态。由于其开关次数少，一般常采用手动阀门。

　　对吸水管路的要求是越短越好，这样可以减少离心泵有限的吸水扬程。运行时要注意水池水位，以免产生旋涡将气吸入泵内。

　　2）压水管路

　　我们把水泵出口后的管路叫做压水管路或出水管路。压水管路主要是将水泵做功后增加能量的水输送至供水管网和用户。每台水泵在其出口一定距离内都应有它单独的压水管路，在压水管路上装有出水阀、止回阀和检修阀。

　　3）排水管路

　　由于水泵不论是在运行状态还是停机状态，填料处均有水滴不断滴出，而且定期对设备的清洗、设备检修和泵站地面清洁用水也均需设置排水管路或排水沟槽，将排泄的污水集中于集水井内，然后由排水泵将其排入室外渗水井或下水道内。集水井前后用于排污水的管路统称为排水管路。

　　4）泵站的引水设备

　　一般中、小型泵站的卧式泵，启动运行前需进行排气工作而后才能开机。水泵及吸水管路的排气目前采用两种方式，一是灌注式排气，二是吸入式排气，其目的都是将泵内的空气用注水及吸水的方法将其排出，以便水泵的启动和运行。而大型泵站自动化程度和供水安全性要求较高，所以多采用自灌式。

自灌式要求吸水井的最低水位在任何情况下都应在泵壳顶点之上，这样可保证泵内永远处于满水状态，开机前无需再用灌注式或吸入式方式排气，可大大缩短开机准备时间，及时满足供水管网的需要。

一些小型泵或单独的农用卧式泵机井，一般采用人工灌注式或从其他管道中接出注水管向泵内注水，这种形式要求泵吸水管底部装有严密的底阀。

中型泵站一般采用吸入式灌水方法。吸入式目前有两种装置形式：一种为自吸式，也叫真空吊水装置，可使水泵内经常处于满水状态，另一种是一般抽真空引水装置。前者可缩短开机时间（与大型泵站的自灌式作用相同），但此种装置要求有认真负责的维护，否则坚持长时间完好地运行有一定的困难。这两种装置的工作原理都是靠真空泵和抽真空管路来实现的，现分述如下：

① 一般抽真空引水装置：水泵每次运行前，预先启动真空泵将吸水管路和泵内的空气抽出。由于大气压力的作用，使吸水池中的水沿吸水管路进入出水管路及泵体，一直进行到吸水管路及泵体内的全部空气被水置换时为止。它的装置系统由吸水管（或叫抽气管）、水环式真空泵机组、气水分离器、补水管和排水管等组成，如图 3-43 所示。

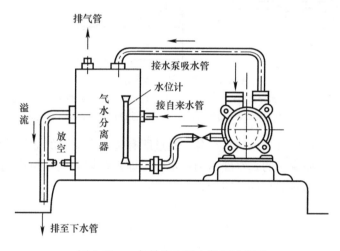

图 3-43 一般抽真空引水装置示意图

使用真空泵前应将真空泵内灌适量水后再启动，真空泵运行后，真空泵叶轮旋转将吸水管路及泵体内的空气抽出，而后从真空泵的出口将真空泵吸入的空气和一部分带入的液体排至气水分离器内使气水分离，空气从气水分离器上部排入大气，剩余的水将留在气水分离器内供真空泵冷却循环使用。气水分离器多余的水将从溢流口排到泵站集水井或直接排至室外下水道。

通过真空泵的不断运行，可将泵体和吸水管路中的空气抽净，当泵壳顶部的玻璃显示管中基本无气泡逸出，泵壳中的水位已被抽至玻璃显示管之上时，可停止真空泵工作，并将泵壳上的排气节门关闭，此时开机前的抽气引水工作已经完成，下一步可开始启动机组运行了。

真空泵在使用过程中必须控制泵内的液面高度，使偏心叶轮旋转时能形成适当的水环空间，如泵内水位过高，形成的水环空间过小，达不到抽气效果；如泵内水位过低，水量不足，使泵急剧发热，设备易遭损坏。真空泵的液面可由气水分离器上的玻璃管水位计显示。真空泵内的液面宜控制在泵壳直径的 2/3 高度。

② 真空吊水装置（自动引水装置）：它的优点是可使停止运行的水泵经常处于充满水的状态。真空吊水时在水泵和真空泵之间设置一个真空罐，并必须使真空罐保持规定的水位变化，对系统来说即保持一定的真空度。这样可使水泵永远处于满水状态，因此可以随时启动水泵，而不用在运行前再做抽真空引水工作。真空吊水装置如图 3-44 所示。

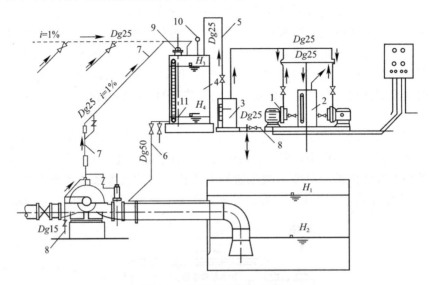

图 3-44　真空吊水装置示意图

1—真空泵；2—气水分离箱；3—水封罐；4—真空罐；5—水封抽气管；6—连通管；
7—吊水真空管；8—给水管；9—干舌簧液位信号器；10—真空表

真空吊水装置在使用时先启动真空泵，通过所有接入真空罐的抽气管将水泵及吸水管路中的空气抽出，并使罐内的真空度达到一定值，即真空罐内的水位应达到预定的 H_3 高度。此时设置的液位信号器自动关闭，真空泵停止运行。

在真空泵停止运行时，真空管路接口、阀门和水泵填料等处漏入的空气，不断地进入真空罐，使罐内水位不断下降，当水位下降到 H_4 时，水位信号器通过开关装置可使真空泵自行启动运行，直至罐内水位恢复到 H_3 再自动停机，如此反复，可始终保持整个吸水管路及水泵处于充满水的状态。

另外，为了防止真空泵停止运行时，空气从气水分离器进入真空泵而窜入真空罐，破坏整个真空吊水功能，所以尚需设水封罐。除此之外，为了保证水泵开启时压力水不进入真空系统，必须在水泵上端抽气管上装一自动排气阀。该阀的功能是只能排气而限制压力水流入真空吊水装置，故也称逆止阀。

该系统要求抽气管道接口、节门密封良好，否则易造成真空泵频繁运行而损坏。

5）起重设备

为了便于水泵、电动机和其他附属设备的安装和检修，在泵站内一般均设置起重设备。起重设备的形式是根据泵站内设备质量的大小、泵房的结构要求而确定的。

通常采用的起重设备有：手动单轨小车式手拉葫芦；电动单轨葫芦；手动悬挂式起重机；电动悬挂式起重机；手动单梁桥式起重机；电动单梁（或双梁）桥式起重机。

泵站内的起重设备在安装后，应经行政管理部门授权的单位进行测试和检验，并应按要求建立设备档案，使用后要求按周期检定，目的是保证使用安全可靠。管理部门亦应培训操作人员、建立规章制度、制定安全操作规程以及日常的保养维修制度，以保证人身及设备的安全。

（3）立式泵站

立式泵站内一般装设轴流泵或混流泵。这两种形式的水泵特点是出水量较大、扬程较低，故作为取水泵站者较多。

立式泵站内电动机和水泵分层设置，中间以传动轴相连。由于水泵部分设置在最低动水位之下，因此可免去引水或灌水之工序。

立式泵站多汲取江、河中的水，水中杂质较多，往往需设置双重格栅，而且要定时清理，以免使进水口堵塞或使杂质进入泵体影响机泵的安全运行。它们的设置形式见图3-45及图3-46。

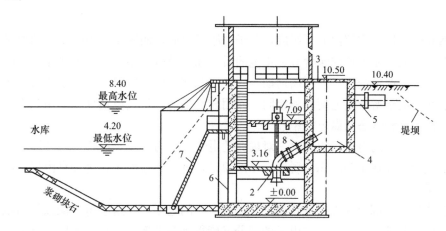

图 3-45　立式轴流泵站

1—电机；2—轴流泵；3—承压盖板；4—压力渠道；5—出水管；6—格网；7—格栅；8—止回阀

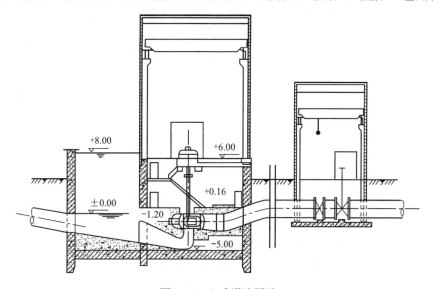

图 3-46　立式混流泵站

一般轴流泵在出水口不允许设阀门，有的只设止回阀，混流泵的扬程较轴流泵为高，一般装有出水阀和止回阀。

第4章　电气与自控基础

4.1　电工基础

4.1.1　电场

自然界的一切物质都由分子组成，分子由原子组成，而原子又由带正电的原子核和带负电的电子组成，原子核内包含有带正电的质子和不带电的中子，电子在原子核的外面按层分布，并以高速围绕原子核不断运动。一般情况下，质子数目等于电子数目，质子所带正电荷总和与电子所带负电荷总和相同，作用相互抵消，正负电荷处于平衡状态，物体不显示带电性，这种状态叫做电的中和。

原子核对靠近的电子吸引力大，对远离的电子吸引力较小，这样，最外层的电子在外因作用下就容易破坏中和状态，脱离自己的原子，进入其他原子，这种自由移动的电子叫做自由电子。

当物体的某一部分在外因的作用下，得到多余的电子时，这些电子能以自由电子的状态传到物体的其他部分去，失去电子的部分又能得到其他部分自由电子跑来补充，这种现象就叫做物体的导电现象，这类物体就叫做导体。有些物体离原子核最远的那层电子不容易脱离原子核的引力，自由电子很少，导电性很差，这类物体叫做绝缘体。还有一类物体性能介于导体与绝缘体之间，这样的物体叫做半导体。

在真空状态下，两个点电荷通过电场相互作用时，作用力 F 的大小与试验电荷的电量成正比，与电荷间距离的平方成反比，即：

$$F = \frac{KQq}{r^2} \tag{4-1}$$

式中　Q、q——两个试验电荷的电量，C；

　　　　K——比例系数；

　　　　r——两个电荷间的距离。

作用力的方向沿着电荷连线的方向，如果两个电荷为异性，则作用力为吸力，如果两个电荷为同性，则作用力为斥力，这种作用力为电场力。

从公式（4-1）可以看出，两电荷距离越近，受到的电场力越大，说明电场越强；反之，两电荷距离越远，受到的电场力越小，说明电场越弱。

电场强度 E 是表征电场中某一点电场强弱的物理量，正点电荷 Q 的电场中，某位置正试验电荷 q 的电场强度为：

$$E = \frac{F}{q} \tag{4-2}$$

式中　F——试验电荷受到的作用力，N；

　　　q——正试验电荷所带电量，C。

电场强度和电场作用力都是矢量，既有大小，也有方向，电场中某点所受力的方向就是该点电场强度的方向。

4.1.2　供电参数

（1）电压

单位正电荷在某点具有的能量叫做该点的电位。以无限远处为参考点，电位为零，电场中其他电位都是针对参考点来说的。

电位用 U 表示，单位是伏特（V）。当 1 库仑（C）的电荷从无限远处移到电场中某点，电场力所做的功为 1 焦耳（J）时，该点的电位为 1 伏特（V）。

如图 4-1 所示，电场中两点之间的电位差叫做电压，由 A 点到 B 点的电压可表示为：

$$U_{AB} = U_A - U_B \tag{4-3}$$

电压不仅有大小，而且有方向，为矢量。一般规定，从高电位端到低电位端电压为正值，反之，从低电位端到高电位端电压为负值。

单位正电荷从低电位到高电位，外力所做的功，称为电动势。电动势用 E 表示，单位是 V，电动势的方向是由电源的低电位端指向高电位端，也就是电位升高的方向。

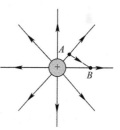

图 4-1　电位示意图

（2）电流

导体中的自由电子在电场力的作用下，做定向运动，就是电流现象。那么，单位时间内通过导体横截面的电量，叫做电流强度，简称电流。

电流用 I 表示，单位是安培（A）。

$$I = \frac{Q}{t} \tag{4-4}$$

当 1 秒钟（s）内通过导体横截面的电量 Q 是 1 库仑（C）时，导体内的电流就是 1 安培（A）。

电流不仅有大小，而且有方向，为矢量。通常正电荷运动的方向，即从高电位到低电位，为电流的正方向，反之为电流的负方向。

（3）电阻

导体有导电的能力，也有阻碍电流通过的作用，这种阻碍作用叫做导体的电阻。电阻用 R 表示，单位是欧姆（Ω）。电阻的大小与导体的长度、截面积、材料性质有关。

$$R = 10^6 \rho \frac{L}{S} \tag{4-5}$$

式中　L——导体长度，m；

　　　S——导体截面积，mm²；

　　　ρ——导体的电阻率，也叫电阻系数，Ω·m。

另外，导体的电阻还与温度有关，金属导体的电阻随着温度的升高而增大。某些稀有材料及其合金在超低温情况下，电阻可以完全消失，这种现象叫做超导现象。

（4）电容器

电容器是由两个金属板中间隔着不同的电介质所组成，电介质通常有云母、绝缘纸、电解质等。

在电容器的两个金属板上加电压后，两个金属板上就带有正、负电荷，该电荷量与所加电压成正比。对于一个电容器，这个电量与电压的比值是一个常数，称为电容，用 C 表示。

$$C = \frac{Q}{U} \tag{4-6}$$

电容器带上 1C 电量，外加电压为 1V，则电容器的电容为 1F（法拉）。

法拉（F）这个单位太大，通常用微法拉（μF）、皮法拉（pF），其换算关系为

$$1F = 10^6 \mu F$$
$$1\mu F = 10^6 pF$$

电容器串联：

$$\frac{1}{C} = \frac{1}{C_1} + \frac{1}{C_2} + \cdots\cdots + \frac{1}{C_n} \tag{4-7}$$

电容器并联：

$$C = C_1 + C_2 + \cdots\cdots + C_n \tag{4-8}$$

4.1.3　电路与接线系统

（1）电路

电路就是导电的回路，它提供了电流通过的途径，在电路中，随着电流的通过，把其他形式的能量转换成电能，并进行电能的传输和分配、信号的处理，以及把电能转换成所需要的其他形式的能量。

电路一般由三个主要部分组成，即电源、负载和连接导线。电源是电路的能源，其作用就是将其他形式的能量转换为电能；负载是用电的设备，其作用就是将电能转换为其他形式的能量；连接导线的作用就是传输电能。

在简单的直流电路中，导线和负载连接起来的部分，叫做外电路。在外电路中，电流的方向是由电源的正极流向负极。电源内部叫做内电路，在内电路中，电流的方向是由电源的负极流向正极。

有电流流过的电路，叫做通路或闭合回路；如果电路被绝缘体隔断，叫做开路或断路。电路在不接负载时的开路状态，此时电流＝0，所以电源的端电压等于电动势。电路负载被短接时叫做短路状态，此时电压＝0，而电流很大。

电路导通叫做通路，只有通路，电路中才有电流通过。电路某一处断开叫做断路或者开路。如果电路中电源正负极间没有负载而是直接接通叫做短路，这种情况是决不允许的，另有一种短路是指某个元件的两端直接接通，此时电流从直接接通处流经而不会经过该元件，这种情况叫做该元件短路。开路（或断路）是允许的，而电源短路是决不允许的，因为电源短路会导致电源、用电器、电流表被烧坏等现象的发生。

按照电源来划分，电路可分为直流电路和交流电路。直流电路指电流的方向不发生变

化的电路，直流电路电流是单向的，直流电路电源有正负极，电流由正极流向负极，如手电筒工作时电路中的电流。交流电路指电流的大小及方向会周期性发生变化的电路，交流电路电源没有正负极之分，电流以一定的频率变换方向。

按照电路中元器件的组合形式，电路可分为串联电路和并联电路。

1）串联电路，如图 4-2 所示。

用电器首尾依次连接的电路叫做串联电路。

串联电路的特点：电路只有一条路径，开关控制着整个电路的通断，任何一处断路都会出现断路，各用电器之间相互影响。

① 串联电路两端的总电压等于各用电器两端电压之和，即：
$$U = U_1 + U_2 \qquad (4\text{-}9)$$

② 串联电路中通过各电阻的电流相等，即：
$$I = I_1 = I_2 \qquad (4\text{-}10)$$

③ 串联电路中总电阻等于各用电器电阻之和，即：
$$R = R_1 + R_2 \qquad (4\text{-}11)$$

2）并联电路，如图 4-3 所示。

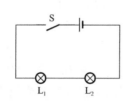

图 4-2　串联电路　　　　图 4-3　并联电路

并联电路是在构成并联的电路元件间电流有一条以上相互独立的通路，为电路组成的两种基本方式之一。

并联电路的特点：电路有若干条通路；干路开关控制所有的用电器，支路开关控制所在支路的用电器；各用电器相互无影响。

① 并联电路中各支路的电压都相等，并且等于电源电压，即：
$$U = U_1 = U_2 \qquad (4\text{-}12)$$

② 并联电路中的干路电流（总电流）等于各支路电流之和，即：
$$I = I_1 + I_2 \qquad (4\text{-}13)$$

③ 并联电路中的总电阻的倒数等于各支路电阻的倒数之和，即：
$$\frac{1}{R} = \frac{1}{R_1} + \frac{1}{R_2} \qquad (4\text{-}14)$$

（2）欧姆定律

我们知道，在导体的两端加上电压后，导体中就会产生电流，那么导体中的电流与导体两端所加的电压又有什么关系呢？早在 19 世纪初期德国物理学家欧姆就对这个问题进行过研究，通过一系列的实验表明：通过导体的电流与导体两端的电压成正比，与导体的电阻成反比，这就是欧姆定律。用 I 表示通过导体的电流，用 U 表示导体两端的电压，用 R 表示导体的电阻，那么欧姆定律就可以表示为：

$$I = U/R \tag{4-15}$$

式中　I——导体中的电流，A；

U——导体两端的电压，V；

R——导体的电阻，Ω。

I、U、R 三个物理量必须对应同一段电路或同一段导体，U 和 I 必须是导体上同一时刻的电压和电流值。像这种对象为一段电路（不含电源）或一段导体的欧姆定律，通常称为部分电路欧姆定律。

根据欧姆定律的公式有：

$$U = IR \tag{4-16}$$

（3）三相电源的连接

电力系统的负载分为两大类，一类是单相负载，如照明等；另一类是三相负载，如大多数电动机等动力负载。在三相负载中常用的绕组连接方式有星形（Y）接法和三角形（△）接法。

在星形（Y）和三角形（△）接法中，所谓线电压是指两相之间的电压（用 $U_{线}$ 来表示），相电压是指每相绕组始末端的电压（用 $U_{相}$ 来表示）。线电流表示相线流过的电流（用 $I_{线}$ 来表示），相电流则表示每相绕组流过的电流（用 $I_{相}$ 来表示）。

$$在 Y 接法中：U_{线} = \sqrt{3}U_{相}，I_{线} = I_{相} \tag{4-17}$$

$$在 △ 接法中：U_{线} = U_{相}，I_{线} = \sqrt{3}I_{相} \tag{4-18}$$

1）三相电源绕组的星形连接

将三相电动势的末端连成一个公共点的连接方式，称为星形（Y）连接。该公共点称为电源中点，用 N 表示。由三个电动势始端分别引出三根导线称为相线或端线。从电源中点引出的导线称为中性线或零线。

有中性线的叫三相四线制；无中性线的叫三相三线制。三相四线制电源可以提供的电压有线电压和相电压两种，二者关系为 $U_{线} = \sqrt{3}U_{相}$ 且线电压超前相电压 $30°$。

2）三相电源绕组的三角形连接

将三相电动势中每一相的末端和另一相的始端依次相接的连接方式，称为三角形（△）连接。在三角形连接中，$U_{线} = U_{相}$。

3）三相四线制

如果电源和负载都是星形接线，那么我们就可以用中性线连接电源和负载的中性点。这种用四根导线把电源和负载连接起来的三相电路称为三相四线制。

由于三相四线制可以同时获得线电压和相电压，所以在低压网络中既可以接三相动力负载，也可以接单相照明负载，故三相四线制在低压供电中获得了广泛的应用。

中性线的作用，就是当不对称的负载接成星形时，使其每相的电压保持对称。

在有中性线的电路中，偶然发生一相断线，也只影响本相的负载，而其他两相的电压依然不变。但如中性线因事故断开，则当各项负载不对称时，势必引起各相电压的畸变，破坏各相负载的正常运行，而实际中，负载大多是不对称的，所以中性线不允许断路。

4）功率因数 $\cos\varphi$、有功功率 P、无功功率 Q、视在功率 S

在交流电路中，电压与电流之间的相位差（φ）的余弦，叫做功率因数，用符号 $\cos\varphi$ 表示，在数值上，是有功功率和视在功率的比值。即：

$$\cos\varphi = \frac{P}{S} \tag{4-19}$$

有功功率：交流电路中，电阻所消耗的功率。

无功功率：在交流电路中，电感（电容）是不消耗能量的，它只是与电源之间进行能量交换，并没有真正消耗能量，我们把与电源交换能量的功率称为无功功率。

视在功率：交流电路中电压与电流的乘积。

有功功率、无功功率、视在功率三者的关系是：

$$S = \sqrt{P^2 + Q^2} \tag{4-20}$$

4.2 供配电系统及设施

4.2.1 变压器

在供配电系统中，为了将电能从发电站传输到用户，经常需要进行远距离输电，为了降低电能在输电线路上的损耗，需要将输电电压升高。由于发电机的输出电压受到其本身绝缘等级的限制，通常不是很高，这时就需要经变压器将电压升高进行传输；而到了用户，由于电压过高无法使用，又需要经变压器将电压降低来满足用户负荷的需要。因此，在供配电系统中，变压器是一种非常重要的电气设备，对电能的经济传输、灵活分配和安全使用具有重要的意义。

变压器是变换交流电压的器件，当初级线圈中通有交流电流时，铁芯（或磁芯）中便产生交流磁通，使次级线圈中感应出电压（或电流）。

变压器由铁芯（或磁芯）和线圈组成，线圈有两个或两个以上的绕组，其中接电源的绕组叫做初级线圈，其余的绕组叫做次级线圈。

（1）常用变压器的分类

1）按相数分

① 单相变压器：用于单相负荷和三相变压器组。

② 三相变压器：用于三相系统的升、降电压。

2）按冷却方式分

① 干式变压器：依靠空气对流进行冷却，一般用于局部照明、电子线路等小容量变压器。

② 油浸式变压器：依靠油作冷却介质，如油浸自冷、油浸风冷、油浸水冷、强迫油循环等。

3）按用途分

① 电力变压器：用于输配电系统的升、降电压。

② 仪用变压器：如电压互感器、电流互感器等用于测量仪表和继电保护装置。

③ 试验变压器：能产生高压，对电气设备进行高压试验。

④ 特种变压器：如电炉变压器、整流变压器、调整变压器等。

4）按绕组形式分

① 双绕组变压器：用于连接电力系统中的两个电压等级。

②　三绕组变压器：一般用于电力系统区域变电站中，连接三个电压等级。

③　自耦变压器：用于连接不同电压的电力系统。也可作为普通的升压或降压后变压器用。

5）按铁芯形式分

①　芯式变压器：用于高压的电力变压器。

②　壳式变压器：用于大电流的特殊变压器，如电炉变压器、电焊变压器；或用于电子仪器及电视、收音机等的电源变压器。

（2）变压器的特性参数

1）工作频率

变压器铁芯损耗与频率关系很大，故应根据使用频率来设计和使用，这种频率称为工作频率。

2）额定功率

在规定的频率和电压下，变压器能长期工作，而不超过规定温升的输出功率。

3）额定电压

指在变压器的线圈上所允许施加的电压，工作时不得大于规定值。

4）电压比

指变压器初级电压和次级电压的比值，有空载电压比和负载电压比的区别。

5）空载电流

变压器次级开路时，初级仍有一定的电流，这部分电流称为空载电流。空载电流由磁化电流（产生磁通）和铁损电流（由铁芯损耗引起）组成。对于 50Hz 的电源变压器而言，空载电流基本上等于磁化电流。

6）空载损耗

指变压器次级开路时，在初级测得的功率损耗。主要损耗是铁芯损耗，其次是空载电流在初级线圈铜阻上产生的损耗（铜损），这部分损耗很小。

7）效率

指次级功率 P_2 与初级功率 P_1 的百分比。通常变压器的额定功率越大，效率就越高。

8）绝缘电阻

表示变压器各线圈之间、各线圈与铁芯之间的绝缘性能。绝缘电阻的大小与所使用的绝缘材料的性能、温度高低和潮湿程度有关。

（3）变压器的构造和各部分的作用

前面了解到变压器的种类有很多，在供配电系统和工厂供电中，经常用到的一种变压器为油浸式变压器，油浸式变压器一般用在 10（6）kV 和 35kV 系统中，下面来介绍一下这种变压器的构造和各部分的作用。

图 4-4 为油浸式变压器构造图，基本囊括了油浸式变压器的主要部件。

1）铁芯

铁芯是变压器最基本的组成部件之一，是变压器的磁路部分，运行时会产生磁滞损耗和涡流损耗而发热。为降低发热损耗及减小体积和质量，铁芯常采用小于 0.35mm 导磁系数高的冷轧晶粒取向硅钢片构成。依照绕组在铁芯中的布置方式，有铁芯式和铁壳式之分。

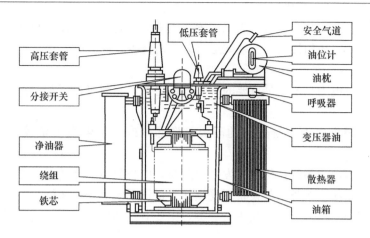

图 4-4 油浸式变压器构造图

在大容量的变压器中，为使铁芯损耗发出的热量能够被绝缘油在循环时充分带走，以达到良好的冷却效果，常在铁芯中设有冷却油道。

2）绕组

绕组也是变压器的基本元件之一，是变压器的电路部分。由于绕组本身有电阻或接头处有接触电阻，由电流的热效应得知其会产生热量，故绕组不能长时间通过比额定电流高的电流。另外，通过短路电流时将在绕组上产生很大的电磁力而损坏变压器。

3）油箱

油箱是油浸式变压器的外壳，变压器的铁芯和绕组置于油箱内，箱内注满了变压器油，变压器油的作用主要是绝缘和冷却。为防止变压器油的老化，必须采取措施，防止受潮，减少与空气的接触。

4）油枕

油枕也称为储油柜，当变压器油的体积随油温的升降而膨胀或缩小时，油枕就起着储油和补油的作用，以保证油箱内始终充满油。油枕的体积一般为变压器总油量的 8%～10%。油枕上装有油位计，用来监视油位的变化。

油枕上通常还装有吸湿器，也叫呼吸器，由油封、容器和干燥剂组成。容器内装有干燥剂，通常为硅胶，当油枕内的空气随着变压器油体积膨胀或缩小时，排出或吸入的空气都经过吸湿器，吸湿器内的干燥剂将空气中的水分吸收，从而保证油枕内空气的干燥和清洁。吸湿器内的干燥剂变色超过二分之一的时候就要及时更换。

5）瓦斯继电器

瓦斯继电器也称为气体继电器，它是变压器的主要保护装置，安装在变压器油箱和油枕的连接管道上，当变压器内部发生故障时，由于油的分解产生油气流，冲击继电器挡板，使接点闭合，跳开变压器各侧断路器。瓦斯继电器上有引出线，分别接至保护跳闸和信号。瓦斯继电器应定期进行动作和绝缘校验。

4.2.2 常用高压电器

（1）高压断路器

高压断路器（文字符号为 QF）是电力系统中发、送、变、配电接通、分断电路和保护电路的主要设备。它具有完善的灭弧装置，正常运行时，用来接通和开断负荷电流，在某些电气主接线中，还担任改变主接线运行方式的任务；故障时，用来开断短路电流，切除故障电路。

高压断路器是电力系统中最重要的开关设备之一，它起着控制和保护电力设备的双重作用。

控制作用：根据电力系统运行的需要，将部分或全部电力设备或线路投入或退出运行。

保护作用：当电力系统任何部分发生故障时，应将故障部分从系统中快速切除，防止事故扩大，保护系统中各类电气设备不受损坏，保证系统的安全运行。

高压断路器通常按照灭弧介质进行分类，主要有油断路器、真空断路器和六氟化硫断路器。

1）油断路器

油断路器按其油量多少和油的功能，分为多油断路器和少油断路器。多油断路器的油量多，其油一方面作为灭弧介质，另一方面又作为相对地（外壳）或相与相之间的绝缘介质。少油断路器的油量很少，其油只作为灭弧介质，其外壳通常是带电的。

油断路器曾在供配电系统中广泛使用，后来随着开关无油化进程的开展，现已基本淘汰，被真空断路器和六氟化硫断路器所取代。

2）真空断路器

真空断路器是以真空作为灭弧介质的断路器。真空断路器的触头装在真空灭弧室内，真空灭弧室内的气体压力在 $10^{-10} \sim 10^{-4}$ Pa 范围内，当触头切断电路时，触头间将产生电弧，该电弧是触头电极蒸发出来的金属蒸气形成的，由于弧柱内外的压力差和密度差均很大，因此，弧柱内的金属蒸气和带电粒子得以迅速向外扩散，电弧也随即迅速熄灭。

真空断路器的特点：

① 熄弧能力强，燃弧及全分断时间均很短；

② 触头电侵蚀小，电寿命长，触头不受外界有害气体的侵蚀；

③ 触头开距小，操作功小，机械寿命长；

④ 适用于频繁操作和快速切断，特别是切断电容性负载电路；

⑤ 体积和质量均很小，结构简单，维修工作量少，且真空灭弧室和触头无需检修；

⑥ 环境污染小，开断是在密闭容器内进行的，电弧生成物不会污染环境，无易燃易爆介质，不会产生爆炸和火灾危险，也无严重噪声。

3）六氟化硫断路器

SF_6 断路器是利用 SF_6 气体作为灭弧介质的一种断路器。SF_6 气体是一种化学性能非常稳定的气体，并且具有优良的电绝缘性能和灭弧性能。

SF_6 气体是一种负电性气体，即其分子具有很强的吸附自由电子的能力，可以大量吸附弧隙中参与导电的自由电子，生成负离子。由于负离子的运动要比自由电子慢很多，因此很容易和正离子复合成中性的分子或原子，大大加快了电流过零时弧隙介质强度的恢复，从而使电弧难以复燃而很快熄灭。

SF_6 断路器的优点是：断流能力强，灭弧速度快，不易燃，寿命长，可频繁操作，机械可靠性高以及免维护周期长。缺点是：加工精度高，密封性能要求严格，价格较高。

SF$_6$断路器在供配电中、高压系统尤其是高压系统中得到了广泛应用。

（2）高压隔离开关

高压隔离开关（文字符号为 QS）主要用来隔离高压电源以保证安全检修，因此其结构特点是断开后具有明显可见的断开间隙。它的另一结构特点是没有专门的灭弧装置，因此它不能带负荷操作。但它允许通断一定的小电流，如励磁电流不大于 2A 的空载变压器、充电电容电流不大于 5A 的空载线路以及电压互感器回路等。

高压隔离开关的特点：

1）在电气设备检修时，提供一个电气间隔，并且是一个明显可见的断开点，用以保障检修人员的人身安全；

2）高压隔离开关不能带负荷操作：不能带额定负荷或大负荷操作，不能分断负荷电流和短路电流，但是有灭弧室的可以带小负荷及空载线路操作；

3）一般送电操作时：先合隔离开关，后合断路器或负荷类开关；断电操作时：先断开断路器或负荷类开关，后断开隔离开关；

4）选用时和其他的电气设备相同，其额定电压、额定电流、动稳定电流、热稳定电流等都必须符合使用场合的需要。

高压隔离开关的作用是断开无负荷电流的电路，使所检修的设备与电源有明显的断开点，以保证检修人员的安全。高压隔离开关没有专门的灭弧装置，不能切断负荷电流和短路电流，所以必须在断路器断开电路的情况下才可以对其进行操作。

（3）高压负荷开关

高压负荷开关是一种介于高压隔离开关与高压断路器之间的结构简单的高压电器，具有简单的灭弧装置，常用来分断负荷电流和较小的过负荷电流，但是不能分断短路电流。此外，高压负荷开关大多数还具有明显的断口，具有高压隔离开关的作用。高压负荷开关常与熔断器联合使用，由高压负荷开关分断负荷电流，利用熔断器切断故障电流。因此在容量不是很大、对保护性能要求不是很高时，高压负荷开关与熔断器组合起来便可取代高压断路器，从而降低设备投资和运行费用。这种形式广泛应用于城网改造和农村电网。

高压负荷开关的用途与它的结构特点是相对应的，从结构上看，高压负荷开关主要有两种类型，一种是独立安装在墙上、架构上，其结构类似于高压隔离开关；另一种是安装在高压开关柜中，特别是采用真空或 SF$_6$ 气体的，则更接近于高压断路器。高压负荷开关的用途包含了这两种类型的综合用途。

高压负荷开关的特点：

1）高压负荷开关在断开位置时，像高压隔离开关一样有明显的断开点，因此可起到电气隔离作用；对于停电的设备或线路提供可靠停电的必要条件。

2）高压负荷开关具有简单的灭弧装置，因而可分断高压负荷开关本身额定电流之内的负荷电流。它可用来分断一定容量的变压器、电容器组以及一定容量的配电线路。有的车间变压器距高压配电室的断路器较远，停电时在车间变压器室中看不到明显的断开点，往往在变压器室的墙上加装一台高压负荷开关，既可以就近操作变压器的空载电流，又可以提供明显的断开点，确保停电的安全可靠。

3）配有高压熔断器的高压负荷开关，可作为断流能力有限的高压断路器使用。这时高压负荷开关本身用于分断正常情况下的负荷电流，高压熔断器则用来切断短路故障电流。

（4）高压熔断器

高压熔断器（文字符号为 FU）是一种保护电器，当系统或电气设备发生短路故障或过负荷时，故障电流或过负荷电流使熔体发热熔断，从而切断电源起到保护作用。

高压熔断器一般分为跌落式和限流式两种，前者用于户外场所，后者用于户内配电装置。由于高压熔断器具有结构简单、使用方便、分断能力大、价格较低廉等优点，被广泛应用于 35kV 以下的小容量电网中。

高压熔断器的工作过程包括以下四个物理过程：流过过载或短路电流时，熔体发热以至熔化；熔体气化，电路开断；电路开断后的间隙又被击穿，产生电弧；电弧熄灭，高压熔断器的切断能力取决于最后一个过程。

高压熔断器的动作时间为上述四个过程的时间总和。

（5）电感器和电容器

1）电感器

电感器是能够把电能转化为磁能而存储起来的元件。电感器的结构类似于变压器，但只有一个绕组。电感器具有一定的电感，它只阻碍电流的变化。电感器在没有电流通过的状态下，电路接通时它将试图阻碍电流流过它；电感器在有电流通过的状态下，电路断开时它将试图维持电流不变。电感器又称扼流器、电抗器、动态电感器。

电感器按照不同分类方法可以分为以下种类：

① 按结构及冷却介质：分为空心式、铁芯式、干式、油浸式等，例如干式空心电感器、干式铁芯电感器、油浸铁芯电感器、油浸空心电感器、夹持式干式空心电感器、绕包式干式空心电感器、水泥电感器等。

② 按接法：分为并联电感器和串联电感器。

③ 按功能：分为限流电感器和补偿电感器。

④ 按用途：按具体用途细分，例如限流电感器、滤波电感器、平波电感器、功率因数补偿电感器、串联电感器、平衡电感器、接地电感器、消弧线圈、进线电感器、出线电感器、饱和电感器、自饱和电感器、可变电感器（可调电感器、可控电感器）、轭流电感器、串联谐振电感器、并联谐振电感器等。

在高压电路中，电感器主要安装在变电站内，按照并联和串联的接法不同，电感器的作用也不同。

2）电容器

在高压供配电系统中，电容器分为串联电容器和并联电容器，它们都能改善电力系统的电压质量和提高输电线路的输电能力，是电力系统的重要设备。

串联电容器的作用：

① 提高线路末端电压。串接在线路中的电容器，利用其容抗 X_c 补偿线路的感抗 X_L，使线路的电压降减少，从而提高线路末端（受电端）的电压，一般可将线路末端电压提高 $10\%\sim20\%$。

② 降低受电端电压波动。当线路受电端接有变化很大的冲击负荷（如电弧炉、电焊机、电气轨道等）时，串联电容器能消除电压的剧烈波动。这是因为串联电容器在线路中对电压降的补偿作用是随通过电容器的负荷而变化的，具有随负荷的变化而瞬时调节的性能，能自动维持负荷端（受电端）的电压值。

③ 提高线路输电能力。由于线路串入了电容器的补偿电抗 X_c，线路的电压降和功率损耗减少，相应地提高了线路的输送容量。

④ 改善系统潮流分布。在闭合网络中的某些线路上串接一些电容器，部分地改变了线路电抗，使电流按指定的线路流动，以达到功率经济分布的目的。

⑤ 提高系统的稳定性。线路串入电容器后，提高了线路的输电能力，这本身就提高了系统的静稳定性。当线路故障被部分切除时（如双回路被切除一回、三相系统单相接地切除一相），系统等效电抗急剧增加，此时，将串联电容器进行强行补偿，即短时强行改变电容器串、并联数量，临时增加容抗 X_c，使系统总的等效电抗减少，提高了输送的极限功率，从而提高了系统的动稳定性。

并联电容器的作用：

并联电容器并联在系统的母线上，类似于系统母线上的一个容性负荷，它吸收系统的容性无功功率，这就相当于并联电容器向系统发出感性无功。因此，并联电容器能向系统提供感性无功功率，提高受电端母线的电压水平，同时，它减少了线路上感性无功的输送，减少了电压和功率损耗，因而提高了线路的输电能力。

（6）互感器

互感器是一种特殊的变压器，它被广泛应用于供电系统中向测量仪表和继电器的电压线圈或电流线圈供电。

互感器的功能主要是将高电压或大电流按比例变换成标准低电压（100V）或标准小电流（5A 或 1A，均指额定值），以便实现测量仪表、保护设备及自动控制设备的标准化、小型化。同时互感器还可用来隔开高电压系统，以保证人身和设备的安全。

1）电流互感器

电流互感器是将一次侧的大电流按比例变为适合仪表或继电器使用的额定电流通常为 5A 的变换设备。电力系统中广泛采用的是电磁式电流互感器（以下简称电流互感器）。它的工作原理和变压器相似。电流互感器一、二次电流之比称为电流互感器的额定互感比。

电流互感器的特点：

① 一次绕组串联在电路中，并且匝数很少，故一次绕组中的电流完全取决于被测电路的负荷电流，而与二次电流大小无关；

② 电流互感器二次绕组所接仪表的电流线圈阻抗很小，所以正常情况下电流互感器在近于短路的状态下运行。

高压电流互感器多制成两个铁芯和两个副绕组的形式，分别接测量仪表和继电器，满足测量仪表和继电保护的不同要求。

电流互感器供测量用的铁芯在一次侧短路时应该容易饱和，以限制二次侧电流增长的倍数；供继电保护用的铁芯，在一次侧短路时不应饱和，使二次侧的电流与一次侧的电流成正比例增加。

2）电压互感器

电压互感器是将一次侧的高电压按比例变为适合仪表或继电器使用的额定电压通常为 100V 的变换设备。电力系统中广泛采用的是电磁式电压互感器（以下简称电压互感器）。它的工作原理和变压器相似。电压互感器一、二次电压之比称为电压互感器的额定互感比。

电压互感器的特点：

① 容量很小，类似一台小容量变压器，但结构上要求有较高的安全系数；

② 电压互感器二次绕组所接仪表的电流线圈阻抗很大，所以正常情况下电压互感器在近于空载的状态下运行。

4.3　自控基础

4.3.1　自动控制系统与工作原理

（1）自动控制系统概述

自动控制系统是在人工控制的基础上产生和发展起来的。为对自动控制有一个更加清晰的了解，下面对人工操作与自动控制进行对比与分析。图 4-5 所示是一个液体贮槽，在生产中常用来作为一般的中间容器或成品罐。从前一个工序出来的物料连续不断地流入槽中，而槽中的液体又送至下一个工序进行加工或包装。当流入量 Q_i（或流出量 Q_o）波动时会引起槽内液位的波动，严重时会溢出或抽空。解决这个问题的最简单办法，是以贮槽液位为操作指标，以改变出口阀门开度为控制手段，如图 4-5 所示。当液位上升时，将出口阀门开大，液位上升越多，阀门开得越大；反之，当液位下降时，则关小出口阀门，液位下降越多，阀门关得越小。为了使液位上升和下降都有足够的余地，选择玻璃管液位计指示值中间的某一点为正常工作时的液位高度，通过改变出口阀门开度而使液位保持在这一高度上，这样就不会出现贮槽中液位过高而溢出槽外，或使贮槽内液位抽空而发生事故的现象。归纳起来，操作人员所进行的工作有以下三个方面：

1）检测。用眼睛观察玻璃管液位计（测量元件）中液位的高低。

2）运算、命令。大脑根据眼睛所看到的液位高度，与要求的液位值进行比较，得出偏差的大小和正负，然后根据操作经验，经思考、决策后发出命令。

3）执行。根据大脑发出的命令，通过手去改变阀门开度，以改变出口流量 Q_o，从而使液位保持在所需要高度上。

眼、脑、手三个器官，分别担负了检测、运算/决策和执行三个任务，来完成测量偏差、操纵阀门以纠正偏差的全过程。

若采用一套自动控制装置来取代上述人工操作，就称为液位自动控制。如图 4-6。

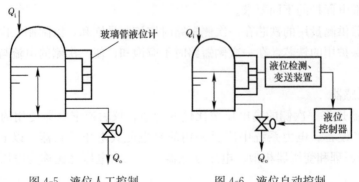

图 4-5　液位人工控制　　　　　图 4-6　液位自动控制

所谓自动控制，是指在没有人直接参与的情况下，利用控制装置使整个生产过程或工作机械自动地按预先规定的规律运行，达到要求的指标；或使它的某些物理量按预定的要求变化。所谓系统，就是通过执行规定功能、实现预定目标的一些相互关联单元的组合体。自动控制系统就是为实现某一控制目标所需要的所有装置的有机组合体。例如，家用电冰箱能保持恒温；高楼水箱能保持恒压供水；电网电压和频率自动保持不变；火炮根据雷达指挥仪传来的信息，能够自动地改变方位角和俯仰角，随时跟踪目标；人造卫星能够按预定的轨道运行并返回地面；程序控制机床能够按预先排定的工艺程序自动地进刀切削，加工出预期几何形状的零件；焊接机器人能自动地跟踪预期轨迹移动，焊出高质量的产品。所有这些自动控制系统的例子，尽管它们的结构和功能各不相同，但它们有共同的规律，即它们被控制的物理量保持恒定，或者按照一定的规律变化。

（2）自动控制系统的组成

上面讲到的液位控制系统可用图 4-7 的方块图来表示。每个方块表示组成系统的一个环节，两个方块之间用一条带箭头的线条表示其相互间的信号联系，箭头表示进入还是离开这个方块，线上的字母表示相互间的作用信号。

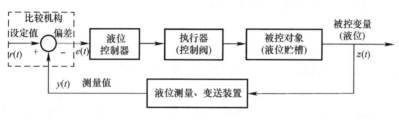

图 4-7　液位控制系统

通过方块图，我们可以得出自动控制系统的组成一般包括比较、控制器，被控对象，执行机构和测量变送器四个环节。

1）比较、控制器

目前自动控制系统的控制器主要包括 PLC、DCS、FCS 等主控制系统。在底层应用最多的就是 PLC 控制系统，一般大中型控制系统中要求分散控制、集中管理的场合就会采用 DCS 控制系统，FCS 控制系统主要应用在大型系统中，它也是 21 世纪最具发展潜力的现场总线控制系统，与 PLC 和 DCS 之间有着千丝万缕的联系。

控制器是现场自动化设备的核心控制器，现场所有设备的执行和反馈、所有参数的采集和下达全部依赖于控制器的指令。

2）被控对象

在自动控制系统中被控对象一般指控制设备或过程（工艺、流程等）等。广义的理解被控对象包括处理工艺、电机、阀门等具体的设备；狭义的理解被控对象可以是各设备的输入、输出参数等。

3）执行机构

在自动控制系统中，执行机构主要是系统中的阀门执行器，根据不同的工艺及流程控制，控制器通过输出信号对执行机构进行控制，执行机构发生动作之后信号反馈给控制器，控制器接收到反馈信号后判断执行器完成了指定动作，一次控制完成。

4）测量变送器

测量变送器是将现场设备传感器的非电量信号转换为 0～10V 或 4～20mA 标准电信号的一种设备。例如温度、压力、流量、液位、电导率等非电量信号，经过变送器转换后才可以接到 PLC 等控制器接口，才能最终参与整个系统的参数采集和控制。非电量的变送器也统称为传感器。

（3）影响自动控制系统的因素

自动控制的理想目标就是自动控制系统能快速将生产过程稳定在预期状态，实际应用中自动控制系统控制品质会受到测量信号、执行器特性、被控过程的滞后特性、被控对象的时间常数、生产过程的非线性、时变性和化学反应过程与生化反应过程的本征不稳定性影响。

1）信号的测量问题

工业生产过程的物料与能量流基本上在密闭的容器和工艺管线中传递，进行传热传质或进行化学反应。这些物料大部分具有易燃、易爆、腐蚀和毒性等特点。工业生产过程的变量很难在线测量，有些虽然可以测量但可能测不准，特别是物料的组分以及有关产品质量的一些参数，只能通过取样送实验室化验分析才能获得，对于负反馈控制系统而言，它完全依赖于工业生产过程信号测量的准确性。

2）执行器特性

作为一个自动控制系统，由测量环节、控制器、被控过程和执行器四部分组成，执行器的静态和动态特性，直接影响到自动控制系统的品质指标。

3）被控过程的滞后特性

被控过程或被控对象存在各种纯滞后或称时滞。一个控制系统的输出作用希望能尽快在被控变量中反映出来，然而由于纯滞后的存在，其动态响应不及时，影响控制品质。

4）被控对象的时间常数

如流量控制的被控对象时间常数小，而加热炉的时间常数大，时间常数大小将影响到自动控制的品质。

5）非线性特性

工业生产过程一般都具有非线性特性，这种非线性特性使得控制校正和扰动在不同的工作区域会有不同的作用特性。

6）时变性

例如生物发酵过程，生物质浓度的增长随着时间而变化，相应的原料消耗与产物的形成都是时间的函数。

7）本征不稳定性

一些化学反应过程与生化反应过程在某些操作范围内系统本身是不稳定的，如果过程进入不稳定的操作区域，其过程变量的变化，如化学反应温度与压力，可能会以指数形式增加，这个时候系统可能会进入循环振荡而不稳定，这时自动控制系统会显得无能为力。

4.3.2　自动控制系统的控制方法

（1）比例积分微分控制（PID）

比例积分微分控制（PID）是最早发展起来的控制策略之一，由于其算法简单、可靠性高及对大多数控制系统具有适应性，所以被广泛应用于工业过程控制，尤其适用于可建立数学模型的确定性控制系统。随着计算机技术和现代控制理论的发展，PID 由常规 PID 控制发展到现在的新型 PID 控制，如智能 PID 控制等。常规 PID 控制理论分为模拟 PID 控制和数字 PID 控制。

（2）非线性系统的控制

严格地说，理想的线性系统在实际中并不存在。实际的控制系统，由于其组成元件在不同程度上具有某种非线性特性，可以说都是非线性系统的控制（Control of Nonlinear System）。不过当控制系统的非线性程度不严重时，在某一范围内或某些条件下，可以将非线性系统进行线性化处理，近似当作线性系统来研究，这在解决很大一类控制系统的设计、计算中是行之有效的。但是对某些非线性程度比较严重的控制系统，必须考虑其非线性本质才能得到符合实际的结果，这时就不能采用线性化方法处理。因此，建立非线性数学模型、寻求非线性系统的研究方法是非常必要的。研究中还发现，如果在控制系统中适当地接入某些非线性元件，往往能更有效地改善系统的控制性能。

当系统中含有一个或多个具有非线性特性的元件时，该系统称为非线性系统。若系统本身具有非线性称为固有非线性系统，为了达到某种控制目的而加入非线性的系统称为人为非线性系统。在实际控制系统中，非线性特性有很多种类，如死区特性（不灵敏区特性）、饱和特性、间隙特性、继电器特性、变放大系数特性等。

非线性控制系统动态过程的主要特点包括：

1）叠加原理不适用于非线性控制系统。

2）非线性控制系统的稳定性，不仅取决于系统的结构和参数，而且与输入信号的幅值和初始条件有关。因此，分析非线性控制系统的稳定性是比较复杂的。

3）非线性控制系统常常产生自持振荡。自持振荡是非线性控制系统的特有运动模式，它的振幅和频率由系统本身的特性所决定。

4）频率响应畸变。在非线性控制系统中，如果输入是正弦信号，输出就不一定是正弦信号，而是一个畸变的波形。它不仅含有与输入同频率的正弦信号分量（基频分量），还含有高次谐波分量。若系统含有多值非线性环节，输出的各次谐波分量的幅值还可能发生跃变。

非线性特性千差万别，对非线性控制系统的分析，还没有一种像线性控制系统那么普遍的分析、设计方法。目前分析非线性控制系统的实用方法有以下 3 种：

1）描述函数法，这是一种基于频率域的分析方法；

2）相平面法，这是一种基于时域的分析方法；

3）李亚普诺夫第二法，这是一种对线性系统和非线性系统都适用的方法。

（3）最优控制

在古典控制理论中，反馈控制系统的传统设计方法有很多的局限性，其中最主要的缺点是方法不严密，大量地依靠试探法，设计结果与设计人员的知识和经验有很大的关系。这种设计方法对于多输入-多输出系统，或要求较高控制精度的复杂系统，显得无能为力，迫切需要探索新的设计方法。20 世纪 60 年代初，由于空间技术的迅猛发展和计算机的广泛应用，动态系统理论得到了迅速发展，形成了最优控制（Optimal Control）理论这一重要的学科分支。最优控制理论的出现是古典控制理论发展到现代控制理论的重要标志。这个理论不仅给工程技术人员提供了一种设计先进系统的方法，而且更重要的是它给工程技术人员提出了努力的方向——怎样设计才能达到或者接近一个最优目标。因此，它在控制工程等领域得到了广泛的应用，取得了显著的成效。

1）最优控制的基本概念

最优控制是在给定限制条件和性能指标（即评价函数和目标函数）下，寻找使系统性能在一定意义下为最优的控制规律。所谓限制条件，即约束条件，指的是物理上对系统所施加的一些约束。而性能指标则是为评价系统在工作过程中的优劣所规定的标准。所寻求的控制规律就是综合得出的最佳控制器。

注意：最优指的是某一个性能指标最优，而不是任何性能指标都是最优的。一个性能指标最优一般是使这个指标为极小值（或极大值），比如使控制过程时间最短，燃料消耗最少，或者控制误差最小，等等。因此，有的文献把最优控制或最佳控制叫做极值控制。

2）最优控制理论研究的主要问题

随着科学技术的飞速发展，出现了许多对性能要求较高的被控对象，例如导弹、卫星、宇宙飞船及现代工业设备等，很多控制问题都必须从最优控制的角度进行研究设计。最优控制理论所研究的主要控制系统及其控制的内容有：

① 快速性最优系统，使系统在最短时间内达到终点状态。在一些古典控制理论文献中就有这类系统的论述。

② 最优导引律，各种战术导弹只有按照预定点导引律飞行才能命中目标。所谓最优导引律就是使导弹控制系统某一个性能指标为最优的导引律。

③ 最优调节系统，当系统偏离平衡状态后能以最小性能指标返回平衡状态。

④ 最小能量控制，以最小能量消耗使系统从一个初始状态转移到最终状态。

⑤ 最小燃料控制，以最小燃料消耗使系统从一个初始状态转移到最终状态，等等。

（4）自适应控制

在日常生活中，所谓自适应是指生物能改变自己的习性以适应新的环境的一种特征。因此，直观地说，自适应控制系统是一种能够连续测量输入信号和系统特征的变化，自动地改变系统的结构与参数，使系统具有适应环境变化并始终保持优良品质的自动控制系统。例如，飞机特性随飞行高度和气流速度而变化；轧机张力随卷板机卷绕钢板多少而变化等。在这些情况下，普通固定结构的反馈自动控制系统就不能满足需要了，它们只能采用自适应控制系统。

自适应控制的研究对象是具有一定程度不确定性的系统，这里所谓的"不确定性"是指描述被控对象及其环境的数学模型不是完全确定的，其中包含一些未知因素和随机因素。

任何一个实际系统都具有不同程度的不确定性，这些不确定性有时表现在系统内部，有时表现在系统外部。从系统内部来讲，描述被控对象的数学模型的结构和参数，设计者事先并不一定能准确知道。作为外部环境对系统的影响，可以等效地用许多扰动来表示，这些扰动通常是不可预测的。此外，还有一些测量时产生的不确定因素进入系统。面对这些客观存在的各式各样的不确定性，如何设计适当的控制作用，使得某一指定的性能指标达到并保持最优或者近似最优，这就是自适应控制所要研究和解决的问题。

自适应控制与常规的反馈控制和最优控制一样，也是一种基于数学模型的控制方法，所不同的只是自适应控制所依据的关于模型和扰动的先验知识比较少，需要在系统的运行过程中去不断提取有关模型的信息，使模型逐步完善。具体地说，可以依据对象的输入输出数据，不断地辨识模型参数，这个过程称为系统的在线辨识。随着生产过程的不断进行，通过在线辨识，模型会变得越来越准确，越来越接近于实际。既然模型在不断地改进，显然，基于这种模型综合出来的控制作用也将随之不断的改进。在这个意义下，控制系统具有一定的适应能力。比如说，当系统在设计阶段时，由于对象特性的初始信息比较缺乏，系统在刚开始投入运行时性能可能不理想，但是只要经过一段时间的运行，通过在线辨识和控制以后，控制系统逐渐适应，最终将自身调整到一个满意的工作状态。再比如某些控制对象，其特性可能会在运行过程中发生较大的变化，但通过在线辨识和改变控制器参数，系统也能逐渐适应。

常规的反馈控制系统对于系统内部特性的变化和外部扰动的影响都具有一定的抑制能力，但是由于控制器参数是固定的，所以当系统内部特性的变化幅度或者外部扰动的变化幅度很大时，系统的性能常常会大幅度下降，甚至是不稳定的。所以对那些对象特性或扰动特性变化范围很大，同时又要求经常保持高性能指标的一类系统，采取自适应控制是合适的。但是也应当指出，自适应控制比常规反馈控制要复杂得多，成本也高的多，因此只是在用常规反馈控制达不到所期望的性能时，才会考虑采用自适应控制。

（5）智能控制

智能控制是具有智能信息处理、智能信息反馈和智能控制决策的控制方式，是控制理论发展的高级阶段，主要用来解决那些用传统方法难以解决的复杂系统的控制问题。智能控制研究对象的主要特点是具有不确定性的数学模型、高度的非线性和复杂的任务要求。

1967 年，莱昂德斯（C. T. Leondes）等人首次正式使用"智能控制"一词。1971 年，傅京孙论述了 AI 与自动控制的交叉关系。自此，自动控制与 AI 开始碰撞出火花，一个新兴的交叉领域——智能控制得到建立和发展。早期的智能控制系统采用比较初级的智能方法，如模式识别和学习方法等，而且发展速度十分缓慢。

扎德于 1965 年发表了著名论文"Fuzzy Sets"，开辟了以表征人的感知和语言表达的模糊性这一普遍存在不确定性的模糊逻辑为基础的数学新领域——模糊数学。1975 年，马丹尼（E. H. Mamdani）成功地将模糊逻辑与模糊关系应用于工业控制系统，提出了能处理模糊不确定性、模拟人的操作经验规则的模糊控制方法。此后，在模糊控制的理论和应用两个方面，控制专家们进行了大量研究，并取得一批令人感兴趣的成果，被视为智能控制中十分活跃、发展也较为深刻的智能控制方法。

20 世纪 80 年代，基于 AI 的规则表示与推理技术（尤其是专家系统）的专家控制系统得到迅速发展，如瑞典奥斯特隆姆（K. J. Astrom）的专家控制、美国萨里迪斯（G. M. Saridis）的机器人控制中的专家控制等。随着 20 世纪 80 年代中期人工神经网络研究的再度兴起，控制领域研究者们提出并迅速发展了充分利用人工神经网络良好的非线性逼近特性、自学习特性和容错特性的神经网络控制方法。

随着研究的展开和深入，形成智能控制新学科的条件逐渐成熟。1985 年 8 月，IEEE在美国纽约召开了第一届智能控制学术讨论会，讨论了智能控制原理和系统结构。由此，智能控制作为一门新兴学科得到广泛认同，并取得迅速发展。

近十几年来，随着智能控制方法和技术的发展，智能控制迅速走向各种专业领域，应用于各类复杂被控对象的控制问题，如工业过程控制系统、机器人系统、现代生产制造系统、交通控制系统等。

智能控制具有以下基本特点：

1）智能控制的核心是高层控制，能对复杂系统（如非线性、快时变、复杂多变量、环境扰动等）进行有效的全局控制，实现广义问题求解，并具有较强的容错能力。

2）智能控制系统能以知识表示的非数学广义模型和以数学表示的混合控制过程，采用开闭环控制和定性决策及定量控制结合的多模态控制方式。

3）其基本目的是从系统的功能和整体优化的角度来分析和综合系统，以实现预定的目标。智能控制系统具有变结构特点，能总体自寻优，具有自适应、自组织、自学习和自协调能力。

4）智能控制系统具有足够的关于人的控制策略、被控对象及环境的有关知识以及运用这些知识的能力。

5）智能控制系统有补偿及自修复能力和判断决策能力。

4.3.3　可编程控制器

（1）PLC 的基本特点及分类

可编程控制器（Programmable Logic Controller）简称 PLC，是从早期的继电器逻辑控制系统发展而来，它不断吸收微计算机技术使其功能不断增强，逐渐适合复杂的控制任务。PLC 应用面很广，发展非常迅速，在工厂自动化（FA）和计算机集成制造系统（CIMS）内占重要地位。

1）PLC 的定义

关于可编程控制器的定义，因其仍在不断地发展，所以国际上至今还未能对其下最后的定义。20 世纪 80 年代美国电气制造商协会（MEMA）将可编程控制器定义为：可编程控制器是一种带有指令存储器，数字的或模拟的输入/输出接口，以位运算为主，能完成逻辑、顺序、定时、计数和算术运算等功能，用于控制机器或生产过程的自动控制装置。

1985 年 1 月，国际电工委员会（IEC）在颁布可编程控制器标准草案第二稿时，又对 PLC 作了明确定义：可编程控制器是一种数字运算操作的电子系统（专为在工业环境下应用而设计）。它采用可编程序的存储器，用来在其内部存储执行逻辑运算、顺序控制、定时、计算和算术运算等操作的指令，并通过数字的或模拟的输入/输出接口，控制各种类型的机器设备或生产过程。可编程控制器及其有关设备的设计原则是它应易于与工业控制系统联成整体和具有扩充功能。

虽然可编程控制器的简称为 PC，但它与近年来人们熟知的个人计算机（Personal Computer，也简称为 PC）是完全不同的概念。为加以区别，国内外很多杂志及在工业现场的工程技术人员仍然把可编程控制器称为 PLC。

2）PLC 的基本特点

① 软硬件功能强

在硬件方面，选用优质器件，采用合理的系统结构，加固简化了安装，使它能抗震动和冲击。对印制电路板的设计、加工及焊接都采取了极为严格的工艺措施。对于工业生产过程中最常见的瞬间干扰，采取了隔离和滤波措施。

在软件方面，PLC 也采取了很多特殊措施，设置了"看门狗"WDT，系统运行时对 WDT 定时刷新，一旦程序出现死循环，使之能立即跳出，重新启动并发出报警信号。还设置了故障检测及诊断程序，用以检测系统硬件是否正常、用户程序是否正确，便于自动地做出相应的处理，如报警、封锁输出、保护数据等。

② 使用维护方便

可编程控制器产品已经标准化、系列化、模块化，配备有品种齐全的各种硬件装置供用户选用，用户能灵活方便地进行系统配置，组成不同功能、不同规模的系统。可编程控制器的安装接线也很方便，一般用接线端子连接外部接线。

可编程控制器的故障率低，且具有完善的自诊断和显示功能。可编程控制器或外部的输入装置和执行机构发生故障时，可以根据可编程控制器上的发光二极管或可编程控制器提供的信息迅速查明故障的原因，用更换模块的方法可以迅速排除故障。

③ 运行稳定可靠

传统的继电器控制系统中使用了大量的中间继电器、时间继电器。由于触点接触不良，容易出现故障。PLC 用软件代替大量的中间继电器和时间继电器，仅剩下与输入和输出有关的少量硬件元件，接线可以减少到继电器控制系统的十分之一到百分之一，大大减少了因触点接触不良造成的故障。

PLC 采取了一系列硬件和软件抗干扰措施，具有很强的抗干扰能力，平均无故障时间达到数万小时以上，可以直接用于有强干扰的工业生产现场，PLC 已被广大用户公认为最可靠的工业控制设备之一。

④ 设计和施工周期短

用可编程控制器完成一项控制工程时，由于其硬件、软件齐全，所以设计和施工可同时进行。由于用软件编程取代了继电器硬接线实现的控制功能，使得控制柜的设计及安装接线工作量大为减少，缩短了施工周期。同时，由于用户程序大都可以在实验室里模拟调试，模拟调试好后再将 PLC 控制系统在生产现场进行联机统调，使得设计方便、快速、安全，因此大大缩短了设计和施工周期。

3）PLC 的分类

可编程控制器具有多种分类方式，了解这些分类方式有助于 PLC 的选型及应用。

① 根据 I/O 点数分类

PLC 的输入/输出点数表明了 PLC 可从外部接收多少个输入信号和向外部发出多少个输出信号，实际上也就是 PLC 的输入/输出端子数。根据 I/O 点数的多少可将 PLC 分为微型机、小型机、中型机、大型机和巨型机。一般来说，点数多的 PLC 功能也相应较强。

a. 微型机

I/O 点数（总数）在 64 点以下，用户程序容量小于 4kB，称为微型机。微型机的结构为整体式，主要用于小规模开关量的控制。

b. 小型机

I/O 点数（总数）为 65～256 点，用户程序容量小于 16kB，称为小型机。一般只具有逻辑运算、定时、计数和移位等功能，适用于中小规模开关量的控制，可用它实现条件控制、顺序控制等。

c. 中型机

I/O 点数为 $256 \sim 1024$ 点，用户程序容量一般小于 32kB，称为中型机。它除了具备逻辑运算功能之外，还增加了模拟量输入/输出、算术运算、数据传送、数据通信等功能，可完成既有开关量又有模拟量的复杂控制。中型机的软件比小型机丰富，在已固化的程序内，一般还有 PID 调节，中型机的特点是功能强、配置灵活，适用于小规模的综合控制系统。

d. 大型机

I/O 点数在 1024 点以上，用户程序容量一般小于 32kB，称为大型机。大型机的功能更加完善，具有数据运算、模拟调节、联网通信、监视记录、打印等功能。监控系统采用 CRT 显示，能够表示生产过程的工艺流程、各种曲线、PID 调节参数选择图等。大型机适用于具有诸如温度、压力、流量、速度、角度、位置等模拟量控制和大量开关量控制的复杂机械及连续生产过程控制的场合。特点是 I/O 点数特别多、控制规模宏大、组网能力强，可用于大规模的过程控制，构成分布式控制系统或整个工厂的集散控制系统。

② 根据结构形式分类

从结构上看，PLC 可分为整体式、模板式及分散式三种形式。

a. 整体式 PLC

一般的微型机和小型机多为整体式结构。这种结构 PLC 的电源、CPU、I/O 部件都集中配置在一个箱体中，有的甚至全部装在一块印制电路板上。整体式 PLC 结构紧凑、体积小、质量轻、价格低，容易装配在工业控制设备的内部，比较适合于生产机械的单机控制。

整体式 PLC 的缺点是主机的 I/O 点数固定，使用不够灵活，维修也较麻烦。

b. 模板式 PLC

模板式 PLC 各部分以单独的模板分开设置，如电源模板、CPU 模板、输入输出模板及其他智能模板。这种结构的 PLC 配置灵活、装备方便、维修简单、易于扩展，可根据控制要求灵活配置所需模板，构成各种功能不同的控制系统。

c. 分散式 PLC

所谓分散式 PLC 就是将可编程控制的 CPU、电源、存储器集中放置在控制室，而将各 I/O 模板分散放置在各个工作站，由通信接口进行通信连接，由 CPU 集中指挥。

(2) PLC 的构成和工作原理

1) PLC 的构成

PLC 实质上是一种专门为在工业环境下应用自动控制而设计的计算机，它比一般的计算机具有更强的与工业过程相连接的接口，更直接的适用于控制要求的编程语言和更强的抗干扰能力。尽管在外形上 PLC 与普通计算机差别较大，但在基本结构上 PLC 与微型计算机系统基本相同，也由硬件和软件两大部分组成。

2) PLC 的硬件系统

无论是整体式 PLC 还是模板式 PLC，从硬件结构来看，PLC 都是由中央处理器 (CPU)、存储器、I/O 接口单元、I/O 扩展接口部件、外设接口及外设电源等部分组成，各部分之间通过系统总线进行连接。对于整体式 PLC 通常将中央处理器 (CPU)、存储器、I/O 接口单元、I/O 扩展接口部件、外设接口及外设电源等部分集成在一个箱体内，构成 PLC 主机，如图 4-8 所示。对于模板式 PLC，上述各组成部分均做成各自相互独立的模块，可根据系统需要灵活配置。

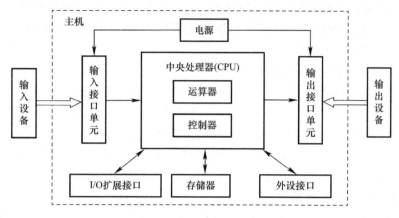

图 4-8　PLC 硬件系统组成

① 中央处理器（CPU）

CPU 是 PLC 的核心，由运算器和控制器构成。CPU 按 PLC 中系统程序赋予的功能，指挥 PLC 有条不紊地进行工作，其主要任务有：

a. 接收和保存现场的状态和数据；

b. 诊断 PLC 内部电路的工作故障和编程中的语法错误；

c. 执行系统和用户程序，实现各种运算；

d. 输出运算结果，驱动现场设备；

e. 协调 PLC 内部各部分工作，控制 PLC 与外围设备通信等。

不同型号 PLC 的 CPU 芯片是不同的，有采用通用 CPU 芯片的，如 8031、8051、8086、80286 等，也有采用厂家自行设计的专用 CPU 芯片的，CPU 芯片的性能关系到 PLC 处理数据的能力与速度，CPU 数位越高，系统处理信息量越大，运算速度越快。

② 存储器

PLC 存储器中配有两种存储系统，即系统程序存储器和用户程序存储器。系统程序存储器主要用来存储 PLC 内部的各种信息，一般系统程序是 PLC 生产厂家编写的系统监控程序，不能由用户直接存取，系统监控程序主要由有关系统管理、解释指令、标准程序及系统调用等程序组成，系统程序存储器一般用 PROM 或 EPROM 构成。由用户编写的程序称为用户程序，用户程序存放在用户程序存储器中。用户程序存储器一般分为两个区：程序存储区和数据存储区。程序存储区用来存储由用户编写的、通过编程器输入的程序；而数据存储区用来存储通过输入端子读取的输入信号的状态、准备通过输出端子输出的输出信号的状态、PLC 中各个内部器件的状态及特殊功能要求的有关数据。

③ I/O 接口单元

I/O 接口单元是 PLC 与现场 I/O 设备相连接的部件。它的作用是将输入信号转换为 CPU 能够接收和处理的信号，并将 CPU 送出的弱电信号转换为外部设备所需的强电信号，I/O 接口单元在完成 I/O 信号传递和转换的同时，还应能够有效地抑制干扰，起到与外部电气连接的隔离作用。因此，I/O 接口单元一般均配有电平转换、光电隔离、阻容滤波和浪涌保护等电路。

④ 开关量输入（DI）接口单元

开关量输入接口单元是把现场按钮开关、限位开关、光电开关等各种开关量信号转换为 PLC 内部处理的标准信号。按照输入电源类型不同，开关量输入接口单元可分为直流输入接口单元和交流输入接口单元。

⑤ 开关量输出（DO）接口单元

开关量输出接口单元是把 PLC 的内部信号转换成驱动继电器、接触器、电磁阀等现场执行机构的各种开关信号。按照现场执行机构使用的电源类型不同，开关量输出接口单元可分为继电器输出型、晶体管输出型和晶闸管输出型三类。继电器输出型为有触点的输出方式，可用于直流或低频交流负载。晶体管输出型和晶闸管输出型属于无触点输出型，前者适用于高速、小功率直流负载，后者适用于高速、大功率交流负载。

⑥ I/O 扩展接口及扩展部件

I/O 扩展接口是 PLC 主机为了扩展 I/O 点数或类型的部件。当用户所需的 I/O 点数或类型超过 PLC 主机的 I/O 接口单元的点数或类型时，可以通过加接 1/O 扩展部件来实现。I/O 扩展部件通常有简单型和智能型两种。简单型 I/O 扩展部件自身不带 CPU，对外部现场信号处理完全由主机的 CPU 管理，依赖于主机的程序扫描过程。智能型 I/O 扩展部件自身带有 CPU，不依赖于主机的程序扫描过程。

⑦ 外设接口

外设接口是 PLC 实现人机对话、机机对话的通道。通过外设接口，PLC 主机可与编程器、图形终端、打印机、EPROM 写入器和外围设备相连，也可与其他 PLC 或上位计算机连接。外设接口一般分为通用接口和专用接口两种。通用接口是指标准通用的接口，如 RS232、RS422 和 RS485 等。专用接口是指各 PLC 厂家专用的自成标准和系统的接口，如罗克韦尔自动化公司的增强型数据高速通道接口（DH+）和远程 I/O（RI/O）接口等。

3）PLC 的软件系统

PLC 的软件分为系统软件和应用软件两大部分。

① 系统软件

PLC 的系统软件就是 PLC 的系统监控程序，包括系统管理程序、用户指令解释程序、标准程序库和编程软件等，也有人称之为 PLC 的操作系统。它是每台 PLC 必须包括的部分，是由 PLC 的制造厂家编制的，用于控制 PLC 本身的运行。一般来说，系统软件对用户是不透明的。

② 应用软件

应用软件指用户根据工艺生产过程的控制要求，按照所有 PLC 规定的编程语言而编写的应用程序。应用程序可采用梯形图语言、指令表语言、功能块语言、顺序功能图语言和高级语言等多种方法来编写，利用编程装置输入到 PLC 的程序存储器中去。

4）PLC 的工作原理

PLC 的工作过程有两个显著特点：一是周期性顺序扫描，二是集中批处理。

周期性顺序扫描是 PLC 特有的工作方式，在运行过程中，总是处在不断循环的顺序扫描过程中。每次扫描所用的时间称为扫描时间，又称为扫描周期或工作周期。

由于 PLC 的 I/O 点数较多，采用集中批处理的方法，可以简化操作过程，便于控制，提高系统可靠性。因此，PLC 的另一个主要特点就是对输入采样、执行用户程序、输出刷新实施集中批处理。

PLC 的工作过程分为四个扫描阶段。

① 公共处理扫描阶段

公共处理包括 PLC 自检、执行外设命令、对"看门狗"WDT 清零等。PLC 自检就是 CPU 检测其各器件的状态，如出现异常再进行诊断，并给出故障信号或自行进行相应处理。WDT 是 PLC 内部设置的监视定时器，如果程序运行失常进入死循环，则 WDT 得不到按时清零而造成超时溢出，从而发出报警信号或停止 PLC 工作。

② 输入采样扫描阶段

这是第一个集中批处理过程。在这个阶段中，PLC 按顺序逐个采集所有输入端子上的信号，不论输入端子上是否接线，CPU 顺序读取全部输入端，将所有采集到的一批输入信号写到输入映像寄存器中。在当前的扫描周期内，用户程序依据的输入信号状态（ON 或 OFF）均从输入映像寄存器中读取，而不管此时外部输入信号的状态是否变化。即使此时外部输入信号的状态发生了变化，也只能在下一个扫描周期的输入采样扫描阶段去读取，对于这种采集输入信号的批处理，虽然严格上说每个信号被采集的时间有先有后，但由于 PLC 的扫描周期很短，这个差异对一般工程应用可忽略，所以可认为这些采集到的输入信息是同时的。

③ 执行用户程序扫描阶段

这是第二个集中批处理过程。在执行用户程序阶段，CPU 对用户程序按顺序进行扫描。如果程序用梯形图表示，则总是按先上后下、从左至右的顺序进行扫描。每扫描到一条指令，所需要的输入信息状态均从输入映像寄存器中读取，而不是直接使用现场的立即输入信号。对于其他信息，则是从 PLC 的元件映像寄存器中读取。在执行用户程序中，每一次运算的中间结果都立即写入元件映像寄存器中，这样该状态马上就可以被后面将要扫描到的指令所利用。对输出继电器的扫描结果，也不是马上去驱动外部负载，而是将其结果写入元件映像寄存器中的输出映像寄存器中，待输出刷新阶段集中进行批处理，所以执行用户程序阶段也是集中批处理过程。

在这个阶段，除了输入映像寄存器外，各个元件映像寄存器的内容是随着程序的执行而不断变化的。

④ 输出刷新扫描阶段

这是第三个集中批处理过程。当 CPU 对全部用户程序扫描结束后，将元件映像寄存器中各输出继电器的状态同时送到输出映像寄存器中，再由输出映像寄存器经输出端子去驱动各输出继电器的负载。在输出刷新阶段结束后，CPU 进入下一个扫描周期。

在大、中型 PLC 控制系统中，用户程序较长，为了提高系统的响应速度，可以采用中断处理。PLC 中关于中断的处理方法与计算机系统基本相同，如当有中断信号时，系统要中断正在执行的程序而转向执行中断子程序；当有多个中断源时，系统将按中断的优先级，按先后顺序排队处理；系统可以通过程序设定中断允许或中断禁止等。

（3）PLC 组态及编程语言

组态及配置，是 PLC 编程使用前对 PLC 进行配置来保证 PLC 正常工作的关键步骤。PLC 组态主要包括硬件组态、通信组态、软件组态三个部分。

1）硬件组态

硬件组态就是将你需要的所有 PLC 模块，包括电源，CPU，开关量输入、输出，模拟量输入、输出，通信模块等进行配置。硬件组态是 PLC 编程软件自带的功能，通过硬件组态保证编程软件和实际硬件的一致性，并且确保每个模块特别是输入、输出的功能满足外部硬件的要求。

2）通信组态

通信组态主要是设置 PLC 通信模块的通道属性实现 PLC 和总线设备、PLC 和编程计算机及上位机之间的通信。

3）软件组态

主要给各个硬件按照 PLC 的规则分配物理地址，实现 PLC 和外部信号的连接。这样就可以方便编程，自己根据需要使用。

（4）PLC 编程语言

PLC 的用户程序是设计人员根据控制系统的工艺控制要求，通过 PLC 编程语言编制设计的。根据国际电工委员会制定的工业控制编程语言标准（IEC 1131-3），PLC 的编程语言包括以下五种：梯形图语言（LD）、指令表语言（IL）、功能模块图语言（FBD）、顺序功能流程图语言（SFC）及结构化文本语言（ST）。

1）梯形图语言（LD）

梯形图语言是 PLC 程序设计中最常用的编程语言。它是与继电器线路类似的一种编程语言。由于电气设计人员对继电器控制较为熟悉，因此，梯形图语言得到了广泛的应用。

梯形图语言的特点是：与电气操作原理图相对应，具有直观性和对应性；与原有继电器控制相一致，电气设计人员易于掌握。

梯形图语言与原有继电器控制的不同点是，梯形图中的能流不是实际意义的电流，内部的继电器也不是实际存在的继电器，应用时需要与原有继电器控制的概念区别对待。

2）指令表语言（IL）

指令表语言是与汇编语言类似的一种助记符编程语言，和汇编语言一样由操作码和操作数组成。在无计算机的情况下，适合采用 PLC 手持编程器对用户程序进行编制。同时，指令表语言与梯形图语言一一对应，在 PLC 编程软件下可以相互转换。

指令表语言的特点是：采用助记符来表示操作功能，容易记忆，便于掌握；在手持编程器的键盘上采用助记符表示，便于操作，可在无计算机的场合进行编程设计；与梯形图语言有一一对应关系。其特点与梯形图语言基本一致。

3）功能模块图语言（FBD）

功能模块图语言是与数字逻辑电路类似的一种 PLC 编程语言。采用功能模块图的形式来表示模块所具有的功能，不同的功能模块有不同的功能。

功能模块图语言的特点：以功能模块为单位，分析理解控制方案简单容易；功能模块是用图形的形式表达功能，直观性强，对于具有数字逻辑电路基础的设计人员很容易掌握；对规模大、控制逻辑关系复杂的控制系统，由于功能模块图能够清楚表达功能关系，使编程调试时间大大减少。

4）顺序功能流程图语言（SFC）

顺序功能流程图语言是为了满足顺序逻辑控制而设计的编程语言。编程时将顺序流程动作的过程分成步和转换条件，根据转换条件对控制系统的功能流程顺序进行分配，一步一步地按照顺序动作。每一步代表一个控制功能任务，用方框表示。在方框内含有用于完成相应控制功能任务的梯形图逻辑。这种编程语言使程序结构清晰，易于阅读及维护，大大减轻了编程的工作量，缩短了编程和调试时间。适用于系统规模较大、程序关系较复杂的场合。

顺序功能流程图语言的特点：以功能为主线，按照功能流程的顺序分配，条理清楚，便于对用户程序理解；避免梯形图或其他编程语言不能顺序动作的缺陷，同时也避免了用梯形图语言对顺序动作编程时，由于机械互锁造成用户程序结构复杂、难以理解的缺陷；用户程序扫描时间也大大缩短。

5）结构化文本语言（ST）

结构化文本语言是用结构化的文本来描述程序的一种编程语言。它是类似于高级语言的一种编程语言。在大、中型的 PLC 系统中，常采用结构化文本来描述控制系统中各个变量的关系。主要用于其他编程语言较难实现的用户程序编制。

结构化文本语言采用计算机的描述方式来描述系统中各个变量之间的各种运算关系，完成所需的功能或操作。大多数 PLC 制造商采用的结构化文本语言与 BASIC 语言、PAS-CAL 语言或 C 语言等高级语言相类似，但为了应用方便，在语句的表达方法及语句的种类等方面都进行了简化。

结构化文本语言的特点：采用高级语言进行编程，可以完成较复杂的控制运算；需要有一定的计算机高级语言的知识和编程技巧，对工程设计人员要求较高；直观性和操作性较差。

（5）常见 PLC 模块

模板式 PLC 主要由以下常见模块构成：CPU 模块，电源模块，I/O 模块，内存模块，底板、机架模块，功能模块，通信模块等。

1）CPU 模块，它是 PLC 的硬件核心。PLC 的主要性能，如速度、规模都由它的性能来体现。

2）电源模块，它为 PLC 运行提供内部工作电源，而且有的还可为输入信号提供电源。

3）I/O 模块，它集成了 I/O 电路，并依点数及电路类型划分为不同规格的模块。

4）内存模块，它主要存储用户程序，有的还为系统提供附加的工作内存。在结构上内存模块都是附加于 CPU 模块之中。目前很多的 CPU 都集成内存模块。

5）底板、机架模块，它为 PLC 各模块的安装提供基板，并为模块间的联系提供总线。若干底板间的联系有的用接口模块，有的用总线接口。不同厂家或同一厂家但不同类型的 PLC 都不大相同。

6）功能模块，也称为智能模块，如高速计数模块、位控模块、温度模块等。这些模块有自己的 CPU，可对信号作预处理或后处理，以简化 PLC 的 CPU 对复杂的程控制量的控制。智能模块的种类、特性也大不相同，性能好的 PLC，其所含的智能模块种类多、性能也好。

7）通信模块，它接入 PLC 后，可使 PLC 与计算机或 PLC 与 PLC 进行通信，有的还可实现与其他控制部件如变频器、温控器通信，或组成局部网络。通信模块代表 PLC 的组网能力，代表着当今 PLC 性能的重要方面。

第5章 工程识图制图

在工程设计、施工和技术交流中，任何详尽的语言或文字，都难以把工程物的形状描述清楚，只有用"图"，确切地说是用"平面上的图形"来表达工程物的形状。这种表达工程物形状的图，称为工程图。工程图是表达和交流技术思想的重要工具，也是生产实践和科学研究中的重要资料。具备一定的工程识图制图能力，有助于加深对各生产构筑物构造及原理的理解，对于自来水厂的生产运行及技改项目的实施十分必要。

5.1 立体投影知识

5.1.1 常用的投影图

在工程实践中，对投影图的要求是：能唯一地确定物体的形状和空间几何关系，绘制的图形便于阅读，绘图的方法简便。工程上常用的投影图主要有：多面正投影图、轴测投影图、透视投影图和标高投影图。

（1）多面正投影图

用正投影法把物体投射到两个或两个以上相互垂直的投影面上，再按一定规律把这些投影面展开成一个平面，所得到的图样称为正投影图，图 5-1 所示是一座纪念碑的三面正投影图。正投影图能准确地反映物体的真实形状和大小，度量性好，作图简便，在工程上得到了广泛应用。其缺点是直观性较差。

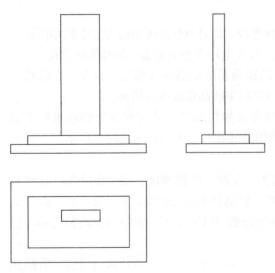

图 5-1 三面正投影图

览用的直观图。

（2）轴测投影图

用平行投影法将物体连同确定该物体的直角坐标系沿某一方向投射到单一投影面上，所得到的图形称为轴测投影图，如图 5-2 所示。轴测投影图直观性较好，具有一定的立体感和直观性，但度量性较差，作图较复杂，常作为工程上的辅助性图。

（3）透视投影图

用中心投影法将物体投射到单一投影面上，所得到的图形称为透视投影图，如图 5-3 所示。透视投影图与人的视觉相符，形象逼真，直观性好，具有良好的立体感，但度量性差，作图复杂，所以主要用于建筑工程的辅助图样，常作为设计方案和展

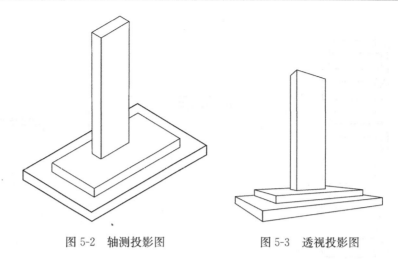

图 5-2　轴测投影图　　　　　　图 5-3　透视投影图

（4）标高投影图

标高投影图是一种带有数字标记的单面正投影图，它用正投影法把物体投射到水平投影面上，其高度用数字标注，如图 5-4 所示。标高投影图常用来表达地面的形状。作图时用间隔相等的水平面截割地形面，其交线即为等高线。将不同高程的等高线投射到水平投影面上，并标注出各等高线的高程，即为标高投影图。常用来绘制地形图和道路、水利工程等方面的平面布置图样。

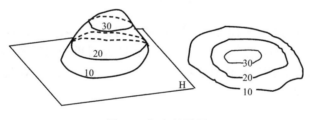

图 5-4　标高投影图

5.1.2　三面正投影

（1）三投影面体系的建立

图 5-5 为空间 3 个不同形状的形体，它们在同一投影面上的投影却是相同的。由图可以看出：虽然一个投影面能够准确地表现出形体的一个侧面的形状，但不能表现出形体的全部形状。那么，需要几个投影面才能确定空间形体的形状呢？

一般来说，用三个相互垂直的平面作为投影面，用形体在这三个投影面上的三个投影才能充分地表示出这个形体的空间形状。我们采用三个互相垂直的平面作为投影面，构成三投影面体系，如图 5-6 所示。水平位置的平面称作水平投影面（简称平面），用字母 H 表示；正对方向的平面称作正立投影面（简称立面），用字母 V 表示；位于右侧与 H、V 面均垂直的平面称作侧立投影面（简称侧面），用字母 W 表示。形体在三面投影体系中的投影，称为三面正投影图。

H 面与 V 面的交线 OX 称作 OX 轴；H 面与 W 面的交线 OY 称作 OY 轴；V 面与 W 面的交线 OZ 称作 OZ 轴。三个投影轴 OX、OY、OZ 的交点 O 称作原点。

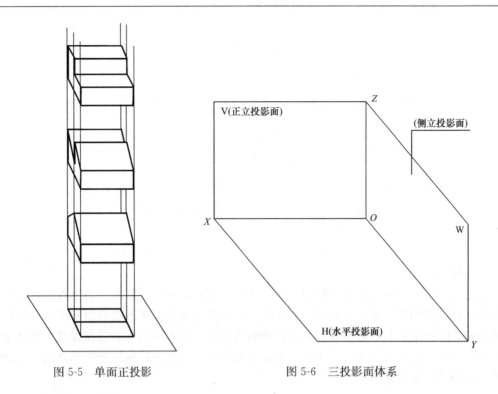

图 5-5　单面正投影　　　　　　　　图 5-6　三投影面体系

（2）投影图的形成

将物体置于 H 面之上，V 面之前，W 面之左的空间（第一分角），如图 5-7 所示，按箭头指明的投射方向分别向三个面作正投影。在 H 面所得的图形称作平面投影图（简称平面图）；在 V 面所得的图形称作立面投影图（简称立面图）；在 W 面所得的图形称作侧面投影图（简称侧面图）。

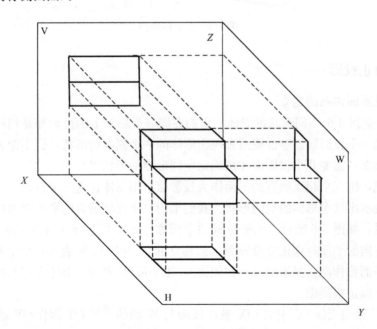

图 5-7　投影图的形成

（3）投影面的展开

上述得到的三面投影图，仍然位于三个不同方向的空间平面上，因此，还需要将三个投影面展开，目的是使 H、V、W 同处在一个平面（图纸）上。

根据《房屋建筑制图统一标准》GB/T 50001—2017 的有关规定，投影面的展开必须按照统一的规则即：V 面不动，H 面绕 OX 轴向下旋转 $90°$，W 面绕 OZ 轴向右旋转 $90°$，这时，H 面与 W 面重合于 V 面，如图 5-8（a）所示。投影面范围的边线省略不画，展开投影面以后，投影图如图 5-8（b）所示。

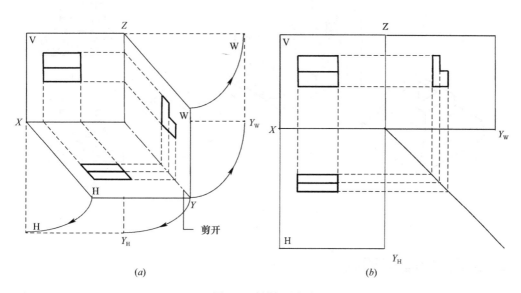

（a）   （b）

图 5-8 投影面展开
（a）展开；（b）投影图

5.1.3 剖面图和断面图

当一个建筑物或建筑构件的内部比较复杂时，如果仍采用正投影的方法，用实线表示可见轮廓，虚线表示不可见轮廓，则在投影图上会产生大量的虚线，给制图带来一定的困难，而且虚线、实线相互交叉或重叠，更显得图形混乱不清，给读图也带来很大的困难。为了把物体内部构造关系表达得更清楚，更好地表明某些构件被截断后的具体形状和尺寸，在施工图中，常采用剖面图和断面图的方法。

（1）剖面图

假想用剖切平面在物体内部构造比较复杂的部位剖开，将剖切平面前部的物体移去，遗留的部分作正投影，所得到的投影图称作该物体的剖面图（简称剖面），如图 5-9 所示。剖切平面的方向，一般选用投影面的平行面，以使图样能够充分地反映真实的形状和大小。

物体被剖切到的部分，用不同的材料符号表示，其轮廓线用粗实线加重，其余未被剖切到而在投影中又应表示的轮廓线画中实线。

（2）断面图

用剖切面剖切物体，只作被切着部分的投影，得到的图形称作断面图（简称断面）。

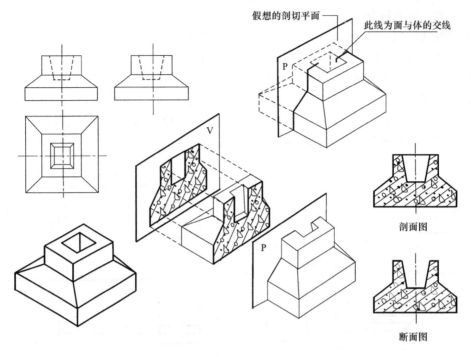

图 5-9　剖面图和断面图

5.2　工程制图基本知识

（1）建筑工程图的基本知识

建筑工程图是表达建筑工程中建筑物及构筑物的图样。建筑工程图通常包括：视图、尺寸、图例符号和技术说明等内容。

在建筑工程项目的建造过程中，需要绘制工程图样的阶段主要包括勘测、规划、设计、施工和验收等，每个阶段的工程图样均应满足该阶段的绘制和深度要求。例如，勘测阶段应绘制地形及地貌图、地质图；规划阶段应绘制规划方案图；设计阶段应绘制各个设计阶段要求深度的图纸，如初步设计阶段的设计图、扩展设计阶段的设计图等；施工阶段应绘制建筑物及构筑物的施工图；验收阶段应绘制竣工图等。

工程图样作为工程界的通用语言，要达到表达设计思想、进行技术交流的目的，就必须遵循统一的规范。这个统一的规范就是相关的国家标准，简称国标，用字母 GB 表示。其中，涉及各行各业都应共同遵循的内容，已被纳入中华人民共和国国家标准《技术制图》，它在具体内容上已与国际标准化组织（International Standardization Organization，ISO）的《技术制图》基本一致，以便于更广泛地进行国际的技术交流与合作。同时，由于不同专业有其不同的要求及特色，因而不同的专业领域仍保留了本专业的国家标准，如由中华人民共和国住房和城乡建设部颁布的国家标准《房屋建筑制图统一标准》GB/T 50001—2017、《建筑制图标准》GB/T 50104—2010 等，由中华人民共和国水利部颁布的行业标准《水利水电工程制图标准基础制图》SL 73.1—2013 等，这些内容需在学习及应用时注意区分和识别。下面主要以《技术制图》和《房屋建筑制图统一标准》GB/T

50001—2017 中的相关内容加以介绍。

（2）常用图例及给水排水工程图例

给水排水工程常用图例见表 5-1～表 5-3。

管道图例   表 5-1

序号	名称	图例	备注
1	生活给水管	—— J ——	
2	热水给水管	—— RJ ——	
3	热水回水管	—— RH ——	
4	中水给水管	—— ZJ ——	
5	循环给水管	—— XJ ——	
6	循环回水管	—— Xh ——	
7	热媒给水管	—— RM ——	
8	热媒回水管	——RMH——	
9	蒸汽管	—— Z ——	
10	废水管	—— F ——	可与中水原水管合用
11	压力废水管	—— YF ——	
12	通气管	—— T ——	
13	污水管	—— W ——	
14	压力污水管	—— YW ——	
15	雨水管	—— Y ——	
16	压力雨水管	—— YY ——	
17	膨胀管	—— PZ ——	
18	保温管	（波浪线图例）	
19	多孔管	（带箭头图例）	
20	地沟管	（虚线图例）	

续表

序号	名称	图例	备注
21	防护套管	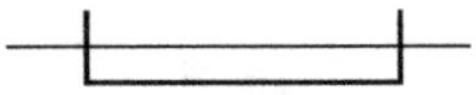	
22	管道立管	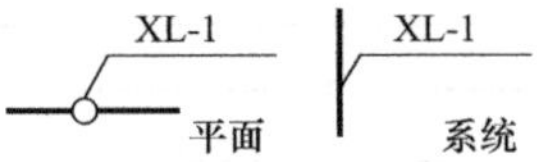 XL-1　　XL-1 平面　　　系统	X：管道类别 L：立管 1：编号
23	伴热管		
24	排水明沟	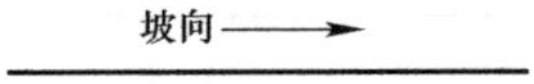 坡向 →	
25	排水暗沟	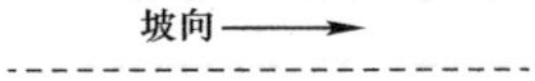 坡向 →	

注：分区管道用加注角标方式表示，如 J₁、J₂、RJ₁、RJ₂……

阀门　　　　　　　　　　　　　　　　　　　　　　表 5-2

序号	名称	图例	备注
1	闸阀		
2	角阀	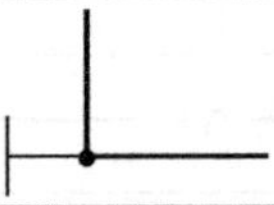	
3	三通阀		
4	四通阀	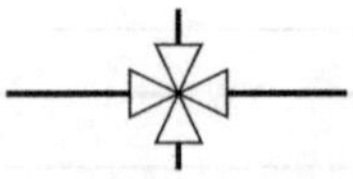	
5	截止阀	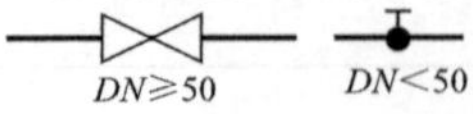 DN≥50　　　DN<50	
6	电动阀		
7	液动阀	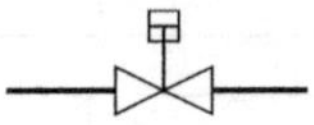	
8	气动阀	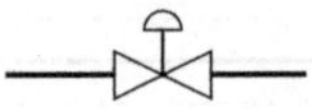	

110

续表

序号	名称	图例	备注
9	减压阀		左侧为高压端
10	旋塞阀	平面　　系统	
11	底阀		
12	球阀		
13	隔膜阀		
14	气开隔膜阀		
15	气闭隔膜阀		
16	温度调节阀		
17	压力调节阀		
18	电磁阀	M	
19	止回阀		
20	消声止回阀		
21	蝶阀		
22	弹簧安全阀		
23	平衡锤安全阀		

续表

序号	名称	图例	备注
24	自动排气阀	平面　　系统	
25	浮球阀	平面　　系统	
26	延时自闭冲洗阀		
27	吸水喇叭口	平面　　系统	
28	疏水器		

仪表　　　　　　　　　　　　　　　　　　　　　　　　　　表 5-3

序号	名称	图例	备注
1	温度计		
2	压力表		
3	自动记录压力表		
4	压力控制器		
5	水表		
6	自动记录流量计		
7	转子流量计		

序号	名称	图例	备注
8	真空表		
9	温度传感器	- - - - [T] - - - -	
10	压力传感器	- - - - [P] - - - -	
11	pH 值传感器	- - - - [pH] - - - -	
12	酸传感器	- - - - [H] - - - -	
13	碱传感器	- - - - [Na]	
14	余氯传感器	- - - - [Cl] - - - -	

第二篇　专业知识与操作技能

在本书第一篇中，对自来水生产过程中涉及的基础理论和基本知识作了详细的介绍。作为一名自来水生产工，应在熟悉和掌握理论知识的基础上，熟知生产运行管理的内容及要求，并按相关规定执行，保证自来水厂安全生产。

自来水厂生产运行管理主要包括：日常巡检、报表抄见、设备维护保养、设备大修、调度、计量、检测项目、应急处理等。因各水厂工艺、设施、设备、运行模式存在一定差异，对生产运行管理的要求不同，本篇中着重对日常巡检、报表抄见、设备维护保养、设备大修所涵盖的项目和要求做介绍，并举实例以供参考。

第6章 水质标准

水质标准，是水质监测与分析的重要依据。本章将对我国现行的水环境质量标准以及生活饮用水卫生标准进行介绍，并与国际相关水质标准进行比较；结合自来水厂实际生产需要，对常用水质分析方法进行介绍。

6.1 水环境质量标准

水环境质量标准，是根据《中华人民共和国环境保护法》、《中华人民共和国水污染防治法》和《中华人民共和国海洋环境保护法》的要求，为保护江河湖库等地面水域、地下水和海洋水环境免遭污染危害，保护饮用水水源和水资源的合理开发利用，保障人民身体健康，维护水生生态系统良性循环，结合不同水域功能用途和技术经济条件而制定的水质标准。

我国的水环境质量标准是根据不同水域及其使用功能来分别制定的。根据所控制的对象，水环境质量标准主要有：地表水环境质量标准、地下水质量标准、海水水质标准、农田灌溉水质标准、饮用水标准等。关于饮用水标准，将在 6.2 节重点介绍，本节主要介绍地表水环境质量标准和地下水质量标准。

6.1.1 地表水环境质量标准

我国现行《地表水环境质量标准》GB 3838—2002 于 2002 年 4 月 28 日发布，并于 2002 年 6 月 1 日实施。该标准是第三次修订，1983 年为首次发布，1988 年为第一次修订，1999 年为第二次修订。该标准按照地表水环境功能分类和保护目标，规定了水环境质量应控制的项目及限值，以及水质评价、水质项目的分析方法和标准的实施与监督。

《地表水环境质量标准》GB 3838—2002 将标准项目分为：地表水环境质量标准基本项目、集中式生活饮用水地表水源地补充项目、集中式生活饮用水地表水源地特定项目。标准项目共计 109 项，其中地表水环境质量标准基本项目 24 项，集中式生活饮用水地表水源地补充项目 5 项，集中式生活饮用水地表水源地特定项目 80 项。

我国的水环境质量是按水域功能分区管理。因此，水环境质量标准都是按照不同功能区的不同要求制定的，高功能区高要求，低功能区低要求。《地表水环境质量标准》GB 3838—2002 依据地表水水域环境功能和保护目标将其划分为 5 类功能区，具体如下：

Ⅰ类：主要适用于源头水、国家自然保护区。

Ⅱ类：主要适用于集中式生活饮用水地表水源地一级保护区、珍稀水生生物栖息地、鱼虾类产卵场、仔稚幼鱼的索饵场等。

Ⅲ类：主要适用于集中式生活饮用水地表水源地二级保护区、鱼虾类越冬场、洄游通道、水产养殖区等渔业水域及游泳区。

Ⅳ类：主要适用于一般工业用水区及人体非直接接触的娱乐用水区。

Ⅴ类：主要适用于农业用水区及一般景观要求水域。

对应地表水上述 5 类水域功能，将地表水环境质量标准基本项目标准值分为 5 类，不同功能类别分别执行相应类别的标准值。水域功能类别高的标准值严于水域功能类别低的标准值。同一水域兼有多类使用功能的，执行最高功能类别对应的标准值。

6.1.2　地下水质量标准

《地下水质量标准》GB/T 14848—2017 于 2018 年 5 月 1 日实施，该标准规定了地下水的质量分类、指标及限值，地下水质量调查与监测，地下水质量评价等内容。

《地下水质量标准》GB/T 14848—2017 依据我国地下水质量状况和人体健康风险，参照生活饮用水、工业、农业等用水质量要求，依据各组分含量高低（pH 除外），将地下水质量划分为 5 类，具体如下：

Ⅰ类：地下水化学组分含量低。适用于各种用途。

Ⅱ类：地下水化学组分含量较低。适用于各种用途。

Ⅲ类：地下水化学组分含量中等，以 GB 5749—2006 为依据，主要适用于集中式生活饮用水水源及工农业用水。

Ⅳ类：地下水化学组分含量较高，以农业和工业用水质量要求以及一定水平的人体健康风险为依据，适用于农业和部分工业用水，适当处理后可作生活饮用水。

Ⅴ类：地下水化学组分含量高，不宜作为生活饮用水水源，其他用水可根据使用目的选用。

6.2　生活饮用水卫生标准

生活饮用水卫生标准是水环境质量标准的一种，是从保护人群身体健康和保证人类生活质量出发，对饮用水中与人群健康相关的各种因素（物理、化学和生物），以法律形式作的量值规定，以及为实现量值所作的有关行为规范的规定，经国家有关部门批准，以一定形式发布的法定卫生标准。

6.2.1　我国现行生活饮用水卫生标准

自新中国成立以来，我国的水质标准进行了不断地完善与修正，由 1959 年标准的 17 项指标，到 1985 年标准的 35 项指标，发展到现行《生活饮用水卫生标准》GB 5749—2006 的 106 项指标。该标准由卫生部、国家标准化管理委员会于 2006 年 12 月发布，2017 年 7 月 1 日实施，标准中水质指标限值的依据主要参考世界卫生组织、欧盟、美国、日本、俄罗斯等国家和国际组织的现行水质标准，根据对人体健康的毒理学和流行病学资料，经过危险度评价后确定，是既符合我国国情，又与国际先进水平接轨的饮用水水质国际标准。

《生活饮用水卫生标准》GB 5749—2006 要求生活饮用水水质卫生的一般原则有：不得含有病原微生物；化学物质不得危害人体健康；放射性物质不得危害人体健康；感官性状良好；应经消毒处理。该标准适用于城乡各类集中式供水和分散式供水。各类供水，无论城市或农村，无论规模大小，都应执行。但考虑到一些农村地区受条件限制，达到标准尚存困难，现阶段的过渡办法是对农村小型集中式供水和分散式供水在保障饮水安全的基础上，对少量水质指标放宽限值要求。

《生活饮用水卫生标准》GB 5749—2006 共 106 项指标，分为常规指标 42 项和非常规指标 64 项。常规指标是指能反映水质基本状况的指标，一般水样均需检验且检出率比较高的项目；非常规指标是指根据地区、时间或特殊情况需要实施的指标，应根据当地具体条件需要确定。在对水质做评价时，常规指标和非常规指标具有同等作用。实际执行时，由于各地采用的消毒剂不同，常规指标中消毒副产物检测指标数会有所不同，如采用氯气消毒时，常规指标为 35 项。标准又把指标分为微生物指标、毒理指标、感官性状和一般化学指标、放射性指标、消毒剂指标共 5 类。其中微生物指标是评价水质清洁程度和考核消毒效果的指标；感官性状指标是指使人能直接感觉到水的色、臭、味、浑浊等的指标，一般化学指标是反映水质总体性状的化学指标。

部分化学指标的卫生学意义：①浑浊度——饮用水浑浊度是由水源水中悬浮颗粒物未经过滤完全或者是配水系统中沉积物重新悬浮而造成的。颗粒物会保护微生物并刺激细菌生长，对消毒有效性影响较大。浑浊度还是饮用水净化过程中的重要控制指标，反映水处理工艺质量问题。《生活饮用水卫生标准》GB 5749—2006 中限值为 1.0NTU。②色度——清洁的饮用水应无色。土壤中存在腐殖质常使水带有黄色。水的色度不能直接与健康影响联系，世界卫生组织没有建议饮用水色度的健康准则值。《生活饮用水卫生标准》GB 5749—2006 中限值为 15 度。③臭和味——臭和味可能来自天然无机和有机污染物，以及生物来源（如藻类繁殖的腥臭），或水处理的结果（如氯化），还可能因饮用水在贮存和配送时微生物的活动而产生。公共供水出现异常臭和味可能是原水污染或水处理不充分的信号。《生活饮用水卫生标准》GB 5749—2006 中规定无异臭、异味。④肉眼可见物——为了说明水样的一般外观，以"肉眼可见物"来描述其可察觉的特征，例如水中漂浮物、悬浮物、沉淀物的种类和数量；是否含有甲壳虫、蠕虫或水草、藻类等动植物；是否有油脂小球或液膜；水样是否起泡等。饮用水不应含有沉淀物、肉眼可见的水生生物及令人嫌恶的物质。《生活饮用水卫生标准》GB 5749—2006 中规定不得含有肉眼可见物。⑤pH——pH 通常对消费者没有直接影响，但它是水处理过程中最重要的水质参数之一，在水处理的所有阶段都必须谨慎控制，以保证水的澄清和消毒结果。《生活饮用水卫生标准》GB 5749—2006 中规定为 6.5～8.5。⑥总硬度——水的硬度原指沉淀肥皂的程度。使肥皂沉淀的主要原因是水中的钙、镁离子，水中除碱金属离子以外的金属离子均能构成水的硬度，像铁、铅、锰和锌也有沉淀肥皂的作用。现在我们习惯上把总硬度定义为钙、镁离子的总浓度，以 $CaCO_3$ 计。其中包括碳酸盐硬度（即通过加热能以碳酸盐形式沉淀下来的钙、镁离子，又叫暂时硬度）和非碳酸盐硬度（即加热后不能沉淀下来的那部分钙、镁离子，又称永久硬度）。人体对水的硬度有一定的适应性，改用不同硬度的水（特别是高硬度的水）可引起胃肠功能的暂时性紊乱，但一般在短期内即能适应。水的硬度过高可在配水系统中以及用水器皿上形成水垢。《生活饮用水卫生标准》GB 5749—2006 中限值为 450mg/L。

6.2.2 国际相关标准

目前，全世界具有国际权威性、代表性的饮用水水质标准有三部：世界卫生组织（WHO）的《饮用水水质准则》、欧盟（EC）的《饮用水水质指令》以及美国环保局

（USEPA）的《美国饮用水水质标准》。

WHO《饮用水水质准则》由世界卫生组织于 1956 年起草、1958 年公布，并于 1963 年、1984 年、1986 年、1993 年、1997 年进行了多次修订补充，现行的水质标准为第二版。该标准是国际上现行最重要的饮用水水质标准之一，并成为许多国家和地区制定本国或地方标准的重要依据。现行 WHO《饮用水水质准则》列举了 159 项污染物指标，指标体系完整且涵盖面广，这与它作为世界性的水质权威标准和世界各国的重要参考标准是相符合的。WHO《饮用水水质准则》作为一种国际性的水质标准，应用范围广，已成为几乎所有饮用水水质标准的基础，但它不同于国家正式颁布的标准，它不具有立法约束力，不是限制性标准。该标准是根据现有研究资料，经多国家、多学科、多位专家的评定和判断而建立的，代表了世界各国的病理学、健康学、水环境技术、安全评价体系的最新发展，涵盖面广，指标完整全面，参考意义重大。但是该标准推荐的标准值是从保护人类健康的宗旨出发的，不一定满足水生生物和生态保护的要求。许多国家在结合本国经济技术力量、社会因素、环境资源条件后制定了本国的标准，如东南亚的越南、泰国、马来西亚、印度尼西亚、菲律宾，南美的巴西、阿根廷等，有的国家或地区则直接引用该标准，如新加坡、中国香港等。

EC《饮用水水质指令》是 1980 年由欧共体（欧盟前身）理事会提出的，并于 1991 年、1995 年、1998 年进行了修订，现行标准为 98/83/EC 版。该指令强调指标值的科学性和适应性，与 WHO《饮用水水质准则》保持了较好的一致性，目前已成为欧洲各国制定本国水质标准的主要框架。EC《饮用水水质指令》中指标数为 48 项，包括 20 项非强制性指示参数。EC《饮用水水质指令》重点体现了标准的灵活性和适应性，欧盟各国可根据本国情况增加指标数，对浊度、色度等未规定具体值，成员国可在保证其他指标的基础上自行规定。该标准将污染物分为强制性和非强制性两类，在 48 项指标中有 20 项为指示参数，并参照 WHO《饮用水水质准则》引入了丙烯酰胺等有机物指标。既考虑了西欧发达国家的要求也照顾了后加入的发展中国家，同时兼顾了欧盟国家在南北地理气候上的差别。EC《饮用水水质指令》是欧盟对各成员国提出的，如英国、法国、德国等。

USEPA《美国饮用水水质标准》的前身为《美国公共卫生署饮用水水质标准》，最早颁布于 1914 年，是人类历史上第一部具有现代意义、以保障人类健康为目标的水质标准。1974 年受美国国会授权，美国环保局对全国的公共供水系统制定了可强制执行的污染物控制标准，即 USEPA《美国饮用水水质标准》。现行的《美国饮用水水质标准》于 2001 年 3 月颁布，2002 年 1 月 1 日起执行。USEPA《美国饮用水水质标准》（2001 年）较完整，指标数为 102 项，其中法定强制性一级标准 87 项、非强制性二级标准 15 项。USEPA《美国饮用水水质标准》是在《安全饮用水法》的体系下制定、完善和执行的国家标准，具有立法的约束性，并针对某些参数制定了相关条例。与其他标准相比，该标准在科学、严谨的基础上更加重视标准的可操作性和实用性；注重风险、技术和经济分析。该标准就微生物对人体健康的危害风险予以高度重视，微生物指标数多达 7 项。各项指标提出了两个浓度值，即最大浓度值和最大浓度限值，最大浓度限值主要是为保障人体健康，并不涉及污染物的检出限和控制技术，具体执行时采用最大浓度值。USEPA《美国饮用水水质标准》为美国正式颁布的国家标准，各州一般以现行的标准为依据制定自己的地方标准。

第 7 章　给水工程概论

7.1　给水系统

7.1.1　给水系统的分类

水在人类现代社会生活和生产活动中占有十分重要的地位，在现代化工业企业中，为了生产上的需要以及改善劳动条件，水更是必不可少，用水的缺乏将直接影响人们的正常生活和经济发展。因此，给水系统是城市和工矿企业的一个重要基础设施，必须保证以足够的水量、合格的水质、充裕的水压供应生活用水、生产用水和其他用水。

给水系统是保证城镇、工矿企业等用水的各项构筑物和输配水管网组成的系统，是由取水、输水、水质处理和配水等各关联设施所组成的总体。大到跨区域的城市给水引水工程，小到居民楼房的给水设施，都可以纳入给水系统的范畴。

由于工作环境和使用要求的变化，给水系统往往存在着多种形式。根据系统的性质及不同的描述角度，可以将给水系统按照一定的方式进行如下分类：

(1) 按水源种类，分为地表水（江河、湖泊、水库、海洋等）给水系统和地下水（浅层地下水、深层地下水、泉水等）给水系统；

(2) 按供水方式，分为自流供水系统（重力供水）、水泵供水系统（压力供水）和混合供水系统；

(3) 按使用目的，分为生活给水系统、生产给水系统和消防给水系统，也可以供给多种使用目的，如生活、生产给水系统；

(4) 按服务对象，分为城市给水系统和工业给水系统；

(5) 按使用方式，分为直流系统、循环系统和复用系统（循序系统）；

(6) 按供水方式，分为统一给水系统、分质给水系统、分压给水系统、分区给水系统和区域给水系统。

按照上述给水系统的不同分类方式，可以从多个角度描述某一具体的给水系统。例如，某个水泵供水的城镇供水系统取自地表水源，可以称之为"城镇地表水压力给水系统"等。给水系统的分类体系不是很严格，很多类别之间的分界面并不清晰，给水系统的分类概念主要是为了描述上的方便，以便对系统的水源、工作方式和服务目标等作概略的说明。

7.1.2　给水系统的组成和布置

给水系统由相互联系的一系列构筑物和输配水管网组成。它的任务是从水源取水，按照用户对水质的要求进行处理，然后将水输送到给水区，并向用户配水。给水系统的组成大致分为取水工程、水处理工程和输配水工程三个部分，所组成的单元通常由下列工程设施组成：

（1）取水构筑物，用以从选定的水源（包括地表水和地下水）取水；

（2）水处理构筑物，是将取水构筑物的来水进行处理，以期符合用户对水质的要求，这些构筑物常集中布置在水厂范围内；

（3）泵站，用以将所需水量提升到要求的高度，可分为抽取原水的一级泵站、输送清水的二级泵站和设于管网中的增压泵站等；

（4）输水管渠和管网，输水管渠是将原水送到水厂或将水厂的水送到管网的管渠，其主要特点是沿线无流量分出，管网则是将处理后的水送到各个给水区的全部管道；

（5）调节构筑物，它包括各种类型的贮水构筑物，例如高地水池、水塔、清水池等，用以贮存和调节水量。高地水池和水塔兼有保证水压的作用。大城市通常不用水塔。中小城市或企业为了储备水量和保证水压，常设置水塔。根据城市地形特点，水塔可设在管网起端、中间或末端，分别构成网前水塔、网中水塔和对置水塔的给水系统。

泵站、输水管渠、管网和调节构筑物等总称为输配水系统，从给水系统整体来说，它是投资和运行费用最大的子系统。

图 7-1 为最常见的以地表水为水源的给水系统。该给水系统中的取水构筑物 1 从江河取水，经一级泵房 2 送往水处理构筑物 3，处理后的清水贮存在清水池 4 中。二级泵房 5 从清水池取水，经管网 6 供应用户。有时为了调节水量和保持管网的水压，可根据需要建造水库泵站、高地水池或水塔等调节构筑物 7。一般情况下，从取水构筑物到二级泵房都属于水厂的范围。当水源远离城市时，须由输水管渠将水源水引到水厂。

给水管网遍布整个给水区内，根据管道的功能，可划分为干管和分配管。前者主要用于输水，管径较大，后者用于配水到用户，管径较小。干管和分配管的管径并无明确的界限，须视管网规模而定。

给水系统并不一定要包括其全部 7 个主要组成部分，根据不同状况可以有不同的布置方式。以地下水为水源的给水系统，常凿井取水，如水源水质良好，一般可省去水处理构筑物而只需消毒处理，给水系统大为简化，如图 7-2 所示。图中水塔 4 并非必需，视供水区域规模大小而定。

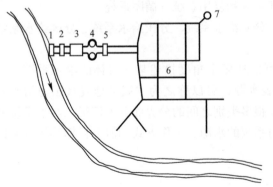

图 7-1　地表水源给水系统

1—取水构筑物；2—一级泵房；3—水处理构筑物；
4—清水池；5—二级泵房；6—管网；7—调节构筑物

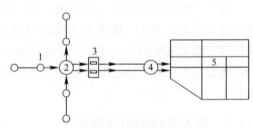

图 7-2　地下水源给水系统

1—管井群；2—集水池；3—泵站；
4—水塔；5—管网

图 7-1 和图 7-2 所示的系统为统一给水系统，即用同一系统供应生活、生产和消防等各种用水，绝大多数城市采用这种系统。

在城市给水中，工业用水量往往占较大的比例，可是工业用水的水质和水压要求却有其特殊性。在工业用水的水质和水压要求与生活用水不同的情况下，有时可根据具体条件，除考虑统一给水系统外，还可考虑分质、分压等给水系统。若城市内工厂位置分散，工业用水量在总供水量中所占比例又小，即使水质要求和生活用水稍有差别，仍可按一种水质和水压统一供水，采用统一给水系统。

对城市中个别用水量大、水质要求较低的工业用水或生态补水等，可考虑按水质要求分系统（分质）给水。分质给水，可以是同一水源，经过不同的水处理过程和管网，将不同水质的水供给各类用户；也可以是不同水源，如图 7-3 所示，地表水经简单沉淀后供工业生产用水或生态补水，地下水经消毒后供生活用水等。

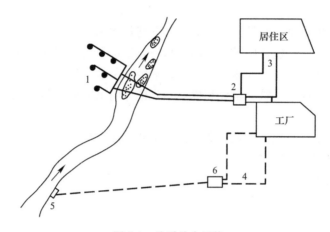

图 7-3 分质给水系统

1—管井；2—泵站；3—生活用水管网；4—生产用水管网；5—取水构筑物；6—工业用水处理构筑物

也有因地形高差大或城市给水管网庞大，各区相隔较远，水压要求不同而分系统（分压）给水，如图 7-4 所示的管网，由同一泵站 3 内的不同水泵分别供水到水压要求高的高压管网 4 和水压要求低的低压管网 5，以节约能量消耗。

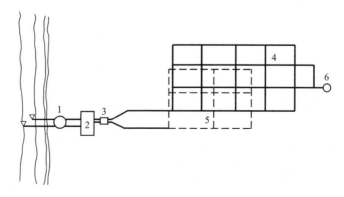

图 7-4 分压给水系统

1—取水构筑物；2—水处理构筑物；3—泵站；4—高压管网；5—低压管网；6—水塔

采用统一给水系统或是分系统给水，要根据地形条件、水源情况、城市和工业企业的规划以及水量、水质和水压要求，并考虑原有给水工程设施条件，从全局出发，通过技术经济比较决定。

7.2　设计用水量

城市用水量由以下两部分组成：第一部分为城市规划期限内的城市给水系统供给的居民生活用水、工业企业用水、公共设施用水等用水量的总和；第二部分为城市给水系统供给居民生活用水、工业企业用水、公共设施用水等以外的所有用水量总和，其中包括工业和公共设施自备水源供给的用水、城市环境用水和水上运动用水、农业灌溉和养殖及畜牧业用水、农村分散居民和乡镇企业自行取用水。在大多数情况下，城市给水系统只能供给部分用水量。

城市给水系统供水量应满足其服务对象的下列各项用水量：

（1）综合生活用水，包括居民生活用水和公共建筑及设施用水，居民生活用水指城市中居民的饮用、烹调、洗涤、冲厕、洗浴等日常生活用水；公共建筑及设施用水包括娱乐场所、宾馆、浴室、商业建筑、学校和机关办公楼等用水，但不包括城市浇洒道路、绿化和市政等用水；

（2）工业企业用水，包括工业企业生产用水和工作人员生活用水；

（3）浇洒道路和绿地用水；

（4）管网漏损水量；

（5）未预见用水量；

（6）消防用水。

根据给水系统规模的大小、服务对象的不同以及各自的具体情况，上述用水量中的某些部分一般可以不包括在给水系统的供水量之中。城市给水系统的供水量，应按系统设计年限之内的上述（1）～（5）项的最高日用水量之和进行计算。

7.2.1　用水定额

为具体确定给水系统各项用水量，需确定用水量的单位指标数值，这种用水量的单位指标称为用水定额。用水量的一般计算方法为：

$$用水量＝用水定额×实际用水的单位数目$$

用水定额是指设计年限内达到的用水水平，居民生活用水定额和综合生活用水定额，应根据当地国民经济和社会发展规划及水资源充沛程度，在现有用水定额基础上，结合给水专业规划和给水工程发展条件综合分析确定。

（1）居民生活用水

城市居民生活用水量由城市人口、每人每日平均生活用水量和城市给水普及率等因素确定。这些因素随城市规模、地理位置、气候条件、生活习惯和水源等条件而变化，通常，住房条件较好、给水排水设备较完善、居民生活水平相对较高的大城市，生活用水量定额也较高。

在确定城市给水系统的居民生活用水量时，可采用下式计算：

居民生活用水量＝居民生活用水量定额×供水系统服务人口数

上式中"供水系统服务人口数"并不一定等于该城市的居民总人口数。通常将供水系统服务人口数占城市居民总人口数的百分数称为"用水普及率"。

居民生活用水定额指标分为以下两种：

1）居民生活用水定额

该定额包括了城市中居民的饮用、烹调、洗涤、冲厕、洗浴等日常生活用水，但是不包括居民在城市公共建筑及设施中的用水。城市公共建筑及设施指各种娱乐场所、宾馆、浴室、商业建筑、学校和机关办公楼等。

2）综合生活用水定额

该定额包括了城市居民日常生活用水和公共建筑及设施用水两部分的总水量，但是不包括城市浇洒道路、绿地和市政等用水。

表 7-1 为居民生活用水定额数值，表 7-2 为综合生活用水定额数值，可供参考。

居民生活用水定额 [L/(人·d)]　　表 7-1

城市规模	特大城市		大城市		中、小城市	
用水情况 分区	最高日	平均日	最高日	平均日	最高日	平均日
一	180～270	140～210	160～250	120～190	140～230	100～170
二	140～200	110～160	120～180	90～140	100～160	70～120
三	140～180	110～150	120～160	90～130	100～140	70～110

综合生活用水定额 [L/(人·d)]　　表 7-2

城市规模	特大城市		大城市		中、小城市	
用水情况 分区	最高日	平均日	最高日	平均日	最高日	平均日
一	260～410	210～340	240～390	190～310	220～370	170～280
二	190～280	150～240	170～260	130～210	150～240	110～180
三	170～270	140～230	150～250	120～200	130～230	100～170

注：1. 表 7-1、表 7-2 数据摘自《室外给水设计规范》GB 50013—2006。
　2. 特大城市指市区和近郊区非农业人口 100 万人及以上的城市；
　　大城市指市区和近郊区非农业人口 50 万人及以上，不满 100 万人的城市；
　　中、小城市指市区和近郊区非农业人口不满 50 万人的城市。
　3. 一区包括：湖北、湖南、江西、浙江、福建、广东、广西、海南、上海、江苏、安徽、重庆；
　　二区包括：四川、贵州、云南、黑龙江、吉林、辽宁、北京、天津、河北、山西、河南、山东、宁夏、陕西、内蒙古河套以东和甘肃黄河以东的地区；
　　三区包括：新疆、青海、西藏、内蒙古河套以西和甘肃黄河以西的地区。
　4. 经济开发区和特区城市，根据用水实际情况，用水定额可酌情增加。
　5. 当采用海水或污水再生水等作为冲厕用水时，用水定额相应减少。

（2）工业企业用水

工业企业用水量包括企业内的生产用水量和工作人员生活用水量。

生产用水量指工业企业在生产过程中设备和产品所需要的用水量，包括设备冷却、空气调节、物质溶解、物料输送、能量传递、洗涤净化、产品制造等方面的用水量，其具体数值与生产工艺密切相关。

在城市给水中，工业用水占很大比例。在生产用水中，冷却用水占很大比例，特别是火力发电、冶金和化工等工业。工业企业的门类繁多，生产工艺和设备种类千变万化，需要通过详尽的调查才能获得可靠的用水量数据。

生产用水量可以根据工业用水的以往资料，按历年工业用水增长率来推算未来的用水量；或根据单位工业产值的用水量、工业用水增长率与工业产值的关系，或单位产值用水量与用水重复利用率的关系加以预测。估算工业企业的生产用水量常采用以下方法：

1）按照工业设备的用水量计算；

2）按照单位工业产品的用水量和企业产品量计算；

3）按照单位工业产值（常用万元产值）的用水量和企业产值计算；

4）按照企业的用地面积，参照在相似条件下不同类型工业各自的用水定额估算。

工作人员生活用水量指工作人员在工业企业内工作和生活时的用水量，包括集体宿舍和食堂的用水量以及与劳动条件有关的洗浴用水量等。工业企业内工作人员生活用水量和淋浴用水量可参照《工业企业设计卫生标准》GBZ 1—2010，工作人员生活用水量应根据车间性质确定。

（3）浇洒道路和绿地用水

这部分水量属于市政用水的一部分。浇洒道路和绿地的用水量应根据路面、绿化、气候和土壤等条件确定。一般情况下，浇洒道路用水可按浇洒面积以 2.0～3.0L/(m^2·d) 确定；浇洒绿地用水可按浇洒面积以 1.0～3.0L/(m^2·d) 确定，干旱地区酌情增加。

（4）管网漏损水量

城镇配水管网的漏损水量一般按照最高日用水量［供水量组成的（1）～（3）项］的 10％～12％计算。10％～12％为管网漏损水量百分数，又称为漏损率，与供水规模无关，而与管材、管径、管长、压力和施工质量有关。当单位长度管道的供水量较小或供水压力较高时，或选用管材较差、接口容易松动时可适当增加漏损率。随着国家对节水要求的不断提高，对漏损率的控制也会不断加强，2015 年国务院发布的《水污染防治行动计划》（简称"水十条"）明确规定，全国公共供水管网漏损率到 2020 年控制在 10％以内。

（5）未预见用水量

未预见用水量指在给水设计中对难以预见的因素而保留的水量。其数量应根据预测考虑中难以预见的程度确定，可将综合生活用水量、工业企业用水量、浇洒道路和绿地用水量以及管网漏损水量四项用水量之和的 8％～12％作为未预见用水量。

（6）消防用水

消防用水只在火灾时使用，历时短暂，但从数量上说，它在城市用水量中占有一定的比例，尤其是中小城市，所占比例较大。消防用水量、水压和火灾延续时间等，应按照现行《建筑设计防火规范》GB 50016—2014（2018 年版）等执行。

7.2.2　用水量变化

无论是生活用水还是生产用水，用水量经常在变化。生活用水量随着生活习惯和气候而变化，如夏季比冬季用水多；从我国大中城市的用水情况可以看出，在一天内又以早晨起床后和晚饭前后用水量最多。

工业生产用水量在一年中也是有变化的，如冷却用水和空调用水夏季多于冬季，其他工业用水量在一年中比较均衡。还有一种季节性很强的食品工业用水，在高温时因生产量大，用水量骤增。

用水定额只是一个平均值，还须考虑每日、每时的用水量变化。用水最多一日的用水量，叫做最高日用水量，一般用以确定给水系统中各类设施的规模。在一年中，最高日用水量与平均日用水量的比值，叫做日变化系数，用 K_d 表示，根据给水区的地理位置、气候、生活习惯和室内给水排水设施程度，其值约为 $1.1 \sim 1.5$。在最高日内，每小时的用水量也是变化的，变化幅度与居民数、房屋设备类型、职工上班时间和班次等有关。最高时用水量与平均时用水量的比值，叫作时变化系数，用 K_h 表示，根据我国部分城市实际供水资料的调查，该值在 $1.2 \sim 1.6$ 之间。大中城市的用水比较均匀，K_h 值较小，小城市 K_h 值较大。

在水厂的生产运行中，供水量除了需满足最高日用水量和最高日的最高时用水量外，还应满足 24h 的用水量变化，水厂中各种给水构筑物的大小也是据此确定的。

为了完整地描述供水量在一天之内的变化，可以将每小时的供水量数值随 24h 的变化用函数图像来表达，称为供水量变化曲线。常用的供水量变化曲线的横坐标为时间，区间范围为 $0 : 00 - 24 : 00$，纵坐标为每小时供水量或每小时供水量占一天总供水量的百分数，称为相对坐标。图 7-5 为某大城市的用水量变化曲线，图中每小时用水量按最高日用水量的百分数计，图形面积等于 $\sum_{i=1}^{24} Q_i \% = 100\%$，$Q_i \%$ 是以最高日用水量百分数计的每小时用水量。用水高峰集中在 $8 : 00 - 10 : 00$ 和 $16 : 00 - 19 : 00$。因为城市大，用水量也大，各种用户用水时间相互错开，使各小时的用水量比较均匀，时变化系数 K_h 为 1.44，最高时（$9 : 00$）用水量为最高日用水量的 6%。实际上，用水量的 24h 变化情况天天不同，图 7-5 只是说明大城市的每小时用水量相差较小。中小城市的 24h 用水量变化较大，人口较少、用水标准较低的小城市，24h 用水量的变化幅度更大。

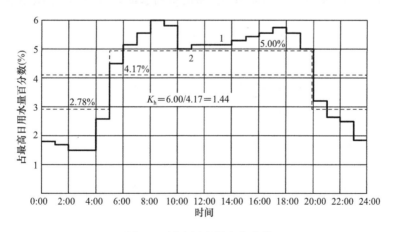

图 7-5 城市用水量变化曲线
1—用水量变化曲线；2—二级泵房设计供水线

7.2.3 用水量计算

在进行城市总用水量计算时，应包括该给水系统所供应的全部用水：居住区综合生活用水、工业企业生产用水和工作人员生活用水、消防用水、浇洒道路和绿地用水以及未预见用水量和管网漏损水量，但不包括工业自备水源所需的水量。

城市或居住区的最高日生活用水量为：

$$Q_1 = qNf \qquad (7\text{-}1)$$

式中　Q_1——最高日生活用水量，m^3/d；

　　　q——最高日生活用水定额，$m^3/(人 \cdot d)$；

　　　N——设计年限内计划人口数；

　　　f——用水普及率，%。

整个城市的最高日生活用水定额参照一般居住水平确定，如城市各区的房屋卫生设备类型不同，用水定额应分别选定。一般地，城市计划人口数并不等于实际用水人数，所以应按实际情况考虑用水普及率，以便得出实际用水人数。

城市各区的用水定额不同时，最高日用水量应等于各区用水量的总和：

$$Q_1 = \sum q_i N_i f_i \qquad (7\text{-}2)$$

式中　q_i、N_i 和 f_i 分别表示各区的最高日生活用水定额、计划人口数和用水普及率。

除居住区生活用水量外，还应考虑工业企业职工的生活用水和淋浴用水量 Q_2，以及居住区生活用水量中未计及的浇洒道路和大面积绿化所需的水量 Q_3。

城市管网同时供给工业企业用水时，工业生产用水量为：

$$Q_4 = q \cdot B(1-n) \qquad (7\text{-}3)$$

式中　Q_4——工业生产用水量，m^3/d；

　　　q——城市工业万元产值用水量，$m^3/万元$；

　　　B——城市工业总产值，万元；

　　　n——工业用水重复利用率。

除了上述各种用水量外，再增加相当于最高日用水量 15%～25% 的未预见用水量和管网漏损水量。

因此，城市最高日用水量为：

$$Q_d = (1.15 \sim 1.25)(Q_1 + Q_2 + Q_3 + Q_4) \qquad (7\text{-}4)$$

从最高日用水量可得最高时用水量：

$$Q_h = \frac{1000 \times K_h Q_d}{24 \times 3600} = \frac{K_h Q_d}{86.4} \qquad (7\text{-}5)$$

式中　Q_h——最高时设计用水量，L/s；

　　　K_h——时变化系数；

　　　Q_d——最高日设计用水量，m^3/d。

令公式（7-5）中 $K_h=1$，即得最高日平均时用水量。

7.3　给水系统的工作关系

7.3.1　给水系统的流量关系

给水系统中各构筑物的流量都是以最高日用水量（设计规模）Q_d 为基础确定的，对于常见的给水系统内各环节的设计流量的确定原则如下：

（1）取水构筑物、一级泵房

城市的最高日用水量确定后，取水构筑物和水厂的流量将随一级泵房的工作情况而定，如果一天中一级泵房的工作时间越长，则每小时的流量将越小。自来水厂水处理构筑物水量按照最高日供水量的平均时流量计算，并计入水厂自用水量。

取用地表水源水时，水处理构筑物设计水量按照下式计算：

$$Q = \frac{(1+a)Q_d}{T} \tag{7-6}$$

式中　Q——自来水厂水处理构筑物设计水量，m^3/h；

　　　Q_d——给水系统的最高日供水量，即设计规模，m^3/d；

　　　T——水处理构筑物在一天内的实际运行时间，h；

　　　a——自来水厂自用水率，是考虑水厂本身用水量的系数，以供沉淀池排泥、滤池反冲洗等用水，其值取决于水处理工艺、构筑物类型及原水水质等因素，一般采用5%～10%，当滤池反冲洗废水采取回用时，自用水率适当减小。

取用地表水源水时，取水构筑物、一级泵房、从水源至自来水厂的原水输水管（渠）及增压泵站的设计流量应按最高日平均时供水量确定，并计入输水管（渠）的漏损水量和自来水厂自用水量，即：

$$Q_1 = \frac{(1+b+a)Q_d}{T} \tag{7-7}$$

式中　Q_1——取水构筑物、一级泵房、原水输水管（渠）设计流量，m^3/h；

　　　T——取水构筑物、一级泵房在一天内的实际运行时间，h；

　　　b——输水管（渠）漏损水量占设计规模的比例，与输水管（渠）单位长度的供水量、供水压力、管（渠）材质有关。

取用地下水若仅需在进入管网前消毒而无需其他处理时，一级泵房可直接将井水输入管网，但为了提高水泵的效率和延长井的使用年限，一般先将水输送到地面水池，再经二级泵房将水池水输入管网。因此，取用地下水的一级泵房计算流量为：

$$Q_1 = \frac{(1+b)Q_d}{T} \tag{7-8}$$

和公式（7-7）不同的是，水厂自用水量系数 $a=0$。

（2）二级泵房、水塔（或高地水池）、管网

当管网内不设水塔（或高地水池）时，二级泵房应按最高日最高时用水量要求设计，水厂的输水管和管网应按二级泵房最大供水量也就是最高日最高时用水量计算。

当管网内设有水塔（或高地水池）时，二级泵房的设计供水线应根据用水量变化曲线拟定。管网起端设水塔时（网前水塔），管网仍按最高时用水量计算。管网末端设水塔时（网后水塔），应根据最高时从泵站和水塔输入管网的流量进行计算。

7.3.2　调节构筑物的设定依据与容积计算

一般情况下，水厂的取水构筑物和水厂规模是按最高日平均时设计的，而配水设施则需满足供水区的逐时用水量变化，为此需设置水量调节构筑物，以平衡两者的负荷变化。

（1）水厂清水池

一级泵房通常均匀供水，水厂内的净化构筑物通常也是按照最高日平均时流量设计

的，而二级泵房一般为分级供水，所以一、二级泵房的每小时供水量并不相等。为了调节一级泵房供水量（也就是水厂净水构筑物的处理水量）和二级泵房送水量之间的差值，同时还贮存水厂的生产用水（如滤池反冲洗用水等），并且备用一部分城市的消防水量，必须在一、二级泵房之间建造清水池。从水处理的角度来看，清水池的容积还应当满足消毒接触时间的要求。因此，清水池的有效容积应为：

$$W = W_1 + W_2 + W_3 + W_4 \qquad (7\text{-}9)$$

式中　W——清水池的有效容积，m^3；

　　W_1——调节容积，m^3，用来调节一级泵房供水量和二级泵房送水量之间的差值，根据水厂净水构筑物的产水曲线和二级泵房的送水曲线计算；

　　W_2——消防储备水量，m^3，按 2h 火灾延续时间计算；

　　W_3——水厂冲洗滤池和沉淀池排泥等生产用水，m^3，可取最高日用水量的 5%～10%；

　　W_4——安全贮量，m^3。

在缺乏供水数据资料的情况下，当水厂外没有调节构筑物的时候，城市水厂的清水池调节容积，可凭运转经验，按最高日用水量的 10%～20% 估算。至于生产用水的清水池调节容积，应按工业生产的调度、事故和消防等要求确定。

清水池的个数或分格数量不得少于两个，并能单独工作和分别泄空。当某座清水池清洗或检修时还能保持水厂的正常生产，如有特殊措施能保证供水要求时，清水池也可以只建 1 座。

（2）水塔（或高位水池）

水塔（或高位水池）的主要作用是调节二级泵房供水量和用户用水量之间的差值，同时储备一部分消防水量。一般水塔的有效容积为：

$$W = W_1 + W_2 \qquad (7\text{-}10)$$

式中　W——水塔的有效容积，m^3；

　　W_1——调节容积，m^3，根据水厂二级泵房的送水曲线和用户的用水曲线计算；

　　W_2——消防储备水量，m^3，按 10min 室内消防用水量计算。

当缺乏资料时，水塔调节容积也可凭运转经验确定。当水厂二级泵房分级工作时，可按最高日用水量的 2.5%～3% 至 5%～6% 计算，城市用水量大时取低值。工业用水可按生产上的要求（调度、事故和消防等）确定水塔的调节容积。

给水系统中，水塔（或高位水池）和清水池之间有着密切的联系。清水池的调节容积由水厂一、二级泵房供水量曲线确定；水塔的调节容积由二级泵房供水线和用户用水量曲线确定。如果二级泵房每小时供水量等于用水量，即流量无需调节时，管网中可不设水塔，成为无水塔的管网系统。大中城市的用水量比较均匀，通常用水泵调节流量，多数可不设水塔。当一级泵房和二级泵房每小时供水量相接近时，清水池的调节容积可以减小，但是为了调节二级泵房供水量和用户用水量之间的差额，水塔的容积将会增大。二级泵房每小时供水量越接近用户用水量，水塔的容积越小，但清水池的容积将增加。

（3）调节水池泵站

调节水池泵站主要由调节水池和加压泵站组成。当水厂离供水区较远时，为使出厂输水干管较均匀输水，可在靠近用水区附近建造调节水池泵站。对于大型配水管网，为了降低水厂出厂压力，可在管网的适当位置建造调节水池泵站，兼起调节水量、增加水压以及补充消毒剂的作用。对于供水压力相差较大而采用分压供水的管网，也可建造调节水池泵站，由低压区进水，经调节水池并加压后供应高压区。对于供水管网末梢的延伸地区，如为了满足要求水压需提高水厂出厂水压时，经过经济比较也可设置调节水池泵站。当城市不断扩展，为了充分利用原有管网的配水能力，可在边远地区的适当位置建调节水池泵站。

晚间用水低峰时，在不影响管网要求压力的条件下，调节水池进水；白天高峰用水时，根据城市用水曲线，除自来水厂及其他调节设施供水外，由调节水池向管网供水。调节水池容量应根据需要并结合配水管网进行计算确定。

7.3.3 给水系统的水压关系

给水系统应保证一定的水压，以供给足够的生活用水或生产用水。用户在用水接管地点的地面上测出的测压管水柱高度常称为该用水点的自由水压，也称为用水点的服务水头。由于供水区域内各个用水点的地面标高不一定相同，因此在比较各个用水点的水压时，有必要采用一个统一的基准水平面，从该基准水平面算起，量测的测压管水柱所达到的高度称为该用水点的总水头。水总是从总水头较高的点流向总水头较低的点。

当建筑物由城市给水管网直接供水时，给水管网需保持的最小服务水头一般按照建筑物的层数来确定，从地面算起1层为10m，2层为12m，2层以上每层增加4m。例如，当地房屋按6层楼考虑，则最小服务水头应为28m。至于城市内的高层建筑，或建在城市高地上的建筑物，可单独设置局部加压装置来解决供水压力问题，不宜按照这些建筑物的水压需求来控制供水管网的服务压力。

如果采用统一供水系统给地形高差较大的区域供水，则为了满足所有用户的用水压力，必定会使相当一部分管网的供水压力过高，造成不必要的能量损失，并且还会使管道承受高压，给管网的安全运行带来威胁。因此，这样的给水系统宜采用分压供水，在系统中设置加压泵站供不同压力的供水区域，有助于节约能耗，有利于供水安全。

泵站、水塔（或高位水池）是给水系统中保证水压的构筑物，需了解水泵扬程和水塔（或高位水池）高度的确定方法，以满足水压要求。

（1）水泵扬程的确定

水泵（泵站）的扬程主要由以下几部分组成：

1）几何高差，又称静扬程，指从水泵的吸水池（井）最低水位到用水点处的高程差；

2）水头损失，包括从水泵吸水管路、压水管路到用水点处所有管道和管件的水头损失之和；

3）用水点处的服务水头（自由水压）。

水泵扬程 H_p 等于静扬程、水头损失和服务水头之和：

$$H_p = H_0 + \sum h + H_c \tag{7-11}$$

式中　H_p——水泵扬程，m；

　　　H_0——静扬程，m；

　　　$\sum h$——水头损失，m；

　　　H_c——控制点服务水头，m。

静扬程 H_0 需根据抽水条件确定。一级泵房静扬程是指水泵吸水井最低水位与水厂前端处理构筑物（一般为混合絮凝池）最高水位的高程差。在工业企业的循环给水系统中，水从冷却池（或冷却塔）的集水井直接送到车间的冷却设备，这时静扬程等于车间所需水头（车间地面标高加所需服务水头）与集水井最低水位的高程差。

水头损失 $\sum h$ 包括水泵吸水管、压水管和泵房连接管线的水头损失。

一级泵房扬程为（见图 7-6）：

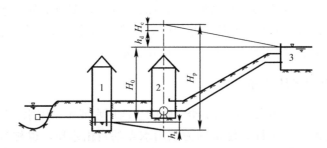

图 7-6　一级泵房扬程计算简图
1—吸水井；2—一级泵房；3—水处理构筑物

$$H_p = H_0 + h_s + h_d + H_c \tag{7-12}$$

式中　H_p——一级泵房扬程，m；

$\quad\quad H_0$——静扬程，m，指水泵吸水井最低水位与水厂前端处理构筑物最高水位的高程差；

$\quad\quad h_s$——水泵吸水管、压水管和泵房内的水头损失，m；

$\quad\quad h_d$——泵房到水厂前端处理构筑物输水管水头损失，m；

$\quad\quad H_c$——富裕水头，m，不宜过大，一般为 $1\sim2m$。

二级泵房是从清水池取水直接送向用户或先送入水塔而后流进用户。

无水塔的管网（见图 7-7）由泵房直接输水到用户时，静扬程等于清水池最低水位与管网控制点地面标高的高程差。所谓控制点是指管网中控制水压的点。这一点往往位于离二级泵房最远或地形最高的点，只要该点的压力在最高用水量时可以达到最小服务水头的要求，整个管网就不会存在低水压区。

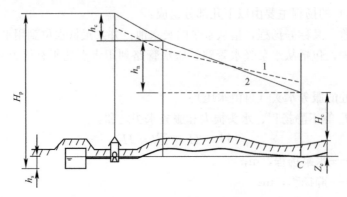

图 7-7　无水塔管网的水压线
1—最小用水时；2—最高用水时

水头损失为吸水管、压水管、输水管和管网等水头损失之和。无水塔时二级泵房扬程为：

$$H_p = Z_c + H_c + h_s + h_c + h_n \tag{7-13}$$

式中　H_p——二级泵房扬程，m；

　　　Z_c——管网控制点 C 的地面标高和清水池最低水位的高程差，m；

　　　H_c——控制点所需的最小服务水头，m；

　　　h_s——吸水管中的水头损失，m；

h_c、h_n——输水管和管网中的水头损失，m。

h_s、h_c 和 h_n 都应按水泵最高时供水量确定。

在工矿企业和中小城市水厂，有时建造水塔，这时二级泵房只需供水到水塔，而由水塔高度来保证管网控制点的最小服务水头（见图 7-8），这时静扬程等于清水池最低水位和水塔最高水位的高程差，水头损失为吸水管、泵房到水塔的管网水头损失之和。水泵扬程的计算仍可参照公式（7-13）。

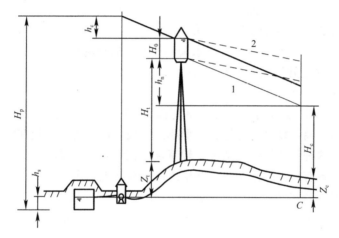

图 7-8　网前水塔管网的水压线

1—最高用水时；2—最小用水时

二级泵房扬程除了满足最高用水时的水压要求外，还应满足消防流量时的水压要求（见图 7-9）。在消防时，管网中额外增加了消防流量，因而增加了管网的水头损失。水泵扬程的计算仍可参照公式（7-13），但控制点应选在设计时假设的着火点，并代入消防时管网允许的水压 H（不低于 10m）以及通过消防流量时的管网水头损失 h_c。消防时算出的水泵扬程如比最高日最高时算出的水泵扬程高，则根据两种扬程的差别大小，有时需在泵房内设置专用消防泵，或者放大管网中个别管段直径以减小水头损失而不设专用消防泵。

（2）水塔高度的确定

大城市一般不设水塔，因城市用水量大，水塔容积小了不起作用，容积太大造价又太高，而且水塔高度一经确定，不利于今后给水管网的发展。中小城市和工矿企业则可考虑设置水塔，既可缩短水泵工作时间，又可保证恒定的水压。水塔在管网中的位置，可靠近水厂、位于管网中间或靠近管网末端等。不管哪一类水塔，它的水柜底高于地面的高度均可按下式计算（见图 7-8）：

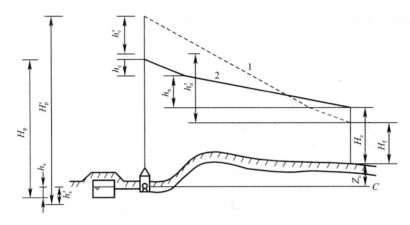

图 7-9　泵站供水时的水压线

1—消防时；2—最高用水时

$$H_t = H_c + h_n - (Z_t - Z_c) \tag{7-14}$$

式中　H_t——水塔水柜底距地面高度，m；

$\quad\quad H_c$——控制点所需的最小服务水头，m；

$\quad\quad h_n$——按最高时用水量计算的从水塔到控制点的管网水头损失，m；

$\quad\quad Z_t$——设置水塔处的地面标高，m；

$\quad\quad Z_c$——控制点的地面标高，m。

公式（7-14）表明，建造水塔处的地面标高 Z_t 越高，则水塔高度 H_t 越低，这就是水塔建在高地的原因。离二级泵房越远、地形越高的城市，水塔可能建在管网末端而形成对置水塔管网系统。这种系统的给水情况比较特殊，在最高用水量时，管网用水由泵房和水塔同时供给，两者各有自己的给水区，在给水区分界线上，水压最低。求对置水塔管网系统中的水塔高度时，公式（7-14）中的 h_n 是指水塔到分界线处的水头损失，H_c 和 Z_c 分别指水压最低点的服务水头和地面标高。这里，水头损失和水压最低点的确定必须通过管网计算。

7.4　输配水概述

输水和配水系统是保证输水到给水区内并且配水到所有用户的全部设施。它包括：输水管渠、配水管网、泵站、水塔和水池等。对输水和配水系统的总要求是：供给用户所需的水量，保证配水管网足够的水压，保证不间断供水。

给水系统中，输水管渠指从水源输水到城市水厂的管渠和从城市水厂输水到管网的管道。从清水输水管输水分配到供水区域内各用户的管道为管网。管网是给水系统的主要组成部分，它和输水管渠、水厂二级泵房及管网调节构筑物（水池、水塔等）有密切的联系。

7.4.1　管网布置形式

虽然给水管网有各种各样的布置形式，但其基本布置形式只有两种：枝状网（见图 7-10）和环状网（见图 7-11）。

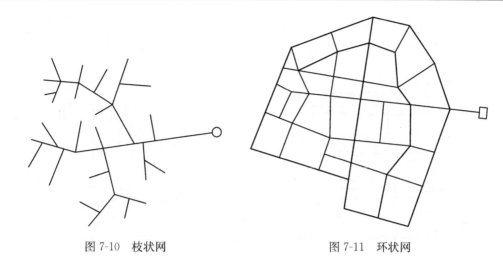

图 7-10　枝状网　　　　　　　　图 7-11　环状网

枝状网是干管和支管分明的管网布置形式。枝状网一般适用于小城市和小型工矿企业。枝状网的供水可靠性较差，因为管网中任一管段损坏时，在该管段以后的所有管段就会断水。另外，在枝状网的末端，因用水量已经很小，管中的水流缓慢，甚至停滞不流动，因此水质容易变坏，有出现浑水和"红水"的可能。从经济上考虑，枝状网投资较省。

环状网是管道纵横相互连通的管网布置形式。这类管网当任一段管线损坏时，可以关闭附近的阀门使其与其他管线隔断，进行检修。这时，仍可以从另外的管线供应用户用水，断水的影响范围可以缩小，从而提高了供水可靠性。另外，环状网还可以减轻因水锤作用产生的危害，而在枝状网中，则往往因此而使管线损坏。从投资考虑，环状网投资明显高于枝状网。

城镇配水管网宜布置成环状，当允许间断供水时，可以布置成枝状，但应考虑将来连成环状网的可能。一般在城市建设初期可采用枝状网，以后随着给水事业的发展逐步连成环状网。实际上，现有城市的给水管网，多数是将枝状网和环状网结合起来，在城市中心区布置成环状网，在郊区则以枝状网的形式向四周延伸。供水可靠性要求较高的工矿企业需采用环状网，并用枝状网或双管输水到个别较远的车间。

7.4.2　分区给水

分区给水一般是根据城市地形特点将整个给水系统分成几个区，每个区有独立的泵站和管网等，但各区之间有适当的联系，以保证供水可靠和调度灵活。分区给水的原因，从技术上是使管网的水压不超过水管可以承受的压力，以免损坏水管和附件，并可减少漏水量；从经济上是为了降低供水能量费用。在给水区很大、地形高差显著或远距离输水时，都有必要考虑分区给水。

图 7-12 表示给水区地形高差很大时采用的分区给水系统。其中图 7-12 (a) 是由同一泵站内的低压水泵和高压水泵分别供给低区②和高区①用水，这种形式叫作并联分区。它的特点是各区用水分别供给，比较安全可靠；各区水泵集中在一个泵房内，管理方便；但增加了输水管长度和造价，又因到高区的水泵扬程高，需用耐高压的输水管。图 7-12 (b) 中，高、低两区用水均由低区泵站供给，但高区用水再由高区泵站加压，这种形式叫做串联分区。

大城市的管网往往由于城市面积大、管线延伸很长，导致管网水头损失过大，为了提高管网边缘地区的水压，在管网中间设加压泵站或水库泵站加压，也是串联分区的一种形式。

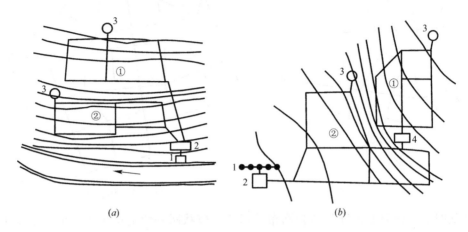

图 7-12　分区给水系统
(*a*) 并联分区；(*b*) 串联分区
①—高区；②—低区；1—取水构筑物；2—水处理构筑物和二级泵房；3—水塔或水池；4—高区泵站

7.4.3　二次供水

　　二次供水是指当民用与工业建筑生活饮用水对水压、水量的要求超过城镇公共供水管网或自建设施供水管网能力时，通过贮存、加压等设施经管道供给用户或自用的供水方式。二次供水是整个城镇供水的组成部分，是最终保障供水水质和供水安全的重要环节。

　　二次供水应充分利用城镇供水管网压力，并依据城镇供水管网条件，综合考虑小区或建筑物类别、高度、使用标准等因素，经技术经济比较后合理选择二次供水系统。当城镇供水管网供水水压能够满足用户要求时，应充分利用城镇供水管网压力供水，不需要建设二次供水设施，以节约能源，避免浪费。如果公共建筑、居住建筑、工业建筑用户对水压、水量的要求超过城镇公共供水管网或自建设施供水管网的供水服务压力标准和水量时，就必须采用二次加压的供水方式供水，以保证用户对水压、水量的需求。

　　当城镇供水管网不能满足建筑物的设计供水量要求时，或引入管仅一根，而用户供水又不允许停水时，应设置带调节水池（箱）的二次供水设施进行水量调节；当城镇供水管网不能满足建筑物最不利配水点的最低工作压力时，应设置二次供水设施加压供水。

　　由于各地的供水服务压力标准不同，应当根据当地的供水服务压力标准确定是否需要建设二次供水设施和二次供水的起始点。当必须建设二次供水设施时，应根据小区（建筑）规划指标、场地竖向设计、用水安全要求等因素，合理确定二次供水方式和规模。

　　二次供水系统一般采用下列供水方式：

　　(1) 增压设备和高位水池（箱）联合供水

　　泵箱供水可分为水箱供水和泵箱联合供水两种供水方式。"水箱供水"主要由屋顶高位水箱、水位控制装置和管道等组成，充分利用了城市公共供水管网服务压力，比较节能，但是只能应用于水压满足要求而水量不满足要求或水压部分时段不满足要求的情况。"泵箱联合供水"适用于各类情况，主要由低位水池（箱）、水泵、高位水箱、水位控制装置和管道等组成，一般需将城市自来水放进低位水池，通过水泵加压后进行供水，但并未充分利用城市公共供水管网服务压力，水泵运行效率也较低。

整体来看，泵箱供水模式比较适用于在城市高处建设大型二次供水加压泵站，一方面能有效地调节高峰用水量，另一方面也能充分利用城市公共供水管网服务压力。

（2）变频调速供水

变频调速供水有恒压变流量变频供水和变压变流量变频供水两种供水方式，主要由低位水池（箱）、水泵、变频器、微机控制装置和管道等组成。变频调速供水通过变频器和微机控制装置等控制水泵按照实际用水参数变化进行变频调速供水，把水泵多余功率通过变频器调频节约下来，从而达到节能的目的。

变频调速供水使用较多，与泵箱联合供水相比，一般不需设高位水箱，水泵加压后直接供用户使用，水泵运行效率较高，但城市自来水仍需进低位水池，未充分利用城市公共供水管网服务压力。

（3）叠压供水

叠压供水是一种新的二次加压供水方式，这种供水方式和设备具有两大特征：

1）设备吸水管与城镇供水管道直接连接。

2）可以充分利用城镇供水管道的原有压力，在此基础上叠加尚需的压力供水。

叠压供水具有不影响水质、节能、节材、节地、节水等优点，但同时也存在影响城镇供水管网水压、没有储备水量等隐患。叠压供水方式通常用于二级泵站或增压泵站的出口端有富余压力的管网上。

（4）气压供水

气压给水装置按压力状况可分为变压式和恒压式两类，按气压水罐的构造形式可分为补气式（自平衡补气和余量补气式）和隔膜式（胆囊式）两类。气压供水的优点是结构紧凑、布置灵活、安装简单、管理方便、价格便宜、维修方便、占地和投资较少、水质不易产生二次污染；缺点是水压存在波动、供水能力较小，一般应用于城市管网压力或流量不足、需要二次加压的新建和改造的小型单位、别墅和个人家庭等。

第8章 给水处理

给水处理，是对不符合用水对象水质要求的水进行水质改善的过程，是给水工程的重要组成部分。本章针对符合作为饮用水水源标准的地表水，通过预处理、常规处理（混凝、沉淀、过滤、消毒）以及深度处理，使其达到满足生活饮用水标准的要求。包括工艺原理、工艺设备设施、运行管理等内容。

8.1 水源及取水构筑物

8.1.1 水源

（1）水、水体及水质

水因其自身的异常分子结构，使其具有很强的溶解性和反应能力。所以，世界上很难有化学意义上的纯水（H_2O）自然存在，不论何种天然水，都会含有某些杂质。水体是水、溶解物质、悬浮物、底泥和水生生物的总称。

水质是水及其所含杂质共同表现出来的物理、化学及生物学的综合特性。水质亦指水的实际使用性质。凡是能反映水的使用性质的某一种量，即称为水质参数（包括替代参数或集体参数，如总溶解固体、浊度、色度等）。某一水质特性可通过水质指标（参数）来表达，例如水的温度、pH 值、各种溶解离子成分等。某种水的水质全貌，可用水质指标体系来反映，例如《生活饮用水卫生标准》GB 5749—2006 等。

（2）原水中的杂质

自然界中的水处于不停的循环过程中，它通过降水、径流、渗透和蒸发等方式循环不止。天然水源可分为地表水和地下水两大类。地表水按水体存在的方式有江河、湖泊、水库和海洋；地下水按水文地质条件可分为潜水（无压地下水）、自流水（承压地下水）和泉水。无论哪种水源，其原水中都可能含有不同形态、不同性质、不同密度和不同数量的各种杂质。水中的这些杂质，有的来源于自然过程的形成，例如地层矿物质在水中的溶解，水中微生物的繁殖及其死亡后的残骸，水流对地表及河床冲刷所带入的泥沙和腐殖质等；有的来源于人为因素的排放污染，其中数量最多的是人工合成的有机物，以农药、杀虫剂和有机溶剂为主。

无论哪种来源的杂质，都可以分为无机物、有机物及微生物。按照杂质粒径大小可分为溶解物、胶体和悬浮物三类（见表8-1）。

杂质粒径分类表 表8-1

分散颗粒	溶解物		胶体颗粒		悬浮物			
	（低分子、离子）							
粒径								
	0.1nm	1nm	10nm	100nm	$1\mu m$	$10\mu m$	$100\mu m$	1mm

续表

分散颗粒	溶解物	胶体颗粒	悬浮物	
	（低分子、离子）			
分辨工具	质子显微镜可见	超显微镜可见	显微镜可见	肉眼可见
水溶液名称	真溶液	胶体溶液	悬浊液	
水溶液外观	透明	光照下浑浊	浑浊	明显浑浊

注：表中的颗粒尺寸均按球形颗粒计，事实上分散于水中的各种颗粒并非球形，仅给一个大概尺寸，1mm＝$10^3\mu$m。

8.1.2 给水水源选择及其合理利用

（1）天然水体的杂质成分

想要合理选择给水水源，首先要了解天然水体中的各种杂质成分。见图 8-1。

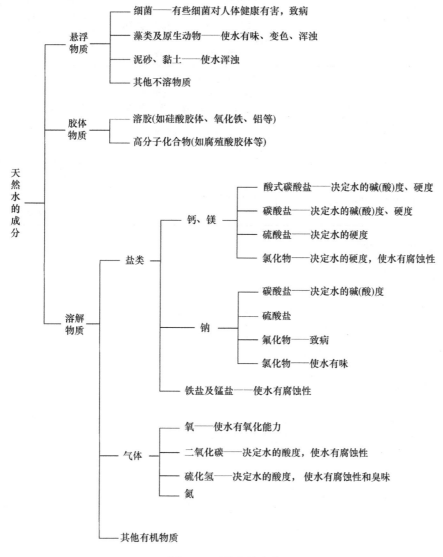

图 8-1 天然水的成分

（2）未受污染的水源特点

几种典型原水的特征见表8-2。

几种典型原水的特征 表8-2

原水种类		优点	缺点	备注
地下水		1. 无悬浮物，水透明； 2. 浊度接近0，色度低； 3. 水质、水温稳定； 4. 不易受外界污染和气温影响	1. 含盐量高； 2. 硬度大； 3. 常含铁和锰	1. 我国地下水的含盐量一般为100～5000mg/L，总硬度为100～500mg/L（以CaCO₃计），含铁量多小于10mg/L，含锰量小于2～3mg/L； 2. 泉水兼有地下水和地表水的水质特征
地表水	江河水	1. 含盐量低； 2. 硬度小； 3. 含铁、锰少； 4. 循环周期短； 5. 自净能力强	1. 悬浮物和胶体杂质含量高； 2. 浊度高； 3. 水温不稳定； 4. 水质易受自然条件和人为污染的影响； 5. 水的色、嗅、味变化较大	我国南方和东北地区的河流，一般年平均浊度为50～400NTU，含盐量一般为70～900mg/L，硬度为50～400mg/L（以CaCO₃计）
	湖泊、水库水	1. 含盐量、硬度和铁、锰含量低； 2. 平时浊度低，水较清	1. 风浪和暴雨时，水浑浊、水质恶化，易富营养化，夏季藻类和浮游生物多，水的色、嗅、味大； 2. 易受废水污染； 3. 扩散能力低，循环周期长，自净能力弱	1. 此处指淡水湖水质； 2. 水质特征一般和江河水类似，但含盐量和硬度较江河水高
	海水	1. 浊度不高； 2. 水质成分及其所占比例较稳定	含盐量甚高，味苦咸	含盐量高达6000～50000mg/L，其中氯化物占89%（NaCl占83.7%），硫化物次之，再次为碳酸盐，其他盐类甚少

（3）水源选择原则

1）水源水量充沛可靠；

2）水质良好，要符合《生活饮用水水源水质标准》CJ 3020—1993中水源水质的若干规定；

3）地面水应考虑与农业、水利、航运的综合利用；

4）考虑取水、输水、净化设备的安全和经济；

5）施工、运转、管理和维修的方便。

8.1.3 给水水源保护

（1）水源污染的情势

水源污染是当今世界发展中国家的普遍问题。河流、湖泊及地下水所遭受的污染，直接影响到饮用水水源。

1）我国水污染状况

据2017年中国环境状况公报，长江、黄河、珠江、松花江、淮河、海河、辽河七大流域和浙闽片河流、西北诸河、西南诸河的1617个水质断面中，Ⅰ类水质断面35个，占2.2%；Ⅱ类594个，占36.7%；Ⅲ类532个，占32.9%；Ⅳ类236个，占14.6%；Ⅴ类84个，占5.2%；劣Ⅴ类136个，占8.4%。与2016年相比，Ⅰ类水质断面比例上升0.1

个百分点，Ⅱ类下降5.1个百分点，Ⅲ类上升5.6个百分点，Ⅳ类上升1.2个百分点，Ⅴ类下降1.1个百分点，劣Ⅴ类下降0.7个百分点。西北诸河和西南诸河水质为优，浙闽片河流、长江和珠江流域水质为良好，黄河、松花江、淮河和辽河流域水质为轻度污染，海河流域水质为中度污染。

2）水体的有机物污染

在水源污染物中，有机物污染更加严重。目前已知的有机化合物多达400万种，其中相当大一部分是通过人类活动进入水体，使水源中所含杂质的种类和数量不断增加，水质不断恶化。不少有机污染物对人体有急性或慢性、直接或间接的毒害作用，包括致癌、致畸和致突变作用，在给水水源中现已发现有2221种有机物，饮用水中有765种，并确认其中20种为致癌物，23种为可疑致癌物，18种为促癌物，56种为致突变物，总计117种有机物成为优先控制的污染物。

水源污染物给人类健康造成严重威胁。解决的办法一是保护饮用水水源，控制污染物，二是强化饮用水处理工艺。

（2）饮用水水源的水质分类

根据水源受到污染的情况或所含杂质的特点，可将饮用水水源分为普通水质水源、特种水质水源和微（轻度）污染水质水源三类。

普通（正常）水质水源指水质符合《生活饮用水水源水质标准》CJ 3020—1993或《地表水环境质量标准》GB 3838—2002中作为生活饮用水水质要求的水源，是具有使用功能的地表水或地下水水源。

特种水质水源指水中含有过量的某种杂质的水源，一般指含过量的铁、锰、氟、藻类等物质的水源。

微污染水质水源指水源水的物理、化学和生物学等指标，如浊度、色度、嗅味、硫化物、氮氧化物、有毒有害物质、病原微生物等均有超标现象，并且大多数情况下是以有机物微量污染为主。

近年来，我国污染水源的水质特点为：有机物综合指标（BOD、COD、TOC）和氨浓度在升高，嗅味明显，致突变性的Arnos试验结果为阳性（水质良好水源为阴性）。

从法规上说，微污染水源水是不能作为饮用水水源使用的。但由于社会和经济的发展，淡水资源紧缺（含水质型缺水）和水环境污染普遍的现象已经成了全球性的实际问题。因此，微污染水源水的净化处理已是客观存在的现实技术问题。

（3）饮用水地表水源保护

为了保护饮用水水源地安全，按照《饮用水水源保护区污染防治管理规定》，饮用水地表水源各级保护区及准保护区内必须分别遵守下列规定：

一级保护区内：禁止新建、扩建与供水设施和保护水源无关的建设项目；禁止向水域排放污水，已设置的排污口必须拆除；不得设置与供水需要无关的码头，禁止停靠船舶；禁止堆置和存放工业废渣、城市垃圾、粪便和其他废弃物；禁止设置油库；禁止从事种植、放养畜禽和网箱养殖活动；禁止可能污染水源的旅游活动和其他活动。

二级保护区内：禁止新建、改建、扩建排放污染物的建设项目；原有排污口依法拆除或者关闭；禁止设立装卸垃圾、粪便、油类和有毒物品的码头。

准保护区内：禁止新建、扩建对水体污染严重的建设项目；改建建设项目，不得增加排污量。

（4）饮用水地下水源保护

对于饮用水地下水源一、二级保护区及准保护区，《饮用水水源保护区污染防治管理规定》要求：禁止利用渗坑、渗井、裂隙、溶洞等排放污水和其他有害废弃物；禁止利用透水层孔隙、裂隙、溶洞及废弃矿坑储存石油、天然气、放射性物质、有毒有害化工原料、农药等；实行人工回灌地下水时不得污染当地地下水源。

（5）饮用水源保护区划分

根据《中华人民共和国环境保护法》、《中华人民共和国水法》和《中华人民共和国水污染防治法》等相关法律法规，各地区水源保护区划分有所区别，具体参见各省（自治区）、市、地区相关法律法规。

8.1.4　地表水取水构筑物的位置选择

取水构筑物是水厂的门户，是确保水厂正常生产的首要部位，要求在任何情况下都能安全可靠地汲取质好量足的原水，因而，地表水取水构筑物位置选择的是否恰当，直接影响到取水的水质和水量、取水的安全可靠性、投资施工及运行管理等。因此，正确合理地选择地表水取水构筑物位置是十分重要的环节，必须认真做好。

选择地表水取水构筑物位置时，要考虑以下基本要求：

（1）具有稳定的河床和河岸，靠近主流，有足够的水深；

（2）设在水质较好的地点；

（3）具有良好的地质、地形及施工条件；

（4）靠近主要用水地区；

（5）应注意河流上的人工构筑物或天然障碍物的影响；

（6）避免冰凌的影响；

（7）应与河流的综合利用相适应。

8.1.5　地表水取水构筑物

（1）地表水取水构筑物的分类

地表水取水构筑物应根据取水量、水质要求、取水河段的水文特征、河床岸边地形和地质条件进行选择，同时还必须考虑到对取水构筑物的技术要求和施工条件，经过技术经济综合比较后确定。

地表水取水构筑物按构造形式大致可分成三类：固定式取水构筑物、移动式取水构筑物和山区浅水河流取水构筑物。

（2）固定式取水构筑物

固定式取水构筑物使用最多，一般不受取水量限制，可按取水点位置和构造特点分成以下两种情况：

1）按位置分为岸边式、河床式（包括桥墩式）和斗槽式。

2）按结构类型分为合建式、分建式和直接吸水式。

岸边式取水构筑物通常适用于河（江）岸陡峭、岸边水较深的地区；河床式一般适用于岸边水浅，取水构筑物外加吸水管引入河（江）中心，可取得较好的水质；斗槽式取水口通常适用于有冰凌或水草的河道上。合建式指集水井与泵房合建，通常为岸边式；分建式指集水井与泵房分建，常用于地质条件较差的地方。

（3）移动式取水构筑物

移动式取水构筑物适用于水位变化幅度在 10～35m 之间，取水规模以中小型为主，可分为浮船式和缆车式。

（4）山区浅水河流取水构筑物

山区浅水河流取水构筑物，一般适用于山区上游河段，流量和水位变化幅度很大，同时枯水期的流量和水深又很小，甚至局部地段出现断流的河段，可分为低坝式、底栏栅式和综合式。

8.1.6 地下水取水构筑物

由于地下水类型、埋藏深度、含水层性质等各不相同，开采和取集地下水的方法和取水构筑物形式也各不相同。地下水取水构筑物有管井、大口井、辐射井、复合井及渗渠等，其中以管井和大口井最为常见。

管井用于开采深层地下水。管井深度一般在 200m 以内，但最大深度也可达 1000m 以上。

大口井广泛用于取集浅层地下水，地下水深度通常小于 12m，含水层厚度在 5～20m 之内。

辐射井由集水井和若干水平铺设的辐射形集水管组成。辐射井一般用于取集含水层厚度较薄而不能采用大口井的地下水。含水层厚度薄、埋深大、不能用渗渠开采的，也可采用辐射井取集地下水，故辐射井适应性较强，但施工较困难。

复合井是大口井与管井的组合，上部为大口井，下部为管井。复合井适用于地下水位较高、厚度较大的含水层。有时在已建大口井中再打入管井成为复合井以增加井的出水量和改善水质。

渗渠可用于取集含水层厚度在 4～6m、地下水埋深小于 2m 的浅层地下水，也可取集河床地下水或地表渗透水。渗渠在我国东北和西北地区应用较多。

8.2 自来水厂水处理工艺概论

8.2.1 自来水处理工艺概述

水处理通常分为"给水处理"和"污（废）水处理"两大类，从水质角度考虑，人类社会上的水大致可以分为三大类，即天然水（地表水与地下水）、使用水（生活与生产用水）和污废水（生活与生产使用过的水）。水处理则是这三种水质类型转化的重要手段，从而构成了水的社会循环，这种关系如图 8-2 所示。

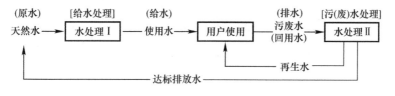

图 8-2 水的社会循环

天然水源的水质（尤其是地表水源）一般都不满足饮用水水质的要求。自来水厂处理的目的就是通过必要的处理方法，使出水水质达到《生活饮用水卫生标准》GB 5749—2006 的要求，从而保证饮用水的卫生安全。由于水源种类及其原水水质的不同，自来水厂所用处理方法和工艺也各不相同。

地下水源水由于原水水质较好，处理方法比较简单，一般只需进行消毒处理即可。若原水中铁、锰或氟超标时，还需先进行相应处理。

地表水源水的成分比较复杂。当原水水质较好时，通常只是浊度和细菌类水质参数不合格，一般采用常规（传统）处理方法即可，即澄清（混凝、沉淀（气浮）、过滤）和消毒。常规处理方法仍是饮用水处理的主要方法，为多数国家所采用。

随着工业的发展，部分水源的污染成分比较复杂，特别是有机物污染更加严重，同时水中氨氮、磷、内分泌干扰物等物质含量增加，仅采用常规处理方法不能使之有效去除，对人体健康存在潜在威胁。为此，在常规处理的基础上往往还应增加预处理或深度处理方法才行。

8.2.2 自来水处理工艺流程

（1）饮用水的常规处理

1）常规处理工艺

饮用水的常规处理主要是采用物理化学作用，使浑水变清（主要去除对象是悬浮物和胶体杂质）并杀菌灭活，使水质达到饮用水水质标准。

水处理工艺流程是由若干处理单元设施优化组合成的水质净化流水线。水的常规处理通常是在原水中加入适当的促凝药剂（絮凝剂、助凝剂），使杂质微粒互相凝聚而从水中分离出去，包括混凝（凝聚和絮凝）、沉淀（或气浮、澄清）、过滤、消毒等。一般地表水源饮用水的处理都是采用此种方法。其工艺流程如图 8-3、表 8-3 所示。

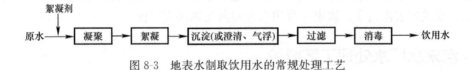

图 8-3 地表水制取饮用水的常规处理工艺

地表水制取饮用水的处理过程单元 表 8-3

加工步骤	加工效果	利用原理	处理单元
① 原水输送	原水在自来水厂中流动	物理	一级泵房
② 加絮凝剂	絮凝剂与原水充分混合	物理	加药设施
③ 混合		物理化学	混合设施
④ 絮凝	水中胶态颗粒脱稳，脱稳的胶态颗粒和其他微粒结成絮体	物理化学	絮凝池
⑤ 沉淀	从水中去除（绝大部分）悬浮物和絮体	物理	沉淀池
⑥ 过滤	进一步去除悬浮物和絮体	物理化学、物理	滤池
⑦ 消毒	杀死残留在水中的病原微生物	物理	消毒设施
⑧ 混合接触		物理、微生物学、化学	清水池
⑨ 储存	调节水量变化	物理	
⑩ 产品水输送	成品水送至用户	物理	二级泵房

2）一般水源净水工艺流程和净水构筑物的选择

饮用水处理工艺流程及净水构筑物的选择，主要取决于水源的原水水质情况，同时还与水厂规模、运行管理要求、地域气温等因素有关。

一般水源饮用水处理工艺流程的适用条件，可以参考表 8-4 选择。

一般水源水净化工艺流程适用条件

表 8-4

净水工艺流程	适用条件
原水→混凝沉淀→过滤→消毒	一般进水浊度不大于 2000～3000NTU，短时间内可达 5000～10000NTU
原水→接触过滤→消毒	进水浊度一般不大于 25NTU，水质较稳定且无藻类繁殖
原水→混凝沉淀→过滤→消毒（洪水期） 原水→自然预沉→接触过滤→消毒（平时）	山溪河流；水质经常清澈，洪水时泥沙含量较高
原水→混凝→澄清→过滤→消毒	经常浊度较低，短时间不超过 100NTU
原水→（调蓄预沉或自然预沉或混凝预沉→）混凝沉淀→过滤→消毒	高浊度水二级沉淀（澄清）工艺，适用于含砂量大、砂峰持续时间较长的原水处理
原水→混凝→气浮→过滤→消毒（平时） 原水→混凝→沉淀→过滤→消毒（洪水期）	经常浊度较低，采用气浮澄清；洪水期浊度较高时，采用沉淀工艺

（2）饮用水的预处理和深度处理

对微污染饮用水源水的处理方法，除了要保留或强化传统的常规处理工艺之外，还应附加生化或特种物化处理工序。一般把附加在常规处理工艺之前的处理工序叫作预处理；把附加在常规处理工艺之后的处理工序叫作深度处理。

预处理和深度处理的基本原理，概括起来主要是吸附、氧化、生物降解、膜滤四种作用。或者利用吸附剂的吸附能力去除水中有机物；或者利用氧化剂及光化学氧化法的强氧化能力分解有机物；或者利用生物氧化法降解有机物；或者以膜滤法滤除大分子有机物。有时几种作用也可同时发挥。因此，可根据水源水质，将预处理、常规处理、深度处理有机结合使用，以去除水中各种污染物质，保证饮用水水质。

几种微污染水源的饮用水净化工艺流程如下（括号内为可选工艺）：

1）O_3 预氧化（或粉末活性炭或 $KMnO_4$）

   ↓

原水→混凝沉淀或澄清→过滤→消毒

2）原水→混凝沉淀或澄清→过滤→（O_3 接触氧化→）活性炭吸附降解→消毒

3）O_3 预氧化

   ↓

原水→混凝沉淀或澄清→过滤→O_3 接触氧化→活性炭吸附降解→消毒

4）原水→生物预处理→混凝沉淀或澄清→过滤→消毒

5）原水→生物预处理→混凝沉淀或澄清→过滤→（O_3 接触氧化→活性炭吸附降解→）消毒

近年来，随着膜技术在水处理领域的广泛应用，在城镇自来水厂处理工艺中也开始得到较为迅猛的研发应用。例如，对微污染水源水的双膜法（UF＋RO）饮用水深度（精）处理工艺，对浊度较低以及低温低浊水源水的微絮凝超滤技术的短流程工艺（省去了沉淀

145

和砂滤）。显然，膜法水处理工艺是以物理-化学作用为特征的分离技术型处理方法。膜法水处理工艺不仅去除污染物的范围广（胶体、色度、嗅味、有机物、细菌、微生物、消毒附产物前体物），而且不需投加药剂，减少消毒剂用量，处理设备占地少布置紧凑，易实现自动控制，管理集中方便。虽然它对原水预处理要求较严格，需定期进行化学清洗，所需投资和运行费用较高，还存在膜的堵塞和污染问题。但随着膜技术的发展、清洗方式的改进、膜堵塞与膜污染的改善以及膜造价的降低，膜处理技术在城镇自来水厂中的应用前景将是十分广阔的。

（3）增加尾水处理部分

天然水体中含有多种有机与无机物质，通过水厂净水工艺处理，大部分作为净水工艺的生产副产物排出工艺流程，其中除通过滤网等物理截留的大颗粒固体物质外，其他均以生产尾水的形式存在，前者可直接作为固体废弃物处理，而后者由于体积大、数量多，需经过减量化处理，以便于运输与后期处置，并尽量实现资源化。水厂尾水随原水和净水工艺的不同存在较大差异。不同水源类别，加药量和混凝沉淀效果等因素导致水厂污泥特性的不同。

水厂尾水处理工艺流程应根据水厂所处社会环境、自然条件及净水工艺，同时考虑排泥水的沉降性能、上清液 SS 是否能达标排放、排泥池中的泥水浓度是否能满足浓缩脱水的需要，以及排泥池和排水池是否能满足排泥水预浓缩的体积要求等确定。常用的三种如下：

方式一：混凝区及沉淀池排泥水和滤池反冲洗废水经排泥池混合后，一起进行浓缩脱水处理，上清液回用作原水或排放。适用于滤池反冲洗废水不能满足回用要求，但单独浓缩无法满足脱水机械要求，只能与沉淀池排泥水混合浓缩的情况。

方式二：混凝区及沉淀池排泥水进行浓缩脱水处理，上清液回用作原水或排放；滤池反冲洗废水直接回用作原水或排放。适用于滤池反冲洗废水可直接满足回用要求的情况，由于长时间回用可能引起金属离子富集等问题，应考虑排放措施。

方式三：混凝区及沉淀池排泥水进行浓缩脱水处理，上清液回用或排放；滤池反冲洗废水经过预浓缩，底部污泥与沉淀池排泥水一起进行浓缩脱水处理，上清液回用作原水或排放。适用于滤池反冲洗废水含固率较高，需经过预浓缩才可满足回用要求的情况，由于长时间回用可能引起金属离子富集等问题，应考虑排放措施。

工艺选择受污泥特性、场地及净水工艺等多方面限制，当沉淀池排泥水平均含固率大于 3% 时，可超越浓缩工艺直接进入平衡池。如场地条件宽裕，混凝区、沉淀池排泥水及滤池反冲洗废水收集系统相互独立，可采取方式三；为简化处理系统，尤其是用地紧张时，方式二也是一种经常采用的处理流程。

（4）饮用水的特种水质处理

在某些特殊情况下，采用常规水处理工艺出水水质达不到国家饮用水标准的规定。这些难处理的特殊水质，国内外都采取不同的净水技术，并且处理效果比较明显。

1）饮用水的除铁、除锰工艺

原水中的铁和锰一般指二价形态的铁和锰，它们在有氧条件下可氧化为三价的铁和四价的锰并形成溶解度极低的氢氧化铁和二氧化锰，使水变浑、发红、发黑影响水的感官性状指标等。

由于铁和锰的化学性质相近，在地下水中容易共存，而且因铁的氧化还原电位比锰低，二价铁对于高价锰（三价、四价）便成为还原剂，故二价铁的存在大大妨碍了二价锰的氧化，只有在水中二价铁较少的情况下，二价锰才能被氧化。所以在地下水中铁、锰共存时，应先除铁后除锰。

2）饮用水的除氟工艺

氟是人体必需的微量元素，但含量过高或过低都会对人体健康造成危害。表 8-5 是饮用水除氟的净水工艺流程选择。

饮用水除氟的净水工艺流程选择 表 8-5

净水工艺流程	适用条件
原水→空气分离→吸附过滤	地下水含氟
药剂↓ 原水→混凝→沉淀→过滤	地下水或地表水含氟
原水→过滤→离子交换	地下水含氟
原水→过滤→电渗析	地下水含氟

8.3 预处理

随着我国工业化程度的不断提高和经济的持续较快增长，我国有相当比例的城镇饮用水水源受到微污染。微污染水源的水质特点主要表现在 4 个方面：

① 氨氮、总磷等含量超标导致缓流水源（尤其是水库和湖泊水体）很容易发生水体富营养化造成藻类滋生，水质恶化腐臭逼人。

② 水中溶解性有机物大量增加，容易使自来水厂出厂水、管网水在春末夏初、夏秋之交时出现明显异味，从而导致氯耗季节性猛增，增加生产成本。且有机物以带负电为主，增大了混凝剂投加量，同时影响管网寿命。

③ 2002 年国家卫生部颁布的《生活饮用水卫生规范》提出了更高的水质标准，而目前已发现的一些有害微生物较难去除，如贾第鞭毛虫、隐孢子虫、军团菌、病毒等。

④ 内分泌干扰物（又称环境荷尔蒙）的去除率不高，这些物质本身具有难生物降解特性，在人体内可累积，具有"三致"作用，还会严重干扰人类和动物的生殖功能。传统净水工艺对水中微量有机污染物去除效果有限，相反还可能使出水氯化后的致突变活性有所增加，水质毒理学安全性下降。面对水源水质的变化，传统工艺（混凝→沉淀→过滤→消毒）显得力不从心，常规处理工艺对病原微生物的去除率为 50%，对有机物的去除率只有 30%，对氨氮的去除率仅为 10%，而且随着水源水有机污染的增加，氯化消毒使出水致突变活性增加，生成致癌消毒副产物。

随着人民生活质量的不断提高以及检测分析手段的进步，人们对饮用水水质的要求将更加严格，相应供水水质标准也要不断提高。因此，对于微污染水源的预处理技术已成为一项非常重要和迫切的新课题，根据预处理原理的不同可以分为化学预氧化法、生物预处理法和吸附预处理法三类。

（1）化学预氧化法

化学预氧化法是指向原水中加入强氧化剂，利用强氧化剂的氧化能力，去除水中的有机污染物，提高混凝沉淀效果。常用的氧化剂有氯、二氧化氯、臭氧、高锰酸钾和高铁酸钾等。

经化学预氧化法处理后的微污染水源水质得到有效改善，后续工艺的处理负荷减少，提高了出厂水水质，是针对微污染水源的有效处理方法；但是采用化学预氧化法难免会生成氧化消毒副产物，这些副产物或多或少都会对人体健康产生一定影响。目前，臭氧是比较安全的预处理化学氧化剂。

（2）生物预处理法

生物预处理法就是利用微生物群体的新陈代谢活动初步去除水中的氨氮、有机物等污染物。低营养环境下微生物通常是以生物膜的形式生存，所以微污染水源水的生物预处理法主要是生物膜法。其原理是利用附着在填料表面上的生物膜，使水中溶解性的污染物被吸附、氧化、分解，有些还作为生物膜上原生动物的食料。

目前，研究最多的是生物接触氧化池。填料是该工艺的核心，主要有蜂窝状填料、软性填料、半软性填料等。该法处理负荷高，处理效果稳定，易于维护管理，而且处理构筑物结构和形式要求低，附属设施少，土建投资少，运行费用低。但现在常用的填料比表面积小，使用量大，需要安装固定支架，检修更换较复杂。

除此之外，生物预处理法还有生物滤池、生物转盘、生物流化床等形式，它们的原理基本相同，但这些方法成本较高。

（3）吸附预处理法

以活性炭为代表的吸附工艺也是微污染水源水预处理的有效方法。活性炭是多孔、有巨大比表面积、吸附能力高的固体。活性炭对 BOD_5、COD_{Cr}、色度和绝大多数有机物有良好的吸附能力，并且可使致突变活性从阳性转为阴性。粉状活性炭还具有良好的助凝作用，其密度大，吸附在絮状物上可增加絮状物的密度，提高沉淀池的除浊效果，可使沉淀池出水浊度降低。而它的投加量随水源水污染程度的变化而灵活确定。由于粉末活性炭参与混凝沉淀，残留于污泥中，目前还没有很好的回收再生利用方法，所以运行费用高，难以推广应用。

用活化沸石替代活性炭作为微污染水源处理材料。天然沸石是一种架状构造含水铝硅酸盐矿物，在我国分布广，储量丰富，便于开采，价格便宜，活化后沸石价格仅相当于活性炭的 1/6～1/10。天然沸石物理活化方法简单，运转周期比活性炭长，而且失效后可用简单方法再生，损失率低。活化沸石力学强度高，耐酸碱，热稳定性好。它能降低水中铁、锰、砷、阴离子洗涤剂、硫酸盐、溶解性总固体、耗氧量及三氮指标；技术指标与活性炭处理时的相当，有的甚至优于活性炭。长期运行结果表明：活化沸石去除各项污染物指标较稳定，这说明活化沸石具有稳定的净水功能。而对于已建成的水厂，只需在原来的活性炭吸附塔中改装活化沸石即可，不需要增添新的设备。

吸附法作为去除水中溶解性有机物的最有效方法之一，可以明显降低水的色度、嗅味和各项有机物指标，如果能解决运行费用高和吸附剂再生的问题，将会是微污染水处理最理想的办法。因此寻求廉价、方便再生的吸附剂和研究适宜的吸附剂再生技术是吸附预处理法需解决的主要问题。

8.4 混凝

混凝阶段处理的对象，主要是水中的悬浮物和胶体杂质。简而言之，"混凝"就是水中胶体颗粒以及微小悬浮物的聚集过程。它是自来水生产工艺中十分重要的环节。实践证明，混凝过程的完善程度对后续处理如沉淀、过滤影响很大，要充分予以重视。

在本节中，我们将介绍混凝的基本原理；常用混凝剂和助凝剂的种类、性质和适用条件；混凝动力学及混凝控制指标；影响混凝效果的主要因素；混凝剂的储存、配制、传输、投加、计量设备及系统；混合、絮凝的技术要求及其设备。

8.4.1 混凝机理

在整个混凝过程中，一般把混凝剂水解后和胶体颗粒碰撞、改变胶体颗粒的性质，使其脱稳，称为"凝聚"。在外界水力扰动条件下，脱稳后颗粒相互聚集，称为"絮凝"。"混凝"是凝聚和絮凝的总称。

（1）水中胶体的稳定性

水中胶体颗粒一般分为两大类，一类是与水分子有很强亲和力的胶体，如蛋白质、碳氢化合物以及一些复杂有机化合物的大分子形成的胶体，称为亲水胶体。其发生水合现象，包裹在水化膜之中。另一类与水分子亲和力较弱，一般不发生水合现象，如黏土、矿石粉等无机物属于憎水胶体。由于水中的憎水胶体颗粒含量很高，引起水的浑浊度变化，有时出现色度增加，且容易附着其他有机物和微生物，因此是水处理的主要对象。

所谓"胶体稳定性"，是指胶体颗粒在水中长期保持分散悬浮状态的特性。胶体颗粒具有稳定性的原因主要有三个：微粒的布朗运动、胶体颗粒间的静电斥力和胶体颗粒表面的水化作用。其中，由微粒的布朗运动引起的称为动力学稳定，由胶体颗粒间的静电斥力和胶体颗粒表面的水化作用引起的称为聚集稳定。

1）胶体颗粒的动力学稳定性

动力学稳定是指颗粒布朗运动对抗重力影响的能力。大颗粒悬浮物如泥沙等，在水中的布朗运动很微弱甚至不存在，在重力作用下会很快下沉，称为动力学不稳定；胶体粒子很小，布朗运动剧烈，所受重力作用小，布朗运动足以抵抗重力影响，故而能长期悬浮于水中，称为动力学稳定。粒子越小，动力学稳定性越高。

水分子和其他溶解杂质分子的布朗运动既是胶体颗粒稳定性因素，同时又是能够引起颗粒碰撞聚集的不稳定性因素。在布朗运动作用下，如果胶体颗粒相互碰撞、聚集成大颗粒，其动力学稳定性随之消失而沉淀下来，则称为聚集不稳定性。由此看出，胶体稳定性包括动力稳定和聚集稳定。如果胶体粒子很小，即使在布朗运动作用下有自发的相互聚集倾向，但因胶体表面同性电荷排斥或水化膜阻碍，也不能相互聚集。故认为胶体颗粒的聚集稳定性是决定胶体稳定性的关键因素。

2）胶体颗粒的聚集稳定

① 胶体的双电层结构及电位

对于憎水胶体而言，聚集稳定性主要取决于胶体颗粒表面的动电位即 ζ 电位。ζ 电位越高，同性电荷斥力越大。图 8-4 表示黏土胶体结构及双电层示意。由黏土颗粒组成的胶核表面上吸附或电离产生了电位离子层，具有一个总电位（ϕ 电位）。由于该层电荷的存在，使其在表面附近从水中吸附了一层电荷符号相反的离子，形成了反离子吸附层。反离子吸附层紧靠胶核表面，随胶核一起运动，称为胶粒。总电位（ϕ 电位）和吸附层中的反离子电荷量并不相等，其差值称为 ζ 电位，也就是胶粒表面（或胶体滑动面）上的电位。

带负电荷的胶核表面与扩散于溶液中的正电荷离子正好电性中和，构成双电层结构；如果胶核带正电荷（如金属氢氧化物胶体），则情况正好相反，构成双电层结构的溶液中离子为负离子。

天然水中的胶体杂质通常是负电荷胶体，如黏土、细菌、病毒、藻类、腐殖质等。黏土胶体的 ζ 电位一般在 $-15\sim-40mV$ 范围内；细菌的 ζ 电位一般在 $-30\sim-70mV$ 范围内；藻类的 ζ 电位一般在 $-10\sim-15mV$ 范围内。由于水中杂质成分复杂，存在条件不同，同一种胶体所表现的 ζ 电位很不一致。

② DLVO 理论

从胶粒之间相互作用能的角度阐明胶粒相互作用的理论，简称 DLVO 理论。该理论认为，当两个胶粒接近到扩散层重叠时，便产生了静电斥力。静电斥力与两胶粒表面距离 x 有关，用排斥势能 E_R 表示。E_R 随 x 增大而按指数关系减小，见图 8-5。然而，与斥力对应的还普遍存在一个范德华引力作用。两颗粒间范德华引力的大小同样也和胶粒间距有关，用吸引势能 E_A 表示。对于两个胶粒而言，促使胶粒相互聚集的吸引势能 E_A 和阻碍聚集的排斥势能 E_R 可以认为是具有不同作用方向的两个矢量。其代数和即为总势能 E。相互接触的两胶粒能否凝聚，取决于总势能 E 的大小和方向。

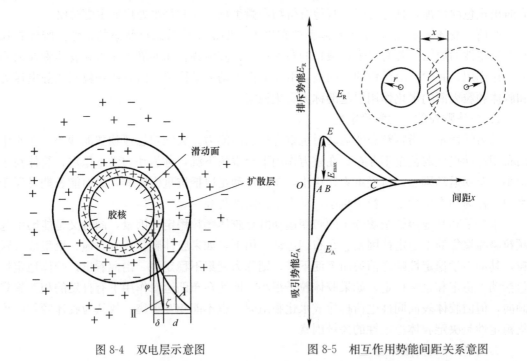

图 8-4　双电层示意图　　　　　图 8-5　相互作用势能间距关系意图

③ 胶体颗粒表面的水化作用

胶体颗粒聚集稳定性并非都是由静电斥力引起的，有一部分胶体表面带有水合层，阻碍了胶粒直接接触，也是影响聚集稳定性的因素。一般认为，无机黏土憎水胶体的水化作用对聚集稳定性影响很小，但对于典型的亲水胶体（如有机胶体或高分子物质）而言，水化作用则是引起聚集稳定性的主要原因。亲水胶体颗粒周围包裹了一层较厚的水化膜，使之无法相互靠近，因而范德华引力不能发挥作用。如果一些憎水胶体表面附着有亲水胶体，同样，水化膜作用也会影响范德华引力作用。实践证明，亲水胶体虽然也存在双电层结构，但 ζ 电位对胶体稳定性的影响远小于水化膜的影响。

（2）铝盐的水解反应

硫酸铝是水处理中使用广泛的一种无机盐混凝剂，它的作用原理可代表其他无机盐的混凝作用原理。

硫酸铝 $Al_2(SO_4)_3 \cdot 18H_2O$ 溶于水后，立即离解出铝离子，且常以 $[Al(H_2O)_6]^{3+}$ 的水合形态存在。在一定条件下，Al^{3+} 经过水解、聚合或配合反应可形成多种形态的配合物或聚合物以及氢氧化铝 $Al(OH)_3$ 沉淀物。水解反应过程如下：

$$Al^{3+} + H_2O \rightleftharpoons Al(OH)^{2+} + H^+ \tag{8-1}$$

$$Al(OH)^{2+} + H_2O \rightleftharpoons Al(OH)_2^+ + H^+ \tag{8-2}$$

$$Al(OH)_2^+ + H_2O \rightleftharpoons Al(OH)_3 \downarrow + H^+ \tag{8-3}$$

铝离子通过水解产生的物质可分成 3 类：未水解的水合铝离子及单核羟基配合物；多核多羟基聚合物；氢氧化铝沉淀（固体）物。水解产物的结构形态主要取决于羟铝比 $(OH)/(Al)$，即每摩尔铝所结合的羟基摩尔数；各种物质组分的含量多少、存在与否，取决于铝离子水解时的条件，包括水温、pH 值、铝盐投加量等。例如，当 pH 值＜3 时，水中的铝以 $[Al(H_2O)_6]^{3+}$ 形态存在，即不发生水解反应；随着水的 pH 值升高，羟基配合物及聚合物相继产生，各种组分的相对含量与总的铝盐浓度有关。

（3）混凝机理分类

水处理中的混凝过程比较复杂，不同种类的混凝剂在不同的水质条件下，其作用机理有所不同。当前，看法比较一致的是，混凝剂对水中胶体颗粒的混凝作用有 3 种：电性中和、吸附架桥和卷扫作用。这 3 种作用机理究竟以何种为主，取决于混凝剂种类和投加量、水中胶体颗粒性质和含量以及水的 pH 值等。

1）电性中和

根据 DLVO 理论，要使胶粒通过布朗运动碰撞聚集，必须降低或消除排斥能峰。向水中投加混凝剂可以降低或者消除 ζ 电位，即降低排斥能峰，减小扩散层厚度，使两胶粒相互靠近，更好地发挥吸引势能作用。

对于水中的负电荷胶体颗粒而言，投加高价电解质（如三价铝或铁盐）时，正离子浓度和强度增加，可使胶粒周围更小范围内的反离子电荷总数和 ζ 电位值相等，压缩扩散层厚度。同时，当投加的电解质离子吸附在胶粒表面时，ζ 电位会降低，甚至出现 $\zeta=0$ 的等电状态，此时排斥势能消失。实际上，只要 ζ 电位降至临界电位，$E_{max}=0$，胶体颗粒便开始产生聚集，这种脱稳方式被称为压缩双电层作用。

在混凝过程中，有时投加高化合价电解质，会出现胶粒表面所带电荷符号反逆重新稳定（再稳）现象。试验证明，当水中铝盐投加量过多时，水中原来带负电荷的胶体可变成带正电荷的胶体。根据近代理论，这是由于带负电荷的胶核直接吸附了过多的正电荷聚合离子的结果。这种现象仅从双电层作用机理——静电学概念是解释不通的，同时，某些电中性及负电性的高分子物质也能起到混凝作用，于是便有了吸附架桥的混凝机理。

2）吸附架桥

吸附架桥机理是基于高分子物质的吸附架桥作用：当高分子链的一端吸附了某一胶粒后，另一端又吸附了另一胶粒，形成"胶粒—高分子—胶粒"的絮体。高分子物质性质不同，吸附力的性质和大小也不同。当高分子物质投加量过多时，全部胶粒的吸附面均被高分子覆盖，两胶粒接近时，就会受到高分子的阻碍而不能聚集，产生"胶体保护"现象。这种阻碍来源于高分子之间的相互排斥。排斥力可能来源于"胶粒—胶粒"之间高分子受到压缩变形（像弹簧被压缩一样）而具有的排斥势能，也可能由于高分子之间的电性斥力（对带电高分子而言）或水化膜。因此，若高分子物质投加量过少则不足以将胶粒架桥连接起来，若投加量过多又会产生胶体保护作用。最佳投加量应是既能把胶粒架桥连接起来，又可使絮凝起来的最大胶粒不易脱落。在自来水生产中，高分子混凝剂投加量通常由试验决定。

3）网捕或卷扫作用

当铝盐或铁盐混凝剂投加量很大而形成氢氧化物沉淀时，可以网捕、卷扫水中胶粒一并产生沉淀分离，称为网捕或卷扫作用。这种作用，基本上是一种机械作用，所需混凝剂量与原水中杂质含量成反比，即原水中胶体杂质含量少时，所需混凝剂多，原水中胶体杂质含量多时，所需混凝剂少。

8.4.2 混凝剂和助凝剂

（1）混凝剂

为了促使水中胶体颗粒脱稳以及悬浮颗粒相互聚集投加的化学药剂统称为混凝剂。应用于自来水处理的混凝剂应符合以下基本要求：混凝效果良好；对人体健康无害；使用方便；货源充足，价格低廉。

混凝剂种类很多，按化学成分可分为无机和有机两大类，按分子量大小又可分为低分子无机盐混凝剂和高分子混凝剂。无机混凝剂品种很少，目前用得最多的主要是铁盐和铝盐及其聚合物。有机混凝剂品种很多，主要是高分子物质，但在水处理中的应用比无机混凝剂少。常用的混凝剂见表 8-6。

常用的混凝剂 表 8-6

类别			名称
混凝剂	铝系	无机盐	硫酸铝
		高分子	聚合氯化铝（PAC）
			聚合硫酸铝（PAS）
	铁系	无机盐	三氯化铁
			硫酸亚铁
		高分子	聚合氯化铁（PFC）
			聚合硫酸铁（PFS）
	复合型无机高分子		聚硅氯化铝（PASiC）
			聚硅氯化铁（PFSiC）
			聚硅硫酸铝（PSiAS）
			聚合氯化铝铁（PAFC）
助凝剂	有机高分子助凝剂		聚丙烯酰胺（PAM）
			聚氧化乙烯（PEO）
	其他助凝剂		石灰
			骨胶
			活化硅酸

1) 硫酸铝

硫酸铝有固、液两种形态，我国常用的是固态硫酸铝。固态硫酸铝产品有精制和粗制之分。精制硫酸铝为白色结晶体，相对密度约为 1.62，Al_2O_3 含量不小于 15%，不溶杂质含量不大于 0.5%，价格较贵。

使用硫酸铝降低原水浊度时，为取得较好的混凝效果，水的 pH 值宜控制在 7.0～7.5 之间；但如果原水主要是色度较高时，水的 pH 值宜控制在 4.5～5.5 之间。

硫酸铝使用方便，但水温低时，水解较困难，形成的絮体比较松散，效果不及铁盐混凝剂。

2) 聚合氯化铝

目前使用最多的无机高分子混凝剂是聚合氯化铝。聚合氯化铝又名碱式氯化铝或羟基氯化铝，它是以铝灰或含铝矿物作为原料，采用酸溶或碱溶法加工制成。由于原料和生产工艺不同，产品规格也不一致。固体聚合氯化铝为黄色树脂状，易潮解，溶液为黄褐色透明液体。水处理中多用液体聚合氯化铝。

聚合氯化铝溶于水后，即形成聚合阳离子，对水中胶粒发挥电性中和及吸附架桥作用，其效能优于硫酸铝。聚合氯化铝在投入水中前的制备阶段已发生水解聚合，投入水中后也可能发生新的变化，但聚合物成分基本确定。其成分主要取决于羟基（OH）和铝（Al）的摩尔数之比，通常称之为碱化度或盐基度。

聚合氯化铝对各种水质适应性较强，适用 pH 值范围较广，矾花形成较快，且颗粒大而重，因此用量较少。

3) 三氯化铁

三氯化铁是黑褐色的有金属光泽的结晶体，一般杂质含量少，是铁盐混凝剂中最常用的一种。固体三氯化铁溶于水后的化学变化和铝盐相似，水合铁离子也进行水解、聚合反应。在一定条件下，铁离子通过水解、聚合可形成多种成分的配合物或聚合物。三氯化铁的混凝机理与硫酸铝相似，但混凝特性与硫酸铝略有区别。

在多数情况下，三价铁适用的 pH 值范围较广，受水温影响较小，结成的矾花大、重、韧，不易破碎，因而净水效果好。但是三氯化铁腐蚀性较强，且固体产品易吸水潮解，不易保存。

4) 聚合硫酸铁

聚合硫酸铁是碱式硫酸铁的聚合物，是一种红褐色的黏性液体。聚合硫酸铁具有优良的混凝效果，腐蚀性远比三氯化铁小。

5) 复合型无机高分子

聚合铝和聚合铁虽属于高分子混凝剂，但聚合度不大，远小于有机高分子混凝剂，且在使用过程中存在一定程度水解反应的不稳定性。为了提高无机高分子混凝剂的聚合度，近年来国内外专家研究开发了多种新型无机高分子混凝剂——复合型无机高分子混凝剂。目前，这类混凝剂主要是含有铝、铁、硅成分的聚合物。

由于复合型无机高分子混凝剂混凝效果优于无机盐和聚合铁（铝），其价格较有机高分子混凝剂低，故有广阔的开发应用前景。目前，已有部分产品投入生产应用。

（2）助凝剂

当单独使用混凝剂不能取得较好的混凝效果时，常常需要投加一些辅助药剂以提高混凝效果，这种药剂称为助凝剂。

1) 常用助凝剂

常用的助凝剂多是高分子物质，其作用往往是为了改善絮体结构，促使细小而松散的颗粒聚集成粗大密实的絮体。其作用机理是高分子物质的吸附架桥作用。自来水厂使用的助凝剂主要有：骨胶及其水解聚合物、活化硅酸、海藻酸钠等。

2) 有机高分子助凝剂

聚丙烯酰胺（PAM）是应用最为广泛的人工合成有机高分子助凝剂。这类助凝剂均为巨大的线性分子，每一大分子由许多链节组成且常含带电基团，故又被称为聚合电解质，有较强的吸附架桥所用。

有机高分子助凝剂虽然效果好，但制造过程复杂，价格昂贵。此外，有机高分子助凝剂的毒性是人们关注的问题。聚丙烯酰胺和阴离子型水解聚合物的毒性主要在于单体丙烯酰胺，故对水体中丙烯酰胺单体残留量有严格的控制标准。我国《生活饮用水卫生标准》GB 5749—2006 规定：自来水中丙烯酰胺含量不得超过 0.0005mg/L。

3) 其他助凝剂

还有一类助凝剂，其作用机理有别于有机高分子助凝剂，是能提高混凝效果或改善混凝剂作用的化学药剂。例如，当原水碱度不足、铝盐混凝剂水解困难时，可投加碱性物质（通常用石灰或氢氧化钠）以促进混凝剂水解反应；当原水受有机物污染时，可用氧化剂（如氯气、臭氧）破坏有机物干扰；当采用硫酸亚铁时，可用氯气将亚铁离子氧化成三价铁离子等。

8.4.3 混凝动力学

(1) 混凝动力学简介

要使杂质颗粒之间或杂质颗粒与混凝剂之间发生絮凝，一个必要条件是使颗粒相互碰撞。推动水中颗粒相互碰撞的动力来自两个方面：颗粒在水中的布朗运动和在水力或机械搅拌下所造成的水体运动。由布朗运动所引起的颗粒碰撞聚集称为"异向絮凝"；由水体运动所引起的颗粒碰撞聚集称为"同向絮凝"。

1) 异向絮凝

颗粒在水中所作的布朗运动是无规则的，这种无规则的运动必然导致颗粒相互碰撞。当颗粒完全脱稳后，一经碰撞就可能发生絮凝，从而使小颗粒聚集成大颗粒。此时水中固体颗粒总质量没有发生变化，只是颗粒数量浓度（单位体积水中的颗粒个数）减少。颗粒的絮凝速率取决于碰撞速率。假定颗粒为均匀球体，如果两个颗粒每次碰撞后均会发生聚集，取颗粒的[絮凝速率]＝－1/2[碰撞速率]，则由布朗运动引起胶体颗粒的聚集速率即为异向絮凝速度：

$$\frac{dn}{dt} = -\frac{1}{2}N_p = -\frac{4}{3\upsilon\rho}KT\eta n^2 \tag{8-4}$$

式中　N_p——单位体积中的颗粒在异向絮凝中碰撞速率，$1/(cm^3 \cdot s)$；

　　　n——颗粒数量浓度，个$/cm^3$；

　　　η——有效碰撞系数；

　　　K——波兹曼常数，$1.38 \times 10^{-16} g \cdot cm^2/(s^2 \cdot K)$；

T——水的绝对温度，K；

υ——水的运动黏度，cm^2/s；

ρ——水的密度，g/cm^3。

由布朗运动引起胶粒碰撞聚集成大颗粒的速度，等于原有胶粒个数减少的速率，与水的温度成正比，与颗粒数量浓度的平方成正比。从表面上看，该速率与颗粒尺寸无关，而实际上，这是用发生布朗运动颗粒平均粒径代入求出的絮凝速度表达式。只有微小颗粒才具有布朗运动的可能性，且速度极为缓慢。随着颗粒粒径的增大，布朗运动的影响逐渐减弱，当颗粒粒径大于$1\mu m$时，布朗运动基本消失，异向絮凝自然停止。显然，异向絮凝速度和颗粒粒径是有关系的。由此还可以看出，要使较大颗粒进一步碰撞聚集，需要靠水体流动或扰动水体完成这一过程。

2）同向絮凝

同向絮凝在整个混凝过程中具有十分重要的作用。最初的理论公式是根据水流在层流状态下导出的，显然与实际处于紊流状态下的絮凝过程不相符合，但导出的公式及一些概念至今仍在沿用。同样，假定颗粒为均匀球体，如果两个颗粒每次碰撞后均会发生聚集，取颗粒的[絮凝速率]$=-\frac{1}{2}$[碰撞速率]，则由水体搅动引起胶体颗粒的聚集速率即为同向絮凝速度：

$$\frac{dn}{dt}=-\frac{1}{2}N_0=-\frac{2}{3}\eta Gd^3n^2 \tag{8-5}$$

式中 N_0——水体搅动引起胶体颗粒的碰撞速率，$N_0=\frac{4}{3}\eta Gd^3n^2$；

G——速度梯度，s^{-1}；

η——有效碰撞系数；

d——颗粒粒径，cm；

n——颗粒数量浓度，个/cm^3。

混凝过程中，水中颗粒数逐渐减少，但颗粒总质量不变。按球形颗粒计，设颗粒直径为d且粒径均匀，则每个颗粒的体积为$\pi d^3/6$，颗粒的体积浓度为$\varphi=(\pi d^3/6)n$。引入体积浓度概念，上式变为：

$$\frac{dn}{dt}=-\frac{1}{2}N_0=-\frac{4}{\pi}\eta G\varphi n \tag{8-6}$$

由公式（8-6）可知，絮凝速度与颗粒数量浓度的一次方成正比。

G值是控制混凝效果的水利条件，故在絮凝设备中，往往以速度梯度G作为重要的控制参数之一。水流处于层流状态时，可推导出公式（8-7）：

$$G=\frac{\Delta u}{\Delta z} \tag{8-7}$$

式中 Δu——相邻两流层的流速增量，cm/s；

Δz——垂直于水流方向的两流层之间的距离，cm。

实际上，在絮凝池中，水流并非层流，而总是处于紊流状态，流体内部存在大小不等的涡旋，除前进速度外，还存在纵向和横向的脉动速度。根据推导，单位体积水流所消耗的功率$p=\tau G$（τ为剪应力）。根据牛顿内摩擦定律，$\tau=\mu G$，得：

$$G = \sqrt{\frac{p}{\mu}} \tag{8-8}$$

式中　μ——水的动力黏度，Pa·s；

　　　p——单位体积水流所消耗的功率，W/m³。

当用机械搅拌时，公式（8-8）中的 p 由机械搅拌器提供。当采用水力絮凝池时，式中 p 应为水流本身能量消耗：

$$pV = \rho g h Q \tag{8-9}$$

V 为水流体积，将 $V = QT$ 代入公式（8-9）中，得：

$$G = \sqrt{\frac{\rho g h}{\mu T}} = \sqrt{\frac{g h}{\upsilon T}} = \sqrt{\frac{\gamma h}{\mu T}} \tag{8-10}$$

式中　h——混凝设备中的水头损失，m；

　　　γ——水的重度，9800N/m³；

　　　T——水流在混凝设备中的停留时间，s；

　　　g——重力加速度，9.81m/s²。

公式（8-10）中 G 值反映了能量消耗概念，具有工程上的意义，无论层流、紊流作为同向絮凝的控制指标，公式（8-10）仍可应用，在工程设计上是安全的。同时，把一个过程十分复杂的同向絮凝问题大为简化了。

（2）混凝控制指标（G 值和 GT 值）

混凝剂与水均匀混合，然后改变水力条件形成大颗粒絮体，在工艺上总称为混凝过程。与其对应的设备或构筑物有混合设备和絮凝设备或构筑物。在相应的设备或构筑物中，混凝作用机理有所不同：在混合阶段主要发挥压缩扩散层、电中和脱稳作用；在絮凝阶段主要发挥吸附架桥作用。

在混合阶段，对水流进行剧烈搅拌的目的主要是使药剂快速均匀地分散于水中以利于混凝剂快速水解、聚合及颗粒脱稳。由于上述过程进行很快（特别是对铝盐和铁盐混凝剂而言），故混合要快速剧烈，通常在 10~30s 至多不超过 2min 即告完成。搅拌强度按速度梯度计，一般 G 在 700~1000s^{-1}。在此阶段，水中杂质颗粒微小，同时存在一定程度的颗粒间异向絮凝。

在絮凝阶段，主要依靠机械搅拌或水力搅拌，促使颗粒碰撞聚集，故以同向絮凝为主。同向絮凝效果，不仅与速度梯度 G 值的大小有关，还与絮凝时间 T 有关。TN_0 即为整个絮凝时间内单位体积水中颗粒碰撞次数，因 N_0 与 G 成正比，所以在絮凝阶段，通常以 G 值和 GT 值作为控制指标。在絮过程中，絮体尺寸逐渐增大。由于大的絮体容易破碎，故自絮凝开始至絮凝结束，G 值应逐渐减小。采用机械搅拌时，搅拌强度应逐渐减小；采用水力絮凝池时，水流速度应逐渐减小。絮凝阶段，平均 G 值在 20~70s^{-1} 范围内，平均 GT 值在 $1 \times 10^4 \sim 1 \times 10^5$ 范围内。

还应该明确，并非絮凝时间越长，聚集后的絮体颗粒粒径越大。在不同的速度梯度 G 值条件下，会聚集成与之相对应的不同粒径的"平衡粒径"颗粒。当速度梯度 G 值大小不变时，絮凝时间增加，絮体不断均匀化、球形化，聚集后的颗粒粒径不会变得很大。

8.4.4　影响混凝效果的主要因素

影响混凝效果的因素比较复杂，其中包括水温、pH 值、碱度、水中杂质性质和浓度以及水力条件等。有关水力条件的影响已在8.4.3中介绍。

（1）水温影响

水温对混凝效果有明显的影响。在我国寒冷地区，冬季取用地表水作为原水，水温有时低至$0\sim2℃$。受低温影响，通常絮体形成缓慢，絮凝颗粒细小、松散，其原因主要有以下几点：

1）无机盐混凝剂水解是吸热反应，低温条件下水解困难，特别是硫酸铝，当水温在5℃左右时，水解速度极其缓慢；

2）低温水的黏度大，水中杂质颗粒布朗运动强度减弱，碰撞几率减小，不利于胶粒脱稳凝聚；同时，水的黏度大时，水流剪力增大，不利于絮体的成长；

3）水温低时，胶粒水化作用增强，妨碍胶体凝聚；

4）水温影响水的pH值，水温低时，水的pH值提高，相应的混凝最佳pH值也将提高。

一般情况下，为提高低温水的混凝效果，应采用增加混凝剂投加量或投加高分子助凝剂等方法。常用的助凝剂已在8.4.2中介绍。

（2）pH值和碱度影响

1）pH值

各种混凝剂都有一个合适的pH值适用范围，所以水的pH值对混凝效果的影响程度视混凝剂品种而异。以硫酸铝为例，8.4.1中已对硫酸铝的水解反应过程做了详细介绍，pH值可直接影响Al^{3+}的水解反应。用于去除浊度时，最佳pH值在$7.0\sim7.5$之间，絮凝作用主要是氢氧化铝聚合物的吸附架桥作用和羟基配合物的电性中和作用；用于去除色度时，pH值宜在$4.5\sim5.5$之间。

采用三价铁盐混凝剂时，由于Fe^{3+}水解产物溶解度比Fe^{2+}水解产物溶解度小，且氢氧化铁不是典型的两性化合物，故适用的pH值范围较宽。

高分子混凝剂的混凝效果受水的pH值影响较小。例如聚合氯化铝在投入水中前聚合物形态基本确定，故对水的pH值变化适应性较强。

2）碱度

为使混凝剂产生良好的混凝作用，水中必须有一定的碱度。混凝剂在水解过程中不断产生H^+，从而导致水的pH值不断下降，阻碍了水解反应的进行，因此，应有足够的碱性物质与H^+中和，才能有利于混凝。

天然水体中能够中和H^+的碱性物质称为水的碱度。其中包括氢氧化物碱度（OH^-）、碳酸盐碱度（CO_3^{2-}）和重碳酸盐碱度（HCO_3^-）。一般水源水的pH值在$6\sim9$之间，水的碱度主要是HCO_3^-构成的重碳酸盐碱度，对于混凝剂水解产生的H^+有一定的中和作用：

$$HCO_3^- + H^+ \rightleftharpoons CO_2 + H_2O \tag{8-11}$$

当原水碱度不足或混凝剂投加量较高时，水的pH值将大幅度下降以至影响混凝剂继续水解。此时，应投加碱性物质如石灰等以提高碱度。

（3）水中杂质性质和浓度

天然水的浊度主要是因为黏土杂质引起的，黏土颗粒大小、带电性能都会影响混凝效果。一般来说，粒径细小而均一，其混凝效果较差，水中颗粒浓度低，颗粒碰撞几率小，对混凝不利。为提高低浊度原水的混凝效果，通常采用以下措施：1) 加助凝剂，如活化硅酸或聚丙烯酰胺等。2) 投加矿物颗粒（如黏土等）以增加混凝剂水解产物的凝结中心，提高颗粒碰撞速率并增加絮体密度。如果矿物颗粒能吸附水中的有机物，则效果更好，能同时达到去除部分有机物的效果。3) 采用直接过滤法。即原水投加混凝剂后经过混合直接进入滤池过滤。4) 改换沉淀工艺为澄清工艺。

当水中存在一定量的有机物时，能被黏土颗粒吸附，从而改变了原有胶粒的表面特性，使胶粒更加稳定，严重影响了混凝剂的混凝效果，此时必须向水中投加大量氧化剂如氯、臭氧等，破坏有机物的作用，提高混凝效果。

水中溶解性盐类也能影响混凝效果，如天然水中存在大量钙、镁离子时，有利于混凝，而大量的 Cl^-，则影响混凝效果。

8.4.5　混凝剂的配制和投加

（1）混凝剂的溶解稀释和溶液配制

混凝剂分为固体和液体两种类别，当使用固体混凝剂时，先将固体在溶解池中溶解后，再配成一定浓度的溶液投入水中。

当直接使用液态混凝剂时，不必设置溶解池。

溶液池是配制一定浓度溶液的构筑物，用耐腐蚀泵或射流泵将溶解池内的浓液或液态混凝剂原液送入溶液池，同时用自来水稀释到所需浓度以备投加。

（2）混凝剂投加

混凝剂投加设备包括计量和投加两部分。根据不同投加方式或投加量控制系统，所用设备有所不同。

1）计量设备

混凝剂溶液投入原水中必须有计量或定量设备，并能随时调节。计量设备多种多样，应根据具体情况选用。常用的计量设备有：苗嘴（仅适用于人工控制）、转子流量计、电磁流量计、计量泵（可人工控制，也可自动控制）等。

2）混凝剂投加方式

由混凝剂溶解池、储液池到溶液池或从低位溶液池到重力投加的高位溶液池均需设置药液提升设备（如耐腐蚀泵和水射器），之后进行投加。投加方式（设备）有以下几种：

① 设备投加

泵投加混凝剂有两种形式，一种是耐腐蚀离心泵配备流量计装置投加，另一种是计量泵投加。计量泵一般为柱塞式计量泵和隔膜式计量泵，可另配备计量装置以实现精准投加。

② 水射器投加

利用高压水通过水射器喷嘴和喉管之间真空抽吸作用，将药液吸入，同时注入原水管中。水射器投加应注意防止杂质堵塞喷嘴，以免影响计量的准确性。

③ 高位溶液池重力投加

当取水泵房距水厂较远时，应建造高架溶液池利用重力将药液投入水泵压水管上，或者投加在混合池入口处。

④ 泵前投加

药液投加在水泵吸水管或吸水喇叭口处，安全可靠，操作简单，一般适用于取水泵房距水厂较近的小型水厂，需注意混凝剂的腐蚀性对水泵管道等设备的影响。

（3）混凝剂投加的自动控制

混凝剂配制和投加的自动控制指从药液配制、中间提升到计量投加整个过程均实现自动操作，投加系统除了混凝剂的搬运外，其余操作都可以自动完成。

自动控制投加时，要确定混凝剂最佳投加量，即达到既定水质目标的最小混凝剂投加量。目前我国大多数水厂根据实验室混凝搅拌试验确定最佳投加量，在生产上参考使用。

混凝剂投加量自动控制目前有数学模型法、现场模拟试验法、特性参数法。其中，流动电流检测器（SCD）法和透光率脉动法属于特性参数法。

8.4.6 混合和絮凝设备

（1）混合设备

混凝剂投加到水中后，水解速度很快。迅速分散混凝剂，使其在水中的浓度保持均匀一致，有利于混凝剂水解时生成较为均匀的聚合物，更好地发挥絮凝作用。所以，混合是提高混凝效果的重要因素。

混合设备的基本要求是，混凝剂与水快速均匀地混合。混合设备种类较多，应用于水厂混合的主要有管式混合、机械搅拌混合、水泵混合和水力混合四种。

1）管式混合

利用水厂絮凝池进水管中水流速度变化，或通过管道中阻流部件产生局部阻力，扰动水体发生湍流的混合称为管式混合。目前广泛使用的是管式静态混合器混合。

管式静态混合器如图 8-6 所示，内部安装若干固定扰流叶片，交叉组成。投加混凝剂的水流通过叶片时，被依次分割，改变水流方向，并形成涡旋，达到迅速混合的目的。

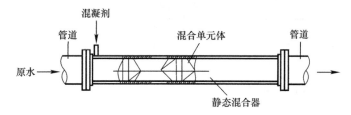

图 8-6 管式静态混合器

2）机械搅拌混合

机械搅拌混合是在混合池内安装搅拌设备，以电动机驱动搅拌器完成的混合。水池多为方形，用一格或两格串联。搅拌器有多种形式，如桨板式、螺旋桨式、涡流式，以立式桨板式搅拌器使用最多。

3）水泵混合

水泵抽水时，水泵叶轮高速旋转，投加的混凝剂随水流在叶轮中产生涡流，很容易达到均匀分散的目的。它是一种较好的混合方式，适合于大、中、小型水厂。水泵混合无需另建混合设施或构筑物，设备最为简单，所需能量由水泵提供，不必另外增加能源。

经混合后的水流不宜长距离输送，一般投药点距离絮凝池不大于 50m，以免形成的絮体在管道中破碎或沉淀。一般适用于取水泵房靠近水厂絮凝池的场合。

4）水力混合

利用水流跌落而产生湍流或改变水流方向以及速度大小进行的混合称为水力混合。水力混合需要有一定水头损失达到足够的速度梯度，方能有较好的混合效果。

（2）絮凝设备

和混合一样，絮凝是通过水力搅拌或机械搅拌扰动水体，产生速度梯度或涡旋，促使颗粒相互碰撞聚集。

絮凝设备的基本要求是，原水与药剂经混合后，通过絮凝设备形成肉眼可见的大的密实絮凝体。絮凝池形式较多，概括起来分为水力搅拌式和机械搅拌式，常见的有折板絮凝池、网格（栅条）絮凝池、机械搅拌絮凝池和隔板絮凝池。

1）折板絮凝池

折板絮凝池是水流多次转弯曲折流动进行絮凝的构筑物。折板絮凝池通常采用竖流式，相当于把竖流隔板改成具有一定角度的折板。折板转弯次数增多后，转弯角度减小，既增加折板间水流紊动性，又使絮凝过程中的 G 值由大到小缓慢变化，适应了絮凝过程中絮体由小到大的变化规律，从而提高了絮凝效果。

折板分为平板折板和波纹折板两类。目前，平板折板多用钢筋混凝土板、钢丝网水泥板、不锈钢板拼装而成。大、中型水厂的折板絮凝池每档流速流经多格，被称为多通道折板絮凝池，如图 8-7 所示。小型水厂的折板絮凝池可不分格，水流直接在相邻两道折板间上下流动，被称为单通道折板絮凝池，如图 8-8 所示。

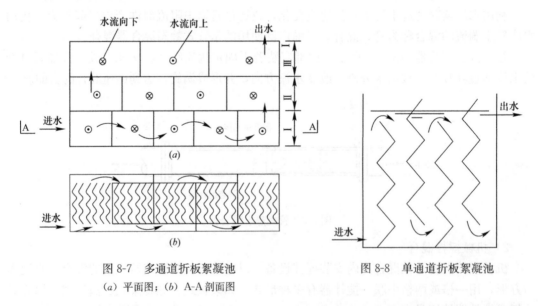

图 8-7　多通道折板絮凝池　　　　　图 8-8　单通道折板絮凝池
（a）平面图；（b）A-A 剖面图

折板絮凝池的优点是：水流在同波折板之间曲折流动或在异波折板之间缩、放流动且连续不断，以至形成众多的小涡旋，提高了颗粒碰撞絮凝效果。在折板的每一个转角处，两折板之间的空间可以视为 CSTR 型单元反应器。众多的 CSTR 型单元反应器串联起来，就接近推流型（PF 型）反应器。因此，从总体上看，折板絮凝池接近于推流型。与隔板絮凝池相比，水流条件大大改善，亦即在总的水流能量消耗中，有效能量消耗比例提高，故所需絮凝时间可以缩短，池子体积减小。从实际生产经验得知，絮凝时间在 $10\sim15\mathrm{min}$ 为宜。

折板絮凝池因板距小，安装维修较困难，折板费用较高。

2）网格（栅条）絮凝池

网格（栅条）絮凝池由多格竖井组成，每格竖井中安装若干层网格或栅条，上下交错开孔，形成串联通道。

网格（栅条）絮凝池具有速度梯度分布均匀、絮凝效果好、水头损失小、絮凝时间较短的优点。不过，根据运行经验，还存在末端池底积泥现象，且网格上易发生滋生藻类、堵塞网眼现象。

图 8-9、图 8-10 为网格、栅条构件图及絮凝池平面布置图。

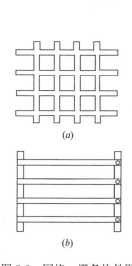

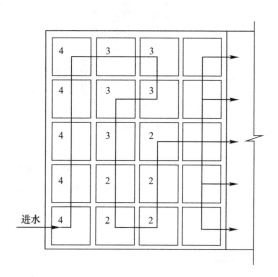

图 8-9　网格、栅条构件图　　　　图 8-10　网格（栅条）絮凝池平面布置图
（a）网格；（b）栅条　　　　　　　注：图中数字表示网格层数。

3）机械搅拌絮凝池

机械搅拌絮凝池是通过电动机变速驱动搅拌器搅动水体，因桨板前后压力差促使水流运动产生涡旋，导致水中颗粒相互碰撞聚集的絮凝池。该絮凝池可根据水量、水质和水温变化调整搅拌速度，故适用于不同规模的水厂。根据搅拌轴安装位置，又可分为水平轴和垂直轴两种形式，如图 8-11 所示。

4）隔板絮凝池

隔板絮凝池是水流通过不同间距隔板进行絮凝的构筑物。隔板絮凝池中的水流在隔板间流动时，水流和壁面产生近壁紊流，并向整个断面传播，促使颗粒相互碰撞聚集。根据水流方向，可分为往复式、回转式等。

往复式隔板絮凝池如图 8-12 所示。为了减小转弯处水头损失，使每档流速廊道中速度梯度分布趋于均匀，大、中型水厂有的采用了回转式隔板絮凝池，如图 8-13 所示。

隔板絮凝池通常用于大、中型水厂，因为当水量过小时，隔板间距过窄不便施工和维修。隔板絮凝池的优点是构造简单、管理方便；缺点是流量变化大时，絮凝效果不稳定，与折板絮凝池及网格絮凝池相比，因水流条件不甚理想，能量消耗（即水头损失）中的无效部分比例较大，故需较长絮凝时间，池子容积较大。

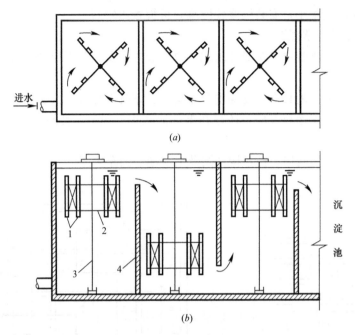

图 8-11 机械搅拌絮凝池
(*a*) 水平轴式；(*b*) 垂直轴式

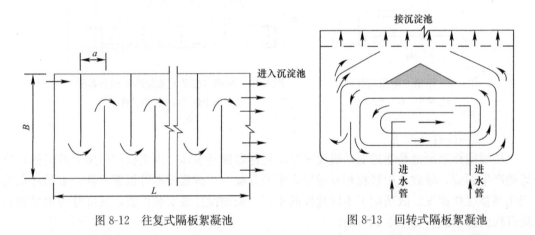

图 8-12 往复式隔板絮凝池   图 8-13 回转式隔板絮凝池

隔板絮凝池已有多年运行经验，在水量变动不大的情况下，絮凝效果有保证。目前，往往把往复式和回转式两种形式组合使用，前为往复式，后为回转式。原因是：絮凝初期，絮体尺寸较小，无破碎之虑，采用往复式较好；絮凝后期，絮体尺寸较大，采用回转较好。

8.5 沉淀

水中固体颗粒依靠重力作用，从水中分离出来的过程称为沉淀。按照水中固体颗粒的性质，有自然沉淀、混凝沉淀、化学沉淀三种沉淀。

水处理过程中，沉淀是原水或经过加药、混合、反应的水，在沉淀设备中依靠颗粒的重力作用进行泥水分离的过程，作为净水工艺中非常重要的环节，应予以充分重视。

本节主要介绍沉淀的基本原理，最常见的两种沉淀池形式——平流沉淀池和斜板（斜管）沉淀池及其构造、工作原理等内容。

8.5.1 悬浮颗粒在静水中的沉淀

水中悬浮颗粒依靠重力作用，从水中分离出来的过程称为沉淀。当颗粒的密度大于水的密度时，颗粒下沉；相反，当颗粒的密度小于水的密度时，颗粒上浮。

根据悬浮颗粒的浓度和颗粒特性，其从水中沉降分离的过程分为以下几种基本形式：

（1）分散颗粒自由沉淀

悬浮颗粒浓度不高，下沉时相互没有干扰，颗粒碰撞后不产生聚集，只受到颗粒本身在水中的重力和水流阻力作用的沉淀。含泥沙量小于 5000mg/L 的天然河流水中泥沙颗粒具有自由沉淀的性质。

（2）絮凝颗粒自由沉淀

经过混凝后的悬浮颗粒具有一定的絮凝性能，颗粒相互碰撞后聚集，其粒径和质量逐渐增大，沉速随水深增加而加快的沉淀。

粒径细小的颗粒聚集成粒径较大的颗粒后，如果密度不发生变化，沉淀时其在水中的重力和所受到的阻力之比随着粒径的增大而增大，因而沉速加快。这就是细小粒径颗粒聚集成大粒径颗粒沉速增大的主要原因。

（3）拥挤沉淀

又称分层沉淀，当水中悬浮颗粒浓度大时，在下沉过程中颗粒处于相互干扰状态，并在清水、浑水之间形成明显界面层整体下沉，故又称为界面沉降。

（4）压缩沉淀

即为污泥浓缩，沉降到沉淀池底部的悬浮颗粒组成网状结构絮体，在上部颗粒的重力作用下挤出空隙水得以浓缩的沉淀。网状结构絮体的组成与水中杂质的成分有关，不再按照颗粒粒径大小分层。

8.5.2 理想沉淀池工作状况图

（1）理想沉淀池

所谓"理想沉淀池"指的是池中水流流速变化、沉淀颗粒分布状态符合以下三个基本假定条件：

1）颗粒处于自由沉淀状态，即在沉淀过程中，颗粒之间互不干扰，颗粒大小、形状、密度不发生变化，进口处颗粒的浓度及在池深方向的分布完全均匀一致，因此沉速始终不变。

2）水流沿水平方向等速流动，在任何一处的过水断面上，各点的流速相同，始终不变。

3）颗粒沉到池底即认为已被去除，不再返回水中。到出水区尚未沉到池底的颗粒全部随出水带出池外。

根据上述假定，悬浮颗粒在理想沉淀池中的沉淀规律见图 8-14。

原水进入沉淀池后，在进水区均匀分配在 A-B 断面上，水平流速为：

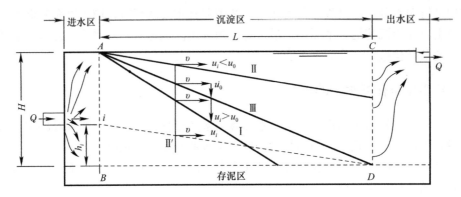

图 8-14　理想沉淀池示意图

$$v = \frac{Q}{HB} \tag{8-12}$$

式中　v——水平流速，m/s；

　　　Q——流量，m^3/s；

　　　H——A-B 断面的高度，m；

　　　B——A-B 断面的宽度，m。

　　如图 8-14 所示，沉速为 u 的颗粒以水平流速 v 向右水平运动，同时以沉速 u 向下运动，其运动轨迹是水平流速 v、其沉速 u 的合成速度方向直线。具有相同沉速的颗粒无论从哪一点进入沉淀区，其沉降轨迹互相平行。从沉淀池最不利点（即进水区液面 A 点）进入沉淀池的沉速为 u_0 的颗粒，在理论沉淀时间内，恰好沉到沉淀池终端池底，u_0 被称为"截留沉速"，沉降轨迹为直线Ⅲ。沉速大于 u_0 的颗粒全部去除，沉降轨迹为直线Ⅰ。沉速小于 u_0 的某一颗粒沉速为 u_i，从进水区液面下某一高度 i 点以下进入沉淀池，可被去除，沉降轨迹为虚线Ⅱ′，而从 i 点以上任一处进入沉淀池的 u_i 颗粒未被去除，如实线Ⅱ，与虚线Ⅱ′平行。

　　截留沉速 u_0 及水平流速 v 都与沉淀时间 t 有关，在数值上等于：

$$t = \frac{L}{v} \tag{8-13}$$

$$t = \frac{H}{u_0} \tag{8-14}$$

式中　L——沉淀区长度，m；

　　　H——沉淀区水深，m；

　　　t——水在沉淀池中的停留时间，s；

　　　u_0——颗粒的截留沉速，m/s；

　　　v——水平流速，m/s。

　　根据公式（8-12）～公式（8-14）可以得出：

$$u_0 = \frac{Q}{A} \tag{8-15}$$

式中　A——沉淀池的表面积，m^2。

　　公式（8-15）中的 $\frac{Q}{A}$，通常称为"表面负荷"或"溢流率"，代表沉淀池的沉淀能力，或者单位面积的产水量，在数值上等于从最不利点进入沉淀池全部去除的颗粒中最小的颗粒沉速 u_0。由于各沉淀池处理的水质特征参数（水中悬浮颗粒大小及分布规律、水温等）有一定差别，所选用的表面负荷不完全相同。

（2）平流沉淀池的设计计算

在设计平流沉淀池时，通常把表面负荷和停留时间作为重要控制指标，同时考虑水平流速。当确定于沉淀池表面负荷 Q/A 之后，即可确定沉淀面积，根据停留时间和水平流速便可求出沉淀池容积及平面尺寸。有时先行确定停留时间，用表面负荷复核。计算方法如下（两者任选一种）：

1）按照表面负荷 Q/A 的关系计算出沉淀池表面积 A。

沉淀池长度为：

$$L = 3.6vT \tag{8-16}$$

式中　v——水平流速，mm/s；

　　　L——沉淀池长度，m；

　　　T——停留时间，h。

沉淀池宽度为：

$$B = \frac{A}{L} \tag{8-17}$$

2）按照停留时间 T，用下式计算沉淀池的有效容积（不计污泥区）：

$$V = QT \tag{8-18}$$

式中　V——沉淀池的有效容积，m³；

　　　Q——产水量，m³/h；

　　　T——停留时间，h。

根据选定的池深（一般为 3.0～3.5m），用下式计算沉淀池宽度：

$$B = \frac{V}{LH} \tag{8-19}$$

沉淀池尺寸确定后，可以复核沉淀池中水流的稳定性，使弗劳德数 Fr 控制在 $1\times10^{-4}\sim1\times10^{-5}$。

【例 8-1】　设计日产水量为 10 万 m³ 的平流沉淀池。水厂本身用水量占 5%。采用两组池子。

【解】　① 每组设计流量

$$Q = \frac{1}{2} \times \frac{100000 \times 1.05}{24} = 2187.5\text{m}^3/\text{h} = 0.608\text{m}^3/\text{s}$$

② 设计数据的选用

表面负荷 Q/A＝0.6mm/s＝51.8m³/(m²·d)；

停留时间 T＝1.5h；

水平流速 v＝14mm/s。

③ 计算

沉淀池表面积 A＝1013.5m²；

沉淀池长度 L＝3.6×14×1.5＝75.6m，采用 76m；

沉淀池宽度 B＝A/L＝13.3m，采用 13.4m，由于宽度较大，沿纵向设置一道隔墙，分成两格，每格宽度为 13.4/2＝6.7m；

沉淀池有效水深 $H=\dfrac{QT}{BL}=3.22\text{m}$，采用 3.5m（包括保护高）。

④ 校核

水力半径 $R=$ 水流截面积/水流湿周＝$(6.7\times3.22)/(6.7+2\times3.22)=1.64\text{m}$；

弗劳德数 $Fr=\dfrac{v^2}{Rg}=1.2\times10^{-5}$。

8.5.3 平流沉淀池

平流沉淀池为矩形水池，上部为沉淀区，或称泥水分离区，底部为存泥区。经混凝后的原水进入沉淀池，沿进水区整个断面均匀分布，经沉淀区后，水中颗粒沉于池底，清水由出水口流出，存泥区的污泥通过吸泥机或排泥管排出池外。

平流沉淀池去除水中悬浮颗粒的效果，常受到池体构造及外界条件影响，即实际沉淀池中颗粒运动规律和沉淀理论有一定差别。

（1）平流沉淀池的构造

平流沉淀池分为进水区、沉淀区、出水区和存泥区四部分，如图 8-15 所示。

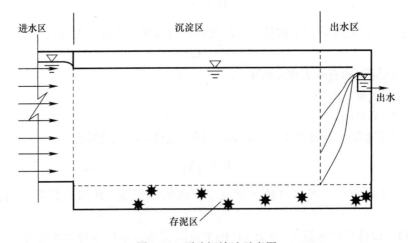

图 8-15　平流沉淀池示意图

1）进水区

进水区的主要功能是使水流分布均匀，减小紊流区域，减少絮体破碎。通常采用穿孔花墙、栅板等布水方式。从理论上分析，欲使进水区配水均匀，应增大进水流速来增大过孔水头损失。如果增大水流过孔流速，势必增大沉淀池的紊流区长度，造成絮凝体破碎。目前，大多数沉淀池属混凝沉淀，而进水区或紊流区占整个沉淀池长度的比例很小，故首先考虑絮体的破碎影响，所以多按絮凝池末端流速作为过孔流速设计穿孔花墙过水面积。

2）沉淀区

沉淀区即泥水分离区，由长、宽、深尺寸决定。根据理论分析，沉淀池深度与沉淀效果无关。但考虑到后续构筑物，不宜埋深过大。沉淀池长度 L 与水量无关，而与水平流速 v 和停留时间 T 有关。一般要求长深比（L/H）大于 10，即水平流速是截留速度的 10 倍以上。沉淀池宽度 B 与处理水量有关。宽度 B 越小，池壁的边界条件影响就越大，水流稳定性越好。设计要求长宽比（L/B）大于 4。

3）出水区

沉淀后的清水在池宽方向能否均匀流出，对沉淀效果有较大影响。多数沉淀池出水采用集水管、集水渠集水，集水管、集水渠多采用溢流堰出流、锯齿堰出流、淹没孔口出流等形式，如图 8-16 所示。

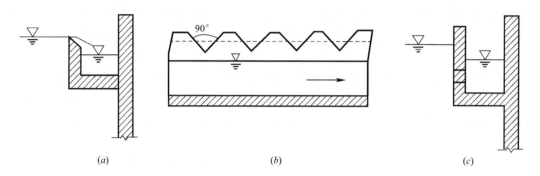

图 8-16　集水管、集水渠出流形式
(*a*) 溢流堰；(*b*) 锯齿堰；(*c*) 淹没孔口

目前，新建沉淀池大多采用增加集水堰长或指形出水槽集水，效果良好。加长集水堰长或指形出水槽集水，相当于增加沉淀池的中途集水作用，既降低了堰口负荷，又因集水堰起端集水后，减少后段沉淀池中水平流速，有助于提高沉淀去除率或提高沉淀池处理水量。

4）存泥区和排泥方法

平流沉淀池下部设有存泥区，排泥方式不同，则存泥区高度也不同。小型沉淀池设置的斗式、穿孔管排泥方式，需根据设计的排泥斗间距或排泥管间距设定存泥区高度。多年来，平流沉淀池普遍使用机械排泥装置，池底为平底，一般不再设置排泥斗、泥槽和排泥管。

桁架式机械排泥装置分为泵吸式和虹吸式两种，这两种排泥装置安装在桁架上，利用电机、传动机构驱动滚轮，沿沉淀池长度方向运动。为排出进水端较多积泥，有时设置排泥机在前三分之一长度处折返一次。机械排泥较彻底，但排出的积泥浓度较低。为此，有的沉淀池把排泥设备设计成只刮不排装置，即采用牵引小车或伸缩杆推动刮泥板把沉泥刮到底部泥槽中，由泥位计控制排泥管排出。

（2）影响沉淀效果的主要因素

水处理过程中，沉淀池因受外界风力、温度、池体构造等影响，会偏离理想沉淀条件，主要在以下几个方面影响了沉淀效果：

1）短流影响

在理想沉淀池中，垂直于水流方向的过水断面上各点流速相同，在沉淀池中的停留时间 t_0 相同。而在实际沉淀池中，有一部分水流通过沉淀区的时间小于 t_0，而另一部分则大于 t_0，该现象称为短流。引起沉淀池短流的主要原因有：

① 进水惯性作用，使一部分水流流速变快；

② 出水堰口负荷较大，堰口上产生水流抽吸，靠近出水区处出现快速水流；

167

③ 风吹沉淀池表层水体，使水平流速加快或减慢；

④ 温差或过水断面上悬浮颗粒密度差、浓度差，产生异重流，使一部分水流水平流速减慢，另一部分水流水平流速加快或在池底绕道前进；

⑤ 沉淀池池壁、池底、导流墙摩擦及刮（吸）泥设备的扰动使一部分水流水平流速减小。

短流的出现，有时形成流速很慢的"死角"、减小过流面积、局部地方流速更快，本来可以沉淀去除的颗粒被带出池外。从理论上分析，沿池深方向的水流速度分布不均匀时，表层水流速度较快，下层水流速度较慢。沉淀颗粒自上而下到达流速较慢的水层后，容易沉到终端池底，对沉淀效果影响较小。而沿池宽方向水平流速分布不均匀时，沉淀池中间水流停留时间小于 t_0，将有部分颗粒被带出池外。靠池壁两侧的水流流速较慢，有利于颗粒沉淀去除，但一般不能抵消较快流速带出沉淀颗粒的影响。

2）水流状态影响

在平流沉淀池中，雷诺数 Re 和弗劳德数 Fr 是反映水流状态的重要指标。水流属于层流还是紊流用 Re 判别，而 Fr 描述了水流随时间变化而恢复到原来流态的能力。Re 与 Fr 的表达式为：

$$Re = \frac{vR}{\nu} \tag{8-20}$$

$$Fr = \frac{v^2}{Rg} \tag{8-21}$$

式中　v——水平流速；

　　　　ν——运动黏度；

　　　　R——水力半径。

对于平流沉淀池这样的明渠流，当 $Re<500$ 时，水流处于层流状态，当 $Re>2000$ 时，水流处于紊流状态。大多数平流沉淀池的 $Re=4000\sim20000$，显然处于紊流状态。在水平流速方向以外产生脉动分速，并伴有小的涡流体，对颗粒沉淀产生不利影响。

水流稳定性以弗劳德数 Fr 判别，当惯性力作用加强或重力作用减弱时，Fr 值增大，抵抗外界干扰能力增强，水流趋于稳定。

在实际沉淀池中存在许多干扰水流稳定的因素，提高沉淀池的水平流速和 Fr 值，异重流等影响将会减弱。

根据雷诺数和弗劳德数的表达式可知，减小雷诺数、增大弗劳德数的有效措施是减小水力半径 R 值。沉淀池纵向分格，可减小水力半径。因减小水力半径有限，还不能达到层流状态。提高沉淀池水平流速 v，有助于增大弗劳德数，减小短流影响，但会增大雷诺数。由于平流沉淀池内水流处于紊流状态，再适当增大雷诺数不至于有太大影响，故希望适当增大水平流速，不过分强调雷诺数的控制。

3）絮凝效果影响

平流沉淀池水平流速存在速度梯度以及脉动分速，并伴有小的涡流体。同时，沉淀颗粒间存在沉速差别，因而导致颗粒间相互碰撞聚集，进一步发生絮凝作用。水流在沉淀池中停留时间越长，则絮凝作用越加显。这一作用有利于沉淀效率的提高，但同理想沉淀池相比，也视为偏离基本假定条件的因素之一。

8.5.4 斜板与斜管沉淀池

（1）浅池沉淀原理

从平流沉淀池内颗粒沉降过程分析和理想沉淀原理可知，悬浮颗粒的沉淀去除率仅与沉淀池沉淀面积 A 有关，而与池深无关。在沉淀池容积一定的条件下，池深越浅，沉淀面积越大，悬浮颗粒去除率越高。此即"浅池沉淀原理"。假设平流沉淀池长为 L、深为 H、宽为 B，水平流速为 v，截留沉速为 u_0，沉淀时间为 T。将此沉淀池加设两层底板，每层水深变为 $H/3$，在理想沉淀条件下，有如下关系：$\dfrac{L}{H}=\dfrac{v}{u_0}$。加设两层底板后，截留沉速比原来减小 $2/3$，去除率相应提高。如果去除率不变，沉淀池长度不变，而水平流速增大，则处理水量比原来增加 2 倍。如果去除率不变，水平流速（处理水量）不变，则沉淀池长度比原来减小 $2/3$。

按此推算，将沉淀池分为 n 层，其处理能力是原来沉淀池的 n 倍。但是，如此分层排出沉泥有一定难度。为解决排泥问题，把众多水平隔板改为倾斜隔板，并预留排泥区间，这就变成了斜板沉淀池。用管状组件（组成六边形、四边形断面）代替斜板，即为斜管沉淀池。

（2）斜板与斜管沉淀池分类及构造

斜板沉淀池按水流与沉泥相对运动方向可分为上向流、同向流和侧向流三种形式。而斜管沉淀池只有上向流、同向流两种形式。水流自下而上流出，沉泥沿斜管、斜板壁面自动滑下，称为上向流沉淀池。目前应用较多的为上向流。

斜板（或斜管）沉淀池沉淀面积是众多斜板（或斜管）的水平投影和原沉淀池面积之和，沉淀面积很大，从而减小了截留沉速。从改善沉淀池水力条件的角度来分析，由于斜板沉淀池水力半径大大减小，从而使雷诺数 Re 大为降低，而弗劳德数 Fr 则大为提高。一般来讲，斜板沉淀池中的水流基本上属层流状态，而斜管沉淀池的 Re 多在 200 以下，甚至低于 100。斜板沉淀池的 Fr 数一般为 $10^{-3}\sim10^{-4}$，斜管沉淀池的 Fr 数更大。因此，斜板或（斜管）沉淀池满足了水流的稳定性和层流流态的要求。

图 8-17 为斜管沉淀池的一种布置实例示意图。斜管区由六角形截面的蜂窝状斜管组件组成。斜管与水平面成 $60°$ 角，放置于沉淀池中。原水经过絮凝区进入斜管沉淀池下部。水流自下而上流动，清水在池顶用穿孔集水管收集；污泥则在池底用穿孔排泥管收集，排入下水道。

（3）斜管沉淀池的设计计算

斜板、斜管沉淀池沉淀原理相同。给水处理中使用斜管沉淀池较多，故以斜管沉淀池设计为例，也适用于斜板沉淀池的设计。

斜管沉淀池构造如图 8-17 所示，分为清水区、斜管区、配水区、积泥区。在设计时应考虑以下几点：

底部配水区高度不小于 1.5m，以便减小配水区内流速，达到均匀配水的目的。进水口采用穿孔墙、缝隙栅或下向流斜管布水。

斜管倾角越小，则沉淀面积越大，截留沉速越小，沉淀效率越高，但排泥不畅，根据生产实践，斜管倾角通常采用 $60°$。

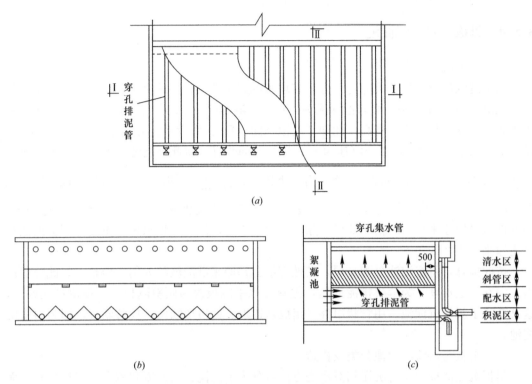

图 8-17　斜管沉淀池示意图

(a) 平面图；(b) Ⅰ-Ⅰ剖面图；(c) Ⅱ-Ⅱ剖面图

斜管材料多用厚 0.5~0.6mm 无毒聚氯乙烯或聚丙烯薄片热压成波纹板，然后粘结成多边形斜管。为防止堵塞，斜管内切圆直径取 50~60mm 以上。斜管长度与沉淀面积有关，但长度过大，势必增加沉淀池深度，沉淀效果提高很少。所以，一般选用斜管长1000mm，斜管区高 860mm，可满足要求。对于 SS 含量较高的原水处理，为防止斜板（管）被压塌或积泥，常增大斜板（管）厚度与斜板（管）间距。

斜管沉淀池清水区高度是保证均匀出水和斜管顶部免生青苔的必要高度，一般取 1000~1500mm。清水集水槽根据清水区高度设计，其间距应满足斜管出口至两集水槽的夹角小于 60°，可取集水槽间距等于 1~1.2 倍的清水区高度。

斜管沉淀池的表面负荷是一个重要的技术参数，对整个沉淀池的液面而言，又称为液面负荷。用下式表示：

$$q = \frac{Q}{A} \tag{8-22}$$

式中　q——斜管沉淀池液面负荷，$m^3/(m^2 \cdot h)$；

Q——斜管沉淀池处理水量，m^3/h；

A——斜管沉淀池清水区面积，m^2。

上向流斜管沉淀池液面负荷一般取 5.0~9.0$m^3/(m^2 \cdot h)$（相当于 1.4~2.5mm/s），不计斜管沉淀池材料所占面积及斜管倾斜后的无效面积，则斜管沉淀池液面负荷 q 等于斜管出口处水流上升流速。

8.6 澄清

8.6.1 澄清原理

前文中介绍的絮凝和沉淀分属于两个过程并在两个单元中完成,可以概括为絮凝池内的待处理水中的脱稳杂质通过碰撞结合成相当大的絮体,随后通过重力作用在沉淀池内下沉。

澄清池则把絮凝和沉淀这两个过程集中在同一个构筑物内进行,主要依靠活性泥渣层的拦截和吸附作用达到澄清的目的。当脱稳杂质随水流与泥渣层接触时,被泥渣层阻留下来,从而使水澄清。这种把泥渣层作为接触介质的过程,实际上也是絮凝过程,一般称为接触絮凝。在澄清池中通过机械作用或水力作用悬浮保持着大量的矾花颗粒(泥渣层),进水中经混凝剂脱稳的细小颗粒与池中保持的大量矾花颗粒发生接触絮凝反应,被直接黏附在矾花上,然后再在澄清池的分离区与清水进行分离。而澄清池的排泥措施,能不断排除多余的陈旧泥渣,其排泥量相当于新形成的活性泥渣量。故泥渣层始终处于新陈代谢状态中,保持接触絮凝的活性。

在澄清池中,当水中的颗粒只有直径为 d_2 的宏观絮体和直径为 d_1 的微观初级颗粒两类时,由于 $d_2 \gg d_1$,$d_1 + d_2 \approx d_2$,则在速度梯度 G 的作用下,两种颗粒每秒钟相互碰撞的次数,即颗粒浓度降低的速率,可表示为:

$$\frac{-\mathrm{d}(n_1 + n_2)}{\mathrm{d}t} = \alpha_0 \frac{1}{b} n_1 n_2 d_2^3 G \tag{8-23}$$

式中　n_1、n_2——初级颗粒与絮体的颗粒数量浓度;

　　　　α_0——附着效率。

絮体的浓度 n_2 是有限的,而初级颗粒的浓度 n_1 值极大,即 $n_2 \ll n_1$,则在絮凝过程中假定 n_2 保持不变,可得到单位体积水中絮体的总体积 V 为:

$$V = n_2 \frac{\pi d_2^3}{6} \tag{8-24}$$

由公式(8-24)可以看出,在假定条件下,V 为常数。

因此,有:

$$\frac{-\mathrm{d}n_2}{\mathrm{d}t} = \alpha_0 \frac{V}{\pi} n_1 G \tag{8-25}$$

将公式(8-25)积分整理得:

$$n_\mathrm{t} = n_0 e^{-\alpha_0 \frac{V}{\pi} Gt} \tag{8-26}$$

式中　n_0——$t = 0$ 时刻初级颗粒的数量浓度;

　　　　n_t——t 时刻初级颗粒的数量浓度。

由公式(8-26)可知,GT 值一定时,水中初级颗粒的浓度将按絮体体积 V 的指数方关系迅速减小,这充分说明当水中始终保持适当絮体体积比例后,就足以加快絮凝过程。与此同时,如果能在池内形成一个絮体体积浓度足够高的区域,使投药后的原水进入该区域与具有很高体积浓度的粗絮体接触,就能大大提高原水中细粒悬浮物的絮凝速率。澄清池就是按照这个原理设计出来的。

8.6.2　澄清池的分类

澄清池的种类很多，但从净化作用原理和特点上划分，可归纳成两类，即泥渣接触过滤型（或悬浮泥渣型）澄清池和泥渣循环分离型（或回流泥渣型）澄清池。国内已有的几种池型的分类见图 8-18。

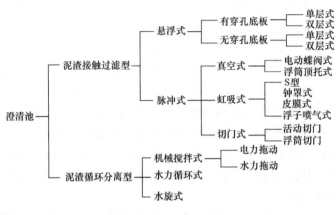

图 8-18　澄清池分类

8.6.3　脉冲澄清池

脉冲澄清池也是利用水流上升的能量来完成絮体的悬浮和搅拌作用的，但它采取了新措施来保证悬浮泥渣层的工作稳定性，属于悬浮泥渣型澄清池，其工艺流程如图 8-19 所示。池内水的流态类似于竖流式沉淀池，水从池的底部进入向上流动，从上部集水槽排出，利用水的上升流速使矾花保持悬浮，以此在池中形成悬浮泥渣层，进水中的细小颗粒在水流通过泥渣层时被絮凝截留。当泥渣层增长到超过预定高度时，多余的泥渣通过池底的穿孔排泥管排出池外。排泥的另一方式是在池壁设排泥口，超过排泥口高度的泥渣滑入泥渣浓缩室，再定期排出池外。

脉冲澄清池的特点是澄清池的上升流速发生周期性的变化。这种变化是由脉冲发生器引起的。当上升流速较小时，悬浮泥渣层收缩、浓度增大而使颗粒排列紧密；当上升流速较大时，悬浮泥渣层膨胀。悬浮泥渣层不断产生周期性的收缩和膨胀不仅有利于微絮凝颗粒与活性泥渣进行接触絮凝，还可以使悬浮泥渣层的浓度分布在全池内趋于均匀并防止颗粒在池底沉积。

脉冲发生器有多种形式。图 8-19 所示为采用真空泵脉冲发生器的脉冲澄清池的剖面图。脉冲澄清池中设有进水区，从前一道工序来的水先进入进水区。在进水区设真空或虹吸系统，抽真空时进水室充水。破坏真空或形成虹吸时，进水区中的存水通过澄清池的配水系统向池内快速放水。在脉冲水流的作用下，池内悬浮泥渣层处于周期性的膨胀和沉降状态；在放水期间，池内悬浮泥渣层上升；在停止进水期间，池内悬浮泥渣层下沉。这种周期性的脉冲作用使得悬浮泥渣层工作稳定，断面上泥渣浓度分布均匀，增加了水中颗粒与泥渣间的接触碰撞机会，并增强了澄清池对水量变化的适应性。因此，脉冲澄清池的净水效果好，产水率高。但与机械搅拌澄清池相比，脉冲澄清池对原水水质、水量变化的适应性较差，并且对操作管理的要求也较高。

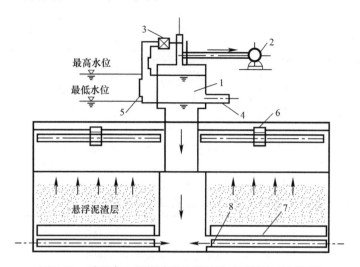

图 8-19 采用真空泵脉冲发生器的脉冲澄清池的剖面图

1—进水室；2—真空泵；3—进气阀；4—进水管；5—水位电极；6—集水槽；7—稳流板；8—配水管

关于脉冲澄清池的脉冲周期问题，国内经验数据尚不够，一般周期为 $30 \sim 40s$，冲放比为 $3:1 \sim 4:1$。

8.6.4 机械搅拌澄清池

机械搅拌澄清池曾称为加速澄清池和机械加速澄清池，是目前在给水的澄清处理中应用最广泛的池型。它属于泥渣循环分离型澄清池，利用转动的叶轮使泥渣在池内循环流动，以完成接触絮凝和分离沉淀的过程。

机械搅拌澄清池的构造如图 8-20 所示，一般采用圆形池，主要由第一反应（絮凝）区和第二反应（絮凝）区及分离区组成。加过混凝剂的原水在第一反应区和第二反应区内与高浓度的回流泥渣相接触，达到较好的絮凝效果，结成大而重的絮体，进而在分离区中进行分离。第二反应区设有导流板（图中未绘出），用以消除因叶轮提升时所引起的水的旋转，使水流平稳地经导流区流入分离区。分离区中下部为泥渣层，上部为清水层，清水向上经集水槽流至出水槽。实际上，图 8-20 所示只是机械搅拌澄清池的一种形式，它还有多种形式，但基本构造和原理是相同的。

搅拌设备由提升叶轮和搅拌桨组成，提升叶轮装在第一反应区和第二反应区的分隔处，搅拌叶轮的提升流量一般是进水流量的 $3 \sim 5$ 倍，可以通过叶轮的开启度或转速进行调节。搅拌设备的作用是：第一，提升叶轮将回流水从第一反应区提升至第二反应区，使回流水中的泥渣不断在池内循环；第二，搅拌桨使第一反应区内的水体和进水迅速混合，泥渣随水流处于悬浮和环流状态。因此，搅拌设备使接触絮凝过程在第一、第二反应区内得到充分发挥。

在机械搅拌澄清池中，泥渣回流量可按照要求进行调整控制，加之泥渣回流量大、浓度高，因此对原水水量、水质和水温变化的适应性较强，既可适应短时高浊水，对低温低浊水的处理效果也较好，处理稳定，净水效果好。但需要一套机械设备，并增加维修工作，结构较复杂，对机电的维护要求高，占地面积较大。

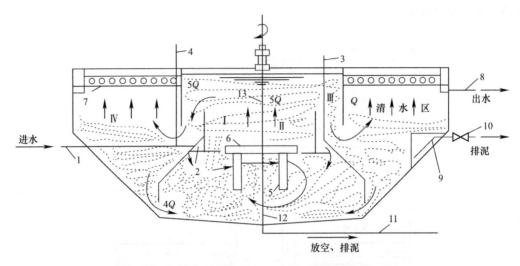

图 8-20　机械搅拌澄清池剖面示意图

1—进水管；2—三角配水槽；3—透气管；4—投药管；5—搅拌桨；6—提升叶轮；7—集水槽；8—出水管；
9—泥渣浓缩室；10—排泥阀；11—放空管；12—排泥罩；13—搅拌轴；
Ⅰ—第一絮凝区；Ⅱ—第二絮凝区；Ⅲ—导流区；Ⅳ—分离区

8.6.5　澄清池的选择

澄清池的选择，主要根据原水水质、出水要求、生产规模、水厂布置、地形地质以及排水调节等因素，进行技术经济比较后决定。几种澄清池的性能特点及适用条件见表 8-7。

几种澄清池的性能特点及适用条件　　　　　　　　　　　　表 8-7

形式	性能特点	适用条件
机械搅拌澄清池	优点： 1. 机械设备较为简单； 2. 混合充分，布水较均； 3. 池深较浅，便于布置； 4. 对含腐殖质原水有较好的吸附分离效果。 缺点： 1. 虹吸式水头损失较大，周期较难控制； 2. 操作管理要求较高，排泥不好影响处理效果； 3. 对原水水质、水量变化适应性较差	1. 进水悬浮物含量一般小于 500mg/L，短时间内允许达 3000mg/L； 2. 可建成圆形、矩形或方形池子； 3. 适用于大、中、小型水厂
脉冲澄清池	优点： 1. 虹吸式机械设备较为简单； 2. 混合充分，布水较均匀； 3. 池深较浅，便于布置，也适用于平流沉淀池改造。 缺点： 1. 真空式需要一套真空设备，较为复杂； 2. 虹吸式水头损失较大，周期较难控制； 3. 操作管理要求较高，排泥不好影响处理效果； 4. 对原水水质、水量变化适应性较差	1. 进水悬浮物含量一般小于 1000mg/L，短时间内允许达 3000mg/L； 2. 可建成圆形、矩形或方形池子； 3. 适用于大、中、小型水厂

8.7 气浮

8.7.1 气浮分离原理

（1）概述

气浮法作为一种高效、快速的固液分离技术，较广泛地应用于给水处理，尤其是对低温、低浊、富藻水体的净化处理，以及城市污水和工业废水的处理。

气浮法是通过电解、散气、溶气等方式，在水中形成大量均匀的微气泡，使之与水中的悬浮固态颗粒黏附，形成水-气-固三相混合体系，使颗粒黏附于气泡后上浮于水面，从而使悬浮于水中的固态或液态颗粒物质得到分离的过程。实现气浮过程必须具备下述条件：向水中提供足够数量的微气泡，气泡的理想尺寸为 $15 \sim 30 \mu m$；使固态或液态污染物质颗粒呈悬浮状态且具有疏水性，从而能附着在气泡上上浮；有适合于气浮工艺的设备。

气浮过程包括气泡产生、气泡与颗粒（固态或液态）附着以及上浮分离等连续步骤，其必要条件有：

1）要在被处理的原水中分布大量微细气泡；

2）使被处理的污染物质呈悬浮状态；

3）悬浮颗粒表面具有疏水性，易于黏附于气泡上而上浮。

（2）气浮分离的原理、适用条件及特点

1）原理

上浮法净水，即一般所说的气浮净水法。气浮式澄清器就是在水中通入或设法使水体产生大量的微气泡，附着于杂质颗粒上，因其密度小于水而浮至水面，从而使得固液分离的一种澄清设备。上浮至池面的杂质通过刮渣装置或表面排渣排出，清水从澄清池底部引出。

水中存在着各种各样的有机杂质、无机杂质、净水药剂及微小气泡，使气泡附着于杂质颗粒表面而上浮，是一个复杂的物理化学过程，这不仅与杂质的特性有关，而且与气相、液相介质都有密切关系。

颗粒在水中附着气泡后的上浮速度是这种净水方法的一个主要特征数据，其数值的大小取决于颗粒与水的性质。如图 8-21 所示，颗粒上浮将受到重力 F_1、浮力 F_2 和阻力 F_3 的影响，颗粒上浮时的速度（$v_{上}$）可用牛顿第二定律导出。

$$v_{上} = \frac{g}{18\mu}(\rho_{水} - \rho_{粒})d^2 \tag{8-27}$$

式中　$v_{上}$——颗粒上浮速度，cm/s；

　　　g——重力加速度，9.18m/s^2；

　　　μ——动力黏度系数，Pa·s；

　　　$\rho_{水}$——水的密度，g/cm^3；

　　　$\rho_{粒}$——颗粒密度，g/cm^3；

　　　d——颗粒直径，cm。

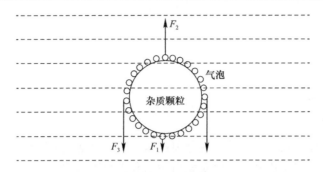

图 8-21　颗粒受力示意图

从公式（8-27）可知，颗粒上浮速度 $v_上$ 取决于水和附着有气泡的颗粒的密度差以及颗粒的直径 d。颗粒附着的气泡数量越多，则 $\rho_粒$ 就越小，越容易上浮。若经过凝聚以增大颗粒直径 d，也会提高颗粒上浮速度。由于气泡的密度比水的密度小得多，因此气泡的上升速度很快，这就使气浮法有可能比沉降法的分离速度快得多。

2）适用条件

给水处理：可用于高含藻水源、低温低浊水源、受污染水源的净化。

固液分离：用于处理固体颗粒很细小，颗粒本身及其形成的絮体密度接近或小于水，很难利用沉淀法实现固液分离的各种污水。

液液分离：用于从污水中分离回收石油、有机溶剂的微小油滴、表面活性剂及各种金属离子。

3）特点

气浮法是以微小气泡为载体，黏附水中的颗粒，使它的密度小于水的密度，然后颗粒被气泡挟带浮至水面与水分离的方法。与沉淀法相比较，气浮法具有以下特点：

① 气浮池的液面负荷可能高达 $12m^3/(m^2 \cdot h)$，而澄清池或沉淀池的液面负荷只能达到 $3 \sim 3.6m^3/(m^2 \cdot h)$，水在气浮池中的停留时间只需 $10 \sim 20min$，而且池深只需 $2m$ 左右。

② 气浮池具有预曝气、脱色、降低 COD 等作用，出水和浮渣都含有一定量的氧，有利于后续处理或再利用，泥渣不易腐化。

③ 对那些很难用沉淀法去除的低浊含藻水，气浮法处理效率高，甚至还可以去除原水中的浮游生物，出水水质好。

④ 浮渣含水率低，一般在 96% 以下，是沉淀法污泥体积的 $1/10 \sim 1/2$，简化了污泥处置，节省了费用，而且表面刮渣也比池底排泥方便。

⑤ 可以回收有用物质，如造纸白水中的纸浆。

⑥ 所需药剂量比沉淀法少。

8.7.2　气浮池的类型

按照生成气泡的方式，气浮法可分为电解气浮法、散气气浮法和溶气气浮法。

（1）电解气浮法

电解气浮法是通过电化学方法，电极在直流电的作用下使水电解，在电极周围产生细小、均匀的氢气泡和氧气泡，这些气泡黏附水中的固态或液态污染物，共同上浮，实现去除水中污染物的处理方法。

电解气浮法中的电极多采用不溶性电极（如石墨、不锈钢等）。电解气浮法除用于固液分离外，还具有氧化、杀菌、降低 BOD 等作用。电解气浮装置可分为平流式（见图 8-22）和竖流式（见图 8-23）两种。

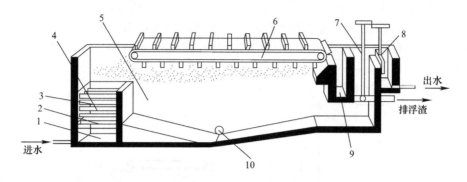

图 8-22　平流式电解气浮装置

1—入流室；2—整流栅；3—电极组；4—接触区；5—分离室；6—刮渣机；7—排渣阀；
8—水位调节器；9—浮渣室；10—排泥口

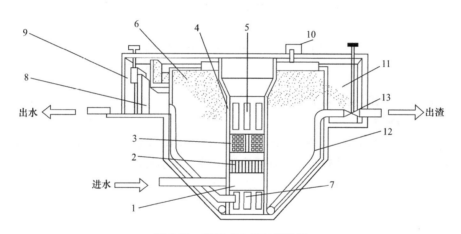

图 8-23　竖流式电解气浮装置

1—入流室；2—整流栅；3—电极组；4—整流区；5—出流孔；6—分离室；7—集水孔；8—出水管；
9—水位调节器；10—刮渣机；11—浮渣室；12—排泥管；13—排泥阀

（2）散气气浮法

散气气浮法就是直接向水中充入气体，利用散气装置使气体均匀分布于水中的气浮法。按照其散气装置分为微孔曝气气浮法和剪切气泡气浮法。其中剪切气泡气浮法按照分割气泡的方法又分为射流气浮法、叶轮气浮法和涡凹气浮法等。目前，涡凹气浮法使用较多，它利用高速旋转的叶轮中心形成局部的真空，吸入空气并破碎成小气泡，黏附水中的粗颗粒，SS 上浮分离。

（3）溶气气浮法

溶气气浮法是利用气体在水中的溶解度随压力的增加而增加的原理，通过增减压力，使气体在高压时溶入水中，并通过快速释压装置（释放器）迅速消能减压，溶气释出，并形成微小气泡，从而达到气浮效果的一类气浮法。其气泡是由溶解于水中的气体自然析出产生的，气泡粒径小且均匀，气泡量大，上升速度慢，对池的扰动小，分布均匀，气浮效果好，因而应用广泛。

溶气气浮法区别于其他气浮法的地方是它设有溶气释气设备。根据产生压力差的方法不同，溶气气浮法中应用较多的是加压溶气气浮法。部分回流溶气气浮法工艺流程如图 8-24 所示，部分回流溶气气浮法是将部分出水进行回流，加压后送入气浮池，而原水则直接送入气浮池中。该方法适用于悬浮物浓度较高的原水的固液分离。

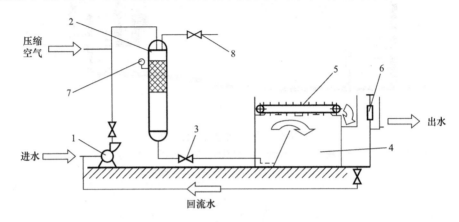

图 8-24　部分回流溶气气浮法工艺流程
1—加压泵；2—压力溶气罐；3—减压阀；4—分离区；5—刮渣机；6—水位调节器；7—压力计；8—放气阀

加压溶气气浮法的特点如下：

1）气体溶解量大。

2）经减压释放产生的气泡粒径小，一般为 $20\sim100\mu m$，粒径均匀，微气泡在气浮池中上升速度慢，对池的扰动较小，特别适用于松散、细小絮体的固液分离。

3）设备维护和工艺流程简单，管理方便。

8.8　过滤

过滤是水中的悬浮颗粒经过具有孔隙的滤料层被截留分离出来的过程。滤池是实现过滤功能的构筑物，通常设置在沉淀池或澄清池之后。在常规水处理过程中，一般采用颗粒石英砂、无烟煤、重质矿石（如石榴石矿）等作为滤料截留水中的杂质，从而使水进一步变清。过滤不仅可以进一步降低水的浊度，而且水中部分有机物、细菌、病毒等也会附着在悬浮颗粒上一并去除。至于残留在水中的细菌、病毒等失去悬浮颗粒的保护后，在后续的消毒工艺中将更容易被杀灭。在饮用水净化工艺中，当原水常年浊度较低时，有时沉淀或澄清构筑物可以省略，但是过滤是不可缺少的处理单元，它是保障饮用水卫生安全的重要措施。

8.8.1　概述

在水处理过程中，滤池的形式多种多样，但其截留水中杂质的原理基本相同，依据滤池在滤速、构造、滤料和滤料组合、反冲洗方法等方面的区别，我们可以对滤池进行分类。

依据滤池的滤速划分，有慢滤池、快滤池。

依据滤料和滤料组合划分，有单层级配滤料滤池、单层均质滤料滤池、双层滤料滤池、三层滤料滤池。

依据反冲洗方法划分，有单水反冲洗滤池、气水联合反冲洗滤池、气水反冲洗加表面扫洗滤池。

依据配水系统划分，有大阻力配水系统滤池、小阻力配水系统滤池。

滤池的形式丰富，各自具有一定的适用条件。目前使用比较普遍的有普通快滤池、V型滤池等。

（1）常见滤池运行的技术参数

1）滤速：是指单位过滤面积在单位时间内的滤过水流量。滤速是用来衡量滤池工作强度的一项重要指标，其计量单位通常以 m/h 表示，其计算公式为：

$$v = \frac{Q}{A} \tag{8-28}$$

式中　v——滤速，m/h；

　　　Q——过滤水流量，m³/h；

　　　A——滤池过滤面积，m²。

在过滤水流量相同的条件下，设计滤速大点的话，则滤池的面积可以小些，建设成本可以降低。但滤速较高的情况下，滤池的负荷较高，出水浊度等水质指标有可能超标，过滤周期缩短，反冲洗次数又会增加。因此，控制合理的滤速，直接影响水质安全、运行管理及建设投资的经济性。

2）水头损失：是指水流在过滤过程中单位质量液体损失的机械能。其计量单位通常为 m。产生水头损失的原因有内因和外因两种，外界对水流的阻力是产生水头损失的主要外因，液体的黏滞性是产生水头损失的主要内因，也是根本原因。随着滤池工作时间的增加，滤层中截留的杂质增多，水头损失增加，当水头损失达到设计限值时，滤池将进行反冲洗，一般快滤池反冲洗前的水头损失在 2.5～3m 左右。

3）冲洗周期（过滤周期、工作周期）：指的是滤池冲洗完成开始运行到再次进行冲洗的整个间隔时间。其计量单位通常为 h。冲洗周期直接影响滤池的产水量。因为工作周期越长，则过滤时间越长，冲洗水量消耗越少，但过滤周期过长，又有可能造成水质超标。合理的冲洗周期应该在滤池建成投运后，依据滤前水质、水温、水量条件进行调整确定。目前，滤池的冲洗周期一般为 12～24h，不断延长滤池工作周期也是目前发展的方向。

4）冲洗强度：是指滤池反冲洗时，单位面积滤层所通过冲洗水/气的流量，分为气洗强度与水洗强度。其单位为 L/(s·m²)。以石英砂滤料滤池为例，只采用水反冲洗时，水洗强度一般控制在 12～15L/(s·m²)。采用气水反冲洗时，单独气反冲洗或气水同时反冲洗时，气洗强度为 10～20L/(s·m²)；气水同时反冲洗时，水洗强度一般在 3～4L/(s·m²)；单独水反冲洗时，有的采用低速反冲洗，水洗强度一般为 4～6L/(s·m²)，有的采用高速反冲洗，水洗强度一般为 6～10L/(s·m²)。

5）滤层膨胀度：反冲洗阶段，滤层膨胀后增加的厚度与膨胀前厚度之比。其计算公式为：

$$e = \frac{L - L_0}{L_0} \tag{8-29}$$

式中　e——滤层膨胀度，%；

　　　L——滤层膨胀后厚度，cm；

　　　L_0——滤层膨胀前厚度，cm。

在滤料粒度、密度、水温一定的情况下，冲洗强度越大，滤层的膨胀度越大。冲洗强度过大，容易将小的滤料带走，造成损失。

6）杂质穿透深度：在过滤过程中，自滤层表面向下到某一深度，若该深度的水质刚好符合滤后水水质要求，则该深度为杂质穿透深度。在滤层厚度一定的情况下，杂质穿透深度越大，说明整个滤层作用发挥得越好。但是过大的杂质穿透深度容易将杂质带出滤层，导致出水水质不达标。所以，滤层厚度应为杂质穿透深度加一定的富余量。

（2）滤池的基本工作过程

滤池的形式虽然多种多样，但是其过滤的原理基本一样，基本工作过程也基本一致。滤池的基本工作过程包含过滤与反冲洗两个部分。我们以普通快滤池为例（见图 8-25），介绍一下普通快滤池的工作过程。

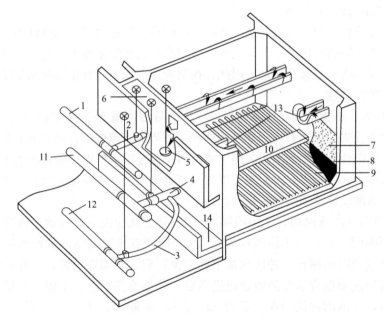

图 8-25　普通快滤池结构简图

1—进水总管；2—进水支管；3—清水支管；4—冲洗水支管；5—排水阀；6—浑水渠；7—滤料层；8—承托层；
9—配水支管；10—配水干管；11—冲洗水总管；12—清水总管；13—冲洗排水槽；14—废水渠

1）过滤：过滤时，关闭冲洗水支管 4 上的阀门与排水阀 5，开启进水支管 2 与清水支管 3 上的阀门。来自上一道净水工艺的浑水就经进水总管 1、进水支管 2 从浑水渠 6 进入滤池。经过滤料层 7、承托层 8 后，由配水系统的配水支管 9 汇集起来再经过配水干管 10、清水支管 3、清水总管 12 进入下一道净水工艺相应的构筑物。浑水中的杂质将在滤料层被截留。随着滤料层截留的杂质逐渐增加，滤料层中的水头损失增加。当滤池水头损失增加导致滤池产水量过小或水质不达标时，滤池便停止过滤，进行反冲洗以使滤料层恢复截污能力。

2）反冲洗：反冲洗时，关闭进水支管 2 与清水支管 3 上的阀门，开启冲洗水支管 4 上的阀门与排水阀 5。冲洗水经冲洗水总管 11、冲洗水支管 4，再经配水干管 10、配水支管 9 后从配水支管上的孔眼流出，由下至上依次穿过承托层与滤料层。滤料层在均匀分布的冲洗水的作用下，达到流化态，滤料由于受到水流剪切力及滤料颗粒碰撞摩擦的双重作用，截留在滤料中的杂质得以与滤料分离。反冲洗废水流入冲洗排水槽 13，再经浑水渠 6、排水管和废水渠 14 进入下水道。

8.8.2 过滤原理

（1）悬浮颗粒去除原理

以自来水厂单层砂滤池为例，其滤料粒径在 0.5～1.2mm，滤料的厚度一般为 0.7m。由于反冲洗的作用，滤料的粒径由上到下大致按照由细到粗依次排列；因此，滤料的孔隙尺寸由上到下也是按照由小到大依次排列。若将滤料表面的细砂近似看作粒径为 0.5mm 的球体，则滤料表面的孔隙尺寸约为 $80\mu m$。而实际滤池进水中的杂质颗粒粒径往往小于 $30\mu m$，这说明机械筛滤并不是过滤的主要机理。

进一步的科学研究表明，悬浮颗粒的去除机理主要涉及迁移机理和黏附机理两个部分。在过滤过程中，水中的悬浮杂质如何脱离水流流线而接触到滤料表面，又是依靠哪些力的作用黏附在滤料上面，这就是过滤的去除机理所要研究的两个问题。

1）颗粒的迁移机理

悬浮颗粒发生的迁移现象一般认为是由以下几种作用引起的：沉淀、扩散、惯性、阻截、水动力。图 8-26 为上述几种迁移机理的示意图。

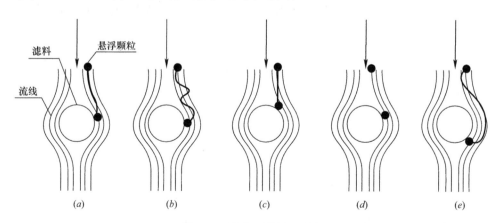

图 8-26　颗粒迁移机理示意
（a）沉淀；（b）扩散；（c）惯性；（d）阻截；（e）水动力

当悬浮颗粒接近滤料表面时，水流速度较小，这时在重力的作用下，颗粒脱离流线，产生沉淀作用。

较小的悬浮颗粒受布朗运动的影响，运动至滤料表面，产生扩散作用。

由于悬浮颗粒具有惯性，颗粒脱离流线被抛至滤料表面，产生惯性作用。

大尺寸悬浮颗粒沿着流线运动，直接接触滤料表面，产生阻截作用。

由于孔隙通道曲折，滤层孔隙中的水流是一个非均匀流流场，非球体颗粒受速度梯度的影响，产生旋转并跨越流线做横向运动抵达滤料表面，产生水动力作用。

2）颗粒的黏附机理

颗粒的黏附是一种物理化学作用，可以分两种情况来讨论。一种情况是，当悬浮颗粒接触滤料表面，它们之间的范德华引力、某些化学键或特殊化学吸附力大于静电斥力时，悬浮颗粒直接产生黏附。另一种情况是，依靠高分子架桥作用，悬浮颗粒与滤料表面间接产生黏附；当使用阳离子聚合物混凝剂（如聚合氯化铝）时，这种间接产生黏附的现象就很普遍。

（2）滤层内杂质分布规律

杂质在滤料中穿行，除了受到颗粒黏附力作用外，还会受到水流的剪力作用。黏附力的大小取决于颗粒表面的物理化学性质，而剪力的大小取决于滤料孔隙间水流的流速，流速越大，剪力也越大。滤池运行初期，由于滤料比较干净，滤料孔隙较大，孔隙内水流流速较小，所以杂质颗粒受到的剪力小于黏附力，此时黏附作用占优势。滤池运行至中后期，滤层中杂质逐渐增多，孔隙逐渐减小，孔隙内水流流速增大，所以杂质颗粒受到的剪力将抵消甚至超过黏附力。这时，该层滤料上最后黏附的杂质将被冲刷脱落。于是，杂质将向滤料下层推移，下层滤料将发挥截留杂质的作用。

实际运行中，下层滤料对杂质的截留作用并未完全发挥时，过滤就将终止。这是因为对于单层滤料而言，经过反冲洗后，滤料从上到下形成了上细下粗的格局。表层滤料由于粒径最小，黏附的比表面积最大，截留的杂质最多，因此表层滤料孔隙最先被堵塞，甚至形成泥膜，造成过滤的阻力剧增。其结果是，在一定过滤水头下，滤速急速下降（或者在一定滤速条件下，水头损失过大），或者因为滤层表面泥膜受力不均产生裂缝，大量杂质随水流穿过滤层而使得出水水质恶化。以上情况的出现，过滤都将被迫停止。

在滤池的生产设计中，常常使用双层滤料、三层滤料或混合滤料及均质滤料等滤层组成以改变上细下粗的滤层中杂质分布严重不均匀的现象，提高滤层含污能力。

（3）直接过滤

原水不经沉淀而直接进入滤池过滤称为"直接过滤"。直接过滤充分体现了滤层中特别是深层滤料中的接触絮凝作用。

直接过滤有以下两种方式：

1）原水经加药后直接进入滤池过滤，滤前不设任何絮凝设备，这种过滤方式一般称为"接触过滤"。

2）滤池前设一简易微絮凝池，原水加药混合后先经微絮凝池，形成粒径相近的微絮凝粒后（粒径大致在 $40\sim60\mu m$ 左右）即刻进入滤池过滤，这种过滤方式称为"微絮凝过滤"。

以上两种过滤方式都是通过脱稳颗粒或微絮凝粒与滤料充分碰撞接触和黏附，使得水中杂质被滤料截留。

直接过滤工艺应注意以下问题：

① 原水浊度和色度较低且水质变化较小。一般要求常年原水浊度低于50NTU。

② 通常采用多层或均质材料，滤料粒径和厚度适当增大，否则滤层表面孔隙易被堵塞。

③ 原水进入滤池前不应形成大的絮体，以免很快堵塞滤层表面孔隙。通常不宜投加高分子助凝剂。

④ 滤速应根据原水水质确定。原水浊度偏高时应采用较低滤速。具体滤速最好通过试验确定。

（4）快滤池的水力控制系统

快滤池的水力控制系统是指过滤过程中对滤池水位、滤速的设计控制方式，主要分为恒压过滤、恒速过滤、变速过滤。

1）恒压过滤：过滤周期内资用水头保持不变。过滤初期，滤层透水性最高，从而滤速最快。随着滤层被杂质堵塞，滤池透水性下降，滤水量也逐渐减小。

2）恒速过滤：利用清水管路上的阀门或者流量调节器使得过滤周期内阻力恒定不变，滤速也就保持恒定。在允许滤池水位自由变化的情况下，在滤池的进水端设置自由跌落堰室，以保持进水流量恒定也可以获得恒速过滤。

3）变速过滤：滤池进水口设置在最低工作水位以下，并由公共进水管（渠）连通所有滤池，在每只滤池进水管上设置大口径浑水进水阀，这种布置方式使得滤池进水部分水头损失很小，因而所有运转滤池的工作水位在任何时候都基本相同。其特点在于出水水质稳定、进水水头损失小，但其需要较大的进水阀门。

目前，不少研究者认为当平均滤速相近时，变速过滤在工作周期与滤后水质方面都好于恒速过滤。因为过滤初期，滤层清洁，截污能力强，适当提高滤速是允许的；过滤后期，滤层截污能力下降，为保证滤后水质，降速是必要的。因此，目前快滤池采用变速过滤的较多。

（5）滤层中的负水头

在过滤过程中，当滤层截留了大量的杂质以致砂面以下某一深度处的水头损失超过该处水深时，便出现负水头现象。

负水头会导致溶解于水中的气体释放出来而形成气囊，减小有效过滤面积，使过滤时的水头损失及滤层中孔隙流速增加，严重时会影响滤后水质；同时，气囊会穿过滤层上升，有可能把部分细滤料或轻质滤料带出，破坏滤层结构。反冲洗时，气囊更易将滤料带出滤池。

为避免出现负水头，生产中可采用下列方法：

1）增加砂面上水深。

2）令滤池滤后水位等于或高于滤层表面，虹吸滤池和无阀滤池之所以不会出现负水头现象即是这个原因。

8.8.3 滤料和承托层

（1）滤料

滤池是通过滤料层来截留水中悬浮固体的，所以滤料层是滤池最基本的组成部分。好的滤料可以保证滤池具有较低的出水浊度与较长的过滤周期，并且反冲洗时滤料不易破损跑漏等，所以滤料的选择十分重要。

　　1）滤料的选择条件

　　① 有足够的机械强度，以免在反冲洗过程中颗粒发生过度的磨损而破碎。破碎的细粒容易进入过滤水中。磨损与破碎使颗粒粒径变小，这样更增加了"干净滤层的水头损失"，而且在反冲洗时也将会被水流带出滤池，增加了滤料的损耗，所以滤料必须有足够的机械强度。

　　② 具有足够的化学稳定性，以免在过滤的过程中，发生溶解于过滤水的现象，引起水质的恶化。严格来说，一般滤料都有极微量的溶解现象，但不影响普通用水的水质要求。例如石英砂有微量溶解于水，但在生活用水中，对 SiO_2 没有严格的含量要求，所以滤料作为滤料是没有问题的。但在某些工业用水中（如锅炉补充用水）对于 SiO_2 的含量有严格要求时，用无烟煤代替石英砂作为滤料就比较合适一些了。

　　③ 能就地取材、性价比更高。在水处理中最常用的滤料是石英砂，它可以是河砂或海砂，也可以是采砂场取得的砂。而我国石榴石滤料的资源丰富，也是目前越来越被大家认可的一种滤料。它的性价比更高，处理效果也更理想。

　　④ 具有适当的级配与孔隙率。滤料外形接近于球状，表面比较粗糙而有棱角，这样吸附表面比较大，棱角处吸附力最强。

　　2）滤料的级配

　　滤料粒径级配指滤料中各种粒径颗粒所占的质量比例。粒径指的是正好可通过某一筛孔的孔径。

　　① 有效粒径

　　粒径分布曲线上小于该粒径的滤料含量占总滤料质量的 10% 的粒径称为有效粒径，也指通过滤料质量 10% 的筛孔孔径，用 d_{10} 所示。

　　② 不均匀系数

$$K_{80} = \frac{d_{80}}{d_{10}} \tag{8-30}$$

式中　d_{10}——通过滤料质量 10% 的筛孔孔径；

　　　　d_{80}——通过滤料质量 80% 的筛孔孔径。

　　d_{10} 反映了细颗粒的直径，d_{80} 反映了粗颗粒的直径；K_{80} 是 d_{80} 与 d_{10} 之比，K_{80} 越大表示粗细颗粒尺寸相差越远，滤料粒径也越不均匀，下层含污能力便越低。反冲洗后，滤料易出现上细下粗的现象，这对过滤是很不利的。

　　3）滤料的筛分析

　　滤料粒径的分布关系通常用级配曲线来表示。级配曲线通过筛分析资料得出，因此也称为筛分曲线。筛分方法如下：

　　取天然河砂 300g，取样时要先将取样部位的表层铲去，然后取样。将取样器中的砂样洗净后放在浅盘中，将浅盘置于 105℃ 恒温箱中烘干，冷却至室温备用。称取砂样 100g，选用一组筛子过筛。筛子按筛孔大小顺序排列，将该组套筛装入摇筛机，摇筛约 5min，然后将套筛取出，再按筛孔大小顺序在洁净的浅盘上逐个进行手筛，直至每分钟的筛出量不超过试样总量的 0.1%。通过的砂颗粒并入下一筛号一起过筛，这样依次进行直至各筛号全部筛完。称量在各个筛上的筛余试样的质量（精确至 0.1g）。

　　所有各筛余质量与底盆中剩余试样质量之和与筛分前的试样总质量相比，其差值不应超过 1%。将上述所得的各项数值填入表 8-8 中，并据表绘制成图 8-27。

筛分析试验记录   表 8-8

筛孔孔径 （mm）	留在筛上的砂量		通过该号筛的砂量	
	质量（g）	比例（%）	质量（g）	比例（%）
2.362	0.1	0.1	99.9	99.9
1.651	9.3	9.3	90.6	90.6
0.991	21.7	21.7	68.9	68.9
0.589	46.6	46.6	22.3	22.3
0.246	20.6	20.6	1.7	1.7
0.208	1.3	1.3	0.2	0.2
筛底盘	0.2	0.2	—	—
合计	99.8	99.8		

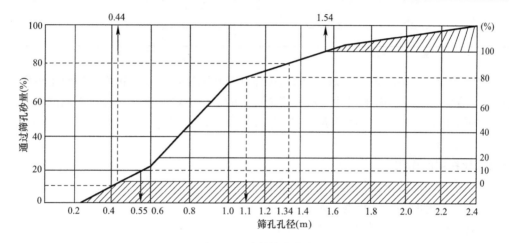

图 8-27　滤料筛分曲线

从筛分曲线上求得 $d_{10}=0.4$mm、$d_{80}=1.34$mm，因此 $K_{80}=\dfrac{1.34}{0.4}=3.35$。

筛分析结果表明上述河砂不均匀系数较大。根据设计要求：$d_{10}=0.55$mm，$K_{80}=2.0$，则 $d_{80}=1.1$mm，按此要求筛选滤料。方法如下：

自横坐标上 0.55mm 与 1.1mm 两点，分别作垂线与筛分曲线相交。自两交点作平行线与右纵坐标轴相交，并以此交点作为 10% 和 80%，在 10% 与 80% 之间分成 7 等份，则每等份为 10% 的砂量，以此向上下两端延伸，即得 0 和 100% 两点。再自新坐标原点和100% 作平行线与筛分曲线相交，在此两点以内即为所选滤料，余下部分应全部筛除。由图 8-27 可知，大粒径（大于 1.54mm）颗粒约筛除 13%，小粒径（小于 0.44mm）颗粒约筛除 13%，共筛除 26% 左右。

常见滤池滤料的不均匀系数应控制在 2 以内，凡过大过小的颗粒应弃置不用。

4）单、双、多层滤料

理想状态下，滤料颗粒的粒径应该自上而下由粗变细排列，滤层的孔隙也自上而下由大变小。这样，絮体可以积到滤层深处，分布到整个滤层，从而提高滤层的截污能力，这种滤层被称为"反粒度"滤层。由于反冲洗时，小粒径滤料会积累至滤层上部，形成上细下粗的"正粒度","反粒度"的理想滤层往往是不容易实现的。在长期的生产实践中发展起来的双层、多层滤料就是为了让滤层结构接近理想滤层，从而提高滤层截污能力，提高滤速，改善滤后水质，延长过滤周期。

目前，单层滤料常常采用石英砂，双层滤料则由无烟煤与石英砂组成，三层滤料一般由无烟煤、石英砂和重质矿石（如石榴石等）组成。常用滤料级配与滤速见表8-9。

滤料级配与滤速

表8-9

类别	滤料组成				滤速（m/h）	强制滤速（m/h）
	滤料种类	粒径（mm）	不均匀系数 K_{80}	厚度（mm）		
单层滤料	石英砂	0.5～1.2	<2.0	700	8～10	10～14
双层滤料	无烟煤	0.8～1.8	<2.0	300～400	10～14	14～18
	石英砂	0.5～1.2	<2.0	400		
三层滤料	无烟煤	0.8～1.6	<2.0	450	18～20	20～25
	石英砂	0.5～0.8	<2.0	230		
	重质矿石	0.25～0.5	<2.0	70		

注：滤料密度一般为：石英砂 $2.60\sim2.65g/cm^3$；无烟煤 $1.40\sim1.60g/cm^3$；重质矿石 $4.7\sim5.0g/cm^3$。

除应用双层、多层滤料可以改善滤料粒径分布状况外，采用较粗均质滤料也可以在一定程度上克服单层滤料由于反冲洗水力筛选造成的上细下粗的不利条件，提高滤池工作效率。均匀级配滤料的不均匀系数 K_{80} 一般为 1.3～1.4，不超过 1.6。

（2）承托层

1）承托层的作用

① 在水过滤时防止滤料从集水系统中流失；

② 在水过滤时均匀收集滤后水；

③ 在反冲洗时可起到均匀布水辅助作用。

2）承托层的组成

承托层由若干层卵石，或者经破碎的石块、重质矿石构成，并按上小下大的顺序排列。承托层最上一层与滤料直接接触，需根据滤料底部的粒度来确定材料的大小。承托层最下一层与配水系统接触，需根据配水孔的大小来确定材料的大小，大致按照配水孔孔径的 4 倍考虑。承托层最下一层的顶部至少应高于配水孔眼 100mm。当滤池采用管式大阻力配水系统时，承托层规格见表 8-10。

当滤池采用管式大阻力配水系统时承托层粒径与厚度

表8-10

层次（自上而下）	粒径（mm）	厚度（mm）
1	2～4	100
2	4～8	100
3	8～16	100
4	16～32	至少应高于配水孔眼 100

当滤池采用小阻力配水系统时，仍须设置承托层。设有滤头的系统可直接铺设 50～100mm 厚、粒径为 2～4mm 的粗砂；采用孔眼滤板+尼龙网的系统必须先核算滤料膨胀高度后再确定承托层的高度和粒径，并留出 50mm 承托层膨胀高度。承托层铺设原则是先

满足粒径小的厚度,再满足粒径大的厚度。

8.8.4 配水系统

(1)配水系统的作用

配水系统位于滤池的底部,作用在于使冲洗水在整个滤池面积上均匀分布。此外,在过滤时,配水系统还起到了均匀集水的作用。

配水均匀性对反冲洗效果影响很大。配水不均匀,部分滤层膨胀不足,而部分滤层膨胀过度,甚至会造成部分承托层发生移动,造成漏砂现象。一般认为,在同一滤池平面上,任何两点的冲洗强度要尽量接近,它们的冲洗强度之比应大于 95%。滤料一经选定后,要达到配水的均匀性,有两种途径可以选择,一是加大布水孔孔眼的阻力,二是减小管道的水力阻抗值。由此,配水系统可以分为两大类型:大阻力配水系统与小阻力配水系统。

(2)大阻力配水系统

1)大阻力配水系统的构造形式

大阻力配水系统是以增加孔口阻力来达到配水均匀性。通过大阻力配水系统时,冲洗水的水头损失一般大于 3m;其主要形式为带有干管和穿孔支管的"丰"字形配水系统,如图 8-28 所示。

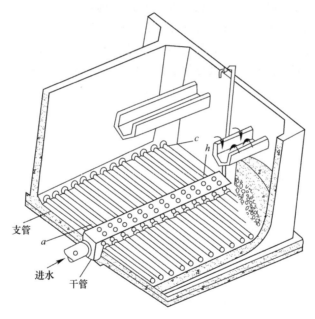

图 8-28 管式大阻力配水系统

大阻力配水系统由设在滤池中心一根干管和两侧许多带孔眼的支管构成,支管均匀布置在滤池面积上。孔眼开在支管下部管中心垂直线的两侧,一般呈 45°角,并左右错开。一般干管和支管采用铸铁管或钢管,但断面大的干管则采用钢筋混凝土渠道。有时为了配合滤池的形状,把干管布置在滤池面积的侧边外,只布置一排支管。管式大阻力配水系统是大阻力配水系统的一种形式,这种系统是伴随常规滤池发展起来的,有长期的使用经验,对于大面积滤池的配水均匀性很可靠,使用这种系统的最大滤池面积已达 315m²。

大阻力配水系统的主要优点是配水均匀性好；但其结构复杂，因此检修困难；又因其反冲洗时水头损失过大，所以反冲洗时动力消耗较大。

2）大阻力配水系统的设计参数

管式大阻力配水系统各部分的尺寸，可以根据表 8-11 所示的设计数据来确定。为了排出反冲洗时配水系统中的空气，常在干管（渠）的高处设置排气管，排出口需高出滤池水面。

管式大阻力配水系统的设计参数　　　　　　　　　　　　　　表 8-11

设计参数	数值
干管（渠）进口流速（m/s）	1.0～1.3
支管进口流速（m/s）	1.3～2.0
孔眼出口流速（m/s）	5～6
支管间距（m）	0.2～0.3
开孔比（%）	0.2～0.3
配水孔径（mm）	9～12
配水孔眼间距（mm）	75～300

（3）小阻力配水系统

小阻力配水系统是靠减小干管（渠）和支管的流速，来减小干管、支管的水头损失，从而使配水系统中的压力变化对布水均匀性的影响尽可能小，在此基础上可以减小孔口的阻力系数。按照这种原理建造的配水系统称为小阻力配水系统，其最大的优点在于可减小冲洗水的水头损失，降低能耗。小阻力配水系统的形式与材料多种多样，这里仅介绍常见的几种。

1）滤头

① 构造

如图 8-29 所示，滤头由具有缝隙的滤帽和滤柄（具有外螺纹的直管）组成。短柄滤头用于单独水反冲洗滤池，长柄滤头用于气水反冲洗滤池。对于穿孔滤板，可在滤板上安装滤头。滤头布置数一般为 $50～60$ 个/m^2，开孔比约为 1.3%。

② 优缺点

滤头配水均匀，可以减薄卵石层厚度。因为所需数量较多，所以价格昂贵，安装比较麻烦。损失一只就会造成漏砂，必须及时检修调换。但要把砂层取出才能调换，所以维护成本比较高。

2）钢筋混凝土穿孔滤板

① 构造

如图 8-30 所示，在钢筋混凝土板上开圆孔或条形缝隙，板上铺设一层或两层尼龙网。

② 优缺点

这种配水系统造价低、孔口不易堵塞、配水均匀性好、强度高、耐腐蚀，但要注意尼龙网接缝应沿池壁四

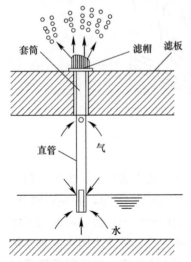

图 8-29　气水同时反冲洗时
所用长柄滤头工况示意图

周压牢接好，有时可铺一层卵石，以免漏砂。实践中，由于尼龙网易被拉坏，需要定期更换，因此其维护成本较高，可靠性稍差。

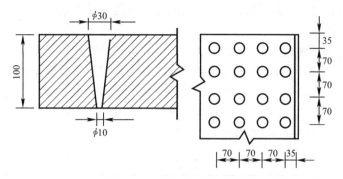

图 8-30 钢筋混凝土穿孔滤板

3）穿孔滤砖

① 构造

如图 8-31 所示，为二次配水的穿孔滤砖。滤砖尺寸为 600mm×280mm×250mm，用钢筋混凝土或陶瓷制成，每平方米滤池上铺设 6 块。开孔比为：上层 1.07％，下层 0.7％。

滤砖构造分为上下两层连成整体。铺设时，下层连通起配水渠的作用，上层各砖单独配水，用板分隔不连通。实际上是将滤池分成一块滤砖大小的许多小格。上层配水孔均匀布置，水流阻力基本接近，这样就保证了滤池的均匀冲洗。

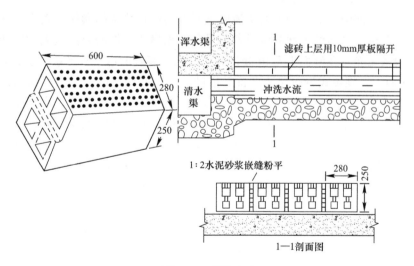

图 8-31 穿孔滤砖

② 优缺点

由于滤砖整体性好，反冲洗时不易上浮。所需承托层厚度不大，配水均匀性较好，但价格高。

8.8.5 滤池冲洗

滤池冲洗的目的是使滤料层中截留的悬浮杂质得到清洗，使得滤池恢复过滤能力。在一定的冲洗强度下，滤料颗粒由于水流的作用会膨胀，这时滤料既有向上悬浮的趋势，又由于自身重力有下沉的趋势，因而滤料颗粒之间产生相互碰撞摩擦，水流的剪力也会对滤料形成冲刷，滤料上的悬浮杂质便由此剥离随冲洗水进入排水系统。

（1）反冲洗方法

1）高速水流反冲洗

高速水流反冲洗是利用流速较大的反向水流冲洗滤层，使得整个滤层达到流态化，且具有一定的膨胀度。高速水流反冲洗操作方便，池子结构、设备简单，是我国应用较广的一种反冲洗方法。其主要控制指标有冲洗强度、冲洗时间及滤层膨胀度。生产中，冲洗强度、冲洗时间及滤层膨胀度可参照表 8-12 确定。

冲洗强度、滤层膨胀度和冲洗时间　　　　　　　　　　　表 8-12

序号	滤层	冲洗强度〔L/(s·m²)〕	滤层膨胀度（%）	冲洗时间（min）
1	石英砂滤料	12～15	45	7～5
2	双层滤料	13～16	50	8～6
3	三层滤料	16～17	55	7～5

注：1. 设计水温按 20℃计，水温每增减 1℃，冲洗强度相应增减 1%。
　　 2. 由于全年水温、水质有变化，应考虑有适当调整冲洗强度的可能。

单纯采用水反冲洗对剥离滤料表面所沉积的悬浮杂质的能力是有限的，有时单纯采用水反冲洗的效果并不理想。为改进反冲洗效果，反冲洗常常辅以表面冲洗与气洗。

2）表面冲洗加高速水流反冲洗

表面冲洗指从滤池上部，用喷射水流向下对滤料进行清洗的操作。表面冲洗设备有固定式和旋转式两种，这两种表面冲洗设备都是利用喷嘴所提供的射流起到冲刷作用。固定式表面冲洗设备由布置在砂面上 5cm 处带有防砂孔口装置的水平管道系统组成，孔眼与水平方向呈 30°向下；旋转式表面冲洗设备是借助位于中心两侧的、方向相反的两组射流所形成的力偶推动旋转。因旋转式射流的紊动作用容易把滤料冲入反冲洗水流中，因此必须注意使射流的位置处于膨胀后滤料层的内部。为了防止双层滤料的煤层和砂层界面处累积悬浮杂质颗粒和泥球，双层滤料的表面冲洗还有另外两种形式：一种是把表面冲洗设备设在砂面上 15cm 处，称为床内表面冲洗；另一种是在煤层和砂层表面的上面 5cm 处各装旋转表面冲洗设备一套，称为双表面扫洗。该类床内设备的喷嘴必须装有防止滤料进入冲洗管内的阀门。

与单水反冲洗相比，加表面冲洗的方法对滤料表面沉积的悬浮杂质颗粒所产生的剥离作用大得多。装有表面冲洗设备的滤池，反冲洗和表面冲洗间的适当配合是取得良好冲洗效果的关键。

3）气水反冲洗

高速水流反冲洗耗水量较大，冲洗结束后，滤料上细下粗的现象比较明显。采用气水反冲洗方法可以提高冲洗效果，节省冲洗水量。同时，由于加入了气洗，冲洗时滤料的膨胀度要求降低，较小的膨胀度减缓了滤层产生上细下粗的现象，即保持了原来的滤层结构，从而提高了滤层的含污能力。气水反冲洗的效果在于：利用上升的气泡的振动可以有效地将附着于滤料表面的杂质剥离，故水洗强度可以降低，即可以采用较低的冲洗强度。气水反冲洗操作方式有：先气冲，然后水冲；先气冲，然后气水同时反冲，最后水冲。

对于双层或多层滤料来说,采用气水反冲洗在冲洗效果、减少冲洗时间、降低冲洗水量及避免混层等方面比单水反冲洗有优势。气水反冲洗后出水浊度的下降速度比单水反冲洗快,主要是因为滤料层的膨胀度随反冲洗气洗强度的增大变化较小,而单水反冲洗时水洗强度的增加使滤料层的膨胀度增长幅度大,减少了颗粒之间的碰撞作用,浊质颗粒不易与滤料分离。混层现象明显,再加上水力分级作用,这将大大影响双层滤料的过滤性能。在耗水量方面,单水反冲洗的耗水量远大于气水反冲洗。单水反冲洗时,虽然水流强度大,悬浮物所受剪力增大,但是滤料层膨胀度的增加使滤料颗粒之间的碰撞、摩擦减少,综合效果较差。

普通快滤池的运行经验表明,单水反冲洗时冲洗强度为 $12 \sim 14L/(s \cdot m^2)$,冲洗历时 $5 \sim 6min$ 较为合适,滤层的膨胀度为 $45\% \sim 55\%$。当采用气水反冲洗时,冲洗强度一般为空气 $10 \sim 20L/(s \cdot m^2)$、水 $4 \sim 8L/(s \cdot m^2)$,冲洗时间 $6 \sim 10min$,滤层膨胀度减少到 25% 左右。气水反冲洗时水流强度较小,无烟煤滤料层膨胀度也较小,空气又占据了一部分滤料孔隙,因而此时孔隙中水流速度远远大于表观反冲洗流速,对滤料颗粒产生了较大的剪力,由于颗粒密集,碰撞摩擦的概率增大,可以充分发挥碰撞作用。目前,基于较好的反冲洗效果,气水反冲洗的应用正越来越普遍。

(2)排水系统

滤池反冲洗废水由冲洗排水槽和排水渠排出。在过滤时,它们往往也是分布待滤水的设备。

1)系统结构

反冲洗时,反冲洗废水由冲洗排水槽两侧溢入槽内,各槽内的尾水汇集到排水渠,再由排水渠末端排水竖管排入下水道,见图 8-32 与图 8-33。

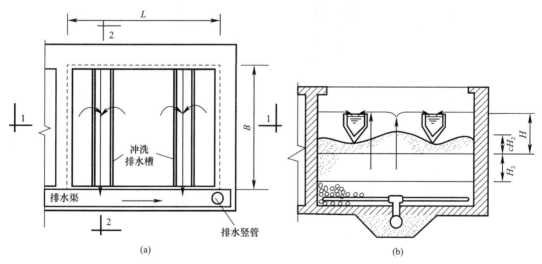

图 8-32 排水系统结构图

(a) 平面图;(b) I-I 剖面图

2)设计要求

为达到及时均匀地排出反冲洗废水,冲洗排水槽设计必须符合以下要求:

① 反冲洗废水应自由跌入冲洗排水槽。槽内水面以上一般要有 7cm 左右的保护高度

以免槽内水面和滤池水面连成一片，使冲洗均匀性受到影响。

② 冲洗排水槽内的水，应自由跌入排水渠，以免排水渠干扰冲洗排水槽出流，引起壅水现象。

③ 每单位长度的溢入流量应相等。

④ 冲洗排水槽在水平面上的总面积一般不大于滤池面积的 25%，以免反冲洗时，槽与槽之间水流上升速度会过分增大，以致上升水流均匀性受到影响。

⑤ 槽与槽中心间距一般为 1.5～2.0m。间距过大，从离开槽口最远一点和最近一点流入冲洗排水槽的流线相差过远，也会影响排水均匀性。

⑥ 冲洗排水槽高度要适当。槽口太高，反冲洗废水排除不净；槽口太低，会使滤料流失。

（3）冲洗水的供给

冲洗水的供给方式有两种：一是利用高位水箱，二是利用冲洗水泵。滤池反冲洗所需流量由冲洗强度和滤池面积决定，反冲洗所需的总水量则由冲洗时间乘以冲洗流量得出。冲洗水量和水头要求尽量保持稳定，以保证滤层在稳定的膨胀度条件下冲洗干净，不至于使滤料冲走。

采用高位水箱供给滤池冲洗水时，布置如图 8-34 所示。水箱贮存的水量至少应为滤池冲洗水量的 1.5 倍。水箱水深一般不超过 3m，以免造成反冲洗过程中流量和水头变化过大。每次反冲洗完毕后，一般采用功率较小的专用水泵从清水池向水箱充水。由于高位水箱容量较大，所以其基础造价较高。

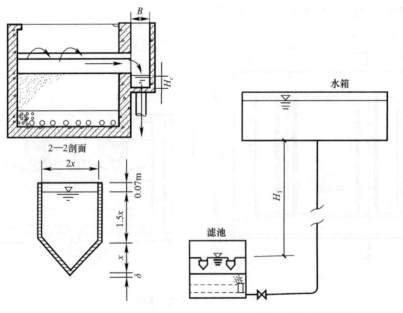

图 8-33　排水槽剖面图　　　图 8-34　高位水箱供给滤池冲洗水

采用水泵冲洗滤池时，布置如图 8-35 所示。和高位水箱供给滤池冲洗水相比，水泵冲洗建造费用低且可以连续冲洗好几个滤池，在反冲洗过程中冲洗强度的变化也比较小。但是冲洗水泵在短时间内要消耗大量的功率，易造成电网负荷极不均匀。

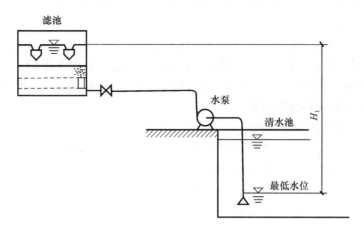

图 8-35　水泵供给滤池冲洗水

8.8.6　不同类型滤池的构造及其特点

（1）普通快滤池

普通快滤池是应用历史最久，最为典型的过滤设施。因其有 4 个阀门（进水阀、出水阀、反冲洗进水阀、排水阀），所以也称为四阀滤池，如果将其进水阀和排水阀改为虹吸管，则变为双阀滤池。为强化反冲洗效果，节省反冲洗耗水量，采用气水联合反冲洗成为流行趋势，普通快滤池还可以增加 1 个反冲洗进气阀。普通快滤池的优点是：运行经验成熟，运行方式灵活，适应水量和水质变化能力强；缺点是：阀门较多，操作复杂。鸭舌阀式双阀滤池和虹吸管式双阀滤池均为普通快滤池的变型。四格以上无阀滤池总体为等速过滤，单格实际为减速过滤，滤速随着过滤时间延长逐渐变小，减少的过滤水量则由其余滤格承担，这种滤格间的自动调整可保证供水量的稳定。普通快滤池的构造如图 8-36 所示。

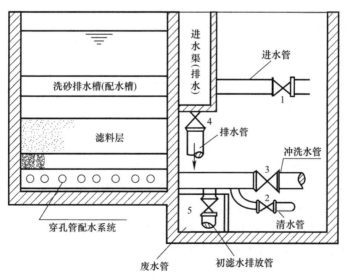

图 8-36　普通快滤池构造示意图

1—进水阀；2—清水阀；3—冲洗阀；4—排水阀；5—初滤水排放阀

1）普通快滤池的组成

普通快滤池由三部分组成：一是滤池本体，包括滤床（滤料层和承托层）、洗砂排水槽、排水渠、配水配气系统等；二是进出水管线，包括进水管、出水管、冲洗进水管、冲洗排水管、冲洗进气管和初滤水排放管，以及上述管线上的阀门；三是冲洗设备，包括冲洗水泵（或高位水塔）和冲洗风机。

2）普通快滤池的特点及参数

① 滤池的个数及布置：个数不得少于两个。滤池的分格数少于 5 格时宜采用单行排列，反之可以采用双行排列。单个滤池面积大于 50m² 时，管廊中可设置中央集水渠。

② 滤池的工作周期一般为 12～24h，随着进水浊度的降低，滤池的工作周期相应地可以延长。具体工作周期应根据水头损失值和出水最高浊度确定，反冲洗前的水头损失最大值一般为 2.0～2.5m。

③ 对于单层石英砂滤池，滤速一般采用 8～10m/h，当对出水水质有较高要求时，滤速应适当降低。滤料组成及滤速可参照表 8-13 确定。

滤料组成及滤速

表 8-13

滤料种类	滤料组成			正常滤速（m/h）
	粒径（mm）	不均匀系数 K_{80}	厚度（mm）	
单层滤料	石英砂 $d_{10}=0.8$	<2.0	700	8～10
双层滤料	无烟煤 $d_{10}=1.8$	<2.0	300～400	9～12
	石英砂 $d_{10}=0.8$	<2.0	700	

④ 承托层可用卵石或碎石分层铺设。自下而上，第一层高度应高于配水孔眼 100mm，粒径 16～32mm；第二层厚度 100mm，粒径 8～16mm；第三层厚度 100mm，粒径 4～8mm；第四层厚度 100mm，粒径 2～4mm。

⑤ 冲洗强度及冲洗时间，一般按照表 8-14 采用。

冲洗强度及冲洗时间

表 8-14

类别	冲洗强度 [L/(s·m²)]	膨胀度（%）	冲洗时间（min）
石英砂滤料	8～10	30～40	7～5
双层滤料	6.5～10	35～45	8～6

3）普通快滤池的工作过程

① 过滤过程

过滤时，进水支管和清水支管上的阀门打开，冲洗水（气）支管、初滤水排放管和排水渠排水管上的阀门关闭。待滤水经进水总渠、进水阀门、冲洗排水槽流入滤池，均匀分布到整个砂面上，经过滤料层、承托层后，由配水系统的配水支管汇集起来再经配水干渠（管）、清水支管、清水总渠流往清水池。

在过滤过程中，水流经过滤料层时，水中杂质颗粒被吸附截留，随着滤料层中杂质数量的不断增加，砂粒间的孔隙不断减小，滤料层中水头损失值不断递增。一般当这一水头损失增至一定数值时，或由于滤后水水质不符合要求时，过滤过程结束，滤池须进行反冲洗。

② 反冲洗过程

反冲洗过程，就是把截留在滤料层中的杂质冲洗下来的过程。其流程与过滤流程完全相反，冲洗水是用过滤后的清水，反冲洗过程如下：关闭进水管上的阀门，让滤池内的待滤水继续过滤到一定水位。然后关闭清水管上的阀门，停止过滤。开启排水渠排水管上的阀门。开启冲洗水管上的阀门，让冲洗水进入滤池进行冲洗。冲洗水由冲洗水总管、支管，经配水系统的干管、支管及支管上的许多孔眼流出，自下而上穿过承托层及滤料层，均匀地分布于整个滤池平面上。滤料层在自下而上均匀分布的水流中处于悬浮状态，滤料得到清洗。反冲洗废水流入冲洗排水槽，再经排水渠排出池外。

冲洗结束后，过滤重新开始。从停止过滤到冲洗完毕，一般需要 20～30min。如在开始过滤时出水水质较差，不允许进入清水池，则可以打开初滤水排放管上的阀门同时关闭清水管上的阀门，让初滤水排入废水渠，直至出水水质符合要求为止（或反冲洗后，让滤池静置 10～20min 后，缓慢打开清水管上的阀门，待滤后水水质符合标准后，再逐渐加大开启度）。

滤池的过滤、反冲洗构成了滤池工作的一个循环，这个循环所需的时间就是滤池的工作周期。滤池工作周期的长短受很多因素影响，应根据滤池实际运行状况确定。

(2) V 型滤池

V 型滤池的重要特点是设置了 V 型进水槽，用于反冲洗时表面扫洗，也叫均粒滤料滤池，反冲洗强度低，滤料不乱层，重新过滤时，不会产生短流现象。V 型滤池是我国于 20 世纪 80 年代末从法国 Degremont 公司引进的技术。

1) V 型滤池的组成

图 8-37 为 V 型滤池构造简图。通常一组滤池由数只组成。每只滤池中间为双层中央渠道，将滤池分为左右 2 格。渠道上层是排水渠 7 供反冲洗排污用；下层是气、水分配渠 8，过滤时汇集滤后清水，反冲洗的分配气和水。气、水分配渠 8 上部设有一排配气小孔 10，下部设有一排配水方孔 9。V 型槽底设有一排小孔，既可作过滤时进水用，反冲洗时又可供横向扫洗布水用，这是 V 型滤池的一个特点。滤板上均匀布置长柄滤头，每平方米约布置 50～60 个。滤板下部是底部空间 11。

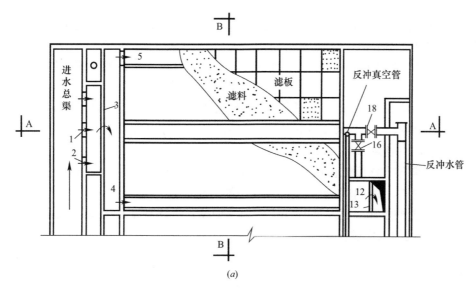

图 8-37 V 型滤池构造简图（一）

(a) 平面图

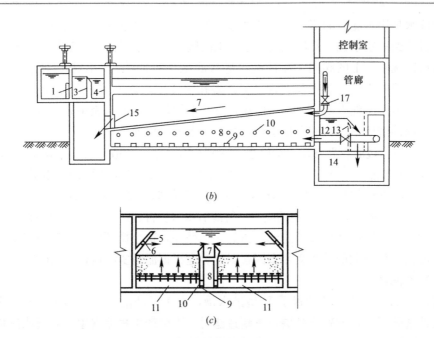

图 8-37　Ｖ型滤池构造简图（二）

(*b*) A-A 剖面图；(*c*) B-B 剖面图

1—进水气动隔膜阀；2—方孔；3—堰口；4—侧孔；5—Ｖ型槽；6—小孔；7—排水渠；8—气、水分配渠；
9—配水方孔；10—配气小孔；11—底部空间；12—水封井；13—出水堰；14—清水渠；15—排水阀；
16—清水阀；17—进气阀；18—冲洗水阀

2) Ｖ型滤池的特点及参数

① 滤速可达 7～20m/h，一般为 12.5～15.0m/h。

② 采用单层加厚均粒滤料，粒径一般为 0.95～1.35mm，允许扩大到 0.7～2.0mm，不均匀系数在 1.2～1.6 或 1.8 之间。

③ 对于滤速在 7～20m/h 之间的滤池，其滤层高度在 0.95～1.5m 之间选用，对于更高的滤速滤层高度还可相应增加。

④ 底部采用带长柄滤头底板的排水系统，不设砾石承托层。滤头采用网状布置，约 55 个/m²。

⑤ 反冲洗一般采用气冲、气水同时反冲和水冲三个过程，反冲洗效果好，大大节省反冲洗水量和电耗，气洗强度为 13～16L/(s·m²)，水洗强度为 3.6～4.1L/(s·m²)，表面扫洗用原水，一般为 1.4～2.2L/(s·m²)。

⑥ 整个滤料层在深度方向的粒径分布基本均匀。在反冲洗过程中滤料层不膨胀，不发生水力分级现象，保证深层截污，滤层含污能力高。

⑦ 滤层以上的水深一般大于 1.2m，反冲洗时水位下降到排水槽顶，水深只有 0.5m。

3) Ｖ型滤池的工作过程

① 过滤过程

待滤水由进水总渠经进水阀和方孔后，溢过堰口再经侧孔进入被待滤水淹没的 Ｖ型槽，分别经槽底均匀的配水方孔和 Ｖ型槽堰进入滤池，被均质滤料滤层过滤的滤后水经长柄滤头流入底部空间，由方孔汇入气、水分配渠，再经管廊中的水封井、出水堰、清水渠流入清水池。

②反冲洗过程

关闭进水阀，但有一部分进水仍从两侧常开的方孔流入滤池，由V型槽一侧流向排水渠一侧，形成表面扫洗。而后开启排水阀将池面水从排水槽中排出直至滤池水面与V型槽顶相平，反冲洗过程常采用"气冲→气水同时反冲→水冲"三步。

气冲：打开进气阀，开启供气设备，空气经气、水分配渠上部的小孔均匀进入滤池底部，由长柄滤头喷出，将滤料表面杂质擦洗下来并悬浮于水中，被表面扫洗水冲入排水槽。

气水同时反冲：在气冲的同时启动冲洗水泵，打开冲洗水阀，冲洗水也进入气、水分配渠，气、水分别经小孔和方孔流入滤池底部配水区，经长柄滤头均匀进入滤池，滤料得到进一步冲洗，表面扫洗仍继续进行。

停止气冲，单独水冲：表面扫洗仍继续，最后将水中杂质全部冲入排水槽。

8.9 臭氧-生物活性炭工艺

近年来，随着水源水污染的不断加剧以及饮用水水质标准的日益提高，以往常用的混凝、沉淀、过滤技术已经不能满足现状水源水处理要求，强化预处理工艺、强化常规处理工艺和深度处理工艺是今后给水设计中的主要发展方向。其中臭氧-生物活性炭技术是一种非常有效的处理手段，已逐渐在新建水厂和水厂提标改造中广泛应用。

8.9.1 臭氧-生物活性炭工艺原理

（1）臭氧-生物活性炭的工艺流程

臭氧-生物活性炭工艺主要是利用臭氧的预氧化作用和生物活性炭滤池的吸附降解作用达到去除水源水中有机物的效果。常见的臭氧-生物活性炭工艺流程如下：

$$\downarrow O_2$$
$$臭氧发生器$$
$$\downarrow O_3$$

原水→混凝→沉淀→过滤→臭氧反应器→生物活性炭滤池→消毒→出水

在臭氧-生物活性炭工艺中，投加臭氧主要有两种作用：一方面臭氧作为一种强氧化剂将溶解态和胶状大分子有机物转化成较易生物降解的小分子有机物，这些小分子有机物可以作为生物活性炭滤池中炭床上生物生长繁殖的养料；另一方面臭氧在微生物活性炭滤池中会被还原成氧气，提高了滤池中的溶解氧浓度，为生物膜的良好运行提供了有利的外部环境。

活性炭空隙多、比表面积大，能够迅速吸附水中的溶解性有机物，同时也能富集水中的微生物，而被吸附的溶解性有机物也为维持炭床中微生物的生命活动提供了营养源。只要供氧充分，炭床中大量生长繁殖的好氧菌生物降解所吸附的小分子有机物，这样就在活性炭表面生长出了生物膜，形成生物活性炭，该生物膜具有氧化降解和生物吸附的双重作用。活性炭对水中有机物的吸附和微生物的氧化分解是相继发生的，微生物的氧化分解作用，使活性炭的吸附能力得到恢复，而活性炭的吸附作用又使微生物获得丰富的养料和氧气，两者相互促进，形成相对平衡状态，得到稳定的处理效果，从而大大延长了活性炭的再生周期。活性炭附着的硝化菌还可以转化水中的氨氮化合物，降低水中的 NH_3-N 浓度，生物活性炭通过有效去除水中有机物和嗅味，从而提高饮用水化学、微生物学安全性。

（2）生物活性炭具有如下优点：

1）增加水中溶解性有机物的去除率，提高出水水质；

2）延长了活性炭的再生周期，减少了运行费用；

3）水中氨氮和亚硝酸盐氮可被生物氧化为硝酸盐，从而减少了后氯化的投氯量，降低了三卤甲烷的生成量；

4）有效去除水中可生化有机物（BDOC）和无机物（NH_3-N、NO_2-N、Fe、Mn 等），提高了出厂水的生物稳定性。生物活性炭的前提条件是应避免预氯化处理，否则影响微生物在活性炭上的生长。

8.9.2　臭氧系统

（1）氧气气源

目前水厂运行中臭氧主要是依靠臭氧发生器利用氧气来制备，常见的氧气气源主要有：压缩空气气源、购买液氧气源、现场制氧气源。

压缩空气气源通过鼓风机、净气装置、冷凝装置等，将处理后的空气送入臭氧发生器，通过高压放电获得臭氧。采用空气作为气源，其最大优点是空气易获得，但其缺点也很明显，主要表现在臭氧发生器的臭氧浓度（质量比）较低，一般仅为3%；效率也较低，相应能耗和电耗较高。

购买液氧为气源所获得的臭氧浓度较高，一般为10%甚至更高。当由液氧蒸发供氧时，纯度高达99%以上，通常需要补充少量氮气（约3%）；亦可采用经处理过的空气补充。从运行角度讲，购买液氧方式的优点非常明显，因为相关设备都是租用的，设备维护和维修均由厂家直接负责，提高了设备的安全性与可靠性。

现场制氧有两种运行方式：一是租用设备，由出租方运行。二是购买设备，水厂自行运行。比较常用的是租用制氧设备。购买或租用一套制氧设备安装在现场，即时制取纯氧供给臭氧发生器，这样也能获得高浓度的臭氧。

液态氧气源制备流程见图8-38。

（2）臭氧发生器

目前在我国的净水工艺中采用较多的是气相放电的无声放电法。无声放电法制备臭氧的原理见图8-39。

它由高压电极、接地电极和介电体组成。介电体与接地电极间的间隙一般为1~3mm，即臭氧发生区。当在两电极加入高电压后使得通

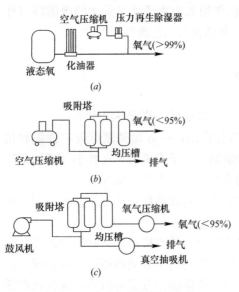

图 8-38　液态氧气源制备流程
（a）以液态氧为气源；（b）以 PSA 氧气（<50~100m³/h）为气源；（c）以 VPSA 氧气（>50~100m³/h）为气源

过两电极间隙的含氧气体发生无声放电，
形成氧离子，并且随着电流密度的增大，
氧离子浓度也急剧增加，这些氧离子不
仅同氧分子反应，而且相互之间也反应
生成臭氧。由于在臭氧生成过程中，伴
有弥散蓝紫色辉光的电晕现象，故又得
名电晕放电法。

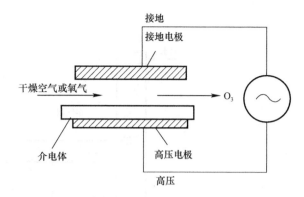

图 8-39　无声放电法制备臭氧原理图

氧分子通过高压放电区时，被高电
位电场电离而变成氧原子，一个原子与
一个氧分子结合，形成 O_3（臭氧）。臭
氧发生器的臭氧产量与质量分数，随着供气压力的增高而降低，其最佳工作压力一般为
0.12～0.13MPa。臭氧质量分数低，则臭氧发生器的能耗也低，但臭氧发生所消耗的氧气
量增加；臭氧质量分数高，则臭氧发生器的能耗也高，但臭氧发生所消耗的氧气量减少。
因此，设计选用臭氧质量分数时，应根据当地的电价和氧气价格，进行经济平衡比较后
确定。

臭氧需要量 Q_{O_3} 按下式计算：

$$Q_{O_3} = 1.06QC \tag{8-31}$$

式中　Q——处理水量，m^3/h；

　　　C——臭氧投加量，mg/L；

　　1.06——安全系数。

臭氧发生器的工作压力可根据接触池的深度按下式计算：

$$H > 9.8h_1 + h_2 + h_3 \tag{8-32}$$

式中　H——臭氧发生器的工作压力，kPa，一般在 58.8～88.2kPa 之间；

　　　h_1——臭氧接触器的水深，m；

　　　h_2——臭氧接触器布气元件的压降，kPa，一般取 9.8～14.7kPa；

　　　h_3——输气管道损失，kPa。

温升是影响臭氧产生和设备寿命的主要因素，所以一般需要冷却。臭氧产量与气源干
燥度成正比，即气源干燥度越高，每小时臭氧产量也就越高，所以对气源的净化干燥处理
是必不可少的。气源预处理还包括冷却、干燥、净化等步骤。

（3）臭氧接触设备

臭氧的应用都是通过臭氧与被反应介质充分混合反应来实施的，目前大型水厂采用较
多的是臭氧接触池来达到臭氧充分接触反应。后臭氧接触池一般由 2～3 段接触室串联而
成，由竖向隔板分开；每段接触室由布气区和后续反应区组成，并由竖向导流隔板分开。
池底部设置多孔扩散布气器，将臭氧化空气分散为细气泡，曝气盘的布置应能保证布气量
变化过程中的布气均匀，其中第一段接触室布气区的布气量宜占总布气量的 50% 左右。

总接触时间宜控制在 6～15min，其中第一段接触室的接触时间宜为 2min。臭氧接触
池的水深宜采用 5.5～6m，布气区的深度与长度之比应大于 4。图 8-40 为压力式臭氧接触
池，当中间几池顶部积有气体时，其中仍有一定比例的臭氧，用布气器引入进口，重新进
入臭氧接触池溶解，因而臭氧利用率较高。由于 N_2 不溶于水，经由进口排出。

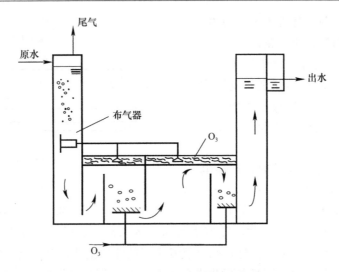

图 8-40 压力式臭氧接触池示意图

8.9.3 生物活性炭滤池

（1）生物活性炭滤池工艺结构

生物活性炭滤池是在活性炭滤池基础上改进的，结构可以是压力式固定床、管式混合器，也可以是接触氧化池（视规模而定），有的需要反冲洗系统。如图 8-41 所示。生物活性炭滤池运行周期很长，一般活性炭损耗只需补充活性炭。挂膜运行方法同普通生物滤池。

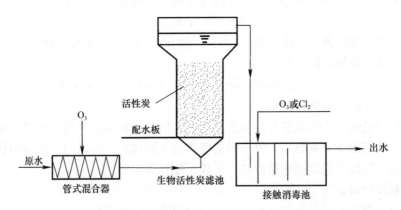

图 8-41 生物活性炭滤池工艺结构示意图

（2）生物活性炭滤池工艺参数

生物活性炭滤池工艺参数见表 8-15。

生物活性炭滤池工艺参数（参数校核）　　　　表 8-15

参数	参考值
活性炭粒径 d_1	0.9～1.2mm
运行周期	3～4 年
空床停留时间 t	20～30min

续表

参数	参考值
床高 h	2～4m
体积负荷 N_v	0.25～0.75kgBOD/(m³·d)
水力负荷 q	8～10m³/(m²·d)
冲洗周期	3～6d
冲洗强度	11～13L/(s·m²)
承托层粒径 d_2	2～16mm
承托层厚度	≥250mm

（3）生物活性炭 V 型滤池

生物活性炭 V 型滤池与普通 V 型砂滤池构造相似（见图 8-42），只是将砂层换成了活性炭层，但活性炭层较砂层厚，且采用较高目数的颗粒活性炭，以此延长运行周期。由于反冲洗时吸附层不膨胀，故整个吸附层在深度方向的粒径分布基本均匀，不会发生水力分级现象，使吸附层含污能力提高。生物活性炭 V 型滤池为了避免悬浮物和微生物产生的黏液堵塞活性炭层，必须重视反冲洗。

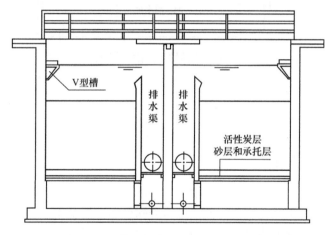

图 8-42 生物活性炭 V 型滤池剖面示意图

（4）上向流活性炭吸附池

活性炭滤池采用上向流方式，使之成为膨胀床，加大了炭层厚度，增加了吸附量。膨胀床使炭粒略悬浮于上升水流中，使得炭粒水流表面更新更快，炭粒对水中污染物的处理能力更强，能充分发挥吸附效率，减少消毒副产物的生成。活性炭滤池采用上向流方式，使臭氧化水质滤池表面路径变长，臭氧与活性炭或水中物质继续反应，将余臭氧消耗至最小，有效控制余臭氧逸出。上向流活性炭吸附池水头损失较小，其反冲洗可仅采用气冲方式，减少反冲洗过程，节约工程投资、运行费用和耗水量。上向流活性炭吸附池剖面如图 8-43 所示。

在选择上向流活性炭吸附池时，需考虑该种池型所形成的生物膜上活性生物量较多，呈现出微生物的多样性，可能存在致病菌等。此外，剑水蚤等活动能力强，常规水处理后还能有少数剑水蚤存活，其抗氯性很强，活性炭吸附池极易出现生物泄漏，增加了出水微生物超标的风险。因此，上向流活性炭吸附池后一般需要接砂滤池或超滤，用来截留活性炭吸附池剥落的生物膜、臭氧氧化可能产生的浊度，并成为截留小分子有机物的最后屏障；同时还需要控制沉淀池浊度，一般活性炭吸附池进水浊度要小于 1NTU，否则活性炭吸附池难以发挥作用。

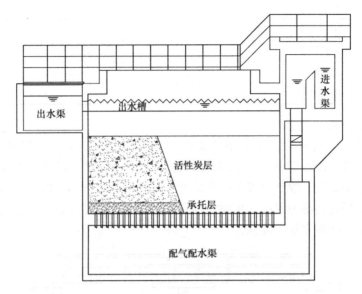

图 8-43　上向流活性炭吸附池剖面示意图

8.10　膜处理

8.10.1　膜处理技术概述

膜技术是 21 世纪水处理领域的关键技术，也是近年来水处理领域的研究热点。膜分离可以完成其他过滤所不能完成的任务，可以去除更细小的杂质，可去除溶解态的有机物和无机物，甚至是盐。膜分离是指在某种外加推动力的作用下，利用膜的透过能力，达到分离水中离子或分子以及某些微粒的目的。利用压力差的膜法有微滤、超滤、纳滤和反渗透。

（1）膜分离法的特点

1）膜分离过程不发生相变化，能量转化率高；

2）分离和浓缩同时进行，可回收有价值的物质；

3）根据膜的选择透过性和膜孔径的大小及膜的荷电特性，可以将不同粒径、不同性质的物质分开，使物质纯化而不改变其原有的理化性质；

4）膜分离过程不会破坏对热不稳定的物质，高温下即可分离；

5）膜分离过程不需投加药剂，可节省原材料和化学药品；

6）膜分离适应性强，操作及维护方便，易于实现自控。

（2）膜分离法的比较

膜分离法的比较见表 8-16。

膜分离法的比较　　　　　　　　　　　　　　　　　　　表 8-16

名称	驱动力	操作压力（MPa）	基本分离机理	膜孔（nm）	截留分子量	主要分离对象
微滤	压力差	0.05～0.2	筛分	90000～150000	0.025～10μm	固体悬浮物、浊度、细菌等
超滤	压力差	0.1～0.6	筛分	10～1000	1000～30000	高分子化合物、病毒等
纳滤	压力差	1.0～2.0	筛分＋溶解/扩散	3～60	100～1000	病毒、硬度、部分盐等
反渗透	压力差	2.0～7.0	筛分＋溶解/扩散	<2～3	<100	小分子物质、无机离子等

（3）膜处理过程及性能

尽管四种膜分离法的分离机理等不尽相同，但它们的分离过程却基本相同，见图 8-44。原水从膜的一侧流过，部分水分子和小分子渗透到另一侧，即形成淡水水流，没有透过膜的水分子和大分子杂质则顺势流出，即形成浓水水流。

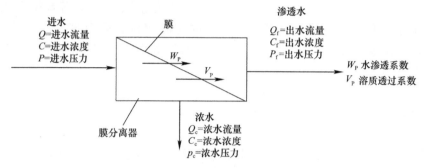

图 8-44　膜分离过程示意图

评价膜的性能的优劣主要考虑以下几个因素：1）截留分子量和截留率。截留分子量越小、截留率越高越好。2）水通量。在截留率一定的条件下，水通量越大越好。3）平均孔径和孔径分布。孔径分布越均匀越好。4）膜表面的物理化学性能，如亲水性和疏水性、荷电性等。5）其他性能，如耐热性和耐酸性等。6）强度、寿命等。

8.10.2　超滤

超滤膜具有精密的微细孔，超滤虽无去除无机盐和溶解性有机物等小分子的性能，但对于截留水中的细菌、病毒、胶体、大分子等微粒相当有效，而且操作压力低，设备简单。

超滤净化机理见图 8-45。在外力的作用下，被分离的溶液以一定的流速沿着超滤膜表面流动，溶液中的溶剂和低分子量物质、无机离子从高压侧透过超滤膜进入低压侧，并作为滤液而排出；而溶液中的高分子量物质、胶体微粒及微生物等被超滤膜截留，溶液被浓缩并以浓缩液形式排出。

图 8-45　超滤净化机理

影响超滤操作的主要因素有：

（1）料液流速。提高料液流速虽然对减缓浓差极化、提高透过通量有利，但需提高料液压力，增加能耗。一般紊流体系中流速控制在 1～3m/s，层流体系中流速小于 1m/s。

（2）操作压力。超滤膜透过通量与操作压力的关系取决于膜和凝胶层的性质。超滤过程为凝胶化模型，膜透过通量与压力无关，这时的通量称为临界透过通量。实际超滤操作应在极限透过通量附近进行，此时操作压力约为 0.5～0.6MPa。除了用于克服通过膜和凝胶层的阻力外，还要克服液流的沿程水头损失和局部水头损失。

（3）温度。操作温度主要取决于所处理的物料的化学、物理性质。由于高温可降低料液的黏度 μ，增加传质效率，提高透过通量，因此应在允许的最高温度下进行操作。温度 T 与扩散系数 D 的关系可用公式（8-33）表示。

$$\mu D/T = 常数 \tag{8-33}$$

（4）运行周期。随着超滤过程的进行，在膜表面逐渐形成凝胶层，使透过通量逐步下降，当透过通量达到某一最低数值时，就需要进行清洗，这段时间称为一个运行周期。运行周期的变化与清洗情况有关。

（5）进料浓度。随着超滤过程的进行，主体液流的浓度逐渐增高，此时黏度变大，使凝胶层厚度增大，从而影响透过通量。因此对主体液流应定出最高允许浓度。

超滤膜在饮用水处理中，用于对水中浊度、少量乳化液、微生物等颗粒的去除，以获得优质饮用水。低截留分子量（$500 \sim 800$）的超滤膜可去除色度 95%，去除 THM-FP80%，水的含盐量和硬度（去除率$<10\%$）只有轻微的变化。这对于高色度的饮用水处理是有效的。

8.11　消毒

经过混凝、沉淀和过滤等工艺后，水中悬浮颗粒大大减少，大部分黏附在悬浮颗粒上的致病微生物也随着浊度的降低而被去除。但尽管如此，消毒仍然是必不可少的，它是常规水处理工艺的最后一道安全保障工序，对保障安全用水有着非常重要的意义。

消毒的方法有化学消毒法和物理消毒法。化学消毒法主要分为两大类：氧化型消毒剂与非氧化型消毒剂。前者包含了目前常用的大部分消毒剂，如氯、次氯酸钠、二氧化氯、臭氧等；后者包含了一类特殊的高分子有机化合物和表面活性剂，如季铵盐类化合物等。物理消毒法一般是利用某种物理效应，如超声波、电场、磁场、辐射、热效应等的作用，干扰破坏微生物的生命过程，从而达到灭活水中病原体的目的。

8.11.1　液氯消毒

氯气为黄绿色气体，密度（3.214g/L）比空气大，熔点为$-101.0℃$，沸点为$-34.4℃$，有强烈的刺激性气味。氯气分子由两个氯原子组成，易溶于水（20℃、98kPa时，溶解度为 7160mg/L），易溶于碱液，易溶于四氯化碳、二硫化碳等有机溶剂。常温常压下，液氯极易汽化。为了方便储存与运输，通常将氯气液化后储存在钢瓶内，干燥氯气常温下 $8 \sim 10$ 个大气压或一个大气压下冷却至$-35 \sim -40℃$即成液体。

氯原子的最外电子层有 7 个电子，在化学反应中容易结合一个电子，使最外电子层达到 8 个电子的稳定状态，因此氯气具有强氧化性，能与大多数金属和非金属发生化合反应。

氯气遇水生成盐酸（HCl）和次氯酸（HOCl），次氯酸不稳定易分解放出游离氧，所以氯气具有漂白性（比 SO_2 强且加热不恢复原色）。反应的化学方程式如下：

$$Cl_2 + H_2O \Longrightarrow HOCl + HCl \tag{8-34}$$

$$HOCl \Longrightarrow H^+ + OCl^- \tag{8-35}$$

其平衡常数为：

$$K_i = \frac{[H^+][OCl^-]}{[HOCl]}$$ (8-36)

在不同温度下次氯酸离解平衡常数见表8-17。

次氯酸离解平衡常数   表 8-17

温度（℃）	0	5	10	15	20	25
K_i	2.0	2.3	2.6	3.0	3.5	3.7

HOCl 与 OCl⁻ 的相对比例取决于温度与 pH 值。图 8-46 表示 0℃ 与 20℃ 时，不同 pH 值时 HOCl 与 OCl⁻ 的比例。pH 值越高，OCl⁻ 所占比例越高。pH 值大于 9 时，OCl⁻ 接近 100%。pH 值小于 6 时，HOCl 接近 100%。当 pH 值等于 7.54 时，两者比例相当。

氯气也能和很多有机物发生加成或取代反应，在生活中有广泛应用。氯气具有较大的毒性，曾被用作军用毒气。

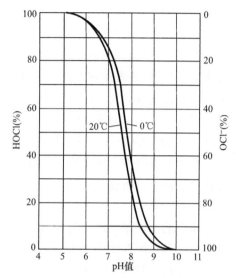

图 8-46 不同 pH 值和水温时，
水中 HOCl 与 OCl⁻ 的比例

8.11.2 次氯酸钠消毒

（1）次氯酸钠的性质

固体次氯酸钠（NaOCl）为白色粉末。次氯酸钠的溶解液呈微黄色，有非常刺鼻的类似于氯气的气味。

次氯酸钠具有腐蚀性及强氧化性。含有效氯 100～104g/L 的次氯酸钠会逐渐分解，分解的速度取决于溶液的浓度、游离碱含量，遇光或加热会加速分解。次氯酸钠溶解于水，生成烧碱和次氯酸，其反应的化学方程式如下：

$$NaOCl + H_2O \rightleftharpoons HOCl + NaOH$$ (8-37)

次氯酸钠既有10%浓度的次氯酸钠成品溶液出售，又有次氯酸钠发生器现场电解一定浓度的食盐水制备。考虑到次氯酸钠易分解的特点，自来水厂消毒用的次氯酸钠一般现场由次氯酸钠发生器制备。

（2）氯及次氯酸钠的消毒原理

无论是用氯还是次氯酸钠消毒，一般认为主要是通过次氯酸（HOCl）起作用。次氯酸不仅可与细胞壁发生作用，且因分子小、不带电荷，故侵入细胞内与蛋白质发生氧化作用或破坏其磷酸脱氢酶，使糖代谢失调而致细胞死亡。而 OCl⁻ 因为带负电，难于接近到带负电的细菌表面，所以 OCl⁻ 的灭活能力要比 HOCl 差很多。生产实践证明，pH 值低时，消毒能力强，证明 HOCl 是消毒的主要因素。因为有相似的消毒原理，所以氯（Cl₂）和次氯酸钠（NaOCl）都是广义的氯消毒的范畴。

很多地表水源由于有机物的污染而含有一定量的氨氮。氯或次氯酸钠消毒生成的次氯酸（HOCl）加入这种水中，发生如下的反应：

$$NH_3 + HOCl \rightleftharpoons NH_2Cl + H_2O \tag{8-38}$$

$$NH_2Cl + HOCl \rightleftharpoons NHCl_2 + H_2O \tag{8-39}$$

$$NHCl_2 + HOCl \rightleftharpoons NCl_3 + H_2O \tag{8-40}$$

从上述反应可知：次氯酸（HOCl）、一氯胺（NH_2Cl）、二氯胺（$NHCl_2$）、三氯胺（NCl_3）同时存在于水中，它们在平衡状态下的含量比例取决于消毒剂、氨的相对浓度以及 pH 值和温度。一般来讲，当 pH 值大于 9 时，主要是 NH_2Cl；当 pH 值等于 7 时，NH_2Cl、$NHCl_2$ 同时存在，近似等量；当 pH 值小于 6.5 时，主要是 $NHCl_2$；而 NCl_3 只有在 pH 值小于 4.5 时才会存在。

在不同比例的混合物中，其消毒效果是不同的。或者说，消毒的主要作用来自于 HOCl，氯胺的消毒作用来自于上述反应中维持平衡所不断释放出来的 HOCl。因此氯胺的消毒比较缓慢，需要较长的接触时间。有试验结果表明，用氯消毒，5min 可以灭活 99% 以上的细菌；而用氯胺时，相同条件下，5min 仅仅可以灭活 60% 的细菌；如要达到灭活 99% 以上的细菌，需要将水与氯胺的接触时间延长到十几个小时。

水中的氯胺称为化合性氯或结合氯。为此可以将水中的氯消毒分为自由性氯消毒与化合性氯消毒，自由性氯消毒效果要好于化合性氯消毒，但化合性氯消毒的持续性较好。

（3）加氯量

水中的加氯量可以分为两部分，即需氯量与余氯。需氯量指用于灭活水中微生物、氧化有机物和还原性物质等所消耗的部分。为了抑制水中残余病原微生物的再度繁殖，管网中需要保留少量的余氯。我国《生活饮用水卫生标准》GB 5749—2006 中规定：出厂水游离性余氯在接触 30min 后不应低于 0.3mg/L，管网末梢不应低于 0.05mg/L。

以下分析不同情况下加氯量与余氯量之间的关系：

1）如水中无微生物、有机物和还原性物质等，则需氯量为 0，加氯量等于余氯量，如图 8-47 中的虚线①，该线与坐标轴成 45°角。

2）事实上天然水特别是地表水源多少已受到有机物和细菌等污染，加氯量必须超过需氯量，才能保证一定的余氯量。当水中有机物较少，且主要不是游离氨和含氮化合物时，需氯量 OM 满足以后就会出现余氯，如图 8-47 中的实线②。这条曲线与横坐标轴交角小于 45°，其原因为：

① 水中有机物与氯作用的速度有快有慢。在测定余氯时，有一部分有机物尚在继续与氯作用中。

② 水中余氯有一部分会自行分解，如次氯酸由于受水中某些杂质或光线的作用，产生如下的催化分解：

$$2HOCl \longrightarrow 2HCl + O_2 \tag{8-41}$$

3）当水中的有机物主要是氨和含氮化合物时，情况比较复杂。其实际需氯量满足后，加氯量增加，余氯量增加，但是后者增长缓慢，一段时间后，加氯量增加，余氯量反而下降，此后加氯量增加，余氯量又上升，此折点后自由性余氯出现，继续加氯消毒效果最好，即折点加氯。如图 8-48 所示。

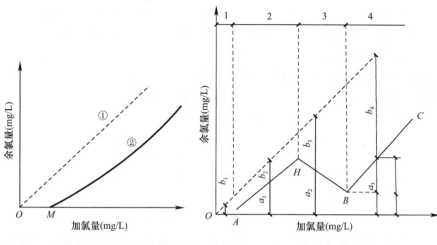

图 8-47　加氯量与余氯量的关系　　　图 8-48　折点加氯

① *OA* 段，水中杂质把氯消耗尽，余氯量为零，消毒效果不可靠；

② *AH* 段，加氯后，氯与氨反应，生成有一定消毒效果的化合性氯（氯胺）；

③ *HB* 段，加氯后，化合性氯（氯胺）被氧化成不起消毒作用的物质，余氯反而逐渐减少，直到 *B* 点，*B* 点称为折点；

④ *BC* 段，加氯后，没有消耗氯的杂质，此时所增加的氯为自由性余氯，加氯量超过折点称为折点加氯。

上述曲线的测定，应结合生产实际进行。加氯工序的主要任务是如何控制加氯量和余氯量。

（4）加氯点的选择

加氯点的选择主要从加氯效果、卫生要求及设备维护等几个方面来考虑，大致情况如下：

1）过滤之后加氯。此时加氯点一般设置在滤池到清水池的管道上，或清水池的进口处，因为大部分消耗氯的物质已经被去除，所以加氯量比较小。滤后的消毒是饮用水处理的最后一步。

2）预氯化（也称为前氯化）：加混凝剂的同时加氯。预氯化可以氧化水中的有机物，提高混凝效果。用硫酸亚铁作为混凝剂时，预氯化可以将亚铁离子氧化为三价铁离子；预氯化也可以改善水处理构筑物的工作条件，防止沉淀池底泥的腐败及水厂内各类构筑物中滋生青苔；对于受污染水源，为避免氯消毒副产物的产生，预氯化应尽量取消。

3）中途补氯。当城市管网延伸很长，管网末梢的余氯量难以保证时，需要在管网中途补充加氯。中途的加氯点一般设在加压泵或者水库泵站内。

8.11.3　二氧化氯消毒

（1）二氧化氯的性质

二氧化氯（ClO_2）在常温常压下是一种黄绿色到橙黄色的气体，具有与氯气相似的刺激性气味，沸点为 11℃，凝固点为 −59℃。ClO_2 极易溶于水，其溶解度约为氯气的 5 倍。ClO_2 极不稳定，其水溶液在较高温度与光照下会生成 ClO_2^- 与 ClO_3^-，在水处理中 ClO_2

参加氧化还原反应也会生成 ClO_2^-。ClO_2 溶液浓度在 $10g/L$ 以下时没有爆炸危险，水处理中 ClO_2 浓度远低于 $10g/L$。ClO_2 在水中以溶解气体存在，不发生水解反应。

（2）二氧化氯的制备方法

制取 ClO_2 的方法较多。在给水处理中，制取方法主要有：

1）用亚氯酸钠（$NaClO_2$）和氯（Cl_2）制取，反应如下：

$$Cl_2 + H_2O \longrightarrow HOCl + HCl$$

$$\frac{HOCl + HCl + 2NaClO_2 \longrightarrow 2ClO_2 + 2NaCl + H_2O}{Cl_2 + 2NaClO_2 \longrightarrow 2ClO_2 + 2NaCl} \tag{8-42}$$

2）用强酸与亚氯酸钠（$NaClO_2$）反应制取，反应如下：

$$5NaClO_2 + 4HCl \longrightarrow 4ClO_2 + 5NaCl + 2H_2O \tag{8-43}$$

$$5NaClO_2 + 2H_2SO_4 \longrightarrow 4ClO_2 + 2Na_2SO_4 + NaCl + 2H_2O \tag{8-44}$$

以上两种制取方法各有优缺点。采用强酸与亚氯酸钠反应制取 ClO_2，方法简便，产品中无自由氯，但 $NaClO_2$ 转换成 ClO_2 的理论转化率仅为 80%；而采用氯与亚氯酸钠制取 ClO_2 时，理论转化率为 100%（该方法比较具有应用性）。

（3）二氧化氯消毒的特点

二氧化氯既是消毒剂，又是氧化能力很强的氧化剂。作为消毒剂，ClO_2 对细菌的细胞壁有较强的吸附与穿透能力，从而有效地控制微生物蛋白质的合成，对细菌、病毒等有很强的灭活能力，其最大的优点是不会和水中的有机物作用生成 THMs。同时，ClO_2 具有很强的漂白能力，还可以去除色度等。

8.11.4　臭氧消毒

（1）臭氧的性质

在常温常压下，臭氧是淡蓝色的具有强烈刺激性气味的气体。臭氧的密度为空气的 1.7 倍，易溶于水。臭氧是一种活泼的不稳定气体，在水中或空气中均易分解为 O_2。臭氧具有较强的氧化性，它的氧化能力高于氯和二氧化氯。臭氧对人体健康有影响，空气中臭氧浓度达到 $1000mg/L$ 即有致命危险，故在水处理中产生的臭氧尾气必须进行处理。

（2）臭氧的制备方法

臭氧的产生方式主要有：电晕放电法、电解法、紫外线法、核辐射法、等离子体法等。通常借助无声放电作用从氧气或空气制备臭氧，臭氧发生器即根据这一原理制造。利用臭氧和氧气沸点的差别，通过分级液化可得到浓集的臭氧。在紫外线辐射下，通过电子放射或暴晒从双原子氧气可自然形成臭氧。

工业上，用干燥的空气或氧气，采用 $5\sim25kV$ 的交流电压进行无声放电制取。另外，在低温下电解稀硫酸，或将液体氧气加热都可制得臭氧。食品、医院及制药等企业已经投入应用的臭氧发生技术主要有电晕放电法和电解法。

（3）臭氧消毒的特点

臭氧作为消毒剂或氧化剂的主要优点是不会产生 THMs 和 HAAs 等消毒副产物；其杀菌和氧化能力均比氯强；此外，臭氧消毒后的水口感好，不会产生氯及氯酚等臭味。但臭氧在水中很不稳定，易分解，故经过臭氧消毒后，管网水中无余量，为了维持管网中消毒剂的余量，通常在臭氧消毒后再投加少量氯或氯胺。

8.11.5 其他消毒方法

（1）氯胺消毒

氯胺保持着氯的氧化能力。将氯加到含氨氮的水中，或氯和氨（液氨、硫酸铵等）以一定质量比投加，都可以生成氯胺而起消毒作用。氯胺消毒的特点是，可减少氯仿生成量，避免加氯时产生的臭味。氯胺消毒作用缓慢，杀菌能力比自由氯弱，但杀菌持续时间较长，因此可控制管网中的细菌再繁殖。适用于原水中有机物较多、管网延伸较长的情况。

采用氯胺消毒时，接触时间不少于 2h，氯与氨的质量比一般为 3:1～6:1。当以防止出现氯臭为主要目的时，氯和氨之比应该小些；当以杀菌和维持余氯为主要目的时，氯和氨之比应该大些。氯和氨的投加方法相同，均可用加氯机投加。如以消毒为主，可先加氨后加氯；为防止产生氯酚味，或处理含藻水时，应先加氨后加氯。氯和氨先后投加时，应在第一种药剂与水充分混合后，再加入第二种药剂。

（2）漂白粉消毒

漂白粉是不含结晶水的氯化石灰，由氯气与石灰加工而成，分子式可简单地表示为 $CaOCl_2$，有效氯约为 30%。漂白精的分子式为 $Ca(OCl)_2$，有效氯约达 60%。两者均为白色粉末，有氯的气味，易受热和潮气的作用而分解，使有效氯降低，故必须放在阴凉干燥和通风良好的地方。漂白粉加入水中反应如下：

$$2CaOCl_2 + 2H_2O \longrightarrow 2HOCl + Ca(OH)_2 + CaCl_2 \tag{8-45}$$

反应后生成 HOCl，因此消毒原理与氯气相同。

漂白粉需配制成溶液投加，溶解时先调成糊状物，然后再加水配成浓度为 1.0%～2.0%（以有效氯计）的溶液。当投加在滤后水中时，溶液必须经过约 4～24h 澄清，以免杂质进入清水中；若加入浑水中，则配制后可立即使用。

漂白粉消毒一般用于小水厂或临时性供水。

（3）紫外线消毒

紫外线消毒的杀菌原理是利用紫外线光子的能量破坏水体中各种病毒、细菌及其他致病体的 DNA 结构。其机理很复杂，主要是使 DNA 中的各种结构键断裂或发生光化学聚合反应，达到灭菌消毒的效果。

紫外线杀菌效率高，且可去除部分有机物，所需接触时间短，不改变水的物理化学性质，但没有持续消毒作用，因此应后续加氯以防止管网水再度受到污染。紫外线消毒器已有多种产品供应，但紫外线消毒器的电耗较高，灯管的质量还有待提高。

目前，紫外线消毒主要适用于水质要求高的少量水消毒，以及漂白粉、氯气供应不足的偏远地区或处理后水中不允许含氯离子的情况。

8.12 水的特殊处理（地下水除铁、锰）

含铁和锰的地下水在我国分布广泛。水中含铁量高时，水有铁腥味，影响水的口味；而长期饮用含锰量较高的水，会给人体造成一定的影响；含铁、锰的水可使白色织物变黄，造成给水管道堵塞，给人们日常生活带来许多不便。国家规定生活用水中含铁不超过

0.3mg/L，含锰不超过 0.1mg/L。

（1）地下水除铁方法

除铁对象是溶解态的铁，主要包括：

1）以 Fe^{2+} 或水合离子形式存在的二价铁。水中的总碱度高时，Fe^{2+} 主要以重碳酸盐的形式存在。

2）Fe^{2+} 和 Fe^{3+} 形成的络合物。铁可以和硅酸盐、硫酸盐、腐殖酸、富里酸等络合成无机络合铁。

地下水除铁、锰是氧化还原反应过程。采用锰砂或锈砂（石英砂表面覆盖铁质氧化物）除铁、锰，实际上是一种催化氧化过程。去除地下水中的铁、锰，一般都利用同一原理，即将溶解态的铁、锰氧化成为不溶解的 Fe^{3+} 或 Mn^{4+} 化合物，再经过滤即达到去除目的。地下水除铁的工艺流程应按原水水质、处理后水质要求确定，采用较多的工艺流程是：原水→曝气→催化氧化→过滤。

（2）地下水除锰方法

铁和锰的化学性质相近，所以常共存于地下水中，但地下水除锰比除铁困难。除锰时所采用的工艺流程为：原水→曝气→催化氧化→过滤。

上述工艺适用于含铁量小于 2.0mg/L、含锰量小于 1.5mg/L 的水。

8.13 生产尾水的处理处置

常规净水工艺中的沉淀（澄清）和过滤，包括深度处理工艺，主要去除了原水中的悬浮物、胶体、有机微污染物等。悬浮物和胶体，在加入混凝剂后形成了絮凝颗粒，这些絮凝颗粒在沉淀（澄清）池中沉淀和在砂滤池中被截留，有机微污染物在深度处理滤池中被吸附、分解、截留。这些被沉淀和截留下来的物质通过沉淀（澄清）池的排泥及滤池的反冲洗过程进入到排泥水和反冲洗废水当中，因此排泥水和反冲洗废水成为生产尾水的最主要来源。

（1）排泥水水量及悬浮物浓度的确定

1）排泥水水量的确定

① 按排泥设备所提供的参数确定

一些排泥设备提供了排泥流量这一参数，例如平流沉淀池排泥机有虹吸式和泵吸式，铭牌数据上都提供了排泥流量这一数据。

② 根据相关水力公式计算

一些沉淀池排泥不是采用成套设备，例如穿孔排泥管排泥，这种排泥方式排泥流量与排泥水头的大小有关，可根据以下公式计算：

$$Q_1 = \mu A \sqrt{2gH} \tag{8-46}$$

式中 Q_1——排泥流量，m^3/s；

μ——流量系数，可参考设计手册确定；

A——过水断面面积，m^2；

g——重力加速度，m/s^2；

H——排泥水头，m。

2) 排泥水悬浮物浓度的确定

排泥水平均悬浮物浓度 C_1，除了通过实测法得到外，还可以根据以下公式计算：

$$C_1 = \frac{S_1}{nn'Q_1t_1} \times 10^6 \tag{8-47}$$

式中 C_1——t_1 时段内排泥水平均悬浮物浓度，mg/L；

S_1——沉淀池池底 1d 排出的干泥量，t/d；

n——池数；

n'——每池每天排泥次数；

t_1——每次排泥历时，h；

Q_1——t_1 时段内每池平均排泥流量，m³/h。

公式（8-47）中的 S_1 是从沉淀池池底排出的干泥量，在沉淀池出水浊度较低、原水浊度又较高时，沉淀池出水浊度所带走的干泥量可忽略不计，直接用原水浊度携带的干泥量 S 代替。干泥量可参考设计手册中的公式计算确定。

（2）反冲洗废水水量及悬浮物浓度的确定

1) 过滤周期的确定

影响过滤周期的因素有很多，目前确定过滤周期的方法主要有以下 3 种：

① 按滤池出水浊度控制

按滤池出水浊度控制滤池反冲洗周期能比较严格地控制滤池出水达到预定的出水水质目标。当出水水质超过设定水质浊度指标时，就自动进行反冲洗。实现这种控制，需要在每个滤格出水部位安装在线浊度仪。

② 按滤层水头损失控制

滤池的过滤水头确定后，留给滤层的水头损失也就随之确定了，随着过滤历时的增加，滤层水头损失不断增加，当滤层水头损失超过设定值时，就自动进行反冲洗。实现这种控制，需要在每个滤格设置专用的水头损失仪。

③ 按过滤历时控制

按过滤历时控制就是过滤进行到某一时间后，滤池就自动进行反冲洗，以过滤历时作为反冲洗信号。

2) 反冲洗废水水量的确定

① 单水反冲洗或先气冲后水冲

$$W_L = 0.06q_L A T_1 \tag{8-48}$$

式中 W_L——1 次反冲洗废水量，m³；

q_L——反冲洗强度，L/(s·m²)；

A——单格过滤面积，m²；

T_1——反冲洗历时，min。

② 气冲＋气水联合反冲＋水冲＋全程表面扫洗

$$W_L = 0.06A\left(q_L'\sum_{i=1}^{3}t_i + q_{L1}t_2 + q_{L2}t_3\right) \tag{8-49}$$

式中 W_L——1 次反冲洗废水量，m³；

q_L'——表面扫洗强度，L/(s·m²)；

q_{L1}——气水联合反冲洗水洗强度，L/(s·m²)；

q_{L2}——单水洗强度，L/(s·m²)；

A——单格过滤面积，m²；

t_1、t_2、t_3——反冲洗各阶段历时，min。

3）反冲洗废水悬浮物浓度的确定

反冲洗废水悬浮物浓度在反冲洗过程中是变化的，其平均值除了通过实测法得出外，还可以利用以下公式计算：

$$C_L = \frac{16.7vR(C_1' - C_L')}{q_L T_1}$$ (8-50)

式中 C_L——反冲洗废水悬浮物平均浓度，mg/L；

v——滤速，m/h；

R——过滤周期，h；

C_1'——滤池进水浊度，mg/L；

C_L'——滤池出水浊度，mg/L；

q_L——冲洗强度，L/(s·m²)；

T_1——反冲洗历时，min。

净水过程中产生的生产尾水，其所含物质主要包括原水中的悬浮物质、有机杂质和藻类等以及处理过程中形成的化学沉析物。沉淀（澄清）池排泥水中的物质主要由混凝剂形成的金属氧氢化合物和泥沙、淤泥以及无机物、有机物等组成。其特点是随原水水质变化而有较大的变化。原水水质的季节性变化可能对排泥水的水量和后续泥水的浓缩、脱水性能产生很大影响。高浊度原水产生的排泥水具有较好的浓缩和脱水性能；低浊度原水产生的排泥水浓缩和脱水较困难。一般来说，铁盐混凝形成的排泥水较铝盐更易浓缩，投加聚合物或石灰可提高浓缩性能。但沉淀（澄清）池排泥水的生物活性不强，pH 值接近中性。铝盐或铁盐形成的泥水，当含固率为 0~5% 时，呈流态；8%~12% 时，呈海绵状；18%~25% 时，呈软泥状；40%~50% 时，为密实状。滤池反冲洗废水的特点是含泥浓度低，一般含固率仅为 0.02%~0.05%。由于进入滤池的浊度相对稳定，因此其反冲洗废水的排放量变化较小。滤池反冲洗废水形成污泥的特性基本上与沉淀（澄清）池污泥相同。

有除铁或除锰处理工艺时，首先通过曝气或投加氧化剂氧化溶解态的铁和锰，形成氢氧化铁或二氧化锰，然后在沉淀池或滤池中去除。除铁或除锰形成的生产尾水呈红色或黑色。有软化工艺时，用石灰或苏打软化产生的生产尾水主要含碳酸钙、硫酸钙、氢氧化镁、硅、氧化铁、氧化铝以及未反应的石灰。软化产生的生产尾水相对较稳定，生物活性不强，pH 值高，一般比沉淀（澄清）池排泥水容易浓缩，脱水性能随截留的氢氧化镁浓度不同而有较大改变，当氢氧化镁含量低时，泥饼可脱水至含固率 60%，而当氢氧化镁含量高时，含固率将低至 20%~25%。

生产尾水所形成污泥的类型大致包括：含铝盐或铁盐混凝剂的沉淀污泥，滤池反冲洗废水所含固体、铁和锰的沉析物以及软化产生的污泥。在确定水厂污泥处置方法时必须了解污泥的类型以及所产生污泥的数量。生产尾水的特性对于后续污泥脱水性质将产生很大影响。

8.13.1 生产尾水处置基本方案

（1）生产尾水的处置原则

自来水厂生产尾水的处理流程大致可以分为调节、浓缩、脱水、污泥处置四道基本工序。四道工序依次递进，调节是浓缩的前处理，调节、浓缩是脱水的前处理，脱水后的污泥最终需要进行污泥处置。在各道工序中，都要去除一部分水量，生产尾水中的污泥浓度将逐渐增大，含水率逐步减小。在进入脱水工序前，污泥浓度要满足脱水机的进泥浓度要求，一般要求含水率小于等于97%，即含固率达到3%以上。

生产尾水在调节、浓缩的过程中将产生上清液，在脱水的过程中将产生分离液。多数情况下，当上清液水质符合排放水域的排放标准时，可以直接排放；当水质满足要求时也可以考虑回用，和原水按比例混合后重新进入净水处理系统。分离液中悬浮物浓度较高，一般不符合排放标准，故不宜直接排放，可返回重新参与浓缩。含有高分子助凝剂成分的分离液回流到浓缩系统中，也有利于提高泥水的浓缩程度。

（2）处置方案的选择

自来水厂生产尾水处置方案的选择主要取决于水厂的净水工艺、运行方式、水源水质以及泥饼的最终处置等因素，其中最主要的是确定浓缩方式和脱水方式。

1）总体处置方案流程的确定

要确定总体工艺流程，即四道基本工序的取舍与组合，首先应确定生产尾水的最终处置方式。泥饼是填埋还是有效利用；上清液及分离液是排放还是回收利用。一般来说，泥饼要达到填埋和有效利用的程度，其含水率必须要在80%以下，因此都要经过调节、浓缩、脱水、污泥处置四道基本工序。

当沉淀（澄清）池排泥水含泥浓度较高（其含固率能达到3%）时，经调节工序后，也可直接进入脱水工序，免去浓缩工序。例如，有些自来水厂采用了气浮沉淀池，浮渣含固率达到了3%，可不经浓缩直接进行脱水。如果排泥水最终处置方式是送往厂外集中处理，或直接排入城市下水道，则只需在厂内建调节工序即可。如果反冲洗废水本厂需要回收利用，还需要进一步提高回流水水质，除了建反冲洗废水净化设备外，浓缩与脱水工序可不建。

如果泥饼处置采用填埋，填埋场地日后会规划为公园绿地，则泥饼的性质不能影响到植物生长，pH值要小于11，含水率不能大于80%。因此浓缩和脱水两道工序采用无加药处理较为理想。如果在处理工艺中投加了石灰或酸，还应考虑中和等无害化处理。

以1座采用常规处理、深度处理、尾水处理工艺的自来水厂为例，其简易水平衡图如图8-49所示。

2）子工艺流程的确定

在调节、浓缩、脱水、污泥处置四道工序中，除了污泥处置工序外，其他三道工序都要同时受到上一道工序和下一道工序的约束，同时也会采用不同的子工艺流程来适应上下工序的要求。

① 调节

自来水厂排泥水处理调节构筑物按其接纳生产尾水的种类可以分为以接纳和调节沉淀（澄清）池排泥水、气浮池浮渣为主的排泥池；以接纳和调节滤池反冲洗废水为主的排水池两类。

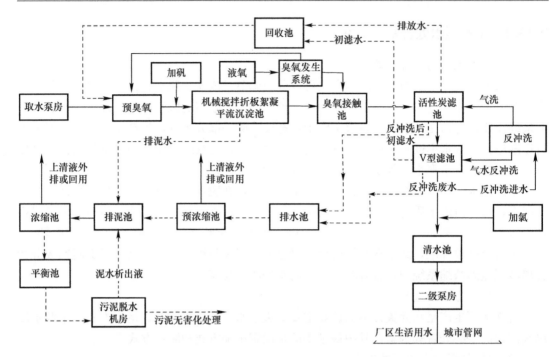

图 8-49 某水厂简易水平衡图

② 浓缩

污泥浓缩目前主要有重力浓缩和机械浓缩两种方式。其中重力浓缩分为重力沉降浓缩和气浮浓缩两种。离心浓缩日常耗电及维修管理费用较高，使用范围不大。大部分自来水厂采用的是重力浓缩，构筑物形式主要有辐流式浓缩池和斜板式浓缩池。重力浓缩有多种方式，采用哪种工艺与以下因素有关：

a. 与污泥性质有关。如果待处理的污泥是泥沙类的疏水性无机泥渣，可以采用无加药前处理的一级浓缩工艺。如果待处理的污泥是亲水性污泥，如以氢氧化铝絮体为主的无机污泥，可以采用二级重力浓缩加酸处理工艺。

b. 与脱水机械的选择有关。一些脱水机械要求浓缩污泥的浓度较高，低于这一浓度则无法处理，可以采用二级重力浓缩。有些脱水机械比如板框压滤机，要求的进泥浓度较低，就可以采用无加药前处理的一级浓缩工艺。

c. 与进入浓缩池的污泥浓度有关。进入浓缩池的污泥浓度越高，则浓缩的起点浓度越高，离浓缩目标值差距越小，对浓缩越有利，可以选择相对简单的浓缩工艺。起点污泥浓度低的，就要选择相对复杂一点的工艺。

③ 脱水

脱水方法大致分为 3 种类型：

第一种类型：利用自然力。如自然干化。

第二种类型：利用机械脱水。如真空脱水、压力过滤、离心脱水、造粒脱水等。

第三种类型：利用热力。如加热干化、烧结等。

目前国内外较为常见的是第一种类型和第二种类型。由于自然干化占地面积较大，因此机械脱水使用更为普遍。第三种类型在自来水厂生产尾水处理中使用较少，一般与其他脱水方法联合使用。

④ 最常见的工艺组合方式

尾水处理工艺流程见图 8-50。

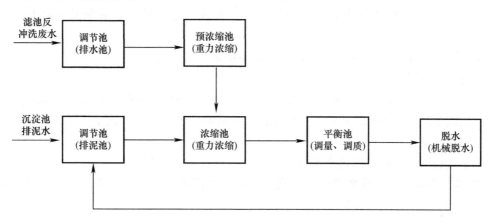

图 8-50 尾水处理工艺流程图

（3）生产尾水贮存与调蓄

在自来水厂的生产尾水处理系统中，贮存与调蓄功能都是通过调节池来实现的。调节池上与自来水净化系统相连，下与污泥处理系统相连，承上启下。调节池既接纳和调节净水过程中排出的生产尾水，又是浓缩环节的前处理。此外，有些类型的调节池还可作为尚未脱水污泥的临时贮存用。调节池的主要类型有排水池、排泥池和平衡池。

自来水厂的沉淀（澄清）池排泥水和滤池反冲洗废水都是间歇性排放的，它们在排出过程中水量和水质经常改变，如将其直接进行浓缩处理，所需浓缩池体积庞大，而且管理也困难。因此，通常将沉淀（澄清）池的排泥水先放入排泥池中，将滤池的反冲洗废水先放入排水池中，使其水量和水质均化后，再进入后续的浓缩和脱水等工序进行处理。平衡池是为平衡浓缩池连续运行和脱水机间断运行而设置的，同时可作为高浊度时污泥的贮存池。

（4）排水池

滤池反冲洗废水经排水池调节后，一般进入到排泥池。排水池按是否具备浓缩功能可分为两类，一类是不具备浓缩功能，只有单一调节功能；另一类是不仅具备调节功能，还具备浓缩功能。这两种类型的共同点是都具有一定的调节容积，可对其收集的水量进行调节，区别是单一调节型须设扰流设备均质；而浓缩型不设扰流设备均质，但要有沉泥取出措施。

1）排水池的调节容积

① 如果反冲洗废水回用，应尽可能采用均匀回流模式。排水池进水是间歇均匀的，如果出水也均匀回流，则排水池所需的调节容积最小，进出水均匀性差别越大，所需的调节容积也越大。

② 采用最大 1 次反冲洗废水量计算调节容积，而不是任意 1 次反冲洗废水量。

2）排水池的设计要点

① 排水池高程应与水厂工艺流程统一考虑，一般满足滤池反冲洗废水能重力流入排

水池。

② 排水池的调节容积按最大 1 次反冲洗废水量确定，并适当留有余地，同时还需考虑是否有初滤水排入。

③ 排水池的个数或分格数不宜少于 2 个，按同时工作设计，并能单独运行，分别排空。

④ 排水泵的台数不宜少于 2 台，并设置备用泵。

3）排水池的构造形式

① 对于单一调节型排水池，有效水深一般可取 3～4m，有效容积要大于或等于调节容积。最低水位以下的水深及构造要满足排水泵启动和水泵吸水口的水力要求。排水池中需设置搅拌设备，目前使用较多的是潜水搅拌机。排水泵可采用潜水泵、立式排水泵或卧式离心泵。目前使用较多的是潜水泵。

② 具备浓缩功能的排水池不需要均质，因此不需要安装搅拌设备，但需设排泥阀和分层排水阀，有条件的应设置滗水器。

（5）排泥池

排泥池的调节容积与沉淀池的最大 1 次排泥水量有关，而最大 1 次排泥水量又与沉淀（澄清）池的排泥方式、排泥时序安排有关。为了减小排泥池的调节容积，沉淀（澄清）池的排泥时序安排应尽可能采用均匀间隔排泥，即能够独立排泥的设备，本身的排泥周期、排泥历时、排泥间隔基本不变。能够独立排泥的设备可以是 1 座沉淀池、1 台排泥机、1 根排泥管或 1 组排泥管。

1）排泥池的调节容积

排泥池的调节容积与排泥水浊度的处理模式、超量污泥排出口的位置、沉淀（澄清）池的排泥时序安排等因素有关。原水浊度越高，排泥水量越大，则排泥池的调节容积越大。同样的原水浊度，采用全量完全处理模式比采用非全量完全处理模式所需的调节容积大；同样的排泥水处理模式，即时处理又比延时处理所需的调节容积大；采用非均匀排泥时序比采用均匀排泥时序所需的调节容积大。

2）排泥池的提升泵

排泥池的提升泵主要包括以下 3 个方面的水泵：

① 主流程排泥泵：当排泥池底部泥水不能重力流入浓缩池时，将排泥池底部泥水提升至浓缩池。

② 超量污泥排出泵：当排泥池底部泥水不能重力流入受纳水体时，将高出计划处理的超量污泥提升排出。

③ 上清液排出泵：当排泥池兼具浓缩功能，且上清液不能重力排出时，将上清液提升后排出。上清液一般考虑连续均匀排出，上清液流量为排泥池入池泥水流量与出池泥水流量的差值。

3）排泥池的设计要点

① 排泥池最高液位的确定，应满足沉淀池排泥水能重力流至排泥池。

② 排泥池的位置宜靠近沉淀池。

③ 当排泥池出流不具备重力流条件时，应设置排泥提升泵。

④ 排泥池的个数或分格数不宜少于 2 个，按同时工作设计，并能单独工作，分别

排空。

⑤ 单一调节型排泥池应设扰流设备，如潜水搅拌机等；兼具浓缩功能的排泥池应设沉泥取出和上清液收集设施。沉泥取出设备有刮泥机、泥斗、排泥管等；上清液收集设备有浮动槽等。

（6）平衡池

脱水机可连续性工作，也可间断性工作。为了使浓缩池尽可能均匀连续地运行，一般在浓缩池与脱水机房之间设置调节池，也称平衡池，将暂时无法脱水处理、来自浓缩池的出泥贮存在池内。平衡池中一般设有扰流设备、液位计及污泥浓度计等。平衡池主要有以下作用：

1）调节与贮存作用，由于浓缩池的底泥出泥流量、压力与脱水机的进泥流量、压力是不一致的，因此需要调节，平衡池就起这种调节作用。平衡池分格数一般不宜少于 2 格，其容积可按 1～2d 的污泥量设计。当原水发生短时间高浊度时，可将部分超量污泥贮存在平衡池中。

2）若污泥脱水前需投加药剂进行化学调质，可将平衡池作为药剂的投加点。将配制好的药液投入平衡池中，平衡池中的扰流设备使药液与污泥均匀混合，同时还可防止污泥在平衡池中沉淀。

3）利用平衡池中的液位计、污泥浓度计参与脱水机的自动控制运行。

4）系统维护、保养的需要。当浓缩池需要检修时，平衡池可先贮存一定量的污泥，保障脱水机正常运行。当脱水机需要检修时，可将 1～2d 的污泥量临时贮存在平衡池内，以减小对浓缩池运行的影响。

5）临时应对原水高浊度。当原水浊度突然升高后，浊度高于生产工艺计划处理浊度，脱水设施能力不够，可将部分超量污泥贮存在平衡池中。

8.13.2 生产尾水的浓缩与脱水

（1）浓缩方法及相关设备

浓缩是污泥脱水前的一个重要环节，生产尾水浓缩的目的是为了减小污泥体积、降低含水率，从而减轻和适应后续脱水处理的工作。由于自来水厂生产尾水的污泥浓度远小于 3%，一般在 0.5% 左右，因此脱水前必须进行浓缩处理。

浓缩主要是降低污泥中的空隙水，减小污泥体积，污泥体积与含水率的关系为：

$$\frac{W_2}{W_1} = \frac{100 - P_1}{100 - P_2} \tag{8-51}$$

式中　W_1——含水率 P_1 对应的体积；

　　　W_2——含水率 P_2 对应的体积；

　P_1、P_2——含水率，%。

公式（8-51）适用于含水率大于 65% 的污泥。含水率小于 65% 之后，污泥内出现很多气泡，污泥体积与含水率的关系不再符合公式（8-51）。

目前污泥浓缩的方法主要有重力浓缩法、气浮浓缩法、离心浓缩法。由于气浮浓缩法和离心浓缩法需要耗费较多的能量，日常运行维护费用较高，并且对原水浊度突然升高造成生产尾水污泥浓度突变的适应能力较差，同时失去了浓缩池容积对污泥量变化的调节作用，因此，目前使用较多的仍然是重力浓缩法。

1）重力浓缩

重力浓缩构筑物称为重力浓缩池。根据运行方式不同，可分为连续式重力浓缩池和间歇式重力浓缩池两种。

① 重力浓缩理论及连续式重力浓缩池的设计

a. 重力浓缩理论及连续式重力浓缩池所需面积计算

设计基本参数为固体通量，即单位时间内通过单位面积的固体质量，单位为 kg/(m²·h)。固体通量由两部分组成，一部分是浓缩池底部连续排泥所造成的下向流固体通量；另一部分是污泥自重压密所造成的固体通量。如图 8-51 所示。

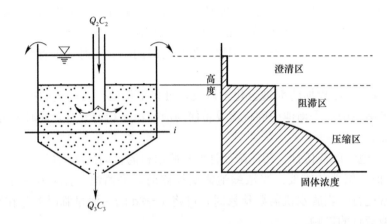

图 8-51　连续式重力浓缩池工况

经分析推导可以得出以下结论：在连续式重力浓缩池的深度方向上，必然存在一个控制断面，这个控制断面的固体通量最小，称为极限固体通量 G_L，而其他断面的固体通量都大于 G_L。因此连续式重力浓缩池的设计断面面积应该是：

$$A \geqslant \frac{Q_2 C_2}{G_L} \tag{8-52}$$

式中　A——连续式重力浓缩池设计断面面积，m²；

　　　Q_2——进入连续式重力浓缩池的排泥水流量，m³/h；

　　　C_2——进入连续式重力浓缩池的排泥水浓度，kg/m³；

　　　G_L——极限固体通量，kg/(m²·d)。

Q_2、C_2 均为已知数，G_L 可通过试验或参考同类性质的水厂运行参数确定。对于金属氢氧化物絮凝饮用水污泥，其极限固体通量 G_L 可取 15～25kg/(m²·d)。

柯伊-克里维什于 1916 年用静态沉降浓缩试验的方法分析了连续式重力浓缩池的工况。当连续式重力浓缩池工作达到平衡时，池中固体浓度为 C_i 的断面位置是稳定的。由图 8-51 可得出下列固体平衡关系式：

$$Q_2 C_2 = Q_3 C_3 + Q_1 C_1 \tag{8-53}$$

式中　Q_3——排出连续式重力浓缩池的污泥流量，m³/h；

　　　C_3——排出连续式重力浓缩池的污泥浓度，kg/m³；

　　　Q_1——上清液流量，m³/h；

C_1——上清液浓度，kg/m^3。

经过推导可写出浓缩时间为 t_i、污泥浓度为 C_i、界面沉速为 v_i 时的固体通量 G_i 与所需断面面积 A_i 为：

$$G_i = \frac{v_i}{\frac{1}{C_i} - \frac{1}{C_3}}\tag{8-54}$$

$$A_i = \frac{Q_2 C_2}{G_i}\tag{8-55}$$

Q_2、C_2 均为已知数，C_3 为要求达到的污泥浓度。v_i 可根据试验得到。根据公式（8-54）和公式（8-55），可算出 v_i-A_i 关系曲线。在直角坐标系中画出图 8-52，图中最大 A 值就是设计表面积。

b. 连续式重力浓缩池的深度

连续式重力浓缩池的总深度由池底坡高、压缩区高度、阻滞区高度、澄清区高度及超高几部分组成。上部澄清区高度为 0.5～1.0m；阻滞区内泥水分离，高度为 1.0～1.5m；污泥压缩区高度为 2.0～2.5m，底部积泥层高度为 1.0～1.5m，总深度在 4.5m 之上。

c. 连续式重力浓缩池的构造

考虑到检修和清洗的需要，连续式重力浓缩池不能少于两座，或将一座分成两格。连续式重力浓缩池应设置慢速搅拌反应池，在此池内安装慢速搅拌机，并投药调理污泥。上清液溢流堰的负荷不应超过 $150m^3/(m \cdot d)$。上清液一般考虑连续均匀排出，上清液流量为连续式重力浓缩池入池泥水流量与出池泥水流量的差值。

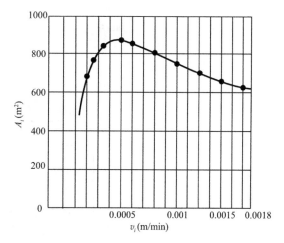

图 8-52 v_i-A_i 关系曲线

② 间歇式重力浓缩池

间歇式重力浓缩池的设计原理同连续式重力浓缩池。运行时，应先排除浓缩池中的上清液，腾出池容，再投入待浓缩的污泥。为此应在浓缩池深度方向的不同高度设上清液排放管。浓缩时间一般不宜小于 12h。

2) 气浮浓缩

在一定温度下，空气在液体中的溶解度与空气受到的压力成正比，服从亨利定律。当压力突然降低时，所溶解的空气立即变为微细气泡从液体中释放出来。大量微细气泡附着在污泥颗粒的周围，可使污泥颗粒密度减小而被强制上浮，从而达到浓缩的目的。气浮浓缩法较适用于污泥颗粒相对密度接近于 1 的污泥。

气浮浓缩的工艺流程见图 8-53，可分为无回流水，用全部污泥加压气浮；有回流水，用回流水加压气浮两种方式运行。进水室的作用是使减压后的溶气水大量释放出微细气泡，并迅速附着在污泥颗粒上。气浮池的作用是上浮浓缩，在池表面形成浓缩污泥层由刮泥机刮出池外。不能上浮的颗粒沉至池底，通过设在池底的清液排水管排出。部分清液回流加压，并在溶气罐中压入压缩空气，使空气大量地溶解在水中。减压阀的作用是使加压溶气水快速减压至常压，形成微细气泡进入进水室起气浮作用。溶气罐内不设填料，以防堵塞。

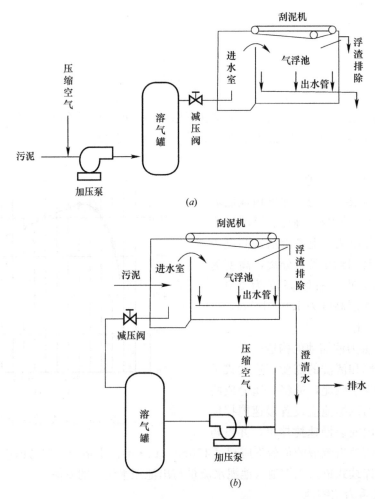

图 8-53　气浮浓缩工艺流程图

(*a*) 无回流；(*b*) 有回流

3）离心浓缩

离心浓缩法的原理是利用污泥中的固体、液体的密度差，在离心力场中所受到的离心力的不同而被分离。由于离心力是重力的几千倍，因此离心浓缩法占地面积小、造价低，但运行费用与机械维修费用较高。

用于离心浓缩的离心机有转盘式离心机、篮式离心机和转鼓离心机等。

（2）脱水方法及相关设备

1）污泥机械脱水前的预处理

水厂排泥水经浓缩后直接进行脱水比较困难。为改善污泥脱水性能，在污泥脱水前往往需进行污泥预处理，以降低污泥的比阻，使其易于脱水。

作为脱水和浓缩处理的预处理方法有很多，大体可分为两大类：加药预处理和不加药预处理。加药预处理有石灰预处理、酸处理、碱处理、有机高分子絮凝剂预处理等；不加药预处理有加热处理和冰冻解冻处理。

预处理采用何种方法，主要取决于污泥的性质、脱水方法、脱水机械的选择、泥饼最终的处置方法、污泥处理的要求等。采用不同预处理措施将会对改善污泥脱水效果、脱水泥饼和分离液的性状产生不同影响，应根据脱水泥饼的处置方法、维护管理的要求来选择有效和适当的预处理措施。

采用石灰预处理时要求：

a. 通过污泥的脱水试验，充分考虑经济性、处置条件等确定适当的投加率，并按此进行稳定地投加；

b. 石灰混合池、溶解池各设置 2 个以上；

c. 石灰预处理设备要做成耐碱构造。

采用有机高分子絮凝剂预处理时要求：

a. 能按相应于污泥的量和质，以最适当的投加率稳定地投加有机高分子絮凝剂；

b. 投加有机高分子絮凝剂后的污泥分离水不宜送回到净水处理工艺中去。

当采用其他预处理设备时，应进行充分的技术调查和试验，从提高脱水性和经济性等考虑，判断有效的预处理方法，并能使其稳定地工作。

① 石灰预处理

污泥的脱水性能改善状况与石灰的投加量有很大关系。石灰的投加量，以污泥中干固体物含量计，约为干固体物含量的 $10\%\sim50\%$。此时，污泥的脱水性可提高 $2\sim3$ 倍。石灰预处理流程为：生石灰→消石灰（贮存）→溶解池→石灰乳配制和投加池→混合池（搅拌）。

用石灰预处理后，污泥中总干固体物含量可用下式求得：

$$S = S_w(1 + P) \tag{8-56}$$

式中　S——污泥中总干固体物含量，t/d；

　　S_w——石灰处理前污泥中干固体物含量，t/d；

　　P——石灰加入量和污泥中原干固体物含量之间的比率。

石灰预处理的优点：

a. pH 值上升，污泥中的金属离子易被析出；

b. 水中组成硬度的钙离子能变成沉淀物去除；

c. 处理费用低。

石灰预处理的缺点：

a. 污泥中总干固体物含量增多；

b. 泥饼的 pH 值较高，泥饼处置困难；

c. 用管道输送脱水分离水时，因碳酸钙的沉淀易引起管道的堵塞。

② 酸处理

酸处理大多作为污泥浓缩处理的预处理，故适用于：原水浊度很低；原水的絮凝剂投加量很大；浮游生物、有机物或藻类较多的原水。

污泥进行酸处理，主要是改善污泥的浓缩脱水性能，同时还能再生污泥中的混凝剂。用硫酸铝作混凝剂产生的沉淀污泥，常用硫酸进行酸处理；用三氯化铁作混凝剂产生的沉淀污泥，常用盐酸进行酸处理。使用最多的是用硫酸对含铝沉淀污泥进行酸处理。

硫酸投加量可先算出沉淀污泥中的 $Al(OH)_3$ 含量，再推算出所需硫酸量：

$$C_w = Q \times A \times P \times 10^{-6} \tag{8-57}$$

式中　C_w——每天由硫酸铝产生的固体氢氧化铝量，t/d；

　　　Q——沉淀池处理水量，m^3/d；

　　　A——硫酸铝投加量，mg/L；

　　　P——硫酸铝和由其产生的干固体物之间的质量比，$P=0.234$。

$$B = C_w \times \frac{3H_2SO_4 \text{ 的分子量}}{2Al(OH)_3 \text{ 的分子量}} \times \frac{1}{M} \times K \tag{8-58}$$

式中　B——每天所需的硫酸量，t/d；

　　　M——硫酸浓度（摩尔浓度）；

　　　K——安全系数，$K=1.1 \sim 1.3$。

在酸处理后的污泥中，干固体物主要由水中悬浮物组成。

酸处理的优点：

a. 能再生污泥中的混凝剂；

b. 由于污泥中铝或铁的析出，减少了污泥中总干固体物的含量，从而减轻了污泥脱水和泥饼处置的工作量。

酸处理的缺点：

a. 再生硫酸铝的浓度不稳定，且较稀；

b. 操作管理复杂。

③ 碱处理

碱处理方法和酸处理方法相反，系向浓缩污泥中加入氢氧化钠，使其 pH 值提高。在高 pH 值的条件下，污泥中的铝也会被析出，和氢氧化钠作用生成 $(Al_2(OH)_x Cl_{6-x})_n$，溶解于污泥中，因此污泥的浓缩和脱水性能可大幅度提高。

④ 有机高分子絮凝剂预处理

有机高分子絮凝剂的投加量一般为污泥中干固体物含量的 0.2%～0.3%。通常将有机高分子絮凝剂先溶于水中约 12h 再使用，投加浓度以 0.1%～0.5% 较合适。

在污泥处理过程中，使用的聚丙烯酰胺（PAM）有机高分子絮凝剂必须满足下列要求：

a. PAM 必须为优等品，其质量要满足：未聚合呈单体状的丙烯酰胺含量在 0.05% 以下。

b. 脱水分离水中单体状的丙烯酰胺浓度应在 0.01mg/L 以下。

c. 脱水分离水中单体状的丙烯酰胺超过上述规定值时，不能将其直接排放，应把分离水返送到浓缩池中，对其进行稀释，低于规定值后方能排入水体。

d. 有机高分子絮凝剂配制成液体后，在 2～3d 内用完，否则凝聚效果会逐渐下降。

2）机械脱水的基本原理

污泥脱水的目的是使浓缩污泥的含水率进一步降低，体积变得更小，便于污泥的运输和最终处置，节约污泥最终处置的费用和场地。通常，为了便于脱水后的污泥运输及泥饼的最终处置，脱水后的污泥含固率宜控制在 20% 以上。

水厂污泥脱水的方法可分为自然干化和机械脱水两大类。自然干化，包括干化床和干化塘；机械脱水方法有真空吸滤法、压滤法和离心法。

3) 常见的机械脱水设备

① 板框压滤机

板框压滤机由滤板、框架、滤布组成，滤板固定在框架上，滤布夹在滤板和框架之间，一台板框压滤机根据容量要求由多个框架组成，每一框架为一压滤室，浓缩污泥由污泥泵打入压滤室，在压力作用下板框产生挤压，将污泥中的水分压出，水分渗过滤布由排水管排出，泥饼截留在滤布上，滤板打开后通过抖动或刮刀将滤布上的污泥予以去除，最后用压缩空气进一步对滤布进行吹洗而完成一个脱水过程。脱水机工作 1～2 个星期需用高压水进行一次冲洗。板框压滤机对入机污泥含固率要求不高，一般为 1.5%～3%。而脱水后的污泥含固率相对较高，可达 30%。板框压滤机工作原理如图 8-54 所示。

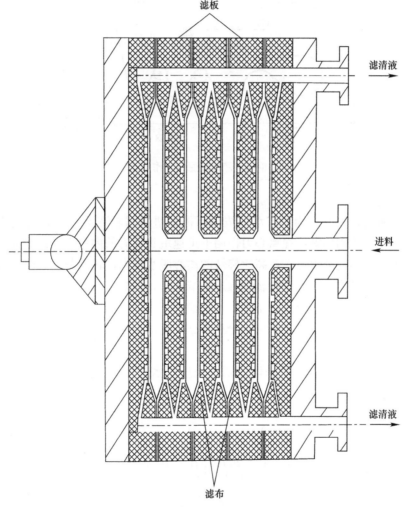

图 8-54 板框压滤机工作原理

② 带式压滤机

带式压滤机主要由旋转混合器、若干不同口径的辊筒以及滤带组成。污泥经过投加絮凝剂在旋转混合器内进行充分反应后流入重力脱水段，这时污泥已失去流动性；再经楔形压榨段，由于污泥在楔形压榨段中，一方面使污泥平整，另一方面受到轻度压力，使污泥再度脱水；然后喂入 S 形压榨段，在 S 形压榨段中，污泥被夹在上、下两层滤带中间经若干个不同口径的辊筒反复压榨,这时对污泥造成剪切,促使滤饼进一步脱水;最后通过刮刀将滤饼刮落,而上、下滤带进行冲洗重新使用。

带式压滤机需配置污泥混合器、压榨机、冲洗水泵等。带式压滤机整个工作系统是开放式的,操作环境相对较差,设备的体积较为庞大,其中滤带需定期调换。带式压滤机对入机污泥含固率的要求较高,污泥含固率需大于3%。同时带式压滤机出泥含固率相对较低,一般脱水污泥含固率为20%左右。

带式压滤机工作原理如图8-55所示。

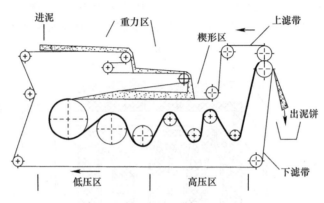

图 8-55 带式压滤机工作原理

③ 离心脱水机

离心脱水机的工作原理为:当水厂浓缩污泥从进料口输入高速旋转的离心脱水机内时,进泥中密度大的固体颗粒在离心力作用下迅速甩到转筒的内壁上并形成泥饼,而密度小的液体则汇集在污泥的表面。在高速旋转的离心脱水机内,转筒与螺旋输送器之间有一转速差,聚集在转筒内壁的污泥被转筒锥形末端压密,同时,密度小的分离水经回流管从转筒圆柱端溢流口排出。只要进泥不断均匀地输入高速旋转的离心脱水机,密度大的颗粒就连续聚集、形成泥饼、压密、排出,分离水也不断地溢流排出,使进泥得到处理,达到固液分离的目的。

离心脱水机能连续工作,停机时仅需少量厂用水进行冲洗。离心脱水机工作原理如图8-56所示。

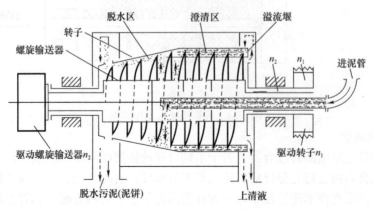

图 8-56 离心脱水机工作原理

4）脱水机附属设备

脱水机附属设备与脱水机主机的形式有关，附属设备与主机协调动作。在选购主机的同时，一般由供货商将其附属设备、现场控制设备组成一个成套系统一并提供。脱水机附属设备主要包括污泥切割机、污泥进料泵、加药泵、絮凝剂制备和投加装置、泥饼输送设备、脱水机冲洗系统、压缩空气系统以及污泥输送管道和阀门。

① 污泥进料泵

污泥进料泵宜选用容积式泵。可选择的类型主要有隔膜泵、活塞泵、螺杆泵、凸轮转子泵和软管泵等。由于隔膜泵和活塞泵价格较高，运行费用和维护成本高，占地面积大，因此目前常用的是螺杆泵、凸轮转子泵和软管泵。尤其是螺杆泵可泵送高黏度、流动性差的介质；对介质无剪切、无搅动，泵送平稳；有比较好的自吸能力；能通过增加级数提高输送压力；体积小、结构简单、有计量功能，使用最多。板框压滤机进泥压力要求较高，要选择多级螺杆泵。而带式压滤机、离心脱水机进泥压力要求较低，可以选择单级螺杆泵。

② 絮凝剂制备和投加装置

投加的絮凝剂有无机絮凝剂和有机絮凝剂，两种絮凝剂又有粉剂和液体之分。一般采用厂家配套提供的全自动絮凝剂制备投加系统，整个药剂投加系统与主机及附属系统联动，将药液按需要的浓度全自动配制并定量投加。

絮凝剂制备投加系统可分为 3 部分：絮凝剂制备装置、加药装置和在线稀释系统。制备装置由药液投加系统、搅拌溶解系统、溶液储存系统和控制系统组成。

③ 泥饼输送方式和设备

泥饼在厂内的输送主要是从脱水机到污泥堆棚，主要有两种方式：

第一种是脱水后的泥饼经输送带如皮带运输机或螺旋输送机先送至污泥堆棚，再用铲车等装载机将泥饼载入运输车运走。污泥堆棚按 3~7d 的堆泥量设计。

第二种是设置一个泥斗，泥斗容量较小，泥饼不在泥斗中存储，泥斗只起便于收集泥饼和通道的作用。运输工具直接放在泥斗下等待皮带运输机或螺旋输送机转送过来的泥饼。

④ 污泥输送管道和阀门

输送污泥的管道可采用钢管或塑料管。其中以内衬塑料的钢管为最佳。衬塑钢管既有足够的强度，又能降低摩擦阻力。管道应适当设置冲洗注水口和排水口，便于管道冲洗。管道转弯时尽量用 45°弯头，不能用软管代替弯头，弯头应便于拆卸。管道连接宜采用法兰连接。

⑤ 冲洗系统

脱水机一般都需要设有冲洗系统，需要有足够的水量和水压。

⑥ 压缩空气系统

压缩空气系统主要由空压机提供压缩空气，对于板框压滤机主要用来作为第二段薄膜挤压的动力和吹出板框中心的泥芯。对于带式压滤机，主要供低压段缠绕辊与高压段挤压辊调整和紧张用。还有部分压缩空气经减压、过滤、干燥后可作为仪表、气动阀门的气源。

8.13.3 泥饼的最终处置与资源化利用

脱水后的泥饼处置是生产尾水处理系统的最后一道工序。处置的主要原则就是不能产生新的二次污染。脱水后的泥饼处置方法以前主要是卫生填埋，现已被限制，资源化利用是目前国家提倡的方法。

污泥的卫生填埋主要指在陆地上的填埋，分为单独填埋和混合填埋两种方式。靠近海滨的城市，也会采用海洋投弃。但是，由于近海的污染逐年加剧，甚至影响到海洋的生态平衡，因而污泥的海洋投弃受到越来越多的限制。

泥饼的填埋处置是一种消极方法，而对泥饼进行加工利用，将其制成各种物品，才是值得积极推广的处置方法。

泥饼可制成的物品有砖、建筑材料等，通常是掺加水泥制砖和水泥预制块，用于间隔墙或河道护岸。但是，制砖和建筑材料的原料有一定的技术要求，因而对作制品用的污泥要求较高，多数情况下需要加入一定量的添加剂才能满足要求。泥饼的资源化利用还存在工艺复杂、成本高昂等问题，以及外加泥饼制品的市场销路和在加工过程中是否会产生二次污染等问题，对于泥饼的资源化利用过程还在不断探索。

第9章 生产设备、设施的运行管理

9.1 日常巡检

日常巡检与自来水厂安全生产息息相关，是对日常生产和设备、设施运行进行有效管理的重要措施，水厂应明确规定巡检人员的工作职责，规范巡检工作和汇报流程，及时掌握生产状况和设备设施运行状况，及时发现异常现象，及时采取必要的防范措施和应急措施，防止或减少设备、设施突发性故障的发生。

巡检人员应掌握巡检规程和报表含义，按照规定的巡检路线、巡检频次、巡检内容进行巡检，以防止漏巡，设备、设施异常时应增加巡检频次，同时按照要求认真填写巡检记录、报表记录、大事记录，发现异常情况时应立即予以解决，如暂时无法解决的应做好应急处理，按要求汇报。下面以某水厂加矾间为例，对巡检和报表的内容设置进行介绍，维护保养及大修以某水厂加矾间设备为例。该水厂加矾间通过提升泵将净水剂原液从原液池提升至溶液池加水按一定比例稀释，再通过计量泵将矾液加注至管道投加点，与原水一起进入絮凝沉淀池，巡检时，巡检线及内容应保证覆盖所有设备、设施，同时尽量避免重复。

（1）某水厂加矾间（含沉淀池）的巡检

1）巡检路线

值班室→配电间→仪表间→加注泵间→溶液池→原液池→絮凝沉淀池→值班室。

2）巡检要求

① 需按规定的巡检路线、巡检频次和巡检内容进行巡检，以防止设备漏巡或巡检不及时，设备异常时应增加巡检次数。

② 巡检记录必须严格按要求如实填写，不得漏写，并确保数据准确无误。

③ 当巡检人员发现事故隐患或设备故障时，应立即予以解决，如暂时无法解决的应按规定做出相应的处理。

④ 进入室内巡检时，应随手将门关好，以防小动物进入室内。

3）主要巡检内容

主要巡检内容见表 9-1。

某水厂加矾间（含沉淀池）巡检内容

表 9-1

巡检路线	巡检地点（按照巡检路线调整）	巡检内容
1	值班室	环境（卫生、温湿度、气味、漏雨（水）、照明、通风状况、声响）；电力保护装置及高压变频器后台电脑监控（工作状态、数据信息、报警信息）；报表电脑（运行状况）

续表

巡检路线	巡检地点（按照巡检路线调整）	巡检内容
2	配电间	各配电装置和低压电器内部无异声、异味；电气仪表（电压表、电流表）、配电间隔（运行位置、标识牌）、柜体接地系统
3	仪表间	仪表数据
4	加注泵间	投药设施运行正常，储存、配制、传输设备无堵塞、泄漏；计量泵阻尼器压力指示值正常，计量泵油位在中线以上；计量泵的加注和计量正常，电磁流量计显示正常，计量泵无异响和异常振动，频率和冲程正常
5	溶液池	搅拌机运行正常；液位计、标尺是否相对应
6	原液池	原液池液位计、标尺是否对应，原液池是否存在泄漏
7	絮凝沉淀池	观察反应池矾花形成与沉淀池池面水质及出水水质情况，浊度仪显示正常，采样水管无堵塞；集水槽无藻类生长，无漂浮杂物，保持池面清洁；进水量平稳，无长时间超负荷运行；观察斜管沉淀池内斜管上无积泥及青苔附着情况；增加排泥
8	值班室	

（2）某水厂加矾间（含沉淀池）的报表

1）报表样式

报表样式见表9-2。

2）报表含义

① 原水浊度（NTU）

定义：原水的浑浊程度，是用来反映水中悬浮物浓度的水质参数，仪器通过在与入射光成90°角的方向上测量散射光强度获得。

含义及提示：

原水浊度升高，需要及时调整加矾量或矾液配比浓度，保障水质。

原水浊度升高，需要及时调整排泥周期，及时排泥。

浊度不仅与悬浮物的含量有关，而且与水中杂质的成分、颗粒大小、形状及其表面的反射性能有关。

② 原水嗅和味

定义：原水的气味和味道。

含义及提示：

原水中的有机物、腐殖质、藻类等，往往会造成水的嗅和味的变化。

原水中出现嗅和味，预示着原水受到有机物污染，此种情况往往会导致沉淀（澄清）后的水浊度偏高，同时有机物与氯反应，会产生大量三卤甲烷物质，影响水质，水厂加氯量也会上升。

③ 沉淀池进水量（m^3）

定义：每小时进入沉淀（澄清）池的水量。

含义及提示：

用来控制水厂生产负荷及混凝剂投加量、计算混凝剂单耗的重要依据。

某水厂加矾间（含沉淀池）报表

表 9-2

日期：

时间	原水参数 浊度(NTU)	原水参数 臭和味	进水量(m³)	沉淀池运行参数 1号沉淀池 运行状态	1号沉淀池 出水浊度(NTU)	2号沉淀池 运行状态	2号沉淀池 出水浊度(NTU)	3号沉淀池 运行状态	3号沉淀池 出水浊度(NTU)	4号沉淀池 运行状态	4号沉淀池 出水浊度(NTU)	加矾间报表／加矾间运行参数 1号计量泵 开关状态	2号计量泵 开关状态	3号计量泵 开关状态	4号计量泵 开关状态	5号计量泵 开关状态	6号计量泵 开关状态	1号流量计 流量(L/h)	2号流量计 流量(L/h)	3号流量计 流量(L/h)	4号流量计 流量(L/h)	原液池液位 1号 2号	稀释池液位(m) 1号	2号	3号	混凝剂用量(kg)
上日累计																										
1：00：00																										
2：00：00																										
3：00：00																										
4：00：00																										
5：00：00																										
6：00：00																										
7：00：00																										
8：00：00																										
小计																										
9：00：00																										
10：00：00																										
11：00：00																										
12：00：00																										
13：00：00																										
14：00：00																										
15：00：00																										

续表

加矾间报表

日期：

时间	原水参数 浊度(NTU)	原水参数 嗅和味	进水量(m³)	沉淀池运行参数 1号沉淀池 运行状态	1号沉淀池 出水浊度(NTU)	2号沉淀池 运行状态	2号沉淀池 出水浊度(NTU)	3号沉淀池 运行状态	3号沉淀池 出水浊度(NTU)	4号沉淀池 运行状态	4号沉淀池 出水浊度(NTU)	加矾间运行参数 1号计量泵 开关状态	2号计量泵 开关状态	3号计量泵 开关状态	4号计量泵 开关状态	5号计量泵 开关状态	6号计量泵 开关状态	1号流量计 流量(L/h)	2号流量计 流量(L/h)	3号流量计 流量(L/h)	4号流量计 流量(L/h)	原液池液位 1号	原液池液位 2号	稀释池液位(m) 1号	稀释池液位(m) 2号	稀释池液位(m) 3号	混凝剂用量(kg)
16：00：00																											
小计																											
17：00：00																											
18：00：00																											
19：00：00																											
20：00：00																											
21：00：00																											
22：00：00																											
23：00：00																											
24：00：00																											
小计																											
当日																											
累计																											
审核人																											
审核意见																											
值班人员							值班记录																				
班次							值班记录																				
上日夜班																											
白班备注：																											
晚班备注：																											
夜班备注：																											

沉淀（澄清）池进水量与混凝剂投加量密切相关，同时也影响到后续工艺的生产负荷。

④ 沉淀池出水浊度（NTU）

定义：沉淀池出口水的浑浊程度，反映沉淀池运行状态，仪器通过在与入射光成90°角的方向上测量散射光强度获得。

含义及提示：

沉淀池出水浊度宜控制在3NTU以下。

当沉淀池出水浊度过高时，会增加滤池负荷，缩短滤池过滤周期，增加滤池水耗。

⑤ 混凝剂流量（L/h）

定义：计量泵投加矾液的瞬时流量。

含义及提示：

在矾耗一定的情况下，根据沉淀池进水量变化，可通过调节计量泵冲程或者频率改变投加量，保证沉淀池出水水质。

⑥ 原液池液位（m）

定义：原液池液位的高低。

含义及提示：

原液池的液位可以判断混凝剂原液的库存，从而决定是否补充混凝剂。一般混凝剂的库存量为15～30d的用量。

⑦ 溶液池液位（m）

定义：溶液池液位的高低。

含义及提示：

溶液池的液位可以判断备用成品混凝剂数量，对水厂投矾有重要影响。

⑧ 混凝剂用量（kg）

定义：在一定时间段内投加到水中的混凝剂质量。

含义及提示：

用于计算矾耗。

根据沉淀池进水量的变化及时调整用量保障水质。

根据沉淀池进水浊度的变化及时调整用量保障水质。

⑨ 二级泵房供水量（m³）

定义：二级泵房供水量指二级泵房总出水量。

含义及提示：

用于计算供水单位电耗、矾耗、氯耗等生产指标。

二级泵房供水量是调度调节生产工艺运行的依据。

二级泵房供水量受外部用户需求的影响。

供水量突然减小可能是二级泵房出现跳车（或空车）；供水量突然增大可能是外部管道漏水或其他水厂二级泵房出现跳车（或空车）。

⑩ 混凝剂单耗（g/m³）

定义：处理单位体积的水量所消耗的混凝剂质量（通常为每立方米的水中所投加混凝剂的克数）。

含义及提示：

计算生产矾耗成本。

原水水质的变化（通常为浊度），会造成矾耗变化。浊度升高，容易引起矾耗升高。

采用投加助凝剂、改善混合效果、调整合适的矾液稀释比等方法可以降低矾耗。

（3）供水设备、设施的维护保养

供水设备、设施应做好日常维护保养，通过对供水设备、设施（工艺设备、电气设备、工艺设施）维护保养全过程有效管理，使设备保持良好状态，消除设备缺陷，避免设备故障发生，提高安全生产的保障能力，实现安全、稳定、优质、低耗供水的管理目标。

自来水生产工应熟悉本岗位设备、设施维护保养项目、内容、频次等，在规定的时间内完成维护保养，并负责达到验收质量标准的要求，维护保养前后，保证维护现场安全措施的落实，对设备正确使用、规范操作和及时维护负责，保证设备完好和有效利用。下面以某水厂加矾间的计量泵为例，对维护保养内容的设置进行介绍。

某水厂加矾间计量泵的维护保养　　　　　　　　　　表 9-3

设备名称	维护保养项目	周期	质量验收标准
计量泵	流量突变时或每月检查计量泵隔膜、O 型圈磨损状况，出现问题及时更换	月	泵体无渗漏，压力表摆动在正常范围，流量正常
	检查管路系统有无渗漏	月	管路无渗漏
	清洗过滤器，及时更换滤网	月	清洗过滤器或更换滤网
	及时清洁计量泵泵体	周	泵体清洁
	检查计量泵油质、油位，及时补（换）油	月	检查油质、润滑油油量到油位线；每 3000h 换油一次
	检查控制变频器与冲程调节器的电气、信号及连接状况	月	变频器运行正常，冲程调节正常，信号指示正确
	检查脉冲阻尼器是否正常并及时放水	月	及时放水，压力表摆动在正常范围

注：不同品牌、不同型号设备维养内容及周期会有差别。

（4）供水设备、设施的大修

供水设备、设施除了日常维护保养外，还应对供水设备、设施（工艺设备、电气设备、工艺设施）进行大修，保证设备、设施正常运行，尽量避免设备、设施发生故障，提高安全生产的保障能力，实现安全、稳定、优质、低耗供水的管理目标。

大修由专业检修人员负责，各种设备、设施可按照相关要求制定大修标准。

某水厂对排泥机的大修规定如下：

1）大修的周期

排泥机每年进行一次大修。

2）大修的内容及质量标准

① 检修紧固各部连接螺栓。

② 检查、更换润滑油。

③ 检查、更换密封件。

④ 找正联轴器，检查对中及磨损情况。

⑤ 检查轴承、轴承座。主动轴、从动轴无缺陷，并符合图纸要求；轴承座表面无裂纹、无磨损，否则应更换；两轴承座支撑平面应在同一水平上。

⑥ 检查、校正刮泥板，疏通吸头。

⑦ 检查行车轮，有裂纹、轮缘磨损超过原厚度 30%、两轮相对磨损过大时应拆下修理。如磨损已比原直径小 10mm 时，则应报废，予以更换。

⑧ 车轮不能有轴向窜动。

⑨ 检查钢轨。钢轨接头高度差不应超过 1mm；检查两平行轨道的平行度，不能有过大夹角；同跨两平行轨道的标高相对差应不大于 5mm。

⑩ 检查桁架有无脱焊、变形等现象，应及时补焊、加强及整形。

⑪ 检查、疏通虹吸管系统。虹吸管要牢固、不漏气、不漏水；虹吸管上所有阀门应完好，开关灵活。

⑫ 减速机加注、更换润滑油，检查齿轮磨损情况。

9.2　取水口的运行管理

水源分为地表水和地下水两大类。地表水源有江水、河水、湖水、水库水等，地下水源有浅井水、深井水、泉水等。

由于地表水源的种类、性质和取水条件各不相同，因而地表水取水构筑物有多种形式。按构造形式分，有固定式（岸边式、河床式、斗槽式）和活动式（浮船式、缆车式）两种。在山区河流上，则有带低坝的取水构筑物和低栏栅式取水构筑物。

由于地下水类型、埋藏深度、含水层性质等各不相同，开采和取集地下水的构筑物形式也各不相同。地下水取水构筑物有管井、大口井、辐射井、复合井及渗渠等，其中以管井和大口井最为常见。大口井广泛用于取集浅层地下水，地下水埋深通常小于 12m，含水层厚度在 5～20m 之间。管井用于开采深层地下水。管井深度一般在 200m 以内，但最大深度也可达到 1000m 以上。

（1）地表水取水口

1）地表水取水口的运行

① 在水源保护区或地表水取水口上游 1000m 至下游 100m 范围内（有潮汐的河道可适当扩大），必须依据国家有关法规和标准的规定定期进行巡检。

② 汛期应组织专业人员了解上游汛情，检查地表水取水口构筑物的完好情况，防止洪水危害和污染。冬季结冰的地表水取水口应有防结冰措施及解冻时防冰凌冲撞措施。

③ 在固定式取水口上游至下游适当地段应装设明显的标志牌。在有船只来往的河道，还应在取水口上装设信号灯。

④ 固定式取水口的运行应符合下列规定：

a. 取水口应设有格栅，并应设专人专职定时检查；当有杂物时，应及时进行清除处理。

b. 当清除格栅污物时，应有充分的安全防护措施，操作人员不得少于 2 人。

c. 藻类、杂草较多的地区应保证格栅前后的水位差不超过 0.3m。

d. 取水口应每 2～4h 巡检一次，预沉池和水库应至少每 8h 巡检一次。

2）地表水取水口设施的维护保养

① 设施日常保养

a. 格栅、格网、旋转滤网等，应由专人清除栅渣，保持场地清洁。

b. 应检查传动部件、阀门运行情况，按规定加注润滑油，调整阀门填料，并擦拭干净。

c. 检查液位计和液位差仪是否正常。

② 设施定期维护

a. 格栅、格网、旋转滤网、阀门及其附属设备，应每季度检查一次；长期开或者长期关的阀门每季度应开关一次，并进行保养。

b. 取水口的构件、格网、格栅、旋转滤网、莲蓬头、平台、护桩、钢筋混凝土构筑物等，应每年检修一次，清除垃圾，修补钢筋混凝土构筑物、油漆锈蚀铁件。

c. 取水口河床深度每年应至少锤测一次，做好记录，并根据锤测结果及时疏浚。

③ 大修项目

a. 取水口及其附属设备每三年大修一次，对设备进行全面检修，并对重要部件进行修复或更换。

b. 土建和机械大修质量，应符合国家有关标准的规定。

（2）地下水取水口

1）地下水取水口的运行

① 取水构筑物的防护范围应根据水文地质条件、取水构筑物形式和附近地区的卫生状况进行确定，其防护措施应按地表水水厂生产区要求执行。

② 在单井式井群的影响范围内，不得使用工业废水或生活污水灌溉，不得施用有持久性毒性或剧毒农药，不得修建渗水厕所、渗水坑、堆放废渣或敷设污水管道，不得从事破坏深层土层的活动。如取水层在水井影响半径内不露出地面或取水层与地表水没有相互补充关系时，可根据具体情况设置较小的防护范围。

③ 在地下水水厂生产范围内，应按地表水水厂生产区要求执行。

2）地下水取水口设施的维护保养

地下水取水口涉及的设施有管井、大口井、渗渠等，本处重点介绍管井和大口井。

① 管井

a. 正确选用管井抽水设备。管井在维修或换泵时，不能轻易更换抽水设备机型。水泵最大出水量不能超过管井的最大允许出水量。管井不可盲目挖潜。

b. 密切注意出水的含砂量。管井的出砂量直接影响管井的使用寿命。管井中经常含砂意味着过滤器周围含水层结构逐渐破坏，最终导致井外坍塌与井管弯曲折断。含砂量一般控制在 1/200 万以下较为适宜。

c. 及时清淤。管井使用中总会出现井底淤积。主要原因有滤料不合格、接口包扎不严密、洗井不及时等。清淤方法可采用双泵清淤或光锥清淤。

d. 维护性抽水。对季节性供水管井，不用时要每隔两星期抽 1～2d 水，防止过滤器堵塞。

e. 管井每次检修后，再次投入使用之前都应用漂白粉消毒。

② 大口井

a. 大口井在运转中应均匀取水，最高取水量不得超过设计允许开采水量，特别注意在枯水期防止过量开采。

b. 大口井一般都是截取浅层地下水。因此需注意防止周围地表水侵入；注意污染观测，严格按照水源卫生防护规定执行。

9.3 预处理工艺的运行管理

原水预处理工艺主要包括预沉淀、预吸附、预生物处理、预化学氧化等几种类型。

（1）预沉淀

预沉淀主要包括预沉池和沉砂池两种类型。

1）预沉池的运行参数

预沉池的日常生产参数类似于常规工艺中的沉淀池，主要包括原水温度、原水浊度、原水 pH 值、进水流量、停留时间、出水流速、出水浊度等。以辐流式预沉池为例，其运行参数如表 9-4 所示。

辐流式预沉池运行参数 　　　　表 9-4

运行参数	自然沉淀	絮凝沉淀
进水含砂量（kg/m³）	<20	<100
出水浊度（NTU）	<1000	50~100
总停留时间（h）	4.5~13.5	2~6
排泥浓度（kg/m³）	150~250	300~400
刮泥机转速（min/周）	15~53	15~53
刮泥机外缘线速度（m/min）	3.5~6	3.5~6

2）预沉池的运行管理

① 正常水位控制应保持经济运行。

② 高寒地区在冰冻期间应根据本地区的具体情况制定水位控制标准和防冰凌措施。

③ 应根据原水水质、预沉池的容积及沉淀情况确定适宜的排泥频率。

3）沉砂池的运行管理

沉砂池应设挖泥、排砂设施。根据地区和季节的不同，可调整排砂、挖泥的频率，运行中的排砂宜按 8~24h 进行一次，挖泥宜每年进行 1~2 次。

（2）预生物处理

预生物处理主要适用于氨氮、嗅阈值、有机微污染物、藻类含量较高的原水预处理。主要工艺形式包括生物滤池、生物转盘、生物接触氧化等，其中以生物接触氧化应用最为广泛。生物接触氧化按照填料进行分类主要有弹性填料接触氧化、颗粒填料接触氧化、轻质填料接触氧化、悬浮填料接触氧化等。

1）预生物处理系统的运行

① 生物预处理池进水浊度不宜高于 40NTU。

② 生物预处理池出水溶解氧应在 2.0mg/L 以上。曝气量应根据原水中可生物降解有机物、氨氮含量及进水溶解氧的含量而定，气水比宜为 0.5：1~1.5：1。

③ 生物预处理池初期挂膜时水力负荷应减半。应以氨氮去除率大于 50% 为挂膜成功的标志。

④ 生物预处理池应观察水体中填料的状态是否有水生物生长。填料流化应正常，填料堆积应无加剧；水流应稳定，出水应均匀，并应减少短流及水流阻塞等情况发生。当生物预

处理池反冲洗时应观察水体中填料的状态，应无短流及水流阻塞等情况发生，布水应均匀。

⑤ 运行时应对原水水质及出水水质进行检测。有条件的应设置自动检测装置。检测项目应包括水温、DO、NH_4^+-N、NO_2^--N 等。

⑥ 反冲洗周期不宜过短，反冲洗前的水头损失宜控制在 1.0～1.5m，过滤周期宜为 5～10d。

⑦ 冲洗强度应根据所选填料确定，应为 10～20L/(s·m²)。反冲洗时间应符合普通快滤池的反冲洗规定，当为颗粒填料时，膨胀度应控制在 10%～20%。

2）预生物处理系统的维护保养

① 每日检查生物预处理池、进出水阀门、排泥阀门及排泥设施运行情况，检查易松动、易损部件，减少阀门的滴、漏情况。

② 每日检查生物滤池的曝气设施、反冲洗设施、电气仪表及附属设施的运行状况，做好设备、环境的清洁工作和传动部件的润滑保养工作。

③ 每月对阀门、曝气设施、反冲洗设施、池体建筑及附属设施、电气仪表及附属设施等检修一次，并及时排除各类故障。

④ 定期对生物滤池的性能进行检测，测定生物预处理池填料的生物量。

⑤ 每年对阀门、反冲洗设施、曝气设施、电气仪表及附属设施等检修一次或部分更换；对暴露铁件每年进行一次防腐处理。

3）大修项目

① 每 5 年对生物滤池、土建构筑物、机械等检修一次。

② 对生物滤池的曝气设施进行全面检修，检查曝气设施的曝气性能，防止曝气不均匀，并对损坏设施进行检修或更换。

③ 检查填料生物承载能力、填料物理性能，并适当补充或更换填料。

④ 检修或更换集水和配水设施。

⑤ 检修或更换控制阀门、管道及附属设施。

⑥ 生物预处理池大修质量应符合下列规定：填料性能、填充率及填料的承载设施符合工艺设计要求；配水系统应配水均匀，配水阻力损失符合设计要求；曝气设施完好，布气设施连接完好，接触部位连接紧密，曝气气泡符合设计要求；鼓风机应按照设备有关修理规定进行；生物预处理排泥设施符合相关设计规范和要求。

（3）预化学氧化

目前常用的预化学氧化药剂主要有高锰酸钾、臭氧、氯气等。

1）预化学氧化系统的运行

① 预氧化处理应符合下列规定：

a. 氧化剂应主要采用氯气、臭氧、高锰酸钾、二氧化氯等。

b. 所有与氧化剂或溶解氧化剂的水体接触的材料必须耐氧化腐蚀。

c. 预氧化处理过程中氧化剂的投加点和投加量应根据原水水质状况并结合试验确定，但必须保证有足够的接触时间。

② 预臭氧接触池应符合下列规定：

a. 预臭氧接触池应定期清洗。

b. 当预臭氧接触池人孔盖开启后重新关闭时，应及时检查法兰密封圈是否破损或老化，若发现破损或老化应及时更换。

c. 臭氧投加量应根据试验确定。

d. 预臭氧接触池出水端应设置水中余臭氧监测仪，臭氧工艺应保持水中剩余臭氧浓度为 0.2mg/L。

③ 高锰酸钾预处理池应符合下列规定：

a. 高锰酸钾宜投加在混凝剂投加点前，且接触时间不应少于 3min。

b. 高锰酸钾投加量应控制在 0.5~2.5mg/L。实际投加量应通过烧杯搅拌试验确定。

c. 高锰酸钾配制浓度应为 1%~5%，且应计量投加，配制好的高锰酸钾溶液不宜长期存放。

2）预化学氧化系统的维护保养

① 高锰酸钾氧化处理设施日常保养项目、内容，应符合下列规定：

a. 每日检查高锰酸钾配制池、储存池及附属搅拌设施的运行状况，并进行相应的维护保养。

b. 检查高锰酸钾混合处理设施的运行状况，并进行相应的维护保养。

c. 每日检查投加管路上各种阀门及仪表的运行状况，并进行必要的清洁和保养工作。

② 高锰酸钾氧化处理设施定期维护项目、内容，应符合下列规定：

a. 每 1~2 年对高锰酸钾溶解稀释设施放空清洗一次，并进行相应的检修。

b. 每月对稀释搅拌设施、静态混合设施检修一次。

c. 每月按照相应的规范和设备维护手册要求对投加管路及法兰连接、阀门、仪器仪表进行检查和校验一次。

d. 每月对相应的电气仪表设施进行清洁。

③ 高锰酸钾氧化处理设施大修项目、内容，应符合下列规定：

a. 定期将与高锰酸钾配制、投加相关的阀门解体，更换易损部件，对溶解配制池进行全面检修，并重新进行防腐处理。

b. 每 1~2 年对投加管路、管路混合设施解体检修一次。

c. 对提升泵、计量泵及附属设施每年解体检修一次，更换易损部件、润滑脂。

d. 对系统中的暴露铁件每年进行一次防腐处理。

9.4 混合、絮凝、沉淀、澄清工艺的运行管理

9.4.1 混合与药剂投加

混合是将药剂充分、均匀地扩散于水体的工艺过程，对于取得良好的混凝效果具有重要作用。混合设备应靠近絮凝池，连接管道内的流速为 0.8~1.0m/s。影响混合效果的因素有很多，如采用药剂的品种、浓度、水温以及颗粒性质等，而采用的混合方式是最主要的影响因素之一。

（1）混合的运行管理

1）主要生产参数

混合设备应使药剂投加后水流产生剧烈紊动，在很短的时间内使药剂均匀地扩散到整

个水体之中。在实际运行中为保证混合效果，混合时间（T）、速度梯度（G 值）和 GT 值是重要的技术控制参数。

① 混合时间

定义：药剂扩散到整个水体之中所用的时间，也就是水流在混合设备中的停留时间。

意义：混合过程要求快速完成以保证混凝药剂的充分反应。

测定：混合时间一般为 10～30s，最多不超过 2min。

$$T = \frac{3600V}{Q} \tag{9-1}$$

式中　T——混合时间，s；

　　　V——混合设备的体积，m^3；

　　　Q——进入混合设备的流量，m^3/h。

② 速度梯度（G 值）和 GT 值

定义：水流的速度梯度（G 值）就是指两相邻水层的水流速度差与它们之间的距离之比；GT 值就是速度梯度（G 值）与混合时间（T）之积。

意义：只有相邻水层之间有合适的速度差，才能确保药剂的充分混合。

测定：实践表明，在混合阶段，适宜的 G 值一般为 700～1000s^{-1}，GT 值一般为 $2 \times 10^4 \sim 7.35 \times 10^5$。

$$G = \sqrt{\frac{g \Delta h}{T \upsilon}} \tag{9-2}$$

式中　Δh——混合设备中的水头损失，m；

　　　υ——水的动力黏度，m^2/s；

　　　T——水流在絮凝池中的停留时间，s；

　　　g——重力加速度，9.81m/s^2。

2）运行管理要点

混合应符合下列规定：

① 混合宜控制好 GT 值，当采用机械混合时，GT 值应在水厂搅拌试验指导基础上确定。

② 当采用有机高分子絮凝剂预处理高浊度水时，混合不宜过分急剧。

③ 混合设备与后续处理构筑物的距离应靠近，并采用直接连接方式，混合后进入絮凝池，最长时间不宜超过 2min。

3）维护保养

① 机械混合装置应每日检查电机、变速箱、搅拌装置的运行状况，定期加注润滑油，做好环境和设备的清洁工作。

② 混合设备定期维护项目、内容，应符合下列规定：

a. 机械、电气每月检修一次。

b. 混合池、机械、电气每年检修或更换部件，静态混合器每年检查一次。

c. 金属部件每年进行防腐处理一次。

③ 混合设备（包括机械传动设备）应 1～3 年进行检修或更换，大修后质量应分别符合机电和建筑工程有关标准的规定。

（2）混凝剂投加

1）混凝剂投加系统

混凝剂投加设备包括计量和投加两部分。泵投加混凝剂主要有两种形式：一是耐腐蚀离心泵配置流量计装置投加，二是计量泵投加。目前，计量泵投加应用较为广泛，常用的计量泵有液压隔膜计量泵、机械隔膜计量泵及数字计量泵。近年来，磁力驱动泵凭借着结构简单、运行平稳及使用寿命长的特点，在混凝剂投加中的应用也在逐年提升。

计量泵投加系统主要包括：计量泵校验柱、过滤器、计量泵、脉冲阻尼器、变压阀及安全释放阀。如图 9-1 所示。

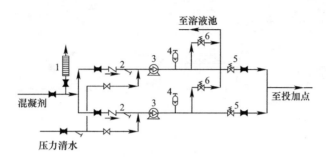

图 9-1 计量泵投加系统

1—计量泵校验柱；2—过滤器；3—计量泵；4—脉冲阻尼器；5—变压阀；6—安全释放阀

在计量泵投加系统中，计量泵校验柱 1 起校验计量泵流量的作用，混凝剂溶液经过过滤器 2，去除混凝剂溶液中的杂质，吸入计量泵 3 内，通过脉冲阻尼器 4 将脉冲流量转化为稳定的连续流量。投加系统有时压力会发生变化，在变压阀 5 的作用下，计量泵保持在 0.1MPa 以上条件下正常工作。如果管路堵塞，系统压力会升高，可通过安全释放阀 6 或泵头上安装的释放阀自动使药液回流至溶液池，同时用清水冲洗投加系统。

为了保障各混凝剂投加点的安全准确，一般每个投加点设置 1～2 台投加泵，而不采用 2 个投加点共用一台投加泵，或者在输液管上安装流量计进行校核（原理简化，不与前面内容重复）。

2）常见计量泵

通常，计量泵工作原理为依靠活塞或隔膜的移动，先增加液缸容积使液体在压差作用下吸入液缸，再降低液缸容积将液体压出。通过不断改变液缸的容积，液体不断地被吸入和压出。其出口流量相对固定，通过调节活塞的行程或运动频率调节流量，泵出口压力与后面管路压力相同。

① 液压隔膜计量泵

a. 结构

液压隔膜计量泵的结构如图 9-2 所示。

b. 特点

液压隔膜计量泵，是结合柱塞式计量泵和隔膜式计量泵的特点而设计的一种计量泵。实际使用中具有下述特点：

（a）计量精度优于机械隔膜计量泵，密封性能优于柱塞式计量泵；

（b）无泄漏，维修方便，低噪声，使用方便；

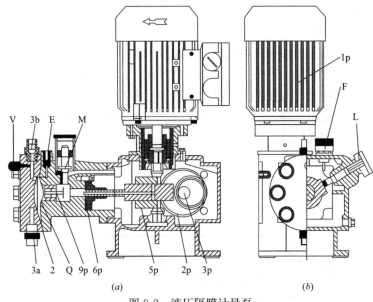

图 9-2　液压隔膜计量泵

(a) 正视图；(b) 侧视图

1p—计量泵电机；2p—涡轮传动装置；3p—偏心轮；5p—滑塞；6p—活塞；M-过压与除气联合阀；
E—除气阀；9p—隔膜保护系统；Q—计量隔膜；2—泵头；V—泵头除气螺丝；3a—吸入阀；3b—排出阀；
L—冲程长度调节旋钮；F—带量油尺的注油孔

(c) 配冲程调节器可以实现远程自动控制；

(d) 液压驱动可实现高压计量的需要，使用允许的工况压力大大提高；

(e) 隔膜为多层复合结构压制而成，耐腐蚀性较强；

(f) 隔膜受力均匀，寿命较长；

(g) 应用范围较广，维护率较低。

② 机械隔膜计量泵

a. 结构

机械隔膜计量泵的结构基本与液压隔膜计量泵相同，两者最大的区别在于前者的柱塞直连隔膜驱动物料，而后者的柱塞通过液压油推动隔膜驱动物料。

b. 特点

机械隔膜计量泵具有以下特点：

(a) 无泄漏，维修方便，噪声较液压隔膜计量泵大；

(b) 结构简单，维护率较低；

(c) 性价比较高；

(d) 适合于低出口压力应用。

3) 计量泵投加系统的运行管理

① 启动前

a. 检查入口管道是否通畅，有无泄漏现象；

b. 检查机泵、压力表、接地线、地脚螺栓、阀门等设备是否完好；

c. 确认泵入口阀门、泵出口阀门及管线上的阀门开关正常；

d. 确认相关控制仪表及指示灯状态正常；

e. 检查溶液池结构是否完整，池内有无异物，搅拌设备是否正常；

f. 检查泵后流量计是否正常。

② 启动后

a. 调节获得需要流量；

b. 检查机泵运转声音、振动、各轴承润滑、密封泄漏及温升状况；

c. 检查管路、管件有无泄漏现象；

d. 观察相关仪表及指示灯状态是否正常；

e. 检查投加点实际投加效果；

f. 以上四点（即 b~e）在运行时根据实际情况定期巡检，或当投加量发生变化时及时巡检；如发现异常，应立刻给予处理。

4）计量泵投加系统的维护保养

① 一般注意事项

a. 在操作计量泵的泵头、接口和管路时穿戴保护性的服饰（手套和袖套）；

b. 在保养和维修工作开始之前，先切断泵的电源开关并将泵从外接电源线上断开；

c. 在拆卸泵头、阀门和管路之前，先小心松开吸入阀以使泵头中的残余介质排空到一个滴盘内。

② 维护保养内容

常规维护保养内容有：

a. 机械混合装置应每日检查电机、变速箱、搅拌装置的运行状况，定期加注润滑油，做好环境和设备的清洁工作。

b. 机械、电气每月检修一次。

c. 金属部件每年进行防腐处理一次。

针对计量泵的维护保养内容有：

a. 定期检查油位，必要时加油；

b. 定期或在计量泵运行中断时、发生故障时清洁并在必要时更换阀门；

c. 定期更换计量介质和齿轮油（在多灰尘的安装场地，每运转 3000h 后更换齿轮油）；

d. 在隔膜破裂后，立即拆开单向球阀并清洁单向球阀；

e. 在发生故障时，例如计量泵停运时，检查槽环并在必要时更换；

f. 定期对系统内螺栓等零配件进行紧固。

5）计量泵投加系统的常见故障分析

关于计量泵投加系统的常见故障分析参见表 9-5。

计量泵投加系统常见故障分析　　　　　　　　　　　　　　表 9-5

序号	现象	分析
1	低背压状态时无计量流量（水泵运转无噪声）	检查电机是否运转；检查螺旋销或电机轴是否断裂；检查水泵中的机油是否不足；检查计量泵泵头是否灌满
2	低背压状态时无计量流量（水泵运转有噪声）	检查排出端阀门是否关闭；检查背压压力是否高于过压阀上的调整压力；检查排出阀安装方向与流量方向是否相反；检查吸入端阀门是否关闭；检查过滤器是否堵塞；检查计量泵进出单向阀的安装方向与流量方向是否相反；检查计量泵泵头是否出气不彻底；检查计量泵是否形成气蚀现象；检查计量泵隔膜是否破裂

续表

序号	现象	分析
3	计量流量过小	检查计量泵进出单向阀是否出现污浊或泄漏；检查计量泵内密封元件是否损坏；检查背压压力是否过大
4	计量流量过大	检查背压压力是否过小；检查吸入管路的入口压力是否高于排出管路的背压

6）磁力驱动泵投加

① 磁力驱动泵的结构及原理

如图 9-3 所示，磁力驱动泵由泵体、磁力耦合器、电机三部分组成。关键部件磁力耦合器由外磁转子、内磁转子及不导磁的隔离套组成。当电机带动外磁转子旋转时，磁场能穿透空气间隙和非磁性物质，带动与叶轮相连的内磁转子作同步旋转，实现动力的无接触传递，将动密封转化为静密封。

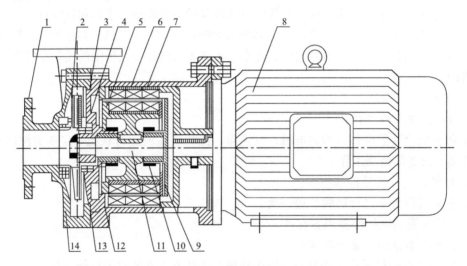

图 9-3　磁力驱动泵

1—泵体；2—叶轮；3—密封圈；4—隔板；5—内磁钢总成；6—外磁钢总成；7—连接架；8—电机；
9—轴承；10—轴承（压盖）；11—泵轴；12—隔离套；13—动环；14—静环

② 磁力驱动泵的特点

磁力驱动泵结构紧凑、外形美观、体积小、噪声低、运行可靠、使用维修方便。同使用机械密封或填料密封的离心泵相比较，磁力驱动泵具有以下特点：

a. 泵轴由动密封变成封闭式静密封，彻底避免了介质泄漏。

b. 无需独立润滑和冷却水，降低了能耗。

c. 由联轴器传动变成同步拖动，不存在接触和摩擦。功耗小、效率高，且具有阻尼减振作用，减小了电机振动对泵的影响和泵发生气蚀振动时对电机的影响。

d. 过载时，内、外磁转子相对滑脱，对电机、泵有保护作用。

③ 磁力驱动泵的运行管理

启动前：

a. 检查入口管道是否通畅，有无泄漏现象；

b. 检查机泵、压力表、接地线、地脚螺栓、阀门等设备是否完好；

c. 确认泵入口阀门、泵出口阀门及管线上的阀门开关正常；

d. 确认相关控制仪表及指示灯状态正常。

启动后：

a. 调节获得需要流量；

b. 检查机泵运转声音、振动、各轴承润滑、密封泄漏及温升状况；

c. 检查管路、管件有无泄漏现象；

d. 观察相关仪表及指示灯状态是否正常；

e. 检查投加点实际投加效果；

f. 以上四点（即 b～e）在运行时根据实际情况定期巡检，或当投加量发生变化时及时巡检；如发现异常，应立刻给予处理。

④ 磁力驱动泵的维护保养

一般注意事项：

a. 在操作计量泵的泵头、接口和管路时穿戴保护性的服饰（手套和袖套）；

b. 在保养和维修工作开始之前，先切断泵的电源开关并将泵从外接电源线上断开；

c. 在拆卸泵头、阀门和管路之前，先小心松开吸入阀以使泵头中的残余介质排空到一个滴盘内。

磁力驱动泵的维护保养内容有：

a. 清洗泵时，必须防止泵接触强劲的喷水；

b. 定期对备用泵进行启动，经常用手沿旋转方向转动泵轴；

c. 从装置上拆下泵后，应排干液体，彻底清洁，采用法兰盖进行密封，并根据相关说明进行储藏；

d. 在拆卸过程中作为单个部件而存在的磁力驱动装置附近可能会产生强磁场危险，从工作台上取走拆下的部件和其他可磁化的金属部件，否则，这些部件有可能被吸住；

e. 定期对系统内螺栓等零配件进行紧固。

⑤ 磁力驱动泵的常见故障分析

关于磁力驱动泵的常见故障分析参见表 9-6。

磁力驱动泵常见故障分析 表 9-6

序号	现象	分析
1	无流量	检查泵是否注满并排气；检查吸入管路是否打开、排气、清洁及正确布设；检查排放管路是否打开、排气、清洁及正确布设；检查静压水头是否过高；检查泵是否吸入空气；检查磁力驱动装置是否停止
2	流量过低	检查泵、吸入管路、排放管路是否彻底排气、注满和清洁过；检查是否清洗过所安装的过滤器；检查是否打开所有的关断装置；检查静压水头是否过高；检查 NPSHA 是否过低，或 NPSHR 是否过高；检查管路阻力是否过高；检查液体黏度是否过高；检查叶轮旋转方向是否正确；检查叶轮转速是否过低，或叶轮直径是否太小；检查泵部件是否出现磨损；检查介质是否含有气体
3	流量过高	检查静压水头是否过低；检查管路或管口阻力是否过低；检查叶轮转速是否过高，或叶轮直径是否太大
4	输送压力过高	检查叶轮转速是否过高，或叶轮直径是否太大；检查液体密度是否过高
5	电机耗电量过大	检查液体流量、密度或黏度是否过高；检查叶轮转速是否过高，或叶轮直径是否太大；检查联轴节是否妥当对准；检查泵轴是否可妥当转动

序号	现象	分析
6	泵运行不平稳或有噪声	检查电机上的滚珠轴承是否损坏；检查液压装置部件是否损坏；检查流量是否过大或过小；检查叶轮是否平衡；检查泵内是否有杂物
7	泵出现泄漏	检查是否按照正确的拧紧扭矩而拧紧所有螺栓；检查密封面的装配是否整洁；检查是否安装经批准的垫片

9.4.2　絮凝池、沉淀池的运行管理

自来水生产过程中，絮凝池的基本要求是，原水与药剂经混合后，通过絮凝池应形成肉眼可见的大的密实絮体，然后在沉淀设备（如沉淀池）中依靠颗粒的重力作用进行泥水分离。作为净水工艺中非常重要的环节，在生产运行中要予以重视。

在本节中，我们将详细介绍絮凝池和沉淀池生产过程中的主要控制参数、运行管理事项、维护保养内容和常见问题及解决方法，同时介绍常见的排泥设备、设施。

（1）絮凝池的运行管理

影响絮凝池混凝效果的生产参数有很多，主要包括原水水温、原水浊度、原水 pH 值、进水流量、矾耗、G 值、GT 值、停留时间 T 等，下面着重介绍各参数的定义、作用及测定方法等。

1）原水水温

水温对混凝效果有明显影响。低温时由于混凝剂水解困难，水的黏度大，水中杂质颗粒布朗运动强度减弱，水流剪力增大，胶体颗粒水化作用增强等，混凝效果较差。

测定：利用温度计进行测定。

2）原水浊度

原水的浑浊程度，是用来反映水中悬浮物浓度的水质参数，仪器通过在与入射光成90°角的方向上测量散射光强度获得。

原水浊度变化时，需要及时调整加矾量或矾液配比浓度，及时调整排泥设备排泥周期，及时排泥，保障水质。

测定：采用浊度仪测定。

3）原水 pH 值

原水 pH 值，亦称氢离子浓度指数、酸碱度，是溶液中氢离子活度的一种标度，也就是通常意义上溶液酸碱程度的衡量标准。

pH 值偏酸性，影响混凝剂水解、聚合，水处理效果不佳，同时容易导致管道、设备的腐蚀。

测定：采用 pH 计进行测定，《地表水环境质量标准》GB 3838—2002 规定，原水 pH 值处于 6～9 之间。

4）进水流量

每小时进入絮凝池（沉淀池）的水量。

絮凝池（沉淀池）进水量与混凝剂投加量密切相关，同时也影响到后续工艺的生产负荷。

测定：采用流量计进行测定。

5）矾耗

处理单位体积的水量所消耗混凝剂的质量（通常为每立方米的水中所投加混凝剂的克数）。

原水水质的变化（通常为浊度），会造成矾耗变化。浊度升高，容易引起矾耗升高。采用投加助凝剂、改善混合效果、调整合适的矾液稀释比等方法可以降低矾耗。

计算：矾耗＝一定时间段的混凝剂投加量/一定时间段处理的水量。

6）G 值、停留时间 T、GT 值

G 值是速度梯度，是控制混凝效果的水利条件；停留时间 T 指水与混凝剂混合后在絮凝池中反应的时间，即絮凝时间；GT 值包含速度梯度 G 和絮凝时间 T，作为综合衡量混凝过程的量。

在絮凝阶段，主要依靠机械搅拌或水力搅拌，促使颗粒碰撞聚集，故以同向絮凝为主。同向絮凝效果，不仅与速度梯度 G 值的大小有关，还与絮凝时间 T 有关。TN_0 即为整个絮凝时间内单位体积水中颗粒碰撞次数，因 N_0 与 G 成正比，所以在絮凝阶段，通常以 G 值和 GT 值作为控制指标。在絮凝过程中，絮体尺寸逐渐增大。由于大的絮体容易破碎，故自絮凝开始至絮凝结束，G 值应逐渐减小。采用机械搅拌时，搅拌强度应逐渐减小；采用水力絮凝池时，水流速度应逐渐减小。

絮凝阶段，平均 G 值在 $20\sim70\mathrm{s}^{-1}$ 范围内，平均 GT 值在 $1\times10^4\sim1\times10^5$ 范围内。

① G 值测定

$$G=\sqrt{\frac{g\Delta h}{\upsilon T}}$$

式中　Δh——混合设备中的水头损失，m；

　　　　υ——水的动力黏度，m^2/s；

　　　　T——水流在絮凝池中的停留时间，s；

　　　　g——重力加速度，$9.81\mathrm{m/s}^2$。

絮凝池 G 值测定：将絮凝池进水始端水位高度 h_1 减去絮凝池末端水位高度 h_2，得到水头损失 Δh，根据公式计算 G 值。

方法1：在池体水平且无沉降的条件下，测量进水始端水位和池顶的高差，记为 h。测量出水末端水位和池顶的高差，记为 h'。$\Delta h=h'-h$。

方法2：在絮凝池中段架设水准仪，测量进水始端和出水末端的水位差，读取 Δh。

② 停留时间测定

《室外给水设计规范》GB 50013—2006 中规定：折板絮凝池、网格（栅条）絮凝池絮凝时间一般宜为 12～20min，隔板絮凝池絮凝时间一般宜为 20～30min。

$$T=LBH/Q \tag{9-3}$$

式中　L——絮凝池净长，m；

　　　　B——絮凝池净宽，m；

　　　　H——絮凝池平均水深，m；

　　　　Q——絮凝池流量，m^3/h。

测定方法：直接计算。

（2）沉淀池的运行管理

1）主要生产参数

影响沉淀池沉淀效果的生产参数主要包括水平流速、表面负荷、沉淀时间等，沉淀池出水浊度是沉淀池生产运行的重要控制指标。

① 水平流速、沉淀时间

水平流速是水在沉淀池池长方向上的流动速度；沉淀时间是水在沉淀池中的停留时间。

在池长一定的情况下，沉淀时间越长，水平流速越小；沉淀时间越短，水平流速越大。在池深一定的情况下，沉淀时间越长，截留沉速 u_0 越小；沉淀时间越短，截留沉速 u_0 越大。

② 表面负荷（溢流率）

进水流量与沉淀池表面积的比值。

代表沉淀池的沉淀能力，或者单位面积的产水量，在数值上等于从最不利点进入沉淀池全部去除的颗粒中最小的颗粒沉速 u_0。

计算：表面负荷＝进水流量 Q/沉淀池表面积 A。

③ 沉淀池出水浊度

沉淀池出口水的浑浊程度，反映沉淀池运行状态，仪器通过在与入射光成 90°角的方向上测量散射光强度获得。

当沉淀池出水浊度过高时，会增加滤池负荷，缩短滤池过滤周期，增加滤池水耗。

沉淀池的出水浊度通过浊度仪测定。《城镇供水厂运行、维护及安全技术规程》CJJ 58—2009 中规定平流沉淀池和斜管沉淀池的出水浊度宜控制在 3NTU 以下。

2）运行管理要点

目前大多数水厂的絮凝池和沉淀池合建。根据絮凝沉淀池的生产运行参数及特点，运行管理中应注意以下几点：

① 当初次运行隔板或折板絮凝池时，进水速度不宜过大。

② 定时监测絮凝池出口絮凝效果，做到絮凝后水体中的颗粒与水分离度大、絮体大小均匀、絮体大而密实。

③ 絮凝池宜在 GT 值设计范围内运行。

④ 进水量应平稳，不宜长时间超负荷运行。

⑤ 必须做好排泥工作，检查排泥阀、排泥机运行情况及排泥效果。排泥周期应根据原水浊度和排泥水浊度确定。

⑥ 沉淀池的出口应设质量控制点。平流沉淀池和斜管沉淀池的出水浊度宜控制在 3NTU 以下。

⑦ 藻类繁殖旺盛时期，应采取投氯或其他有效除藻措施。

⑧ 启用斜管、斜板时，初始的上升流速应缓慢。清洗时，应缓慢排水。

⑨ 斜管、斜板表面及斜管内沉积产生的絮体泥渣应定期进行清洗。

3）维护保养

① 平流沉淀池维护，应符合下列规定：

日常保养项目、内容，应符合下列规定：

a. 每日检查进水阀门、出水阀门、排泥阀、排泥机械的运行状况，并加注润滑油，进行相应保养。

b. 检查排泥机械电源、传动部件、抽吸机械等的运行状况，并进行相应保养。

定期维护项目、内容，应符合下列规定：

　　a. 无机械排泥设施的平流沉淀池，应人工清洗，每年不少于两次；有机械排泥设施的平流沉淀池，应每年安排人工清洗一次。

　　b. 排泥机械、电气，每月检修一次。

　　c. 排泥机械、阀门，每年解体检修或更换部件；每年排空一次，对混凝土池底、池壁，每年检查修补一次；金属部件每年油漆一次。

　　大修项目、内容，应符合下列规定：

　　沉淀池、排泥机械每 3～5 年应进行检修或更换。

　　② 斜管（板）沉淀池维护，应符合下列规定：

　　日常保养项目、内容，应符合下列规定：

　　a. 每日检查进水阀门、出水阀门、排泥阀、排泥机械的运行状况并进行保养，加注润滑油。

　　b. 检查机械、电气装置，并进行相应保养。

　　定期维护项目、内容，应符合下列规定：

　　a. 每月对机械、电气检修一次，对斜管（斜板每 3 个月或半年）冲洗清通一次。

　　b. 排泥机械、阀门，每年解体检修或更换部件；每年排空一次，检查斜管（板）、支托架、池底、池壁等，并进行检修、油漆等。

　　大修项目、内容，应符合下列规定：

　　斜管（板）沉淀池每 3～5 年应进行检修，支承框架、斜管（板）局部更换。

　　4）沉淀池常见问题及解决方法

　　沉淀池出水浊度超标的常见原因及处理如下：

　　① 原因：原水水质突变或沉淀池进水量变化但混凝剂调整不及时。

　　处理：适当调整混凝剂投加量，观察絮凝池出口矾花形成情况，确保沉淀池出水浊度。

　　② 原因：冬季低温低浊水。

　　处理：适当增加混凝剂投加量，按时观察池面矾花形成情况，根据实际情况合理调整混凝剂投加量。

　　③ 原因：各沉淀池负荷分配不均、部分沉淀池超负荷运行。

　　处理：及时调整各沉淀池的进水量，相应调整各沉淀池的混凝剂投加量。

　　④ 原因：排泥不及时或排泥方式不合理。

　　处理：及时排泥或调整排泥方式。

　　⑤ 原因：加矾设备或管路发生故障。

　　处理：及时启用备用设备或管路。

　　⑥ 原因：生产巡检不及时，造成其他常见故障或隐患没有得到及时处理。

　　处理：加强生产运行巡检，及时对发生的问题采取相应的措施解决。

9.4.3　澄清池的运行管理

　　澄清池是在沉淀池基础上发展起来的一种沉淀池的特殊形式。一般分为泥渣循环型澄清池和泥渣过滤型澄清池两种。其中，常用的泥渣循环型澄清池有水力循环澄清池与机械搅拌澄清池；泥渣过滤型澄清池则有脉冲澄清池与悬浮澄清池。

（1）主要生产参数

影响澄清池生产运行的参数与絮凝沉淀池有较多相同点，其中原水浊度、原水 pH 值、原水水温、进水流量、矾耗可参照 9.1 中相应的参数解释，该处重点介绍泥渣沉降比及回流比。

1）泥渣沉降比

泥渣沉降比反映了絮凝过程中泥渣的浓度与活性，是运行中必须控制的重要参数之一。

测定方法：取泥渣水 100mL，置于 100mL 的量筒内，经静止沉淀 5min 后，沉下泥渣部分占总体积的百分比即为 5min 泥渣沉降比。

2）回流比

测定方法：回流比常用加盐法进行测定。测定步骤如下：

① 测定时取食盐若干斤，用水溶解于缸中；

② 测定原水氯化物含量；

③ 准备容量为 100mL 的烧杯共 20 只，10 只取进水管（为 1 号取样点）水样用，另外 10 只取第一絮凝室出口处（为 2 号取样点）水样用；

④ 将含盐溶液快速投加到澄清池进水管中（可通过投药管向投药点处投加），使食盐溶液与原水充分进行混合；

⑤ 食盐溶液投加后，立即在上述两个取样点同时取水样，每隔 10s 可取水样 1 次，到取齐 10 次为止；

⑥ 用硝酸银滴定法测定所有水样中氯化物含量。用下列公式计算回流比：

$$n = (A-C)/(B-C) \tag{9-4}$$

式中　n——回流比；

　　A——1 号取样点最高总氯化物含量，mg/L；

　　B——2 号取样点最高总氯化物含量，mg/L；

　　C——原水氯化物含量，mg/L。

（2）运行管理要点

澄清池适用于低浊度、高色度原水，初次启动运行时宜投加一定量的石灰或黏土，增加污泥核心，逐步投加混凝剂，在泥渣达到规定浓度前不要排泥。启动运行通常要 1 个月左右时间。

1）机械搅拌澄清池

机械搅拌澄清池宜连续运行。

机械搅拌澄清池初始运行时应符合下列规定：

① 运行水量应为正常水量的 50%～70%；

② 投药量应为正常投药量的 1～2 倍；

③ 当原水浊度偏低时，在投药的同时可投加石灰或黏土，或在空池进水前通过排泥管把相邻运行澄清池内的泥浆压入空池内，然后再进原水；

④ 第二反应室沉降比达到 10% 以上且澄清池出水基本达标后，方可减少投药量、增加水量；

⑤ 增加水量应间歇进行，间隔时间不应少于 30min，增加水量应为正常水量的 10%～15%，直至达到设计能力；

⑥ 搅拌强度和回流提升量应逐步增加到正常值。

机械搅拌澄清池短时间停运后重新投运时应符合下列规定：

① 短时间停运期间搅拌叶轮应继续低速运行；

② 重新投运期间搅拌叶轮应继续低速运行；

③ 恢复运行时水量不应大于正常水量的70%；

④ 恢复运行时宜用较大的搅拌速度以加大泥渣回流量，增加第二反应室的泥浆浓度；

⑤ 恢复运行时应适当增加投药量；

⑥ 当第二反应室内泥浆沉降比达到10%以上后，可调节水量至正常值，并减少投药量至正常值。

机械搅拌澄清池在正常运行期间每2h应检测第二反应室泥浆沉降比值。

当第二反应室内泥浆沉降比达到或超过20%时，应及时排泥，沉降比值宜控制在10%～15%。

机械搅拌澄清池不宜超负荷运行。

机械搅拌澄清池的出口应设质量控制点。

机械搅拌澄清池出水浊度宜控制在3NTU以下。

2）脉冲澄消池

脉冲澄清池宜连续运行。

脉冲澄清池初始运行时应符合下列规定：

① 运行水量宜为正常水量的50%左右；

② 投药量应为正常投药量的1～2倍；

③ 当原水浊度偏低时，在投药的同时可投加石灰或黏土，或在空池进水前通过底阀把相邻运行澄清池内的泥渣压入空池内，然后再进原水；

④ 应调节好冲放比，初始运行时冲放比宜调节到2∶1；

⑤ 当悬浮层泥浆沉降比达到10%以上，出水浊度基本达标后，方可逐步增加水量，每次增水间隔不应少于30min，且增加水量不大于正常水量的20%；

⑥ 当出水浊度基本达标后，方可逐步减少投药量直到正常值；

⑦ 当出水浊度基本达标后，应适当提高冲放比至正常值。

脉冲澄清池短时间停运后重新投运时应符合下列规定：

① 应打开底阀，先排除少量底泥；

② 恢复运行时水量不应大于正常水量的70%；

③ 恢复运行时，冲放比宜调节到2∶1；

④ 宜适当增加投药量，为正常投药量的1.5倍；

⑤ 当出水浊度达标后，应逐步增加水量至正常值；

⑥ 当出水浊度达标后，应逐步减少投药量至正常值。

在正常运行期间，脉冲澄清池应定时排泥；或在浓缩室设泥位计，根据浓缩室泥位适时排泥。

应适时调节冲放比。冬季水温低时，宜采用较小的冲放比。

脉冲澄清池不宜超负荷运行。

脉冲澄清池的出口应设质量控制点，出水浊度宜控制在3NTU以下。

（3）维护保养

1）机械搅拌澄清池的维护保养

日常保养项目、内容，应符合下列规定：

① 机械搅拌装置、刮泥机每日检查电机、变速箱温度、油位及运行状况，定期加注规定牌号的润滑油，做好环境和设备的卫生清洁工作；

② 每日检查进水阀门、排泥阀。

定期维护项目、内容，应符合下列规定：

① 机械、电气每月检查一次；

② 加装斜管的每 3 个月或半年冲洗斜管一次；

③ 金属部件每年进行防腐处理一次；

④ 澄清池每年放空清泥、疏通管道一次；

⑤ 变速箱每年解体清洗、更换润滑油一次；

⑥ 传动部件每年检修一次；

⑦ 加装斜管的，每年放空检查斜管、斜管托架、池底及池壁并进行检修和防腐处理。

大修项目、内容，应符合下列规定：

① 搅拌设备、刮泥机械易损部件每 3～5 年进行检修更换；

② 加装斜管、斜板的，每 3～5 年进行检修，支撑框架、斜管、斜板局部更换。

2）脉冲澄清池的维护保养

日常保养项目、内容，应符合下列规定：

① 每日检查进水阀门、出水阀门；

② 清除池面垃圾、集水孔孔口垃圾；

③ 清扫澄清池走道，保持整洁；

④ 检查脉冲发生器支架钟罩等；

⑤ 采用真空虹吸式的，检查其机械工作是否正常。

定期维护项目、内容，应符合下列规定：

① 加装斜管、斜板的，每 3 个月或半年清洗一次；

② 金属部件每年进行防腐处理一次；

③ 澄清池每年放空清洗一次，并疏通所有管道；

④ 稳流板损坏的应更换；

⑤ 每年检修进水阀门、出水阀门一次；

⑥ 机电设备，可按机械搅拌澄清池相关项目进行。

大修项目、内容，应符合下列规定：

① 脉冲发生器每 5～7 年部分检修或更换；

② 稳流板每 5～7 年部分检修或更换；

③ 加装斜管、斜板的，每 3～5 年进行检修，支撑框架、斜管、斜板局部更换。

3）水力循环澄清池的维护保养

水力循环澄清池的日常保养、定期维护及大修项目可按机械搅拌澄清池、脉冲澄清池的相关内容进行。

（4）常见问题及解决方法

1）低温低浊

低温低浊时为了提高混凝效果，可加助凝剂，也可适当投加黄泥以增加泥渣量提高出水水质。低温低浊阶段要适当减少排泥，尽可能保持高一点的沉降比。

2）原水碱度不足

当原水碱度不足，以致形成矾花过少时，可投加石灰。

3）污染严重

对污染严重的水源，当有机物或藻类较多时，可采用预加氯的方法，破坏水中胶体和去除臭味，防止池内繁殖藻类和青苔。

4）其他常见问题及解决方法

澄清池运行中故障及处理方法见表9-7。

澄清池运行中故障及处理方法
表 9-7

故障情况	原因	处理方法
清水区细小矾花上升，水质变浑，第二絮凝室矾花细小，泥渣浓度越来越低	1. 投药不足； 2. 原水碱度过低； 3. 泥渣浓度不够	1. 增加投药量； 2. 调整 pH 值； 3. 减少排泥
矾花大量上浮，泥渣层升高，出现翻池	1. 回流泥渣量过高； 2. 进水流量太大超过设计流量； 3. 进水水温高于池内水温，形成温差对流； 4. 原水藻类大量繁殖，pH 值升高	1. 增加排泥； 2. 减少进水流量； 3. 适当增加投药量，彻底解决办法是消除温差； 4. 预加氯除藻，或在第一絮凝室出口处投加漂白粉
絮凝室泥渣浓度过高，沉降比在20%～25%以上，清水区泥渣层升高，出水水质变坏	排泥不足	增加排泥
分离区出现泥浆水如同蘑菇状上翻，泥渣层趋于破坏状态	中断投药，或投药量长期不足	迅速增加投药量（比正常大 2～3 倍）；适当减少进水量
清水区水层透明，可见 2m 以下泥渣层，并出现白色大粒矾花上升	加药过量	减少投药量
排泥后第一反应室泥渣含量逐渐下降	排泥过量或排泥闸阀漏水	关紧或检修闸阀
底部大量小气泡上穿水面，有时还有大块泥渣向上浮起	池内泥渣回流不畅，消化发酵	放空池子，清除池底积泥

9.4.4 排泥设备、设施的运行管理

沉淀池下部设有存泥区，排泥方式不同，则存泥区高度也不同。小型沉淀池设置的斗式、穿孔管排泥方式，需根据设计的排泥斗间距或排泥管间距设定存泥区高度。多年来，平流沉淀池普遍使用机械排泥装置，池底为平底，一般不再设置排泥斗、泥槽和排泥管。

（1）排泥阀

一般排泥阀根据动力源不同分为液压式和气动式，其工作原理类似（见图9-4），以液压式排泥阀为例：

液压式排泥阀按结构可分为隔膜型和活塞型两类，工作原理相同，都是以上下游压力差 ΔP 为动力，由导阀控制，使隔膜（活塞）液压式差动操作，完全由水力自动调节，从而使主阀阀盘完全开启或完全关闭或处于调节状态。

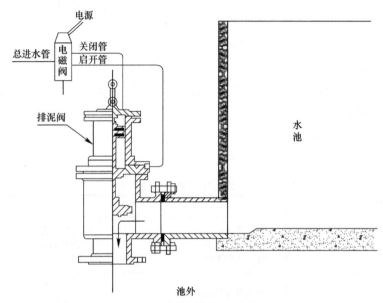

图 9-4　排泥阀工作原理图

（2）排泥机

桁架式机械排泥装置分为泵吸式和虹吸式两种。其中虹吸式排泥是利用沉淀池内水位和池外排水渠水位差排泥，节约泥浆泵和动力。当沉淀池内水位和池外排水渠水位差较小，虹吸排泥管不能保证排泥均匀时可采用泵吸式排泥。虹吸式排泥机如图 9-5 所示。

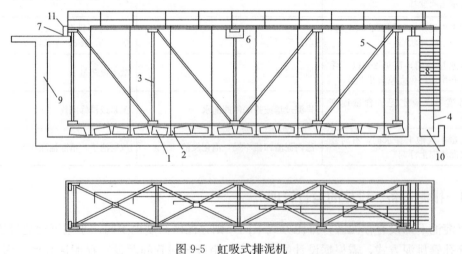

图 9-5　虹吸式排泥机

1—刮泥板；2—吸泥口；3—吸泥管；4—排泥管；5—桁架；6—传动装置；
7—导轨；8—爬梯；9—池壁；10—排泥渠；11—驱动滚轮

上述两种排泥装置安装在桁架上，利用电机、传动机构驱动滚轮，沿沉淀池长度方向运动。为排出进水端较多积泥，有时设置排泥机在前三分之一长度处折返一次。机械排泥较彻底，但排出的积泥浓度较低。为此，有的沉淀池把排泥设备设计成只刮不排装置，即采用牵引小车或伸缩杆推动刮泥板把沉泥刮到底部泥槽中，由泥位计控制排泥管排出。

（3）排泥斗

在池底设置一定坡度的排泥斗，每个排泥斗设置排泥阀，通过池底排泥管排除污泥。斗式排泥设置如图 9-6 所示。

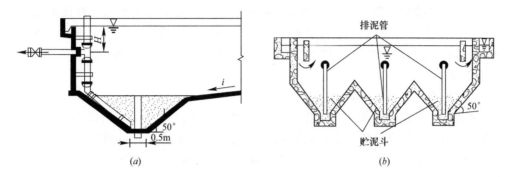

图 9-6　斗式排泥设置
（a）沉淀池静水压力排泥；（b）多斗式平流沉淀池

采用斗式排泥，往往不能彻底排除污泥，运行一段时间后需要放空清洗。

（4）排泥设备的日常巡检及维护保养

1）日常巡检排泥阀、排泥机运行情况及排泥效果。

2）每日检查进水阀门、出水阀门、排泥阀、排泥机械的运行状况，并加注润滑油，进行相应保养。

3）排泥机械、电气，每月检修一次。

4）排泥机械、阀门，每年解体检修或更换部件，每年排空一次。

5）沉淀池、排泥机械应每 3～5 年进行检修或更换。

（5）排泥设备常见问题及解决方法

排泥设备在运行过程中的常见问题及解决方法见表 9-8。

排泥设备常见问题及解决方法　　　　　　　　　表 9-8

设备名称	常见问题	原因分析	解决方法
排泥阀	排泥阀异常开启	1. 对于带压关闭的排泥阀，可能是由于压力源消失； 2. 排泥阀膜片破损	1. 排查泄压阀门是否开启； 2. 更换膜片
	排泥阀无法开启	1. 对于带压关闭的排泥阀，可能是由于压力源无法泄掉； 2. 对于带压开启的排泥阀，可能是由于压力源没有正常供给； 3. 检修阀处于关闭状态	1. 排查泄压阀门是否无法开启，或压力源供给阀门无法关闭； 2. 恢复压力源供给； 3. 打开检修阀
排泥机	排泥无法形成	潜污泵故障	将泵体提升出水面进行检修

9.5　过滤的运行管理

滤池是实现过滤功能的构筑物，通常设置在沉淀池或澄清池之后。在常规水处理过程中，一般采用颗粒石英砂、无烟煤、重质矿石等作为滤料截留水中的杂质，从而使水进一步变清。过滤不仅可以进一步降低水的浊度，而且水中部分有机物、细菌、病毒等也会黏附在悬浮颗粒上一并去除。至于残留在水中的细菌、病毒等失去悬浮颗粒的保护后，在后续的消毒工艺中将更容易被杀灭。

（1）主要生产参数

影响滤池过滤效果的生产参数有很多，主要包括滤速、水头损失、冲洗强度、膨胀度、杂质穿透深度、滤料含泥量、冲洗周期（过滤周期、工作周期）等，针对这些生产参数进行及时有效的观察测定，对滤池安全高效地运行有非常重要的作用。

1）滤速

单位过滤面积在单位时间内的滤过水流量。

在过滤水流量相同的条件下，设计滤速大点的话，则滤池的面积可以小些，建设成本可以降低。但滤速较高的情况下，滤池的负荷较高，出水浊度有可能超标，过滤周期缩短，反冲洗次数又会增加。因此，控制合理的滤速，直接影响水质安全、运行管理及建设投资的经济性。

滤速可以利用迅速关闭进水阀的方法来测定。测定时的滤池内事先标定好一个固定距离，然后迅速关闭进水阀，记录下降这段距离的时间就可按公式（9-5）推算出滤速，每次测定重复 3 次以上，取其平均值。

$$v = \frac{60h}{T} \tag{9-5}$$

式中　v——滤速，m/h；

　　　h——多次测定水位下降值，m；

　　　T——下降 h 水位时所需时间，min。

2）水头损失

水流在过滤过程中单位质量液体损失的机械能。其计量单位通常为 m。

随着滤池工作时间的增加，滤层中截留的杂质增多，水头损失增加，当水头损失达到设计限值时，滤池将进行反冲洗，一般快滤池反冲洗前的水头损失在 2.5～3m 左右。

滤池的水头损失的测定利用水头损失计，其测定需要定期进行，并做详细记录。

3）冲洗强度

滤池反冲洗时，单位面积滤层所通过冲洗水/气的流量，分为气洗强度与水洗强度。其单位为 L/(s·m²)。

一般认为冲掉滤料表面的泥渣主要依靠冲洗过程中颗粒间的碰撞摩擦；其次依靠水流剪力。过高或过低的冲洗强度都会影响冲洗时颗粒的碰撞机会。

用泵或水塔冲洗的滤池测定其冲洗强度可利用冲洗时滤池内冲洗水的上升速度来测定。测定时迅速关闭排水阀，等反冲洗上升水流稳定后，再测定事先标定好的一段固定高度所需时间，每次测定需重复几次，取其平均值并以公式（9-6）推算出冲洗强度。

$$q = \frac{1000H}{t} \tag{9-6}$$

式中　q——反冲洗强度，m/h；

　　　H——滤池内标定的高度，m；

　　　t——水位上升 H 时所需的时间，s。

4）膨胀度

反冲洗阶段，滤层膨胀后增加的厚度与膨胀前厚度之比。

滤池反冲洗时，砂层受到自下而上的水流作用，体积开始膨胀。滤料膨胀不足，砂粒不易洗净；滤料膨胀过大，砂粒可能被冲走。一般要求滤料的膨胀度为 30%～50%。通过膨胀度的测定也可以校核冲洗强度是否合理，当膨胀度过高时就应适当调整冲洗阀以使冲洗强度小一些。

测定滤料膨胀度可自制一个专用的测棒，用长 2m、宽 10cm、厚 2cm 的木板制作，在木板上钉有很多间隔只有 2cm 的敞口小瓶，如图 9-7 所示。

测定时将测棒竖立在排水槽边，棒底刚好碰到砂面，敞口小瓶对着砂面。反冲洗时，砂层膨胀，膨胀到敞口小瓶处的砂粒留在小瓶内，等反冲洗结束后测量小瓶中砂粒离测棒底的高度就是滤料膨胀到的高度。

例如，某滤池反冲洗时测得测棒中发现砂粒的小瓶口离滤料面高 35cm，滤料厚为 70cm，则其膨胀度为：

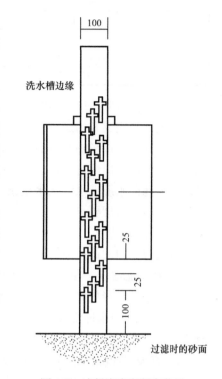

图 9-7　滤料膨胀度测定装置

$$e = \frac{H_1}{H} = \frac{(70+35)-70}{70} = 50\%$$

5）杂质穿透深度

在过滤过程中，自滤层表面向下到某一深度，若该深度的水质刚好符合滤后水水质要求，则该深度为杂质穿透深度。

在滤层厚度一定的情况下，杂质穿透深度越大，说明整个滤层作用发挥得越好。但是过大的杂质穿透深度容易将杂质带出滤层，导致出水水质不达标。所以，滤层厚度应为杂质穿透深度加一定的富余量。

测定方法：取滤料不同深度的水检测其浊度指标，若浊度指标刚好与滤后水水质要求相符合，则该深度为杂质穿透深度。

6）滤料含泥量

滤池内某一深度滤料在用盐酸冲洗、清水冲洗后，烘干后滤料减少的质量与直接烘干后滤料的质量之比即为含泥量。

滤料含泥量是对滤池运行周期进行调整以及更换补充滤料的重要依据。

测定方法详见第 12 章。

滤池含泥量的要求见表 9-9。

滤料含泥量要求　　　　　　　　　　表 9-9

含泥量百分比（%）	滤料状态
<0.5	很好
0.5~1.0	好
1.0~3.0	满意
3.0~10.0	不满意
>10.0	很不好

7）冲洗周期（过滤周期、工作周期）

滤池冲洗完成开始运行到再次进行冲洗的整个间隔时间。其计量单位通常为 h。

冲洗周期直接影响滤池的产水量。因为工作周期越长，则过滤时间越长，冲洗水量消耗越少，但过滤周期过长，又有可能造成水质超标。合理的冲洗周期应该在滤池建成投运后，依据滤前水质、水温、水量条件进行调整确定。

（2）运行管理要点

1）普通快滤池

普通快滤池的运行应符合下列规定：

① 冲洗滤池前，在水位降至距滤料层 200mm 左右时，应关闭出水阀，缓慢开启冲洗阀，待气泡全部释放完毕，方可将冲洗阀逐渐开至最大。

② 砂滤池单水冲洗强度宜为 12~15L/(s·m²)。当采用双层滤料时，单水冲洗强度宜为 14~16L/(s·m²)。

③ 有表层冲洗的滤池，表层冲洗和反冲洗间隔应一致。

④ 冲洗滤池时，排水槽、排水管道应畅通，不应有壅水现象。

⑤ 冲洗滤池时，冲洗水阀门应逐渐开大，高位水箱不得放空。

⑥ 冲洗滤池时的滤料膨胀度宜为 30%~40%。

⑦ 用泵直接冲洗滤池时，水泵填料不得漏气。

⑧ 反冲洗结束时，排水的浊度不宜大于 10NTU。

⑨ 滤池进水浊度宜控制在 3NTU 以下。

⑩ 滤池运行中，滤床的淹没水深不得小于 1.5m。

⑪ 正常滤速宜控制在 9m/h 以下；当采用双层滤料时，正常滤速宜控制在 12m/h 以下。滤速应保持稳定，不宜产生较大波动。

⑫ 滤池应在过滤后设置质量控制点，滤后水浊度应小于设定目标值。设有初滤水排放设施的滤池，在滤池反冲洗结束重新进入过滤后，应先进行初滤水排放，待滤池初滤水浊度符合企业标准时，方可结束初滤水排放和开启清水阀。

⑬ 滤池冲洗周期应根据水头损失、滤后水浊度、运行时间确定。

⑭ 滤池新装滤料后，应在含氯量 30mg/L 以上的溶液中浸泡 24h 消毒，并应经检验滤后水合格后，冲洗两次以上方可投入使用。

⑮ 滤池初用或反冲洗后上水时，池中的水位不得低于排水槽，严禁暴露砂层。

⑯ 应每年对每格滤池做滤层抽样检查，含泥量不应大于 3%，并应记录归档。采用双层滤料时，砂层含泥量不应大于 1%，煤层含泥量不应大于 3%。

⑰ 应定期观察反冲洗时是否有气泡，全年滤料跑失率不应大于 10%。

⑱ 当滤池停用一周以上时，应将滤池放空；恢复运行时必须进行反冲洗后才能重新启用。

2）V型滤池（均质滤料滤池）

V型滤池（均质滤料滤池）的运行应符合下列规定：

① 滤速宜为 10m/h 以下。

② 冲洗周期应根据水头损失、滤后水浊度、运行时间确定。

③ 反冲洗时应将水位降到排水槽顶后进行。滤池应采用气冲-气水同时反冲-水冲方式进行反冲洗，同时用滤前水进行表面扫洗。气洗强度宜为 13～17L/(s·m²)，历时 2～4min；气水同时反冲时，气洗强度宜为 13～17L/(s·m²)，水洗强度宜为 2～3L/(s·m²)，历时 3～4min；单独水冲时，冲洗强度宜为 4～6L/(s·m²)，历时 3～4min；表面扫洗强度宜为 2～3L/(s·m²)。

④ 运行时滤层上水深应大于 1.2m。

⑤ 滤池进水浊度宜控制在 3NTU 以下，应设置质量控制点，滤后水浊度应小于设定目标值。设有初滤水排放设施的滤池，在滤池反冲洗结束重新进入过滤后，不得先开启清水阀，应先进行初滤水排放，待滤池初滤水浊度符合企业标准时，方可结束初滤水排放和开启清水阀。

⑥ 当滤池停用一周以上恢复运行时，必须进行有效的消毒、反冲洗后方可重新启用。

⑦ 滤池新装滤料后，应在含氯量 30mg/L 以上的溶液中浸泡 24h 消毒，并应经检验滤后水合格后，冲洗两次以上方可投入使用。

⑧ 滤池初用或反冲洗后上水时，严禁暴露砂层。

⑨ 应每年对每格滤池做滤层抽样检查，含泥量不应大于 3%，并应记录归档。

（3）维护保养

滤池是净化设施中最重要的设施之一，维护保养工作应符合下列规定：

1）滤池、阀门、冲洗设备（水冲、气水冲洗、表面冲洗）、电气仪表及附属设备（空压机系统等）的运行状况应每日检查，并应做好设备、环境的清洁工作和传动部件的润滑保养工作。.

2）普通快滤池定期维护项目、内容，应符合下列规定：

① 每月对阀门、冲洗设备、电气仪表及附属设备等保养一次，并及时排除各类故障。

② 每季度测量一次砂层厚度，当砂层厚度下降 10% 时，必须补砂且一年内最多一次。

③ 每年对阀门、冲洗设备、电气仪表及附属设备等检修一次或部分更换；铁件应做防腐处理一次。

3）普通快滤池大修项目、内容，应符合下列规定：

① 滤池、土建构筑物、机械设备，5 年内必须进行一次大修，且当发生下列情况时必须立即大修：

a. 滤层含泥量超过 3%；

b. 滤池冲洗不均匀，大量漏砂；

c. 过滤性能差，滤后水浊度长期超标；

d. 结构损坏等。

② 滤池大修项目、内容，应符合下列规定：

a. 检查滤料、承托层，按情况更换；

b. 检查、更换集水滤管、滤砖、滤板、滤头、尼龙网等；

c. 阀门、管道和附属设施进行恢复性检修；

d. 土建构筑物进行恢复性检修；

e. 行车及传动机械应解体检修或部分更新；

f. 钢制排水槽做防腐处理调整；

g. 检查清水渠，清洗池壁、池底。

③ 滤池大修质量应符合下列规定：

a. 滤池壁与砂层接触的部位凿毛；

b. 滤池排水槽高程允许偏差为 ±3mm；

c. 滤池排水槽水平度允许偏差为 ±2mm；

d. 集水滤管或滤砖、滤头、滤板安装平整、完好，固定牢固；

e. 配水系统铺填滤料及承托层前应进行冲洗，以检查接头紧密状态及孔口、喷嘴的均匀性，孔眼畅通率大于 95%；

f. 滤料及承托层按级配分层铺填，每层应平整，厚度偏差不得大于 10mm；

g. 滤料经冲洗后抽样检验，不均匀系数应符合设计工艺的要求；

h. 滤料全部铺设后进行整体验收，经过冲洗后的滤料应平整，且无裂缝和与池壁分离的现象；

i. 新铺滤料洗净后对滤池进行消毒、反冲洗，然后试运行，待滤后水合格后方可投入运行；

j. 冲洗水泵、空压机、鼓风机等附属设施及电气仪表设备的检修应按相关规定要求进行。

（4）常见问题及解决方法

滤池常见问题及解决方法见表 9-10。

滤池常见问题及解决方法　　　　　　　　　　　　表 9-10

常见问题	主要危害	主要原因	解决办法
气阻	1. 滤池的水头损失增加得很快，工作周期缩短； 2. 滤层产生裂缝，影响水质或大量跑砂漏砂	1. 滤池发生滤干之后，未经过反冲排气又开始过滤使空气进入滤层； 2. 冲洗水塔存水用完，空气随水夹带进入滤池； 3. 工作周期过长，水头损失过大，使砂面上的水头小于滤料中的水头损失，从而产生负水头，使水中逸出空气存于滤料中； 4. 藻类滋生产生气体； 5. 水中溶气量过多	1. 加强操作管理，一旦出现滤干情况用清水倒滤； 2. 水塔中贮存的水量要比一次反冲洗所用水量多一些； 3. 调整工作周期，提高滤池内水位； 4. 采用预加氯杀藻； 5. 检查水中溶气量大的原因，消除溶气的来源
滤料中结泥球	砂层堵塞，砂面易发生裂缝。泥球往往腐蚀发酵直接影响滤池的正常运转与净水效果	1. 冲洗强度不够，长时间冲洗不干净； 2. 沉淀池出水浊度过高，使滤池负担过重； 3. 配水系统不均匀，滤池局部冲洗不干净	1. 改善冲洗条件，调整冲洗强度和冲洗历时； 2. 降低沉淀池出水浊度； 3. 检查承托层是否移动； 4. 检查配水系统是否堵塞； 5. 用液氯或漂白粉、硫酸浸泡滤料，情况严重时，就要大修翻砂

续表

常见问题	主要危害	主要原因	解决办法
滤料表面不平，出现喷口现象	过滤不均匀，影响出水水质	1. 滤料凸起，可能是滤层下面承托层及配水系统有堵塞； 2. 滤料凹下，可能是配水系统局部有碎裂或排水槽口不平	针对凸起或凹下查找原因，翻整滤料层和承托层，检修配水系统和排水槽
跑砂漏砂	影响滤池正常工作，清水池和出水中带砂	1. 气阻； 2. 配水系统发生局部堵塞； 3. 冲洗不均匀造成承托层移动； 4. 反冲洗时阀门开的过快或冲洗强度过高，造成滤料跑出； 5. 滤水管破裂	1. 消除气阻； 2. 检查配水系统，消除堵塞； 3. 改善冲洗条件； 4. 注意操作； 5. 检修滤水管
滤后水水质不达标	影响出水水质	1. 如果水头损失增加正常，则可能是沉淀池出水浊度过高； 2. 初滤水滤速过大； 3. 如果水头损失增加很慢，可能是滤层内有裂缝，造成"短路"； 4. 滤料太粗，滤层太薄； 5. 滤层太脏，含泥量过高； 6. 原水是难处理的、过滤性差的水	1. 降低沉淀池出水浊度； 2. 降低初滤时的滤速； 3. 检查配水系统，排除滤层裂缝； 4. 更换滤料； 5. 改善冲洗条件； 6. 加氯或助滤剂解决
滤池运行周期逐渐下降	影响滤池正常生产	1. 冲洗不良、滤层积泥或长满青苔； 2. 滤料强度差、颗粒破碎	1. 改善冲洗条件； 2. 用预加氯杀藻； 3. 刮除表层滤砂，换上符合要求的滤砂
反冲洗后短期内水质不好	影响滤池正常生产	1. 冲洗强度不够，冲洗历时太短，没有冲洗干净； 2. 冲洗水本身水质稍差	1. 改善冲洗条件； 2. 保证冲洗水质量
砂粒逐渐凝结成较大的颗粒	影响滤池正常生产	1. 沉淀过程中可能使用了大量石灰，由于碳酸钙晶体作用所致； 2. 水中含锰量大，使砂粒呈黑棕色甲壳	采用苛性钠或硫酸浸泡

9.6 臭氧-生物活性炭工艺的运行管理

9.6.1 臭氧系统的运行管理

臭氧是一种强氧化剂和良好的消毒剂，在水处理中的应用已有近百年的历史，其早期的用途是对水进行消毒，或用于水的色、嗅、味的去除。臭氧大多是用空气或纯氧通过臭氧发生器现场制备的。臭氧生产系统主要包括气源和臭氧发生器。臭氧发生器是臭氧生产系统的核心设备。按臭氧产生的方式，臭氧发生器主要划分为三种：高压电晕放电式、紫外线照射式及电解式。

（1）臭氧系统气源管理

臭氧发生器采用的气源可以是空气或纯氧。当采用纯氧作为气源运行臭氧发生器时，自来水厂可以租赁或自行采购氧气气源系统（包括液氧和现场制氧）。

1）空气气源系统的操作运行应按臭氧发生器操作手册所规定的程序进行。操作人员应定期观察供气的压力和露点是否正常；同时还应定期清洗过滤器、更换失效的干燥剂以及检查冷凝干燥器是否正常工作。

2）租赁的氧气气源系统（包括液氧和现场制氧）的操作运行应由氧气供应商远程监控。自来水厂生产人员不得擅自进入该设备区域进行操作。

3）自来水厂自行采购并管理运行的氧气气源系统，必须取得使用许可证，由经专门培训并取得上岗证书的生产人员负责操作。操作程序必须按照设备供应商提供的操作手册进行。

4）自来水厂自行管理的液氧气源系统在运行过程中，生产人员应定期观察压力容器的工作压力、液位刻度、各阀门状态、压力容器以及管道外观情况等，并做好运行记录。

5）自来水厂自行管理的现场制氧气源系统在运行过程中，生产人员应定期观察风机和泵组的进气压力和温度、出气压力和温度、油位以及振动值、压力容器的工作压力、氧气的压力、流量和浓度、各阀门状态等，并做好运行记录。

（2）臭氧系统的维护保养

1）空压机或鼓风机、过滤器、干燥器以及供气管路上的各种阀门及仪表的运行状况应每日检查。

2）每月应对空压机或鼓风机、过滤器、干燥器、消声器及各种阀门检修一次，长期开或关的阀门应操作一次；各种仪表每月检修和校验一次。

3）空气气源设备的大修宜委托设备制造商进行。

4）氧气气源设备的日常保养、定期维护和大修工作应符合下列规定：

① 租赁设备的日常保养、定期维护和大修工作由氧气供应商负责，水厂人员不得擅自进行。

② 自来水厂自行采购的设备日常保养工作，由水厂专职人员按设备制造商提供的维护手册规定的要求进行；定期维护和大修工作宜委托设备制造商进行。

9.6.2　臭氧发生系统

（1）系统组成

根据臭氧生成的原理差异，臭氧制造技术有：光化学法的紫外线臭氧发生器、电化学法的电解纯水臭氧发生器以及电晕放电法的臭氧发生器。本书重点介绍采用电晕放电法的臭氧发生系统。标准的臭氧发生系统一般由气源处理系统、冷却系统、电源系统及臭氧合成系统组成。

1）气源处理系统

根据气源的不同可以分为下列几种系统：

① 空气源臭氧发生系统：指以空气为原料，经过多道工艺干燥处理后的空气进入臭氧合成系统产生臭氧的装置。主要包含：压缩机→冷凝器→储气罐→水过滤器→油过滤器→冷干机→水过滤器→油过滤器→干燥机→粉尘过滤器→换热器→减压阀→流量计→臭氧合成。

② 臭氧发生器富氧源系统：指空气经过压缩干燥处理后，经富氧受压吸附产生一定纯度的氧气送入臭氧合成系统的装置。主要包含：压缩机→冷凝器→储气罐→水过滤器→油过滤器→冷干机→水过滤器→油过滤器→干燥机→粉尘过滤器→换热器→减压阀→流量

计→臭氧合成。

③ 臭氧发生器纯氧源系统：液态氧经过汽化器汽化、气源处理系统后，送入臭氧合成系统的装置。主要包含：液氧储罐→汽化器→减压阀→过滤器→流量计→臭氧合成。

2）冷却系统

臭氧合成过程中大约90％的电功率被转化为热能。具有稳定高效的冷却系统是臭氧发生器长期运行的根本保障。冷却系统主要对放电单元外电极进行冷却和对进入放电单元的气体进行调节以保证臭氧产量的稳定。冷却系统通常分为开路循环和闭路循环两种。

3）电源系统

电源系统是臭氧合成过程中最关键的部分，电源系统不仅与臭氧发生系统稳定可靠工作有关，而且与臭氧合成效率及运行成本有关。臭氧电源目前运行的有：工频电源、中频电源、高频电源三种。

4）臭氧合成系统

臭氧合成系统是整套臭氧发生系统中最为核心的部分，臭氧就是在这个环节生成的。

（2）臭氧发生器

臭氧发生器是一个两头带有法兰连接端盖的卧式水平圆柱容器，端盖内装有耐臭氧腐蚀性垫片。所有接触进气、臭氧及冷却水的部件的材质都为不锈钢。大量的不锈钢管焊接在圆柱体板状端口之间。放电室是臭氧产生的关键部分，采用不同的介质，放电室结构有所不同。本书只对气隙放电产生臭氧的放电室作介绍。放电室是由一个或多个放电单元并联组成的，其结构如图9-8所示。

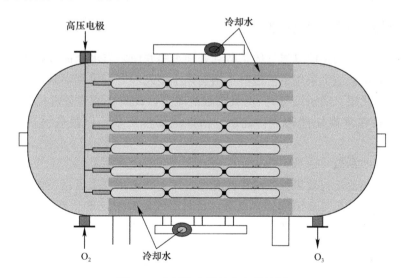

图9-8 臭氧发生器放电室结构图

（3）运行管理要点

臭氧发生系统的运行应符合下列规定：

1）臭氧发生系统的操作运行必须由经过严格专业培训的人员进行。

2）臭氧发生系统的操作运行必须严格按照设备供应商提供的操作手册中规定的步骤进行。

3）臭氧发生器启动前必须保证与其配套的供气设备、冷却设备、尾气破坏装置、监控设备等状态完好和正常，必须保持臭氧气体输送管道及接触池内的布气系统畅通。

4）操作人员应定期观察臭氧发生器运行过程中的电流、电压、功率和频率，臭氧供气压力、温度、浓度，冷却水压力、温度、流量，并做好记录。同时还应定期观察室内环境氧气和臭氧浓度值，以及尾气破坏装置运行是否正常。

5）设备运行过程中，臭氧发生器间和尾气设备间内应保持一定数量的通风设备处于工作状态；当室内环境温度大于 40℃时，应通过加强通风措施或开启空调设备来降温。

6）当设备发生重大安全故障时，应及时关闭整个设备系统。

（4）维护保养

1）臭氧发生器及其冷却设备、与臭氧发生器相连的管路上的各种阀门及仪表，以及臭氧和氧气（以氧气为气源）泄漏探头和报警装置运行状况应每日检查，同时检查尾气破坏装置的运行状况。

2）臭氧发生器定期维护项目、内容，应符合下列规定：

① 按设备制造商提供的维护手册的要求定期对臭氧发生器及其冷却设备和尾气破坏设备进行检修，对长期开或关的阀门操作一次。

② 定期维护工作宜委托制造商进行。

3）臭氧发生器大修项目、内容，应符合下列规定：

① 臭氧发生器和尾气破坏设备大修周期、项目、内容及质量应符合设备制造商提供的维护手册上的规定。

② 臭氧发生器和尾气破坏设备大修工作宜委托制造商进行。

9.6.3　臭氧接触池的运行管理

臭氧接触池，指的是使臭氧气体扩散到处理水中并使之与水全面接触和完成反应的处理构筑物。臭氧接触池可采用钢筋混凝土结构，小型鼓泡塔可采用不锈钢如碳钢制成，内表面须涂无毒防腐层（防锈漆等）。臭氧接触池既可以设置在常规处理构筑物之前作预处理，也可以设置在常规处理构筑物之后、活性炭滤池之前，以提高活性炭滤池的处理效果。

（1）主要生产参数

影响臭氧接触池运行效果的生产参数有很多，主要包括进水流量、停留时间、臭氧投加量、臭氧浓度、剩余臭氧浓度、露点等，及时有效地针对这些生产参数进行观察测定，对臭氧接触池安全高效地运行非常重要。

1）进水流量

用来控制水厂生产负荷及臭氧投加量、结算制氧剂单耗的重要依据。

在进水管道上安装流量计进行检测。

2）停留时间

水与臭氧混合后在臭氧接触池内反应的时间。

水中投加的臭氧作用是将溶解和胶体状有机物转化为较易生物降解的有机物，将某些分子量较高的腐殖质氧化为分子量较低、易生物降解的物质。这就需要臭氧接触池根据来水水质提供足够的停留时间，确保臭氧氧化降解的效果。

停留时间的计算：利用臭氧接触池体积 V 与进水流量 Q 的比值间接求得。

$$t = \frac{60V}{Q} \tag{9-7}$$

式中　t——停留时间，min，预臭氧停留时间一般较短，为 2~4min，后臭氧停留时间一般不低于 10min；

　　　V——臭氧接触池体积，m^3；

　　　Q——进水流量，m^3/h。

3）COD

水样在一定条件下，以氧化 1L 水样中有机物所消耗的氧化剂的量为指标，折算成每升水样全部被氧化后，需要的氧的毫克数，以 mg/L 表示。

反映了水体受还原性物质污染的程度。实际生产中需要根据来水水质中 COD 的变化及时调整臭氧投加量，以确保最佳的反应效果。

COD 测定的标准方法以我国标准《水质 化学需氧量的测定 重铬酸盐法》HJ 828—2017 和国际标准《水质 化学需氧量的测定》ISO 6060 为代表，该方法氧化率高、再现性好、准确可靠，成为国际社会公认的经典标准方法。

4）UV_{254}

水中一些有机物在 254nm 波长紫外光下的吸光度。

反映了水中天然存在的腐殖质类大分子有机物以及含 C=C 双键和 C=O 双键的芳香族化合物的多少。实际生产中需要根据来水水质中该项指标的变化及时调整臭氧投加量，以确保最佳的反应效果。

采用分光光度计进行检测。

5）氨氮

氨氮是指水中以游离氨（NH_3）和铵离子（NH_4^+）形式存在的氮，是一种污染指标。

采用分光光度计进行检测，或直接采用在线氨氮检测仪检测。

6）臭氧投加量

单位体积水中投加臭氧的质量。

实际生产中需要根据来水水质（COD、UV_{254}、氨氮等）的变化及时调整臭氧投加量，以确保最佳的反应效果。同时也是计算臭氧气体流量的依据。

参考值：自来水生产中，预臭氧接触氧化投加量较少，臭氧投加量为 0.5~1.5g/m^3；在后臭氧化工艺中，一般与活性炭滤池联合使用，臭氧投加量为 1.5~2.5g/m^3。

7）臭氧浓度

臭氧浓度是指单位体积内臭氧所占的含量。采用质量比单位 mg/L、g/m^3，或采用体积比单位 1%、5% 等。

臭氧浓度反映了臭氧制备设备产生臭氧的能力，是指单位体积内臭氧的质量之和，这个值越大，表示臭氧制备设备产生臭氧的速度越快。同时也是计算臭氧气体流量的依据。

目前自来水厂常采用在线仪表实时监测臭氧浓度。

8）臭氧气体流量

进入臭氧接触池内含臭氧气体的流量。

臭氧气体流量根据工艺进水流量、臭氧投加量、臭氧浓度计算而得。准确的臭氧气体投加可确保臭氧接触池内有足够的臭氧参与反应。

目前自来水厂常采用气体流量计对臭氧气体流量进行实时监测。

（2）运行管理要点

1）臭氧接触池应定期清洗。

2）臭氧接触池排空之前必须确保进气管路和尾气排放管路已切断。切断进气管路和尾气排放管路之前必须先用压缩空气将布气系统及池内剩余臭氧气体吹扫干净。

3）臭氧接触池压力人孔盖开启后重新关闭时，应及时检查法兰密封圈是否破损或老化，当发现破损或老化时应及时更换。

4）臭氧接触池出水端应设置水中余臭氧监测仪，臭氧工艺应保持水中剩余臭氧浓度在 0.2mg/L。

5）臭氧尾气处置应符合下列规定：

① 臭氧尾气消除装置应包括尾气输送管、尾气中臭氧浓度监测仪、尾气除湿器、抽气风机、剩余臭氧消除器，以及排放气体臭氧浓度监测仪及报警设备等。

② 臭氧尾气消除装置的处理气量应与臭氧发生装置的处理气量一致。抽气风机宜设有抽气量调节装置，并可根据臭氧发生装置的实际供气量适时调节抽气量。

③ 应定时观察臭氧浓度监测仪，尾气最终排放臭氧浓度不应高于 0.1mg/L。

（3）维护保养

1）臭氧接触池的进气管路、尾气排放管路应每日检查，水样采集管路上各种阀门及仪表的运行状况应每日检查，并应进行必要的清洁和保养工作。

2）臭氧接触池定期维护项目、内容，应符合下列规定：

① 每 1～3 年放空清洗一次。

② 检查池内布气管路是否移位松动，布气盘或扩散管出气孔是否堵塞，并重新固定布气管路，清通布气盘或扩散管堵塞的出气孔。

③ 清洗用水排至下水道。

④ 后臭氧接触池在清洗水池恢复运行前，进行消毒处理，消毒浓氯水排至下水道。

⑤ 按设备制造商提供的维护手册的要求，定期对与臭氧接触的阀门、布气盘、扩散管检修一次，并对长期开或关的阀门操作一次。

⑥ 其他阀门每月检修一次，对长期开或关的其他阀门操作一次。

⑦ 按设备制造商提供的维护手册的要求，定期对各类仪表进行校验和检修。

⑧ 每 1～3 年对水池内壁、池底、池顶、伸缩缝、压力人孔等检修一次，并解体检修除臭氧系统以外的阀门，铁件做防腐处理一次。

3）臭氧接触池大修项目、内容，应符合下列规定：

① 每 5 年将除臭氧系统以外的阀门解体，更换易损部件，对池底、池顶、池壁伸缩缝和压力人孔进行全面检修。

② 臭氧接触池大修后，必须进行满水试验，渗水量应按设计水位下浸润的池壁和池底总面积计算，不得超过 $2L/(m^3 \cdot d)$；在进行满水试验时，地上部分应进行外观检查，当发生漏水、渗水时，必须修补。

③ 设置在臭氧接触池内外的臭氧系统设备大修周期、项目、内容及质量应符合设备制造商提供的维护手册上的规定。

9.6.4　活性炭滤池的运行管理

当联合采用臭氧和活性炭去除水中的有机物时，发现活性炭滤料上滋生了大量微生物，处理后水质很好，且活性炭再生周期明显延长，于是发展为一种有效的给水深度处理方法，称为生物活性炭法。生物活性炭法可用于生活饮用水和污水深度处理。在生活饮用水深度处理中，臭氧-生物活性炭法处理置于砂滤池之后，进水浊度要求在 1NTU 以下。在活性炭滤池运行初期，由于炭粒表面尚未形成生物膜，有机物的去除以颗粒活性炭吸附为主。当炭粒表面（包括某些大孔内表面）形成生物膜后，有机物的去除一般以生物降解为主，同时也具有吸附作用。

（1）主要生产参数

影响活性炭滤池过滤效果的生产参数有很多，主要包括滤速、水头损失、冲洗强度、膨胀度、杂质穿透深度、滤料含泥量、工作周期等，针对这些生产参数进行及时有效的观察测定，对活性炭滤池安全高效地运行非常重要。

当缺乏试验资料时，活性炭滤池的生产参数值可参照：滤速 8～20m/h，炭层厚度 1.0～2.5m，接触时间 6～20min，有气冲过程的活性炭滤池必须先进行气冲，待气冲停止后方可进行水冲。气洗强度宜为 11～14L/(s·m²)。没有气冲过程的活性炭滤池水洗强度宜为 11～13L/(s·m²)，有气冲过程的活性炭滤池水洗强度宜为 6～12L/(s·m²)。

（2）运行管理要点

1）冲洗活性炭滤池前，在水位降至距滤料表层 200mm 时，应关闭出水阀。有气冲过程的活性炭滤池还应确保冲洗总管（渠）上的放气阀处于关闭状态。

2）有气冲过程的活性炭滤池必须先进行气冲，待气冲停止后方可进行水冲。气洗强度宜为 11～14L/(s·m²)。

3）没有气冲过程的活性炭滤池水洗强度宜为 11～13L/(s·m²)，有气冲过程的活性炭滤池水洗强度宜为 6～12L/(s·m²)。

4）活性炭滤池冲洗水宜采用活性炭滤池的滤后水作为冲洗水源。

5）冲洗活性炭滤池时，排水阀门应处于全开状态，且排水槽、排水管道应畅通，不应有壅水现象。

6）用高位水箱供冲洗水时，高位水箱不得放空。

7）冲洗活性炭滤池时的滤料膨胀度应控制在设计确定的范围内。

8）用泵直接冲洗活性炭滤池时，水泵填料不得漏气。

9）活性炭滤池运行中，滤床上部的淹没水深不得小于设计确定的设定值。

10）活性炭滤池空床停留时间宜控制在 10min 以上。

11）活性炭滤池滤后水浊度不得大于 1NTU，设有初滤水排放设施的滤池，在活性炭滤池反冲洗结束重新进入过滤后，清水阀不能先开启，应先进行初滤水排放，待活性炭滤池初滤水浊度符合企业标准时，方可结束初滤水排放和开启清水阀。

12）活性炭滤池冲洗周期应根据水头损失、滤后水浊度、运行时间确定。

13）活性炭滤池初用或反冲洗后进水时，池中的水位不得低于排水槽，严禁滤料暴露在空气中。

14）活性炭滤池新装滤料宜选用净化水用煤质颗粒活性炭。活性炭的技术性能应满足现行国家标准和设计规定的要求。新装滤料冲洗后方可投入运行。

15) 应每年对每格滤池做滤层抽样检查。

16) 应加强活性炭滤池生物相检测，并确保出水生物安全性。

17) 全年的滤料损失率不应大于10%。

（3）维护保养

1) 活性炭滤池、阀门、冲洗设备（水冲、气水冲洗、表面冲洗）、电气仪表及附属设备（空压机系统等）的运行状况应每日检查，并应做好设备、环境的清洁工作和传动部件的润滑保养工作。

2) 活性炭滤池定期维护项目、内容，应符合下列规定：

① 每月对阀门、冲洗设备、电气仪表及附属设备等检修一次，并及时排除各类故障。

② 每年对阀门、冲洗设备、电气仪表及附属设备等检修一次或部分更换，铁件应做防腐处理一次。

3) 活性炭滤池大修项目、内容，应符合下列规定：

① 滤池、土建构筑物、机械，5年内必须进行一次大修。

② 滤池大修项目、内容，应符合下列规定：

a. 检查配水系统、滤料，并根据情况更换；

b. 控制阀门、管道和附属设施进行恢复性检修；

c. 土建构筑物进行恢复性检修；

d. 检查清水渠，清洗池壁、池底。

③ 滤池大修质量应符合下列规定：

a. 滤池壁与滤料层接触的部位凿毛；

b. 滤料及承托层按级配分层铺填，每层应平整；

c. 滤料经冲洗后抽样检验，不均匀系数应符合设计工艺的要求；

d. 滤料全部铺设后进行整体验收，经过冲洗后的滤料应平整，且无裂缝和与池壁分离的现象；

e. 活性炭滤料的装填或卸出宜采用专用设备或水射器方式进行，水和滤料的体积比宜大于4:1；输送管道的转弯半径宜大于5倍的管径，且每格滤池一次装卸的时间不宜大于24h；

f. 新铺滤料前对滤池进行清洗、消毒，新铺滤料后进行反冲洗，然后试运行，待滤后水合格后方可投入运行；

g. 冲洗水泵、空压机、鼓风机等附属设施及电气仪表设备的维护按相关规定要求进行。

（4）常见问题及解决方法

关于活性炭滤池常见问题的解决可以参考普通滤池的相关内容。

9.7 膜处理的运行管理

膜处理工艺主要包括微滤、超滤、纳滤、反渗透等几种类型，目前在水厂中应用较多的为超滤膜工艺，超滤膜孔径范围为 $0.05\mu m \sim 1mm$，能够有效去除水中的悬浮颗粒、胶体、浊度和病原菌等大分子物质。

超滤膜在水厂生产中是以膜组件的形式存在于生产环节中的，其主要的工作状态包括过滤、反冲洗、备用、定期化学药剂清洗等几种类型。

（1）主要运行参数

1）水温（℃）：由于高温可降低料液的黏度，增加传质效率，提高透过通量，因此水温会对超滤膜的工作效率产生影响。

2）进水压力（MPa）：在膜材质和进水水质稳定的情况下，膜通量在一定范围内随着压力的增大而增大，在日常生产中操作压力一般为 0.2～0.4MPa。

3）出水流量（m^3/h）：膜通量指单位面积、单位时间的过水量，单位为 $L/(h \cdot m^2)$，随着超滤膜工作时间的增加，膜表面会形成凝胶层，孔隙也会出现不同程度的堵塞状况，出水流量能够反映出膜的堵塞情况。

4）进水浊度（NTU）：进水浊度较高的情况下会增加膜阻力，影响膜通量，使得超滤膜工作周期缩短。

5）出水浊度（NTU）：检测膜处理效果的指标。

6）工作时间（h）：超滤膜在工作一定时间后需要切换到反冲洗状态，因此在水厂生产中需要对超滤膜工作时间进行确定。

7）液位差：反映膜阻力大小的参数。

8）溢流率：溶液出水量与进水量之比。

（2）运行管理要点

1）如对有机物有较高的处理需求，可在超滤膜组件前端增加粉末活性炭吸附滤池，保证出水安全，降低过滤阻力。

2）采用混凝-超滤膜工艺能有效降低超滤膜过滤阻力，延长工作周期。

3）常用超滤膜化学清洗药剂有次氯酸钠和柠檬酸钠。

4）日常巡检液位差仪、进水压力、出水流量读数是否存在异常。

（3）维护保养

1）设施日常保养

① 定期对膜组件进行反冲洗。

② 检查流量计、压力表、液位差仪是否正常。

2）设施定期维护

① 定期对仪表进行校准、检测。

② 定期对超滤膜进行化学清洗。

③ 超滤膜使用一定时间后需进行更换。

9.8 消毒工艺的运行管理

《室外给水设计规范》GB 50013—2006 中规定，生活饮用水必须经过消毒。消毒工艺可根据原水水质和处理要求，采用滤前及滤后两次消毒，也可仅采用滤前（包括沉淀前）或滤后消毒。目前，自来水厂中常用消毒剂有液氯、次氯酸钠、二氧化氯、臭氧、氯胺等。消毒是常规水处理工艺的最后一道安全保障工序，对保障安全用水非常重要。

9.8.1 液氯投加系统

（1）系统组成

液氯投加系统主要由氯瓶、加氯管路、自动切换装置、液氯蒸发器（加氯量小时可以不用）、减压及过滤装置、真空调节器、柜式真空加氯机和水射器等部件组成。

加氯系统以真空调节器为分界点可分为正压区和负压区两个区域，即危险区和安全区。氯气通过自动切换装置进入到液氯蒸发器和减压及过滤装置后，加工成干燥稳定的氯气，由柜式真空加氯机控制加氯量，在水射器的作用下进行投加。投加系统布置如图9-9所示。

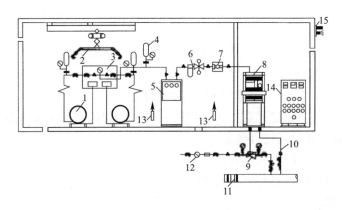

图9-9　自动真空加氯系统布置

1—氯瓶；2—氯瓶起吊设备；3—自动切换装置；4—液氯膨胀室；5—液氯蒸发器；6—减压及过滤装置；
7—真空调节器；8—自动真空加氯机；9—水射器；10—取样装置；11—带信号给出流量计；
12—增压泵；13—漏氯报警仪；14—PLC；15—声光报警仪

自动切换装置：系统的切换。由压力开关、电动阀和控制器组成。当接收到左气源及右气源的压力状态信号后，把一只电动阀打开，另一只电动阀关闭。切换压力可以现场设定，可以是气相压力状态，也可以是液相压力状态。减压阀：系统中设减压阀是为了防止液氯进入加氯系统。真空调节器：真空调节器是真空加氯系统的关键部件，是正压和负压的分界点。水射器：水射器的基本工作原理是根据能量守恒定律，采用文丘里喷嘴结构。在喉部流速增大，动能提高而压能下降，以至压力下降至低于大气压而产生抽吸作用，将气体抽入同水混合，将氯水投加到加注点。水射器是加氯机气体流量调节及测量控制系统的动力部件。

加氯系统自动控制：一般前加氯采用手动或流量比例控制（即按水流量成正比例投加），后加氯可采用手动或余氯反馈信号同时给入加氯机，由自动控制器组成新的控制信号控制。

（2）氯瓶的安全使用

氯瓶中的氯气不能直接用管道加到水中，必须经过加氯机后投加。

1）氯瓶中的液氯气化时，会吸收热量，一般用自来水喷淋在氯瓶上，以供给热量，帮助液氯气化，但不能用明火烘烤氯瓶。当用氯量较大时，可在氯瓶后设置蒸发器。

2）通常将氯瓶放在磅秤上，以核对氯瓶中的余氯量，防止用空。使用时还应防止加氯机的水倒灌入氯瓶。

3）因为氯气比空气重，应在加氯间外墙的低处安装排风扇，以排除积聚在室内的氯气。氯库和加氯间内安装的漏氯探测器，其位置不应高于室内地面 35cm。

4）加氯点后可安装静态混合器，使氯和水均匀混合，提高杀菌效果并节省氯量。

5）应加强余氯的连续监测。有条件时，加氯点宜设置余氯连续测定仪。

6）氯库和加氯间宜设置漏氯报警仪，以预防和处理漏氯事故，有条件时可采用氯气中和装置。

（3）常见加氯机

加氯机用以保证消毒安全和计量准确。加氯机型号与台数按最大加氯量选用，至少安装 2 台，备用台数不少于 1 台。目前常用的加氯机有以下几种：

1）转子加氯机

国内早期使用的加氯机有多种形式，但加注量都比较小，除 ZJ-Ⅰ型转子加氯机加注量达 5～45kg/h、MJL-Ⅱ型为 2～18kg/h 外，其他型号的加注量一般小于 6kg/h。典型的转子加氯机见图 9-10。

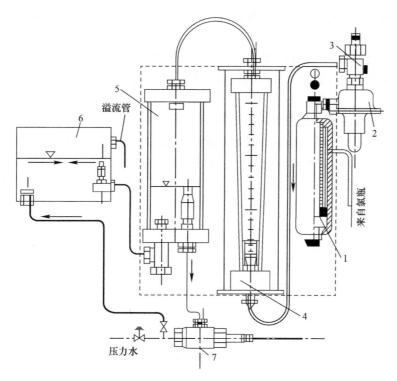

图 9-10 ZJ 型转子加氯机

1—旋风分离器；2—弹簧膜阀；3—控制阀；4—转子流量计；5—中转玻璃罩；6—平衡水箱；7—水射器

来自氯瓶的氯气首先进入旋风分离器，再通过弹簧膜阀和控制阀进入转子流量计，然后经过中转玻璃罩，被吸入水射器与压力水混合，并溶解于水中，输送至加氯点。

2）自动真空加氯机

近年来国内一些水厂引进了国外较先进的真空加氯系统，可根据原水流量以及加氯后的余氯量进行自动运行。自动真空加氯机采用真空加氯，安全可靠，计量正确，可手动和自动控制，有利于保证水厂安全消毒和提高自动化程度。国外进口的加氯机最大加注量可达 200kg/h。

自动真空加氯机的控制方式有手动或全自动。全自动控制又有流量比例自动控制、余氯反馈自动控制、复合环（流量前馈加余氯反馈）自动控制三种模式。

自动真空加氯机的安装方式有挂墙式和柜式两种。通常小于 10kg/h 的加氯机为挂墙式，大于等于 10kg/h 的加氯机为柜式。

（4）运行管理要点

1）运行注意事项

① 经常观察清水池进出口余氯量。

② 经常注意根据进水水质、流量及清水池余氯量情况调节加氯量。

③ 经常注意加氯系统是否有漏氯现象出现。

④ 经常检查水射器的运行状态。

⑤ 切换各加氯设备后及时做好相应记录并悬挂指示牌。

2）漏氯的检验方法

用 10％浓度的氨水对准可能的漏氯点，如果出现白烟，就表示该点漏氯。

（5）维护保养

1）消毒设施日常保养项目、内容，应符合下列规定：

① 每日检查氯瓶（氨瓶）针形阀是否泄漏，安全部件是否完好，并保持氯瓶、氨瓶清洁。

② 每日检查称重设备是否准确，并保持干净。

③ 加氯（氨）机：随时检查、处理泄漏，并每日检查调整密封垫片，检查弹簧膜阀、压力水、水射器、压力表和转子流量计是否正常，并擦拭干净。

④ 每日检查液氯蒸发器电源、水位、循环水泵、水温传感器、安全装置等是否正常，并保持清洁。

⑤ 输氯（氨）系统：每日检查管道、阀门是否漏氯（氨）并检修。

⑥ 起重行车：定期或在使用前检查钢丝绳、吊钩、传动装置是否正常，并进行保养。

2）消毒设施定期维护项目、内容，应符合下列规定：

① 氯瓶、氨瓶可委托生产厂家在充装前进行维护保养。

② 加氯（氨）机：定期清洗转子流量计、平衡水箱、中转玻璃罩、水射器，检修过滤管、控制阀、压力表等。

③ 液氯蒸发器按设备供应商规定的要求进行检查、检修。

④ 输氯（氨）系统管道、阀门，应定时清通和检修一次。

⑤ 起重行车符合现行国家标准《起重机械安全规程》GB 6067 的规定。

3）消毒设施大修项目、内容，应符合下列规定：

① 称重设备每年彻底检修一次，并校验。

② 氯瓶、氨瓶每年交由生产厂家彻底检修一次，并油漆。

③ 加氯（氨）机每年更换安全阀、弹簧膜阀、针形阀、压力表，并进行标定和油漆；进口自动真空加氯机根据产品说明书要求进行维护保养。

④ 每年对液氯蒸发器内胆用热水清洁、烘干，检查是否锈蚀，并对损坏部件进行调

换，检修电路系统；进口液氯蒸发器根据产品说明书要求进行维护保养。

⑤ 输氯（氨）系统的管道、阀门每年检修一次。

（6）常见问题及解决方法

加氯间不允许漏氯。如遇漏氯必须立即查明原因并及时采取措施加以制止。

1）如遇出氯总阀的压盖帽没有旋紧，出氯口与输氯管没有扎紧或者输氯系统、加氯机各个接头处因为长期腐蚀发生微量漏氯时，应用氨水查出漏气部位，再关闭氯瓶出氯总阀，针对漏气部位进行修理。

2）如遇漏氯量较大，一时判断不出漏氯点，则应首先将出氯总阀关闭，打开排气设备，排除室内氯气后，再将出氯总阀少许开启，查出漏氯部位和原因，再关闭出氯总阀加以修理。

3）如遇氯瓶大量漏气的特殊情况，而又无法制止的时候（出氯总阀阀颈断裂、安全塞熔化、砂眼喷氯等），首先要保持冷静，人居上风口，立即穿戴好防护服、呼吸器后，方可携带专用堵漏工具进场堵漏。

4）如一般方法无法制止漏氯，则可将氯瓶移到附近水中，或用大量自来水喷向出氯口使氯气溶于水中并将水排入污水管道；另外，也可以把氯瓶漏气部分接到碱性液体中去中和，每 100kg 氯约用 125kg 烧碱（30％浓度）或消石灰（10％浓度）或 300kg 纯碱（25％浓度）中和。

9.8.2 二氧化氯投加系统

二氧化氯的制备方法主要有两种：化学法和电解法，其中化学法制备二氧化氯的技术已趋成熟。如今市场上常用的制备方法为化学法，化学法也有很多种，我们选取市场上应用广泛的一种技术方法介绍二氧化氯投加系统的运行与管理。

（1）系统组成

二氧化氯投加系统主要由原料罐（包含制备二氧化氯所需要的 $NaClO_2$ 和 HCl 或 H_2SO_4）、计量泵（将原料打入发生器）、二氧化氯发生器、水射器、在线水质分析仪表（余氯、二氧化氯和 pH 值）等部件组成。二氧化氯投加系统工艺流程如图 9-11 所示。

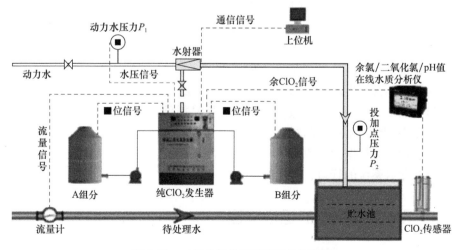

图 9-11 二氧化氯投加系统工艺流程图

（2）原料管理

考虑到原料的运输需要一定时间，使用单位不能等到原料用尽后再申购，而是应该考虑物流时间，根据生产需要，设立最低储备值，才能保障安全生产。

在用硫酸制备时，需要注意硫酸不能与固态的亚氯酸钠接触，否则会发生爆炸。此外，尚需注意两种反应物（$NaClO_2$ 和 HCl 或 H_2SO_4）的浓度控制，浓度过高，化合时也会发生爆炸。

（3）运行管理要点

运行注意事项：

1）经常观察清水池进出口余二氧化氯量。

2）经常注意根据进水水质、流量及清水池余二氧化氯量情况调节二氧化氯投加量。

3）经常注意二氧化氯投加系统是否有漏液现象出现。

4）经常检查水射器的运行状态。

5）切换各投加设备后及时做好相应记录并悬挂指示牌。

（4）维护保养

1）消毒设施日常保养项目、内容，应符合下列规定：

① 每日检查原料罐是否泄漏，安全部件是否完好，并保持原料罐清洁。

② 每日检查称重设备是否准确，并保持干净。

③ 二氧化氯发生器：随时检查、处理泄漏，并每日检查调整密封垫片，检查各元器件状态是否正常，并擦拭干净。

④ 每日检查安全装置、在线仪表等是否正常，并保持清洁。

⑤ 输二氧化氯系统：每日检查管道、阀门是否泄漏并检修。

⑥ 起重行车：定期或在使用前检查钢丝绳、吊钩、传动装置是否正常，并进行保养。

2）消毒设施定期维护项目、内容，应符合下列规定：

① 原料罐可委托生产厂家在充装前进行维护保养。

② 二氧化氯发生器：定期清洗检查内部主要元器件、相关仪表等。

③ 计量泵按设备供应商规定的要求进行检查、检修。

④ 输二氧化氯系统管道、阀门，应定时清通和检修一次。

⑤ 起重行车符合现行国家标准《起重机械安全规程》GB 6067 的规定。

3）消毒设施大修项目、内容，应符合下列规定：

① 称重设备每年彻底检修一次，并校验。

② 原料罐每年交由生产厂家彻底检修一次，并油漆。

③ 二氧化氯发生器每年按制造厂商规定更换易损件，并进行标定和油漆；进口二氧化氯发生器根据产品说明书要求进行维护保养。

④ 相关辅助设备根据产品说明书要求进行维护保养。

⑤ 输二氧化氯系统的管道、阀门每年检修一次。

9.9　生产尾水处理系统的运行管理

生产尾水主要来自沉淀设备排泥和滤池反冲洗等生产环节，生产尾水含泥量较高，目前主要是经过浓缩、脱水，将其制成泥饼外运，剩余的上清液回流或者达标排放。

9.9.1 浓缩池的运行管理

（1）主要运行参数

自来水厂沉淀池的排泥水含固率一般仅为 0.2%～1.0%，需经浓缩后减小污泥体积。最常用的浓缩方法是重力浓缩池，影响重力浓缩池浓缩效果的运行参数有很多，主要包括固体表面负荷（固体通量）、浓缩停留时间等。

1）固体表面负荷（固体通量）

指浓缩池单位表面积在单位时间内所通过的固体质量。

固体表面负荷的大小与污泥种类有关，是综合反映浓缩池对某种污泥的浓缩能力的一个指标。

通过污泥沉降试验确定。

2）浓缩停留时间

指生产尾水在浓缩池的水力停留时间。

对于某一确定的污泥浓缩池来说，停留时间过短，会导致上清液浓度太高，排泥浓度太低，起不到应有的浓缩效果；停留时间过长，可能会发生水解酸化，使污泥颗粒粒径变小，重量减轻，导致浓缩困难。

（2）运行管理要点

浓缩池（含预浓缩池）的运行应符合下列规定：

1）浓缩池的刮泥机、排泥泵、排泥阀必须保持完好状态，排泥管道应畅通。排泥频率或持续时间应按浓缩池排泥浓度来控制，并宜控制在 2%～10%。预浓缩池则应按 1% 左右控制。

2）设有斜管、斜板的浓缩池，初始进水速度或上升流速应缓慢。

3）浓缩池正常停运重新启动前，应保证池底积泥浓度不超过 10%。

4）设有斜管（板）的浓缩池应定期清洗斜管（板）表面及内部沉积的絮体泥渣。

5）浓缩池上清液中的悬浮固体含量不应大于预定的目标值。当达不到预定目标值时，应适当增加投药量。

6）浓缩池长期停用时，应将浓缩池放空并彻底冲洗斜管（板）。

（3）维护保养

1）浓缩池（含预浓缩池）日常保养项目、内容，应符合下列规定：

① 每日检查进水阀门、出水阀门、排泥阀、排泥泵以及排泥机械的运行状况并进行保养，定期加注润滑油。

② 检查机械、电气装置，并进行相应保养。

2）浓缩池定期维护项目、内容，应符合下列规定：

① 每月对机械、电气检修一次。

② 设有斜管、斜板的浓缩池，每月对斜管、斜板冲洗清通一次。

③ 排泥机械、阀门及泵每年解体检修或更换部件，浓缩池每年排空一次；应检查斜管、斜板、支托架、池底、池壁等，并进行检修、防腐处理等。

3）浓缩池（含预浓缩池）大修项目、内容，应符合下列规定：

每 3～5 年进行一次大修，支撑框架、斜管、斜板局部更换。

（4）常见问题及解决方法

1）浓缩池上清液含固率或底部污泥含固率不达标。

原因：浓缩池进水负荷偏离设计较多。

处理：适当调整进水负荷。

2）浓缩池下部污泥板结。

原因：排泥不及时。

处理：用消防泵冲洗并排空污泥，运行时缩短排泥周期。

3）浓缩池排泥时排出大量清水。

原因：排泥时间过长，浓缩池下部泥斗倾角过小。

处理：缩短排泥时间。

9.9.2 脱水机的运行管理

污泥脱水是污泥处理的关键环节。它将流动性质的泥水转变为不具流动性、可进行处置的泥饼。自来水厂常用脱水工艺有自然干化和机械脱水。目前，机械脱水使用更为普遍。为了便于脱水后的污泥运输及泥饼的最终处置，脱水后的污泥含固率宜控制在20%以上。脱水机以带式压滤机、板框压滤机和离心脱水机三种为主。

脱水系统主要包括：污泥进料系统、絮凝剂投配系统、污泥脱水主机、脱水污泥输送系统，如图9-12所示。

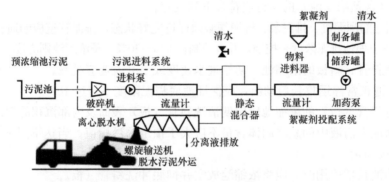

图9-12 脱水系统示意图

由于脱水机的进料要求浓度均衡，设置污泥池（平衡池）作为脱水机的吸泥井，是为了收集和储存浓缩池输送来的浓缩污泥，保证脱水机进泥量和污泥浓度的均衡，并由脱水机房内的输泥泵送至脱水机脱水，产生的泥饼由车辆外运。

（1）常见的脱水机

1）带式压滤机

带式压滤机是由上下两条张紧的滤带夹带着污泥层，从一连串有规律排列的辊压筒中呈S形经过，依靠滤带本身的张力形成对污泥层的压榨和剪切力，把污泥层中的毛细水挤压出来，获得含固率较高的泥饼，从而实现污泥脱水。一般带式压滤机由滤带、辊压筒、滤带张紧系统、滤带调偏系统、滤带冲洗系统和滤带驱动系统构成，如图9-13所示。带式压滤机受污泥负荷波动影响小，出泥含固率较低，具有工作能耗低、管理控制相对简单、现场运行环境较差等特点，目前自来水厂较少选用带式压滤机。

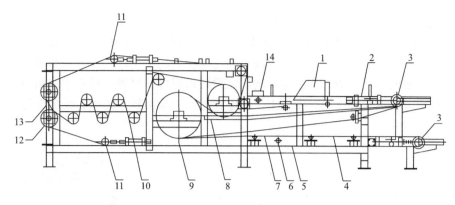

图 9-13　带式压滤机

1—污泥入口；2—上网带；3—网带张紧装置；4—重力脱水段；5—下网带；6—下网带清洗装置；
7—楔形脱水段；8—排水槽；9—预脱水段；10—高压脱水段；11—网带调偏装置；12—转动调速装置；
13—滤饼排放；14—上网带清洗装置

2）板框压滤机

板框压滤机是通过板框的挤压，使污泥内的水通过滤布排出，达到脱水目的。它主要由滤板、滤布、框架、液压系统、空气压缩装置、滤布高压冲洗装置及机身一侧光电保护装置等构成，如图 9-14 所示。一般板框压滤机与其他类型脱水机相比，泥饼含固率最高，如果从减少污泥堆置占地因素考虑，可以选择板框压滤机；板框压滤机适用于黏度低、透过率高、压缩比小的物料，对污泥浓度适应性强，且出泥的含固率很高。该设备为间歇式运行，自动化程度较离心脱水机低。占地面积大，土建成本高。滤布容易堵塞，需要根据运行状况不定期冲洗滤布。

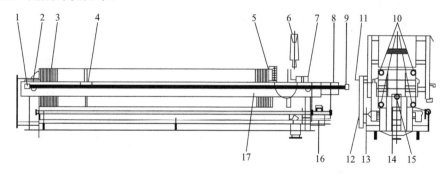

图 9-14　板框压滤机

1—紧固装置；2—头板；3—滤板组；4—拉板小车；5—空气连接板；6—滤布喷淋装置；
7—尾架（液压缸支架）；8—液压缸；9—小车驱动；10—滤液排放连接；11—绳索开关；
12—安全光幕；13—配电箱；14—卸料板；15—污泥进口连接；16—液压单元；17—侧板

3）离心脱水机

离心脱水机主要由转鼓和带空心转轴的螺旋输送器组成，污泥由空心转轴送入转筒后，在高速旋转产生的离心力作用下，立即被甩入转鼓腔内，具体见图 9-15。污泥颗粒密度较大，因而产生的离心力也较大，被甩贴在转鼓内壁上，形成固体层；水密度小，离心力也小，只在固体层内侧产生液体层。固体层的污泥在螺旋输送器的缓慢推动下，被输送到转鼓的锥端，经转鼓周围的出口连续排出，液体则由堰板溢流排至转鼓外，汇集后排出离心脱水机。离心脱水机可连续运行，工作稳定可靠，管理方便，一次性投资适中；受进泥浓度变化影响小，而且出泥的含固率较高；占地面积小；设备全封闭运行，工作环境好；运行过程可自动进料、卸料，为提高自动化程度提供了条件。离心脱水机对污泥性质要求不高，一般的水厂泥渣不需浓缩，均质之后脱水即可；另外，离心脱水机进泥加药量少，操作简单，自动化程度高，安全卫生。电耗稍高、噪声较大是离心脱水机的缺点。

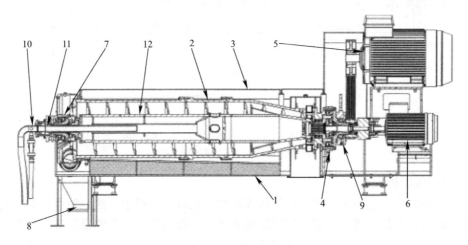

图 9-15 离心脱水机

1—机架组件；2—转鼓组件；3—机罩组件；4—减速器组件；5—主电机组件；6—辅助电机组件；
7—无传感器的前轴承座组件；8—除气器；9—无传感器的后轴承座组件；
10—三向进料头组件；11—进料管组件；12—11°螺旋输送组件

（2）脱水机的比选

带式压滤机、板框压滤机和离心脱水机的比较见表 9-11。

脱水机的比较   表 9-11

序号	项目	离心脱水机	带式浓缩脱水一体机	全自动板框压滤机
1	设备投资成本	较低	较低	高
2	占地面积	最小	略小	大
3	土建成本	最低	略小	高
4	主要配套设备	加药系统和进泥泵、泥饼输送机、冲洗泵	加药系统和进泥泵、泥饼输送机、冲洗泵、空压机、泥药混合器等	加药系统和助滤剂装置、进料泵、泥饼输送机、高压冲洗泵、空压机等
5	最大处理能力	最大 200m³/h 的污泥处理量	最大带宽 8m，国内 3m（根据污水现状成熟技术）；所以处理量受限制	滤板尺寸可以做到 2m×2.5m，污水一般用 1.5m×1.5m，可以组装很大，但占地面积很大
6	运行成本	较高（主要是电费、药耗以及少量配件）	低（不含除臭费用，主要是药耗、滤带和配件）	较高（主要是药耗、滤布和滤板以及液压配件）
7	功率消耗	大	小	稍大
8	加药量	低（一般 2~5kg/tDS）	高（一般 4~6kg/tDS）	低（一般 1.5~2.5kg/tDS，可能要加助滤剂或者石灰）
9	人工费	低（可无人操作）	必须有人看守	低（特殊工况如黏度较高需人工卸料）

续表

序号	项目	离心脱水机	带式浓缩脱水一体机	全自动板框压滤机
10	耗水量	可连续 24h 运转，只需停机时清洗，且耗水量极小，一般小于 0.5m³（视设备大小而定）	4～6m³/(h·m)，需要连续不间断的清洗，耗水量很大	需冲洗，耗水量适中，需配置高压清洗泵和管道
11	操作要求	自动化程度高，可以不设专人操作	要求操作人员有较高的素质，工作强度大，要更换滤布，成本也挺高	机械复杂，辅助设备多，成本较高
12	维修成本	低	中	中
13	运行效果	好	较好	好
14	泥饼含固率	20％～25％（视工艺和污泥成分，最高达 35％左右）	15％～25％	一般 30％～35％（视工艺和污泥成分，最高达 40％左右）
15	自动化程度	连续操作，自动管理，可实现无人操作	自动化程度相对较高，需人工监护	全自动运行，卸泥过程需人工监护
16	生产管理	需对设备进行润滑保养，管理容易	设备简单，但故障率较高，维护工作量大	日常管理简单，维修比较简单
17	设计使用寿命	20 年，和普通设备一起简单维护	进口设备 15～20 年，国产设备通常 3～5 年需大修	20 年，中间需更换滤板和滤布

（3）运行管理要点

污泥脱水设备的运行应符合下列规定：

1）各种脱水设备的基本运行程序应按设备制造商提供的操作手册执行。

2）脱水设备运行之前应确保设备本身及其上下游设施和辅助设施处于正常状态。

3）操作人员应定期观察脱水设备运行过程中进泥浓度、出泥含固率、加药量、加药浓度及分离水的悬浮物浓度以及各种设备的状态是否正常，并做好记录。

4）当脱水设备停止运行后，应对溅落到场地和设备上面的污泥进行清洗。当脱水设备停运间隔超过 24h 时，应对脱水设备与泥接触的部件、输泥管路，以及加药管线和设备进行清洗。

5）当脱水设备及其辅助设备长时间处于停运状态时，应按设备制造商提供的操作手册，对设备部件及管道进行彻底清洗。

（4）维护保养

脱水机应按设备制造商提供的维护手册的要求定期对脱水设备、进泥设备、出泥设备以及加药设备进行检修，对长期开或关的阀门操作一次；设备的大修周期、项目、内容及质量应符合设备制造商提供的维护手册上的规定；定期维护工作和大修工作宜委托制造商进行。

1）带式压滤机建议日常保养项目、内容：

① 清洗水泵、污泥泵、加药泵等附属设备不可以空载运行，严禁干运转。

② 开机前必须检查机器的滤带上是否有杂物及超偏极限探测板位置是否正确。

③ 机器应定时保养：减速器每 3 个月更换机油，轴承座每月加注润滑脂，润滑轴承

及菱形轴承每周加注机油。

④ 齿轮、链轮、纠偏装置及其他转动部件每月加注一次润滑油脂。

⑤ 检查纠偏系统行程开关是否灵活。

⑥ 滤带极限行程开关的位置不得随意调整。

⑦ 经常检查滤液槽出水口是否堵塞，若有堵塞，应停机冲洗、疏通。

⑧ 观察滤带冲洗效果，若出现明显条状污泥痕迹，说明清洗喷嘴堵塞。

2）板框压滤机建议日常保养项目、内容：

① 对电控系统要定期进行绝缘性和可靠性试验，如果发现由电器元件引起的动作准确度差、不灵活等情况，要及时修理或更换。

② 随时仔细检查各个连接处是否牢固，各个零部件的使用是否良好，如果发现异常情况要及时通知维修人员来进行检修。

③ 对液压系统的保养，主要是对液压元件及各接口处密封性的检查和维护。

④ 对拉板小车、链轮链条、轴承、活塞杆等零件都要定期进行检查，使各配合部件保持清洁，润滑性能良好，以保证动作灵活，对拉板小车的同步性和链条的悬垂度要及时调整。

⑤ 要经常检查滤板的密封面，以保证其光洁、干净；压紧前，要对滤布进行仔细检查，保证其无折叠、无破损、无夹渣，使其平整完好，以保证过滤效果；同时要经常冲洗滤布，保证滤布的过滤性能。

⑥ 如果长期不使用，应将滤板清洗干净后整齐排放在带式压滤机的机架上，用 1～5MPa 压力压紧。滤布清洗后晒干，活塞杆的外露部分及集成块应涂上黄油。

3）离心脱水机建议日常保养项目、内容：

每天的维护：

① 检查设备周围是否清洁。

② 检查是否有异常振动。

③ 检查轴承是否有异常声音。

④ 确保轴承座温度不超过限值。

⑤ 查看扭矩读数。

⑥ 检查差速器是否漏油。

⑦ 检查轴承座是否漏油。

⑧ 检查弹性连接是否变形。

3 个月或 2000h 的维护：

① 检查螺旋输送器及转鼓磨损情况。

② 如螺旋为顺向进料，检查集液管的出口通道。

③ 检查驱动皮带的张力。

每年或 8000h 的维护（要求进行一次大修）：

① 仔细检查可能受腐蚀的部件，如螺旋输送器、布料器等。

② 检查可能产生裂纹的地方，更换所有已磨损、腐蚀和变形的零件。

③ 更换主轴承和螺旋止推轴承及其上的密封。

每两年或 16000h 的维护：

① 解体并清洗差速器，仔细检查偏心轴。

② 更换密封件和轴承。

（5）常见故障及处理方法

1）带式压滤机

带式压滤机常见故障及处理方法见表 9-12。

带式压滤机常见故障及处理方法

表 9-12

常见故障	原因分析	处理方法
最终干固体含量太低	1. 进料的干固体含量太低； 2. 网带速度太高； 3. 滤饼太厚； 4. 过滤介质脏	1. 增加进料浓度 2. 降低网带速度； 3. 提高网带速度或减少流量； 4. 检查网带洗涤装置
批量物料通过量太低	1. 网带速度太低； 2. 滤饼太薄； 3. 过滤介质脏	1. 提高网带速度； 2. 清洁过滤介质
滤饼排放不好，滤饼沾在过滤带上	1. 过滤带脏； 2. 网带速度太高； 3. 排放刮刀损坏	1. 清洁或更换过带； 2. 降低网带速度； 3. 更换排放刮刀
压滤饼在机器工作宽度上不均衡	1. 加料装置堵塞； 2. 过滤带脏； 3. 网带速度太高； 4. 机器未置于水平	1. 清洁加料装置； 2. 清洁过滤带； 3. 降低网带速度； 4. 纠正位置
过滤带有撕裂和破洞	有异物	1. 检查上游设备； 2. 更换过滤带
重力段溢料	1. 物料通过量太大； 2. 网带速度太低； 3. 刮板设定位置太低	1. 减少污泥量； 2. 提高网带速度； 3. 提高刮板设定位置
网带洗涤装置故障	喷淋器扁平喷嘴堵塞或破损	转动手轮进行清洁或者更换
工作面宽度未充分使用	1. 网带速度太高； 2. 加料区堵塞	1. 降低网带速度； 2. 清洁加料区
网带驱动装置卡滞	1. 滤饼太厚； 2. S辊前方凸胀	1. 减少流量或提高网带速度； 2. 减少流量，提高网带张力并用水将带间积聚的物料清洗出去
未能提供预设的空气压力	1. 压缩空气供应有问题； 2. 过滤器堵塞	1. 检查空气压缩机、过滤器和管道； 2. 清洁过滤器
物料跑出机器边	1. 网带张力太大； 2. 过滤带脏； 3. 密封件不行； 4. 加料速率太快	1. 降低网带张力； 2. 清洁或更换过带； 3. 更换密封件； 4. 降低加料速率
电机故障	1. 有关电路过载； 2. 电机断路器或热继电器有问题	1. 由称职电工修理； 2. 由称职电工修理，检查驱动机械部分
紧急停机	开关有问题或者电缆断裂	指定称职电工更换有问题的组件

2）板框压滤机

板框压滤机常见故障及处理方法见表 9-13。

板框压滤机常见故障及处理方法 表 9-13

常见故障	原因分析	处理方法
板块本身损坏	1. 当污泥过稠或干块遗留时，就会造成进料口堵塞，此时滤板间没有了介质只剩下液压系统本身的压力，此时板块本身由于长时间受压极易造成损坏； 2. 供料不足或供料中含有不合适的固体颗粒时，同样会造成板框本身受力过大以至于损坏； 3. 如果出料口被固体堵塞或启动时关闭了进料阀或出料阀，压力无处外泄，以至于造成损坏； 4. 滤板清理不干净时，有时会造成介质外泄，一旦外泄，板框边缘就会被冲刷出一道一道的小沟，介质的大量外泄造成压力无法升高，泥饼无法形成	1. 使用尼龙刮刀除去进料口的泥； 2. 完成这个周期，减少滤板容积； 3. 检查滤布，清理排水口，检查出料口，打开相应阀门，释放压力； 4. 仔细清理滤板，修复滤板
板框间渗水	1. 液压低； 2. 滤布褶皱和滤布上有孔； 3. 密封表面有块状物	增加液压、更换滤布或者使用尼龙刮刀清除密封表面的块状物
形不成滤饼或滤饼不均匀	供料不足或太稀，或者有堵塞现象	增加供料、调整工艺，改善供料、清理或更换滤布、清理堵塞处、清理进料孔、清理排水孔、增加压力或泵功率、低压启动，不断增压等
滤板行动迟缓或易掉	导向杆上油渍、污渍过多也会导致滤板行走迟缓，甚至会走偏掉下来	及时清理导向杆，并涂上黄油，保证其润滑性
液压系统故障	漏油、O形环磨损以及电磁阀不正常工作等	卸下并检查阀门、更换O形环、清洗检查电磁阀或更换电磁阀

3）离心脱水机

离心脱水机常见故障及处理方法见表 9-14。

离心脱水机常见故障及处理方法 表 9-14

常见故障	原因分析	处理方法
振动过大	1. 转鼓内部有不均匀沉积物料； 2. 转鼓或螺旋卸料器上的轴承损坏； 3. 旋转部件的连接处有松动或变形； 4. 进料不均匀； 5. 新更换的零部件动平衡不好； 6. 有关部件磨损严重	1. 加注清水冲洗转鼓并配合手动盘车； 2. 更换轴承； 3. 检查修复； 4. 调整进料量； 5. 调整或更换； 6. 修理或更换
转鼓轴承油温升高（超过 75℃）	1. 油路不通或断油； 2. 轴承损坏	1. 疏通油路，更换油脂； 2. 更换轴承
差速器油温升高（超过 70℃）	1. 差速器缺油； 2. 负荷太大； 3. 散热不好； 4. 差速器内部轴承或零件损坏； 5. 新差速器	1. 检查差速器油位； 2. 调整负荷； 3. 改善环境温度； 4. 检修差速器； 5. 磨合期轻载运行
不排料或少排料	1. 悬液浓度太低或进料量太少； 2. 固相与液相的密度差小； 3. 机器同步或旋转方向相反； 4. 差速器损坏； 5. 自动控制系统失灵	1. 加大进料量； 2. 改进工艺； 3. 调整差转速或改变旋转方向； 4. 更换差速器； 5. 检查自动控制系统

续表

常见故障	原因分析	处理方法
泥饼含水率高	1. 进料量过多； 2. 液层深度太深； 3. 分离因素低	1. 减少进料量； 2. 调整液层深度； 3. 提高转鼓转速
清液含固率高	1. 分离因素低； 2. 进料量太大； 3. 液层深度不够； 4 物料难以分离	1. 提高转鼓转速； 2. 减少进料量； 3. 调整液层深度； 4. 改进工艺
异常噪声	1. 转鼓排料口堵塞； 2. 机壳内有堆积物； 3. 螺旋叶片间距被物料堵塞	1. 停机处理； 2. 打开机罩检查； 3. 加入清水冲洗

9.10　自来水厂自动控制

9.10.1　自来水厂常见自控系统控制功能

（1）中央控制系统

控制中心一般设在厂区中心位置，实现水厂工艺过程的监控。

在控制中心设置多台服务器，其中包括应用服务器、历史数据服务器、通信服务器、信息与 WEB 服务器。

应用服务器，相互冗余配置，安装 SCADAR 软件产品的服务端软件，负责生产工艺的监控，实时数据采集，安装报警和事件，负责报警、时间服务等；

历史数据服务器，安装实时和历史数据库，负责实时和历史数据的采集、存储，为信息化提供数据源。

通信服务器，负责控制目录维护和企业网数据交换。

信息与 WEB 服务器，负责控制系统的 WEB 发布、数据报表的生成与发布，实现信息化。

操作员终端，接入厂自控网，调度人员通过操作员终端软件，监视各子站的工艺过程、关键设备运行状态，处理各种设备异常、事故，还可以查看分析历史数据，优化生产流程。

在控制中心通过防火墙同公司网络及厂内局域网通信。

功能描述：

1）实现全厂数据采集与处理功能

监控软件需通过 PLC 提供的接口采集底层控制器的全部现场数据，如中断开关量、状态开关量、模拟量、数字量、综合量计算等实时数据。处理功能包括可以将各基本点进行组合、运算，提供功能强大且易学易用的语言开发平台；可实现复杂的算术、逻辑运算。

2）实时监控

实时显示全厂各工段的工艺参数值、电气参数值及生产设备的运行状态信息。操作员在中央控制室实时操作和控制各设备的启停，同时根据采集到的信息建立各类信息数据库并对各类工艺参数值作出趋势曲线（历史数据），供操作员分析比较，辅助操作员决策，以便找出水厂的最佳运行规律，分析事故原因，改进管理方法，保证出水水质，提高经济效益。

3）实时监控系统的报警功能

报警具有多重报警机制，能设置多条报警界限，并且具有优先等级划分，系统优先处理等级较高的报警，并能通过设置屏蔽低等级报警。

在监控时，能对所有未被确认处理的报警状态进行集中查询和处理。

关键性报警能进行分组集中管理。

报警状态和处理记录能存入 SQL 数据库，并能以远程方式进行查询。

4）历史数据分析

① 报表功能

自动生成各类日、月、年报表，报表应以横向显示项目（如水位、流量等）、纵向显示时间周期内统计数据的二维表方式为主。并且提供横向显示项目的灵活定制功能，根据不同显示项目生成多种报表组合方式。

操作人员可以远程浏览查看全部的报表数据，并支持在线远程打印及本地打印功能。支持值班报表功能，即每天在指定时间将当天的报表以 E-mail 方式自动发送至指定管理人员的电子信箱中。

数据记录还应包括操作人员的工况事件记录，现场或远程操作人员登录系统的时间，以及在系统内部的操作事件流程，按照时间先后顺序生成二维表。数据记录同样要求同时支持远程浏览和本地浏览。

② 趋势曲线

趋势曲线根据数据的显示内容，分为实时趋势和历史趋势两种。实时趋势主要以查看当前数据变化为主，曲线变化随时间变化实时绘制；历史趋势除具有实时趋势功能外，还具备翻看数据的历史值功能。

5）信息发布功能

不经过复杂的编程，即可在 Wed 浏览器上访问控制系统。通过安全管理机制，使用户具有察看、操作等不同权限，实现对控制系统的安全访问。设置和启用安全配置简单方便。

6）系统辅助

包括软件系统的完整性自诊断、对工程相关资料的备份和恢复功能、远程协助功能。在工程结束后，应保留系统的维护开发功能，在后期使用中工程维护人员可以自行维护。

（2）一级泵站

取水口的任务是从水源中采集原水，去除其中可能导致设备损坏的杂质物体，再将水送到自来水厂处理。实际的控制比较简单，主要是对设备的操作，控制其运行。

对于一级泵站的控制，首先是控制格栅的清洁。大、中型水厂的格栅都是机械式的，可以通过控制器控制清洁装置（如抓斗等），将累积在格栅前的筛除物从水中捞出。这种清洁应能够定时自动进行。同样，除砂、除泥装置也应实现定时进行冲洗、排泥的功能。

水泵控制是一级泵站的主要控制内容。水泵是水厂的主要设备，也是主要的耗能设备，电耗很高。为了保障整个生产系统的高效运行，并且尽量节约能耗，降低生产成本，必须对水泵的工况进行调节。这一般是通过调节水泵转速实现的。常用的方法有串级调速、变频调速等。

1) PLC 实现的功能

① 格栅根据水位差和时间的自动控制；

② 格栅的冲洗控制；

③ 一级泵站机组根据命令通过程序实现机组开停的一步化操作；

④ 水泵根据全厂生产的需要可自动调节开停数量或运行转速；

⑤ 水泵机组根据运行时间自动切换，优化运行；

⑥ 水泵机组故障监测和保护；

⑦ 水泵后电动阀故障监测和保护；

⑧ 通过通信模块采集综保系统数据，包括断路器工况、电流、电压等；

⑨ 水泵根据吸水井液位及取水口液位进行低液位保护；

⑩ 监测水泵的实时温度，设置相应的报警及动作限值，进行水泵、电机及泵轴保护。

2) 仪表配置

吸水井前液位计、吸水井后液位计、水泵前压力表、水泵后压力表、水泵机组温度巡检仪、智能电能表等仪表。

(3) 沉淀池与加药间

混凝是净水处理工艺中最重要的环节，混凝剂等药剂的投加关系到滤池的负荷、反冲洗的频率与强度以及出厂水的浊度等。所以，加药间的控制质量要求很高，它对自来水厂产出水的质量、生产成本等有重要意义。

加药的控制过程总体上分为两个部分，分别为配药过程和加药过程。配药过程需要控制的设备主要有进水阀门和搅拌机，加药过程需要控制的设备有出矾阀和计量泵。配药过程的目标是将一定浓度的药剂通过控制加入的清水量使药剂达到目标浓度，主要体现了一些逻辑上的控制，通过控制进水阀门的开关实现进水量的控制，通过对搅拌机的控制使药液混合均匀。加药过程是对原水的水质变化情况以及出水的水质进行分析，然后将适量的药剂投加到水处理系统中。

关于混凝的控制，一直是水厂控制的难点之一。影响混凝剂投加量的因素众多且复杂，目前还只能定性的分析，达不到定量化。选择不同的因素作为控制的输入参数，并通过不同的方法确定输出参数，就构成混凝投药的各种不同的技术方法。常见的有：模拟法，通过某种相似模拟关系来确定投药量；水质参数法，通过表观的水质参数建立经验模型，作为控制依据；特性参数法，利用混凝过程中某种微观特性的变化作为控制依据；效果评价法，以投药混凝后宏观观察到的实际效果作为调整投药量的依据。

1) 控制功能

① 根据原水水量比例控制粉末活性炭的投加，比例值可设置，或定量投加；

② 多参数自动加矾：前期根据预臭氧接触池进水流量、原水浊度、原水 pH 值、原水电导率等多参数控制加矾量；远期结合滤池出水浊度等参数的统计分析，结合控制经验，形成专家型加矾控制系统；

③ 采用投加泵系统自动控制，实现加药控制；

④ 采用体积法自动配制矾液；

⑤ 加药泵的检测和管理，自动切换等优化控制；

⑥ 原水参数的检测，仪表数据采集；

⑦ 反应区自动排泥（周期，根据流量、浊度）；

⑧ 排泥机自动排泥控制站。

2）仪表配置

① 沉淀池：沉淀池进水压力表、沉淀池进水流量计、沉淀池出水浊度仪；

② 加药间：矾液池液位计、矾液稀释池液位计、投加泵后压力表、投加管流量计、投加回流管流量计、沉淀池进水压力表、沉淀池进水流量计；

③ 加药间一般还配置原水检测仪表，包括原水浊度、原水溶解氧、原水电导率、原水 pH 值、原水 COD、原水氨氮。

（4）滤池和反冲洗泵房

滤池控制系统的任务是控制过滤、反冲洗和两者的交替，目的是保证滤后水的浊度符合要求。过滤时要求维持一定的滤速，这通过控制滤池的液位来实现，即过滤时要进行恒液位控制。

当过滤进行一段时间后，滤料截留的悬浊物积累到一定数量，对滤后水浊度的稳定有不利影响，需要进行反冲洗。反冲洗就是对滤层的清洗，需要控制水泵、风机等冲洗设备，以及滤池相关阀门的开与关。反冲洗与过滤是交替进行的，反冲洗过后进入过滤阶段，过滤一段时间后需要再次进行反冲洗。反冲洗的启动共有三个条件，按照优先级从高到低的顺序依次是手动强制反冲洗、出水浊度达到设定上限值或定时反冲洗。采用自动运行方式时，反冲洗 PLC 现场站接受每格滤池子站发出的反冲洗申请信号按先进先出、后进后出的原则对每格滤池执行反冲洗。

1）控制功能

① 滤池按工艺要求自动生产，恒水位过滤；

② V 型滤池和活性炭滤池滤格的反冲洗请求排队，协调各滤池的自动反冲洗；

③ 通过现场总线获取低压开关柜上的进线电压/电流/功率因数/有功功率等电参量和进线/分段断路器开/断故障信号，以及鼓风机、冲洗泵电机电流/有功功率/有功电度；

④ 鼓风机、冲洗泵的控制、检测和按策略（时间）优化运行。

2）仪表配置

① 滤池：滤池液位计、水头损失计；

②反冲洗泵房：吸水渠液位计、反冲洗泵后压力表、反冲洗水总管压力表、反冲洗水流量计、反冲洗风机后压力表、反冲洗气总管压力表、反冲洗气流量计。

（5）加氯间

加氯间负责的是净水生产流程中的消毒环节，通常以液氯作为消毒剂。由于氯气属于有毒气体，在做好净水消毒控制的同时，也要做好氯气泄漏的安全防范工作。加氯间的控制就是对氯气自动投加的控制，按控制系统的形式划分，可以有以下几种：

流量比例前馈控制：即控制投加量与水流量成一定比例；

余氯反馈控制：按照投加以后水中的余氯量进行反馈控制；

复合闭环控制：即按照水流量和余氯量进行的复合控制，或双重余氯串级控制等。

1) 控制功能

① 根据检测参数实现自动加氯，前期实现比例投加，后期根据投加经验，实现智能加氯控制；

② 监控氯库、加氯管道、蒸发设备、加氯设备、中和设备，实现漏氯报警、风扇自动运行；

③ 氯瓶切换、漏氯中和控制。

2) 仪表配置

一般会配置氯瓶重量测量、漏氯检测、膜破监测、加氯机开度检测、管道压力检测的仪表。

（6）二级泵站

清水池储存处理完毕的清水，通过二级泵站以一定压力送往市政管网。二级泵站是自来水厂生产的最后一个环节。与一级泵站类似，二级泵站的主要控制内容也是水泵的调速或是泵后阀门的开度，以控制出水压力。在用水高峰期，应结合清水池内清水的自身液位，通过调速等方法，把水厂出水压力稳定在一定的较高值上；当用水量偏小时，则可以减小出水压力。同时，一般的二级泵站均需要真空系统来配合水泵的启动。

1) 控制功能

① 真空系统的自动运行；

② 二级泵站机组根据命令通过程序实现机组开停的一步化操作；

③ 水泵根据生产的需要可自动调节开停数量或运行转速；

④ 水泵机组根据运行时间自动切换，优化运行；

⑤ 水泵机组故障监测和保护；

⑥ 水泵后电动阀故障监测和保护；

⑦ 通过通信模块采集综保系统数据，包括断路器工况、电流、电压等；

⑧ 水泵根据吸水井液位及取水口液位进行低液位保护；

⑨ 采集水泵的实时温度，设置相应的报警及动作限值，进行水泵、电机及泵轴保护。

2) 仪表配置

清水池液位计、吸水井液位计、清水池进水流量计、余氯仪（投加过程检测）、泵后压力表、机组温度检测仪、泵房环境温度检测仪、单泵流量计、总出水管流量计、真空度监测仪。

二级泵站一般还配置出厂水监测仪表，如总出水管压力表、总管电接点压力表、出水管浊度仪、出水管 pH 计、出水管余氯仪、出水管 COD 检测仪等。

（7）臭氧-生物活性炭

臭氧-生物活性炭工艺是目前广泛采用的深度处理技术。臭氧车间是完成臭氧的制备和投加的场所。臭氧系统为配套的成套系统，是由专业臭氧设备供应商提供的控制站，通过接入控制网，实现与中控系统的融合。

臭氧控制站的控制内容包括液氧站的监视、臭氧按投加量制备、预臭氧、臭氧的投加。前（预）臭氧投加控制，一般采用设定臭氧投加率，根据水量变化比例投加。采用PLC 自动控制臭氧发生器的产量。后臭氧投加控制，一般采用设定臭氧投加率，根据水量变化及水中余臭氧的变化，双因子复合环投加控制。处理水量是前馈条件，余臭氧是后馈条件。

控制功能：

1）臭氧的自动制备、自动投加（由成套设备实现）；

2）对后臭氧接触池进水流量进行检测，并将相关数据传输给臭氧系统用于后臭氧投加控制；

3）通过总线采集电能参数；

4）臭氧泄漏报警及联动。

9.10.2　典型的自来水厂自动控制系统

本节以某水厂为例，介绍典型的自来水厂自动控制系统。

该水厂规模为 20 万 m^3/d。主要工艺包含常规处理、深度处理和生产废水处理。该水厂工艺站点自动化系统建成主站 6 个，子站 29 个。其中排泥机、臭氧控制系统、脱水机等 PLC 子站由设备供应商提供，各子站通过光纤就近接入网络。系统建设中心控制室一座，变电所分控中心一座，建成水厂工业环网及滤池环网。如图 9-16 所示。

（1）自动控制系统概况

自动控制系统采用集散型架构。根据工艺流程要求、平面布局特点，设置 PLC 控制站点，负责本段工艺的控制。各 PLC 控制站点通过工业以太网与控制中心连接。控制中心采集各 PLC 信息，集中监控全过程运行。

整个控制系统采用三级网络结构，由工厂管理级、区域监控级、现场测控级组成，对应于中央控制系统、现场控制系统、现场控制设备和仪表三个层面，三者之间由信息（数据）网络和控制网络连接。信息（数据）网络采用工业以太网，控制网络采用现场总线。整个控制系统的主控制站采用冗余技术和容错技术。

自动控制系统立足于系统的可靠性、先进性和实用性。自动控制系统的高速数据网采用工业以太环网的网络结构，用于完成数据的实时传送。每个模拟量输入/输出均加有信号隔离器，数字量输出加继电器隔离。

自动控制系统除具备生产过程的监视和控制功能外，网络通信功能更加强大。考虑到未来数字化水厂的需要，自动控制系统通信网络和上位管理拥有扩展的能力。

（2）水厂自动控制系统结构

该水厂自动控制系统采用美国罗克韦尔自动化公司的 Controllogix 系列产品构筑现场主站控制系统，主站采用了硬件冗余配置，子站采用罗克韦尔自动化公司的 Compactlogix 系列产品，实现高低搭配。

主站和中心控制室构成控制环网的主节点，其他站点就近接入主站。控制环网采用 100M 光纤环形工业以太网。滤池 22 个站点形成控制子环网和其他子站就近接入主站。

根据该水厂的工艺流程要求、平面布局及控制点数，PLC 控制站点如下：

主站 6 套：取水泵房；综合加药间；反冲洗泵房；二级泵房；脱水机房；加氯间。

子站 29 套：沉淀池子站；炭滤池子站 10 套；V 型滤池子站 12 套；臭氧子站；回收池子站；排水池子站；排泥池子站；预浓缩池子站；浓缩池子站。

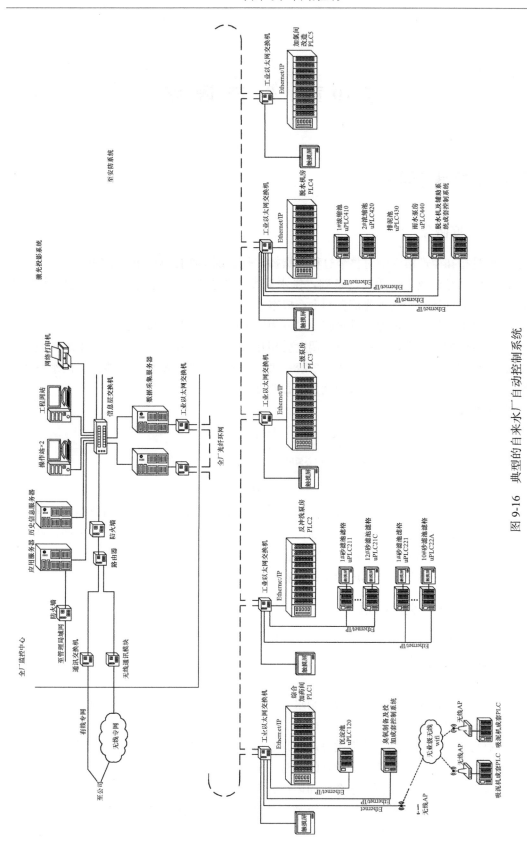

图 9-16 典型的自来水厂自动控制系统

第 10 章　生 产 调 度

10.1　调度基础理论

10.1.1　调度概念

调度是指在生产活动中对整个过程的指挥，是实现生产控制的重要手段。

生产活动是企业一切活动的基础，供水调度工作对供水企业的生产供应起着统帅作用，其工作的好坏会影响企业信誉和生产成本。

根据自来水的生产过程，供水调度可分为原水调度、水厂调度和站库调度。由于自来水生产、供应的连续性，这三方面的调度会相互影响、相互制约，任一调度出现问题都会影响供水系统的良性运行，只有在一个统一机构的协调下相互配合，才能确保供水系统的稳定、安全、经济运行，这个机构就是中心调度。

供水调度模式如下所示：

上述调度模式也称为二级调度，全国大、中城市自来水公司普遍采用此模式供水。随着生产过程自动化控制水平的不断提高，部分城市由中心调度直接全面控制生产，即一级调度模式。具体采用何种调度模式，应结合生产实际合理设置。

本章主要介绍水厂生产调度的相关内容。

10.1.2　水厂生产调度原则

水厂是供水企业的水量供应部门，它的任务是为城镇居民、企业等用户提供生产、生活及消防用水，做到经济合理、安全可靠地满足各用户在水量、水质和水压方面的要求。水厂生产调度的基本原则是产供平衡、降低成本。供是送水，受需求限制，产是制水，受送水限制，社会需求是动态的，若要制水有一定的稳定性，必须利用贮水池进行调节，贮水池的水量调蓄能力，是实现产供平衡的关键。供水行业是一个特殊行业，而自来水更是一种具有特殊地位的食品，此性质决定了其必须满足用户对水量、水质、水压的要求。

作为供水企业，在保证社会效益的同时，也要尽可能提高经济效益。降低成本，是提高经济效益的主要途径，在供水企业的运行成本中，电耗占据很大的比重。如何根据外部用水量的变化，合理配置水厂一、二级泵房台时及频率，使机组在高效率状态运行，是水厂生产调度需要长期摸索和解决的问题。

10.1.3　水厂生产调度的职责及主要影响因素

（1）水厂生产调度的职责

水厂生产调度的职责主要包括：监控各工艺环节的生产，确保沉淀池、滤池、清水池等工艺点出水水质合格；掌握水厂停电、断矾、水质异常等情况的应急预案，出现紧急情况应能熟练处理；根据中心调度指令调节供水量，合理控制水厂生产的电耗、矾耗和消毒剂用量等。

（2）主要影响因素

水厂生产运行所包含的设备、工艺较多，调度需要管理和调配生产运行包含的所有对象，故影响调度指挥的因素非常多，主要包括以下几部分：

1）地位因素

水厂生产调度工作的顺利开展，能确保水厂生产良性运行，是水厂供水的安全保障，也是降低供水成本、提高企业经济效益的有力措施。中心调度对下级调度的有力指挥和下级调度对中心调度的积极配合，以及下级调度对自身所辖生产的有序管理，是供水调度工作顺利开展的保障。

生产调度的地位因素主要体现在以下几个方面：

① 机构设置的合理性

指的是调度模式的采用和调度内部机构的设置是否合理。调度模式的采用要根据供水的规模、范围及管理方式等来选择，调度模式应随着水厂的发展不断优化调整；调度内部机构的设置是指调度值班人员和调度管理人员的配置，供水企业应根据自身调度的职责合理设置。

② 职责范围的权威性

调度机构在企业中，尤其是在大型供水企业中，虽然不具体管理人、财、物，但在实际生产指挥中却往往要调动一切人力、财力、物力来保障供水系统的正常运行。调度指令的实施是调度发挥作用的关键，生产调度的权威性是水厂生产良性运行的有力保障。

2）素质因素

近年来，供水企业逐渐认识到调度在企业经济效益中发挥的作用，对调度的重视程度也在提高，调度部门的专业技术力量普遍有所增强，特别是城市给水计算机辅助调度系统（SCADA 系统）的运用，实现了生产数据的实时监控。随着供水系统的不断发展，供水企业对调度工作的要求也随之提高，只靠以往的经验进行调度，已无法满足科学调度的需求，提高调度人员的技术素质，是调度建设的重要工作。

3）设备因素

优良的设备配置是供水系统运行的物质基础，也是实现调度指挥职能的有力保障。

影响调度指挥的设备主要有：

① 通信系统

主要指电话和网络系统，通信是否畅通、高效，直接影响到调度指令传递的速度和生产数据采集的及时性。

② 信号采集系统

主要指各种传感器、可编程控制器、信号传输设备以及计算机软硬件设备等。

③ 计量仪器

主要指各种流量计、液位计、水质仪表及压力传感器等，仪器仪表测量值是否准确、测量精度是否满足要求，是实现精细化生产、自动化控制的基础。

10.2　调度运行要素

水厂生产调度是指水厂调度员对本水厂工艺生产全过程的指挥与控制，包括原水提取、投药沉淀、过滤、消毒和加压送水等。水厂调度运行主要是对水量、水质和电耗三要素的控制管理以及应急情况下对水厂生产的指挥。

10.2.1　水量

水量是水厂运行最基本的要素，水量调度的基本原则是产供平衡。产是指制水，供是指向管网送水。

水厂制水工艺主要包括投药、混凝反应、沉淀、过滤和消毒，采用地下水源的制水工艺一般只有过滤和消毒，主要去除水中的铁、锰等重金属元素。制水的根本原则是去除原水中的杂质、微生物、病毒，获得符合国家卫生标准的清洁饮用水。制水过程中会产生很多废弃物，主要包括沉淀下来的泥沙和截留的杂质，需要定期排除、处理和处置，以保持工艺的良性运转。排除废弃物需要一定的水量，一般为水厂设计规模的 5%～10%，有污泥处理系统或废水回用系统的水厂，其自用水量会更少。水厂水量调度就是要合理控制厂内的水量平衡。

以传统制水工艺为例：

假设一级泵房供水量为 Q_1，沉淀池的进水量也为 Q_1，排泥量为 Q_2，沉淀池出水量为 Q_3，则：

$$Q_3 = Q_1 - Q_2 \tag{10-1}$$

自动化程度较高的水厂，沉淀池一般采用均匀排泥的方式，排泥次数多，一次排泥量少，对生产影响小；自动化程度较低的水厂，沉淀池一般采用人工排泥，排泥次数少，一次排泥量较多，对生产影响较大。

沉淀后的出水直接进入滤池，滤池的滤料会截留绝大部分来水中的悬浮物、病毒等杂质，截留物需要用水进行清洗，假设清洗滤池需要的水量为 Q_4，滤池出水量为 Q_5，则：

$$Q_5 = Q_3 - Q_4 \tag{10-2}$$

滤池的过滤工艺较多，各种工艺一次清洗需水量不同，过滤周期也不一样。根据经验，V 型滤池比普通快滤池、虹吸滤池的过滤周期长，单次反冲洗需水量也少，采用 V 型滤池过滤会大幅减少水厂自用水量。

过滤后，滤后水进入清水池中，假设清水池进水量为 Q_6，则：

$$Q_6 = Q_5 = Q_1 - Q_2 - Q_4 \tag{10-3}$$

水厂生产一般以日为周期，假设清水池出水量为 Q_7，水厂水量调度要满足一日内水量的平衡，即：

$$Q_7 = Q_6 = Q_1 - Q_2 - Q_4 \tag{10-4}$$

如何控制水厂的产水量和向管网的供水量，确保一个周期（一日）内清水池的进出水量平衡，是水厂水量调度的根本任务。

10.2.2　水质

随着生活水平的提高，人们对饮用水水质的要求也越来越高。《生活饮用水卫生标准》GB 5749—2006 中的水质指标一共有 106 项，比 1985 年版增加了 71 项，修订了 8 项，可见国家对饮用水安全日益重视。

原水水质的好坏，直接影响到水厂安全生产，也是水厂生产调度最先监控到的生产数据，尤其是采用多水源生产的水厂，更需要根据不同原水水质进行流量调配、pH 值控制等。

沉淀池是浊度控制的第一道工艺，主要通过往原水中投加混凝剂，充分混合后，在反应阶段形成密度比水大的矾花颗粒，然后在沉淀区沉淀下来，以达到去除原水中杂质的目的，得到适合过滤的沉淀水。原水浊度和温度会随季节的变化而变化，混凝剂的投加量应根据原水水质的变化和沉淀池矾花颗粒的形成情况及时调整。

由于大部分杂质是在沉淀池中去除的，沉淀池积泥较快，需要经常排泥和清洗。不同制水工艺排泥周期会有所不同，即使相同的制水工艺，不同的水厂也会根据运行状态制定不同的排泥方案。均匀排泥、季节性调整是目前主流的排泥方案。

滤池是浊度控制的第二道工艺，沉淀水通过按一定级配铺置的滤料，在沉淀池中未沉淀下来的杂质颗粒会被滤料截留和吸附，也包括一些细菌、病毒以及有机污染物等。当截留达到一定量后，滤料会逐渐失去过滤能力，滤池出水水质变差，此时需要对滤料进行反冲洗，排除截留物，恢复过滤能力。

滤池的运行周期根据工艺的不同，差异较大，有根据滤池出水浊度控制的，也有根据运行时间来控制的。根据沉淀池来水和滤池出水水质变化情况，合理设置运行周期，是保证滤池出水水质合格的根本措施。

消毒是水质控制的最后一道工序。国内目前普遍采用液氯消毒，也有采用次氯酸钠、二氧化氯、臭氧及其他消毒剂的，水厂可根据运行成本、水质情况和物质供应等进行选择。消毒剂的投加点一般设置在滤池到清水池的输水管道上，也有设置在清水池入口或者中间的，无论设置在哪里都应该保证消毒剂与清水的有效接触时间不少于 30min。

水质控制是在净水工艺中完成的，水厂各工艺过程都安装有在线水质仪表，通过实时监控沉淀水、滤后水、出厂水水质数据，及时掌握工艺过程中的各种水质状况，确保出厂水水质达标。

10.2.3　电耗

电耗是指生产供应单位自来水量所需要的电量，它在水厂生产运行成本中占据了大部分比重。水厂用电一般由泵房用电（一级泵房、二级泵房）、其他生产用电和办公用电等组成，泵房用电又占据了水厂用电量的绝大部分。合理控制泵房用电，是控制电耗的主要手段。

一级泵房是水厂运行的第一个用电单元，为了能取到优质的原水，一级泵房标高一般都较低，而后续的配水设施或者沉淀池，又是净水工艺的起始点，一级泵房水泵所需扬程较大，因此用电量也比较多。

对于一级泵房的电耗，水厂一般都会采用均匀生产的方式，只要将机泵台时和出水量搭配好，一级泵房的运行台时在一个周期内基本保持稳定，使水泵在一个较高效的范围内运行，电耗就会比较合理。取水头部被杂物堵塞，也是影响一级泵房电耗的一个因素，如果杂物堵塞严重，水源水位与一级泵房内吸水井水位相差过大，会导致电耗升高甚至影响取水，及时清理堵塞杂物、合理控制水源水位和吸水井水位的高差，也是降低一级泵房电耗的重要措施。

二级泵房是水厂运行的另一大用电单元。二级泵房供水需要满足管网不同时段水量、水压的要求，机泵运行台时合理搭配是控制二级泵房电耗的最主要手段。

随着电控技术的不断进步和变频器的应用，水厂生产调度能够更加精细、合理地控制出水流量和压力，为水厂泵房供水的控制提供了很大的便利，也为泵房机泵台时的搭配提供了更多的选择。

10.3　自来水厂调度的技术分析

10.3.1　用水量变化分析

（1）分析用水量变化的作用

用水量是指管网上用户的用水量，由前面已知，用水量是一个动态数值，是时时变化的。管网用水主要包括生活用水、生产用水、消防用水等，生活用水量随着气候和生活习惯而变化。例如：一年之中，夏季比冬季用水量多；一日之内，早晨、晚饭之前以及晚上睡觉之前的用水量比其他时段用水量多；不同年份相同季节，其用水量也有较大差异。工业企业生产用水量的变化取决于工艺、设备能力、产品数量、工作控制等因素，如夏季的冷却用水量就明显高于冬季。某些季节性工业企业，用水量的变化就更大。当然，也有些企业生产用水量变化很小。总之，无论是生活还是生产，其用水量都是时刻在变化的。

综上所述，供水系统必须要适应水量的这种变化，才能满足用户对水量的需求。掌握用水量的变化规律，合理调整供水方式，是日常调度工作最基本的要求。

（2）日水量曲线和日变化系数

1）日水量曲线

用来描绘某一时期内用水量逐日变化的曲线称为日水量曲线。日水量曲线用来分析某一时期内用水量的变化规律，将它与日变化系数一同进行分析，可为预测未来某一时期的用水量情况、制定相应的供水方案提供依据。

图 10-1 为某城市某月的日水量曲线，纵坐标表示日用水量，横坐标表示该月日期，图中曲线表示该月每日用水量，虚线表示平均日用水量。

2）日变化系数

在一定时期内，用来反映每天用水量变化幅度大小的参数称为日变化系数，常用 K_d 表示。其意义可用下式表示：

$$K_d = Q_d / \overline{Q}_d \tag{10-5}$$

式中　Q_d——最高日用水量，m^3/d，又称最大日用水量，是某一时期内用水最多一日的用水量；

$\overline{Q}_{\mathrm{d}}$——平均日用水量，$\mathrm{m}^3/\mathrm{d}$，是某一时期内总用水量除以用水天数所得的数值。

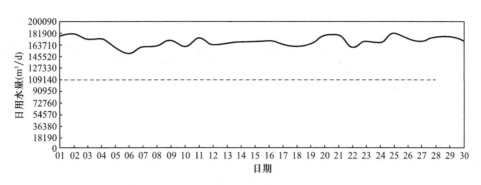

图 10-1　某城市某月的日水量曲线

Q_{d}、$\overline{Q}_{\mathrm{d}}$ 分别代表了某一时期内用水量峰值和均值的大小。因此，K_{d} 值实际上表示了一定时期内用水量变化幅度的大小，反映了用水量的不均匀程度。不同城市、不同用水性质，K_{d} 值不同，可通过数据采集系统中的历史数据分析得出。

一般采用一年内或一个月内的日变化系数来分析用水量在这一时期内的变化规律，采用比较法直观表示，见表 10-1。

某城市日变化系数统计　　　　　　　　　　表 10-1

年份	月份				
	1	2	……	11	12
2014	1.12	1.15	……	1.16	1.15
2015	1.08	1.16	……	1.18	1.17
2016	1.18	1.17	……	1.20	1.19

从图 10-1 的曲线上可以看出，当月用水高峰并无特定规律，最高日用水量在 25 日，为 18.19 万 m^3/d，平均日用水量为 16.89 万 m^3/d，则日变化系数为：$K_{\mathrm{d}}=1.08$。

通过上述的计算，说明最大日用水量是平均日用水量的 K_{d} 倍，上例的 $K_{\mathrm{d}}=1.08$ 说明该城市的用水量比较稳定，可作为来月水量的参考。

（3）时水量曲线和时变化系数

1）时水量曲线

用来描绘一日内用水量逐时变化的曲线称为时水量曲线。用时水量曲线分析一日内用水量的变化规律是最简便、最直观的方法。将它与时变化系数一同进行分析，可为预测来日用水量情况、制定相应的供水方案提供依据。

图 10-2 为某城市某日的时水量曲线，纵坐标表示时用水量，横坐标表示时间，图中曲线表示一日内每小时用水量，虚线表示平均时用水量。

2）时变化系数

在一日内，用来反映用水量逐时变化幅度大小的参数称为时变化系数。常用 K_{h} 表示，其意义可用下式表示：

$$K_{\mathrm{h}} = Q_{\mathrm{h}}/\overline{Q}_{\mathrm{h}} \tag{10-6}$$

式中　Q_{h}——最高时用水量，m^3/h，是一日内用水最多时段的用水量；

$\overline{Q}_h$——平均时用水量 m^3/h，是一日内总用水量除以 24h 所得的数值。

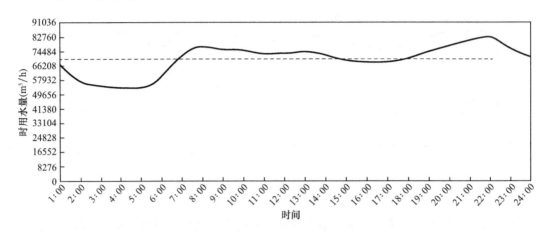

图 10-2 某城市某日的时水量曲线

Q_h、$\overline{Q}_h$ 分别代表了一日内用水量峰值和均值的大小。K_h 值实际上表示了一日内用水量变化幅度的大小，反映了用水量的不均匀程度。不同城市、不同时期、不同用水性质，K_h 值不同，可通过数据采集系统中的历史数据分析得出。

表 10-2 为某城市一季度每天的时变化系数。

表 10-2

某城市时变化系数统计

月份	日期				
	1	2	……	30	31
1	1.20	1.18	……	1.21	1.22
2	1.19	1.17	……		
3	1.15	1.16	……	1.22	1.20

从图 10-2 的曲线上可以看出，用水高峰集中在 8：00—10：00 和 20：00—22：00，最高时用水量在 22：00，为 8.28 万 m^3/h，平均时用水量为 6.98 万 m^3/h，则时变化系数为：$K_h=1.19$。

通过上述的计算，说明最大时用水量是平均时用水量的 K_h 倍，上例的 $K_h=1.19$ 说明该城市的时水量变化比较合理，可作为来日用水量的参考。

10.3.2 水库（清水池）的作用与运用

（1）水库（清水池）的作用

常见的贮水构筑物有水塔、屋顶水箱、加压站的水库、水厂的清水池等，日常调度工作中用得较多的是水厂的清水池和加压站的水库。

下面介绍清水池在城镇供水中的作用：

1）水量调节

管网用水量在一天内是不断变化的，且有一定的规律，早晚高峰用水量较大，夜间是用水低峰期，午间属于用水平峰。为满足管网用水需求，水厂供水应根据其用水规律供水。水厂供水时变化系数一般在合理范围内，但高峰和低峰的水量比值却经常较大。因此，水厂二级泵房供水量波动较大，最高时供水量一般会超过水厂设计最高时水量，为保证水厂生产安全，就需要用清水池的容量进行调节。

在用水高峰前，保持清水池处于高水位状态，利用清水池水位变化调节供水量和产水量之间的差值；在用水低峰时段，生产能力大于供水需求，把富余的产水量贮存在清水池中，这就是清水池的水量调节作用。

2）稳定生产

水厂生产调度的原则是产供平衡，其含义就是需要多少，生产多少。外部用水需求是动态变化的，供水量也是动态变化的，而要达到产供平衡，水厂生产就得随时调整，这不利于水厂生产的平稳，清水池贮水量的变化很好地解决了这个矛盾，起到了稳定生产的作用。

3）紧急保供

当水厂的取水、净水等工艺发生故障，短时间内无法产水时，清水池的水量可保证对外部的连续供水。

4）其他作用

清水池设置的地理位置不同，所起到的作用也有所差异。例如：清水池由于容积较大，不仅稳定了生产，也使加入的消毒剂有足够的接触时间对清水进行消毒。

（2）水库（清水池）的运用

在水厂生产调度过程中，清水池的溢流和抽空是调度工作中特别需要注意的，否则就会发生供水事故。用水低峰时段（通常是夜间），产大于供，易发生清水池溢流事故；用水高峰时段，产小于供，易发生清水池抽空事故。为杜绝此类供水事故的发生，一是要有很强的责任心，密切监视清水池水位的变化趋势，时刻掌握产和供的变化关系，及时调整生产；二是要掌握科学的计算方法，通过清水池调节量的运用，合理安排生产。

水库（清水池）的调节容积占多大比例较为合适，需要根据不同城市的供水特点来设定。

在日常调度工作中，经常需要计算水库（清水池）的调节量。

$$水库（清水池）调节量 = 最大贮水量 - 最小贮水量$$
$$= （最高水位 - 最低水位）\times 每米水量（m^3） \tag{10-7}$$
$$水库（清水池）调节率 = 调节量 / 总容量 \times 100\% \tag{10-8}$$
$$水库（清水池）利用率 = （最高水位 - 最低水位）/ 标定水位 \times 100\% \tag{10-9}$$

最高水位：水库（清水池）溢流水位（m）。

最低水位：水库（清水池）最低允许运行水位（m），一般不宜低于消防水位。

标定水位：水库（清水池）有效容积对应的水位（m），即有效水深。

最大、最小贮水量：与最高、最低水位对应的贮水量（m³）。

合理安排调节量，充分发挥水库（清水池）的利用率，是安排生产、保证产供平衡的科学方法。

【例 10-1】 某水厂，设计供水能力为 18 万 m³/d，有 2 座连通的清水池，每座清水池有效面积为 3200m²，有效水深为 4.0m。已知 1：00 时清水池水位为 1.5m，厂内均匀生产。日供水曲线如图 10-3 所示。

求：当日清水池的最高水位、最低水位和清水池的利用率。

各时段供水量见表 10-3。

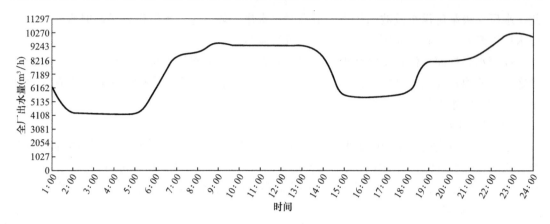

图 10-3　日供水曲线

各时段供水量　　　　　　　　　表 10-3

时间	全厂出水量（m³/h）	时间	全厂出水量（m³/h）
1：00	6190	13：00	9240
2：00	4280	14：00	8390
3：00	4180	15：00	5610
4：00	4160	16：00	5450
5：00	4180	17：00	5580
6：00	6100	18：00	5790
7：00	8400	19：00	8120
8：00	8820	20：00	8170
9：00	9470	21：00	8380
10：00	9290	22：00	9220
11：00	9340	23：00	10270
12：00	9330	24：00	9940

【解】　水厂平均每小时生产水量为：$180000 \div 24 = 7500 \text{m}^3/\text{h}$

7：00 时水位 $= 1.5 + \{[7500 \times 6 - (6190 + 4280 + 4180 + 4160 + 4180 + 6100)] \div 3200 \div 2\} = 3.99\text{m}$

15：00 时水位 $= 3.99 - \{[(8400 + 8820 + 9470 + 9290 + 9340 + 9330 + 9240 + 8390) - 7500 \times 8] \div 3200 \div 2\} = 2.07\text{m}$

19：00 时水位 $= 2.07 + \{[7500 \times 4 - (5610 + 5450 + 5580 + 5790)] \div 3200 \div 2\} = 3.25\text{m}$

24：00 时水位 $= 3.25 - \{[(8120 + 8170 + 8380 + 9220 + 10270) - 7500 \times 5] \div 3200 \div 2\} = 2.21\text{m}$

利用率 $=$（最高水位 $-$ 最低水位）/ 标定水位 $\times 100\% = 48\%$

答：清水池的最高水位为 7：00 时 3.99m，最低水位为 15：00 时 2.07m；清水池的利用率为 48%。

10.3.3　经济出口水压值的确定

（1）经济出口水压

合理选择机泵的扬程，使管网末端有满足用户需要的水压值，并使机泵运行在最高效率时的水源出口水压值称为经济出口水压。

出口水压过低，即使机泵运行在最高效率，但满足不了用户用水的需要，也不属于经济出口水压；出口水压过高，不仅浪费能源，而且易使管网发生爆管事故，给企业造成更大的经济损失。合理确定经济出口水压值，对于提升服务水平、提高经济效益有着非常重要的意义。

（2）确定经济出口水压值的方法

影响经济出口水压值确定的因素有很多，理论上确定的值可能不符合实际，在这里介绍一种比较易行的方法：

1）状态选择：选择在二级泵站的机泵高效工作区间运行。

2）测定参数：管网流速；管网末端水压；用水单耗（用电量/供水量）。

3）满足条件：出口水压是机泵的经济工作点；管网末端水压满足用户需求；用电单耗最低。

满足上述条件的出口水压值就是经济出口水压值，经济出口水压值也是选择机泵参数的条件之一。由于管网用水量在变化，经济出口水压值不是一个固定的数值，一天内不同时段应有不同的经济出口水压值。

10.3.4　水厂生产调度对水质的控制

（1）水质是水厂净水工艺过程控制的一个重要指标。水厂生产调度通过浊度仪、余氯仪等在线仪表实时监测生产过程水质，掌握每个系列的生产运行情况，当净水工艺运行不稳定时，需要对沉淀池停留时间、滤池过滤周期和反冲洗周期等进行调节，这势必会影响产水量，调度需要通过调节各系列的运行负荷来满足水厂的总产水量要求，避免不合格水进入清水池。

（2）当一个水厂的水质出现异常时，中心调度也可以通过管网调节，降低该水厂的产水量，增加相邻水厂的产水量，以满足管网用水量需求，避免不合格水进入管网。

（3）在管网调度过程中，需要注意的事项包括：水流方向、阀门启闭状态、测压点水压、水质点数值、长期低流速管道以及管网末梢用水等，根据实际情况制定供水计划，确保用户用水安全。

（4）水质控制要制定预警机制。水质是水厂供水的红线，是不能逾越的，各供水企业一般都会制定一个比国家标准更严格的内控指标，根据内控指标，制定各种应急预案，当出厂水水质逐渐接近内控指标时，调度通过生产调节，为水质调节创造条件，这就形成了一个水质预警机制，确保了出厂水水质符合国家标准的要求。

第 11 章　计 量 管 理

计量学（简称计量）是关于测量的科学。它包括各种物理量、化学量以及工程量的计量测试。另外，计量学同国家法律、法规和行政管理紧密结合，这在其他学科中是少有的，系其最显著的特点。

（1）计量的定义及分类

1）定义

根据国家计量技术规范《通用计量术语及定义》JJF 1001—2011，计量定义为"实现单位统一、量值准确可靠的活动"。

2）分类

① 科学计量。科学计量是指基础性、探索性、先行性的计量科学研究。通常用最新的科技成果来精确地定义与实现计量单位，并为最新的科技发展提供可靠的测量基础。

② 工程计量。工程计量也称工业计量，是指各种工程、工业企业中的应用计量。为保证经济贸易全球化所必需的一致性和互换性，工程计量已成为生产过程控制不可缺少的环节。

③ 法制计量。法制计量是为了保证公众安全、国民经济和社会发展，根据法制、技术和行政管理的需求，由政府或其授权机构警醒强制管理的计量，包括对计量单位、计量器具（特别是计量基准、标准）、测量方法及测量实验室的法定要求。

（2）计量的特点

计量活动以单位统一、量值准确可靠为目的，因此，计量具有以下 4 个特点：

1）准确性

准确性是计量的基本特点，是计量技术工作的核心。

2）统一性

统一性是计量最本质的特性，从计量的定义可以看出计量的统一和一致。它不仅对单位统一，还是对量值准确可靠的要求，也就是对计量活动结果是否符合规定的技术指标。

3）溯源性

为了使计量结果准确可靠，任何量值都必须溯源于该量值的基准（国家基准或国际基准）。也就是任何量值均能追溯到"源"头。量值的基准，是确保计量活动结果能满足量值的准确性和统一性的基础。

4）法制性

为实现单位统一、量值准确可靠，不仅要有一定的技术手段，还要有相应的法律、法规和行政管理等法制手段。我国计量以《中华人民共和国计量法》为准则，所有的计量活动均应符合其规定。

11.1 计量器具的管理

（1）计量器具的确定

为了加强对计量器具的管理，国务院计量行政部门制定了《中华人民共和国依法管理的计量器具目录》（以下简称《依法管理目录》）。

计量器具，是指单独地或连同辅助设备一起用以进行测量的器具。其基本特征表现为：1）用于测量；2）能确定被测对象的量值；3）本身是一种计量技术装置。

（2）计量器具管理范围

计量器具是实现全国计量单位制统一和保证量值准确可靠的重要的物资基础，因而也是计量立法的重点内容。

依法管理的计量器具包括：计量基准、计量标准和工作计量器具以及属于计量基准、计量标准和工作计量器具的新产品等 3 方面的计量器具。在《依法管理目录》中规定：

1）依法管理的计量基准的项目名称由国家另行公布。

2）依法管理的计量标准和工作计量器具共分为 12 大类，其中公布通用计量器具 484 种，专用计量器具的具体名称由国务院计量机构拟定，报国务院计量行政部门审核后公布。

3）属于计量基准、计量标准和工作计量器具的新产品。

（3）计量器具产品（商品）管理内容

1）计量器具产品（商品）管理

根据《中华人民共和国计量法》的规定，对计量器具产品（商品）的依法管理主要分为 3 个阶段，即计量器具新产品管理，加强新产品型式鉴定；对制造、修理计量器具实施许可制度；对计量器具产品（商品）实施质量监督检查。

2）计量器具的使用管理

计量器具投入使用后，就进入依法使用的阶段。为保证使用中的计量器具的量值准确可靠，《中华人民共和国计量法》规定，要实施周期检定，对社会公用计量标准、企事业单位最高计量标准和用于贸易结算、医疗卫生、环境监测及安全防护等 4 个方面的工作计量器具依法实施强制检定。

对于其他的计量标准器具和工作计量器具，使用单位应当自行定期检定或者送其他计量检定机构检定，县级以上人民政府计量行政部门应当进行监督检查。

11.2 自来水厂计量体系

自来水厂计量体系一般由管理手册和程序文件组成。

（1）管理手册

管理手册一般由以下部分组成：

1）总则，包含目的、引用文件、适用范围和应用领域等；

2）计量术语；

3）计量方针和目标；

4）文件的编制和管理；

5）计量保证体系要素。

（2）程序文件

程序文件一般由以下部分组成：

1）采用法定计量单位管理程序；

2）计量检测程序；

3）计量设备配置适用性管理程序；

4）计量设备储存与管理程序；

5）计量设备量值溯源程序；

6）计量设备分类管理程序；

7）计量设备标志管理程序；

8）不合格测量设备管理程序；

9）计量记录管理程序；

10）环境管理程序；

11）计量人员管理程序；

12）计量体系内部审核及管理评审程序；

13）计量设备周期检定（校准）管理程序；

14）计量体系文件管理程序。

11.3　水厂工艺常用计量器具

（1）电磁流量计

电磁流量计是利用电磁感应原理制成的流量测量仪表，可用来测量导电液体的体积流量。变送器几乎没有压力损失，内部无活动部件，用涂层或衬里易解决腐蚀性介质流量的测量问题。检测过程中不受被测介质温度、压力、密度、黏度及流动状态等变化的影响，没有测量滞后现象。示例见图 11-1。

电磁流量计是电磁感应定律的具体应用，当导电的被测介质垂直于磁力线方向流动时，在与介质流动方向和磁力线方向都垂直的方向上产生一个感应电动势 E_X，如图 11-2 所示。

图 11-1　电磁流量计示例图

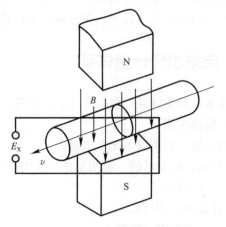

图 11-2　电磁流量计原理图

$$E_X = BDvK \tag{11-1}$$

式中　B——磁感应强度，T；

　　　D——导管直径，即导体垂直切割磁力线的长度，m；

　　　v——被测介质在磁场中运动的速度，m/s；

　　　K——几何校正因数。

因体积流量 Q 等于流体流速 v 与管道截面积 A 的乘积，而直径为 D 的管道的截面积 $A = \dfrac{\pi D^2}{4}$，故：

$$Q = \frac{\pi D^2}{4}v \tag{11-2}$$

将公式（11-2）代入公式（11-1）中，可得：

$$E_X = \frac{4B}{\pi D}Q = KQ \tag{11-3}$$

式中 K 为仪表常数，取决于仪表几何尺寸和磁感应强度。

显然，感应电动势 E_X 与被测量 Q 具有线性关系，在电磁流量变送器中，感应电动势由一个与被测介质接触的电极检测，且在电磁流量计中采用的是高变磁场，所以 E_X 为交流电势信号，此信号经转换器转换成标准直流信号，送到显示仪表，指示出被测量的大小。测量传感器构造如图 11-3 所示。

（2）弹簧管压力表

弹簧管压力表主要由表壳、表罩、表针、弹性元件、机芯、封口片、连杆、表盘、接头组成，如图 11-4 所示。其工作原理是弹簧管在压力和真空的作用下，产生弹性变形引起管端位移，该位移通过机械传动机构进行放大，传递给指示装置，再由指针在表盘上偏转指示出压力或真空值。

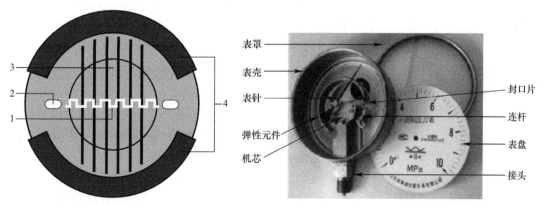

图 11-3　测量传感器构造示意图
1—电压（感应电压正比于流速）；2—电极；
3—磁场；4—励磁线圈

图 11-4　弹簧管压力表的结构

弹簧管压力表用于大于 0.06MPa 以上量程的气体或液体压力测量。精度为 ±1%、±1.5%。

（3）超声波物位计

声波可以在气体、液体、固体中传播，并有一定的传播速度。声波在穿过介质时会被吸收而衰减,气体吸收最强,衰减最大;液体次之;固体吸收最少,衰减最小。声波在穿过不同密度的介质分界面处还会产生反射。超声波物位计就是根据声波从发射至接收到反射回波的时间间隔与物位高度成比例的原理来检测物位的。

1)测量原理

超声波液位计测量原理见图 11-5。

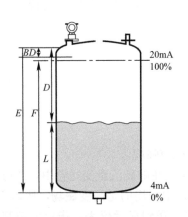

图 11-5 超声波液位计测量原理图

E—空罐距离;D—从传感器膜片到被测物表面的
距离;F—量程(满罐距离);L—物位;BD—盲区

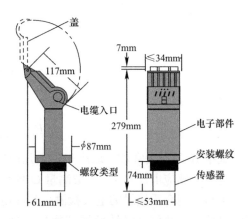

图 11-6 一体式超声波液位计

传输时间方法:传感器向被测物表面发送超声波脉冲,超声波脉冲在被测物表面被反射回来,并被传感器接收。测量脉冲发送和接收之间的时间 t,用时间 t 和声速 c 计算传感器膜片与被测物表面间的距离 D:

$$D = ct/2 \tag{11-4}$$

由输入的已知空罐距离 E 计算物位如下:

$$L = E - D \tag{11-5}$$

本节以西门子 THE PROBE 一体式超声波液位计为例展开介绍,如图 11-6 所示。

2)使用

液位计 mA 输出可与液位成正比。查看对应该 mA 值的原距离值,将介面与传感器表面距离调整至期望值,根据说明书使用对应按键标定。设定新的参考距离值,查看或标定后,液位计会自动转为 RUN 方(6s),标定值以传感器表面为参照物。

设定盲区是为了忽略传感器前面这个区域,在这个区域里,无效回波达到一定强度并干扰了真实回波的处理。它是从传感器表面向外的一段距离。建议最小盲区设为 0.25m,但为了扩大盲区,也可增大该值。

(4)浊度仪

浊度是指光线透过水中悬浮物所发生的阻碍程度。水中的悬浮物一般是泥土、砂粒、微细的有机物和无机物、浮游生物、微生物和胶体物质等。水的浊度不仅与水中悬浮物的含量有关,而且与它们的大小、形状及折射系数等有关。水中的悬浮物和胶体物都可以使水质变得浑浊而呈现一定浊度,水质分析中规定:1L 水中含有 1mg SiO_2 所构成的浊度为一个标准浊度单位,简称 1 度。通常浊度越高,溶液越浑浊。现代仪器显示的浊度是散射浊度，单位为 NTU。

工作原理（见图 11-7）：浊度仪通过把来自传感器头部总成平行的一束强光引导向下进入浊度仪本体中的试样。光线被试样中的悬浮颗粒散射，与入射光线中心线成 90°方向散射的光线被浸没在水中的光电池检测出来。散射光的量正比于试样的浊度。如果试样的浊度可忽略不计，几乎没有多少光线被散射，光电池也检测不出多少散射光线，这样浊度读数将很低。反之，高浊度会造成很高程度的散射光线并产生一个高读数值。

（5）余氯/总氯分析仪

氯投入水中后，除了与水中的细菌、微生物、有机物、无机物等作用消耗一部分氯量外，还剩下一部分氯量，这部分氯量就叫做余氯。余氯可分为化合性余氯（又叫结合性余氯，指水中氯与氨的化合物，有 NH_2Cl、$NHCl_2$ 及 $NHCl_3$ 三种，以 $NHCl_2$ 较稳定，杀菌效果好）和游离性余氯（又叫自由性余氯，指水中的 OCl^-、$HOCl$、Cl_2 等，杀菌速度快，杀菌力强，但消失快），总余氯即化合性余氯与游离性余氯之和。

余氯/总氯分析仪是用于测量水中余氯/总氯的仪表，余氯/总氯也是水处理工艺中非常重要的数据之一。

工作原理：

哈希 CL17 型余氯分析仪（见图 11-8）采用微处理器控制，是用于连续监测样品流路中余氯含量的过程分析仪。可监测余氯和总氯浓度，其测量范围为 0～5mg/L。余氯或总氯的分析测量精度由所使用的缓冲液和指示剂决定。

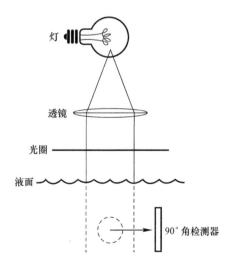

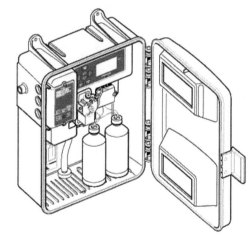

图 11-7　浊度检测仪原理图　　　　　　图 11-8　Cl17 型余氯分析仪

仪器使用 DPD 比色方法，包括 N、N-Diethyl-p-phenylenediamine（DPD：二乙基对苯二胺）指示剂和缓冲液。指示剂和缓冲液被引入样品中，产生红色，其颜色深浅与余氯浓度成正比。通过光度测量的余氯浓度显示在前面板上，三数字显示，LCD 读数，单位为mg/L。

水体中可利用的余氯（次氯酸和次氯酸根）在 pH 值介于 6.3～6.6 时会将 DPD 指示剂氧化成紫红色化合物。显色的深浅与样品中余氯含量成正比。针对余氯的缓冲液可维持适当的 pH 值。

　　可利用的总氯（可利用的余氯与化合后的氯胺之和）可通过在反应中投加碘化钾来确定。样品中的氯胺将碘化钾氧化成碘，并与可利用的余氯共同将 DPD 指示剂氧化，氧化物在 pH 值为 5.1 时呈紫红色。一种含碘化钾的缓冲液可维持反应的 pH 值。该化学反应完成后，在 510nm 的波长照射下，测量样品的吸光率，再与未加任何试剂的样品的吸光率比较，由此可计算出样品中的氯浓度。

第12章 水质检测分析与试验

12.1 水质检测分析基本知识

（1）水样的采集、保存及运输

水样的采集、保存及运输是水质分析中的一个环节，与后续的分析步骤相比，其精准程度和严密程度远不及后者，但是一旦这个环节出现问题，后续的分析检测工作也就失去了意义。因此，水样的采集、保存及运输的方法必须科学、规范。

1）采样前的准备工作

① 制定采样计划

采样前应根据水质检验目的和任务制定采样计划，内容包括：采样目的、检验指标、采样时间、采样地点、采样方法等。

② 采样容器的选用

根据待测组分的特性选择合适的采样容器。容器的材质应具有一定的抗震性能并且化学性质稳定，即不与水样中的组分发生反应，容器壁不吸收、吸附待测组分。比如，对无机物、金属离子、放射性元素的测定不能选用玻璃容器。

③ 样品容器的洗涤

样品容器在使用前应根据检测项目和分析方法的要求，采用相对应的洗涤方法进行洗涤。

2）水样的采集方法

① 水源水的采集

水源水采样点通常应选择在汲水处。

对于河流、湖泊等可以直接汲水的场合即表层水，可用水桶采样；在湖泊、水库等地采集具有一定深度的水时，可用直立式采样器；对于直喷的泉水，可在涌口处直接采样。

② 生活饮用水的采集

出厂水的采样点应设置在进入输送管道以前处；末梢水采集时，应打开龙头放水数分钟，排出沉淀物；二次供水的采集应包括水箱（或泵）进水及出水。

3）水样的保存

样品从采集到送达实验室检测需要一定的时间，在这段时间内水样会发生不同程度的变化。因此，在采样现场应采取一些适宜的保存方法，防止水样变质。常见的保存方法如下：

① 冷藏法或冷冻法

冷藏或冷冻的作用是抑制微生物的活动、减缓物理挥发和化学反应的速度。一般水样采集后于 4℃ 冷藏保存，贮存于暗处。

② 加入化学试剂保存法

保存剂的加入不得干扰待测物的测定，不能影响待测物的浓度。常用的保存剂有生物抑制剂、酸碱、氧化剂和还原剂等。

4）水样的运输

水样采集后应选用适当的运输方式尽快送回实验室进行检测分析，在现场采样工作开始之前就应安排好运输工作，以防延误。

（2）水样的前处理方法

在水质分析中常需对样品进行前处理，其目的有：消除共存物质的干扰（如测定挥发酚时需通过蒸馏消除杂质的干扰）；将被测物质转化为可以进行测定的状态（如测定有机氮时需将其转变为铵）；当水中被测组分含量过低时，需富集浓缩后测定。

1）过滤。利用物质溶解性的差异，在外力的作用下，使悬浮液中的液体通过多孔介质的孔道，而悬浮液中的固体颗粒被截留在介质上，从而实现固、液分离的操作。

2）加热。加热是指热源将热能传给较冷物体而使其变热的过程，根据热能的获得方式，可分为直接加热和间接加热两类。

3）干燥。泛指从湿物料中去除水分（或溶剂）的操作，在干燥时，水分（或溶剂）从物料内部扩散到表面再从物料表面气化。

4）烘烤。指用加热的方式，来促进物质的物理性变化，如水分的蒸发。

5）蒸馏。是一种热力学的分离工艺，它利用混合液体或液-固体系中各组分沸点的不同，使低沸点组分蒸发后再冷凝，以分离整个组分的单元操作过程。

6）萃取。又称溶剂萃取或液液萃取，是利用系统中各组分在溶剂中有不同的溶解度来分离混合物的单元操作。

7）混凝沉淀。是极为重要的前处理过程，通过向水中投加一些药剂（通常为混凝剂及助凝剂），使水中难以沉淀的颗粒互相聚集形成胶体，然后与水中的杂质结合形成更大的絮体。

8）消解。当测定含有机物水样中的无机元素时，需对水样进行消解处理。消解处理的目的是破坏有机质，溶解悬浮性固体，将各种价态的欲测元素氧化成单一高价态或转变成易于分离的无机化合物。

（3）水质分析的一般操作

1）称量操作

根据不同的称量对象，须采用相应的称量方法。常用的称量方法有：指定质量称量法、递减称量法、直接称样法等。

2）移液操作

移液管是一种量出式仪器，用于准确移取一定体积的液体。

3）定容操作

容量瓶主要用于准确配制一定浓度的溶液。定容就是在使用容量瓶配制准确浓度的溶液时，加水至离刻度线还有 1～2cm 的时候，用胶头滴管吸水注到容量瓶里，视线与凹液面最低处相水平，使其到达刻度线的过程。

4）滴定管的操作

滴定管是一根具有精密刻度、内径均匀的细长玻璃管。在滴定分析实验中，用于准确计量自滴定管内流出溶液的体积。

12.2　水质分析基本方法

12.2.1　水质参数理化分析方法

（1）滴定分析法

滴定分析法是将一种已知准确浓度的试液（滴定剂），通过滴定管滴加到被测物质的溶液中，直到所加的试液与被测物质按确定的化学计量关系恰好完全反应为止，根据所用试液的浓度和消耗的体积，计算被测物质浓度或含量的方法。滴定分析法以测量试液的体积为基础，因此又被称为容量分析法。

许多滴定体系本身在到达化学计量点时，外观上并没有明显的变化，为了确定化学计量点的到达，常在滴定体系中加入一种辅助试剂，借助其颜色的明显变化（突变）指示化学计量点的到达。这种能够通过颜色突变指示化学计量点到达的辅助试剂称为指示剂。

当观察到指示剂的颜色发生突变而终止滴定时，称为滴定终点。由于滴定终点与化学计量点在实际滴定操作中不完全一致而造成的分析误差称为终点误差或滴定误差。

滴定分析法是化学分析中非常重要的一类分析方法，按其利用化学反应的不同又可将其分为四种类型：酸碱滴定法、配位滴定法（络合滴定法）、氧化还原滴定法、沉淀滴定法；根据滴定方式的不同，滴定分析法还可以分为：直接滴定法、返滴定法、置换滴定法和间接滴定法等。

1）酸碱滴定法

利用酸和碱的中和反应的一种滴定分析法，基本反应是：$H^+ + OH^- \rightarrow H_2O$，此反应进行很快，瞬间即可达到平衡。由于酸碱滴定法一般是利用酸碱指示剂的颜色突然变化来指示滴定终点，因此必须根据在化学计量点时溶液的 pH 值来选择指示剂。不同的指示剂在不同的 pH 值范围内变色，所以指示剂的选择在酸碱滴定法中非常关键。

2）配位滴定法

配位滴定法是利用配位反应的滴定分析法。配位反应的原理是，金属离子与配位剂作用，生成难电离可溶性配位化合物的反应。各种金属离子的配位反应很多，但无机配位剂能适应配位滴定反应的并不是很多，这是因为配位化合物的不稳定常数比较大，反应生成物比较复杂，很难确定其定量的关系；或者是化学计量点的指示剂难找，使配位滴定法的应用和发展受限。

有机配位剂，特别是氨羧络合剂在容量分析中应用，使配位滴定法发展很快，成为容量分析的重要方法之一。水质分析中，常用氨羧配位滴定法测定水中二价和三价的金属离子。

3）氧化还原滴定法

氧化还原滴定法是利用氧化还原反应的滴定分析法，可以用于测定各种变价元素和化合物的含量，应用范围极为广泛，几乎所有长周期的过渡元素和大部分非金属元素的化合物都可以直接或间接用氧化还原滴定法来测定。

① 氧化还原反应的原理

电子由一种原子或离子转移到另一种原子或离子上去，失去电子的过程称为氧化，获得电子的过程称为还原。在反应中得到电子的物质，称为氧化剂，它能使其他物质氧化而本身被还原。在反应中失去电子的物质，称为还原剂，它能使其他物质还原而本身被氧化。无机物的氧化还原反应一般都是可逆的，有机物的氧化还原反应多是不可逆的。由于氧化还原反应是基于电子的转移，通常是分段连续进行的，所以反应比较复杂，不如中和反应那样迅速。氧化还原反应常常需要一定的时间才能作用完全，因此必须注意反应速度的问题，可以采取一些措施来促进反应迅速进行和使其作用完全。

② 氧化还原滴定法的分类

依据氧化剂种类的不同，氧化还原滴定法可以分为以下 3 类：

a. 高锰酸钾法：高锰酸钾是一种很强的氧化剂，在酸性、中性、碱性溶液中都能发生氧化作用。采用高锰酸钾法时，可用直接滴定法测定还原性物质。如果用返滴定法测定不稳定的还原性物质时，可以加入过量的标准高锰酸钾溶液，再用还原剂标准溶液滴定；也可以用间接滴定法测定氧化性物质，加入过量的还原剂标准溶液，然后用标准高锰酸钾溶液返滴定。采用高锰酸钾滴定时，一般都不再用其他指示剂，应用很方便。但是高锰酸钾溶液的浓度不稳定，需要定期经常标定。

b. 重铬酸钾法：重铬酸钾（$K_2Cr_2O_7$）是一种较强的氧化剂（$E_0 = +1.36V$），比高锰酸钾的氧化性稍弱，在酸性溶液中，反应一般还原到 Cr^{3+}，可以与 Fe^{2+}、I^+、Br^- 等离子定量反应。

优点：重铬酸钾容易提纯，可以直接配制成标准溶液，溶液稳定容易保存，可以在氯离子（Cl^-）存在下滴定，不受氯离子（Cl^-）的干扰（高温时 Cl^- 被重铬酸钾氧化成游离氯（Cl_2），盐酸浓度超过 3.5mol/L 时也有影响）。

缺点：氧化性比高锰酸钾稍低，而且有些还原剂与之作用速率小，不适合直接滴定。

所以，重铬酸钾法常用二苯胺磺酸钠作为指示剂，为了使指示剂的变色在滴定突跃范围以内，需要在溶液中加入适量的磷酸（H_3PO_4）。

c. 碘量法：$I_2/2I^-$ 电对的标准氧化势是 +0.54V，故碘（I_2）属于较弱的氧化剂，它可以与较强的还原剂作用。而碘离子（I^-）属于中强的还原剂，它可以与一般的氧化剂作用，产生的碘可以用硫代硫酸钠或其他还原剂滴定。前一种方法为直接法、后一种方法为间接法，一般总称为碘量法。

4）沉淀滴定法

沉淀滴定法是基于沉淀反应的容量分析法。沉淀反应是两种物质在溶液中反应生成溶解度很小的难溶电解质，以沉淀的形式析出。沉淀滴定法对沉淀反应的要求：沉淀反应生成的沉淀有一定的组成、沉淀生成的速度较快、沉淀的溶解度很小、有确定的化学计量点。

（2）比色分析法

比色分析法是利用被测组分在一定条件下与试剂作用产生有色化合物，然后测量有色溶液的深浅并与标准溶液相比较，从而测定组分含量的分析方法，其广泛用于微量及恒量组分的测定，有较高的灵敏度。

1）基本原理

有色化合物溶液显色的原理：在水质分析中，各种溶液会显示不同的颜色，这是由于溶液中的物质对光的吸收具有选择性。在可见光中，通常所说的白光是由许多不同波长的可见光组成的复合光，即由红、橙、黄、绿、青、蓝、紫这些不同波长的可见光按照一定的比例混合而成。研究表明，只需要把两种特定颜色的光按照一定的比例混合，例如绿色光和紫红色光混合、黄色光和蓝色光混合，都可以得到白光。这种按照一定比例混合后得到白光的两种光称为互补光，互补光的颜色称为互补色。当一束阳光（白光）照射到某一种溶液时，如果该溶液的溶质不吸收任何波长的可见光，则组成白光的各色光将全部透过溶液，透射光依然是白光，溶液呈现无色；如果溶质有选择地吸收了某种颜色的可见光，则只有其余颜色的光透过溶液，透射光中除了仍然两两互补的那些可见光组成白光，还有未能配对的被吸收光的互补光，溶液就会呈现该互补光的颜色。例如：当白光通过 $CuSO_4$ 溶液时，Cu^{2+} 选择吸收黄色光，使透过光中的蓝色光失去了互补光，于是 $CuSO_4$ 溶液呈现蓝色。

2）分类

比色分析法分为目视比色法和光电比色法。

① 目视比色法：该方法是用肉眼来观测溶液对光的吸收，观测溶液颜色的深浅。用被测定溶液与已知浓度的溶液比较，来确定被测组分的含量，水质分析中常用标准系列法，又称色阶法。

②光电比色法：利用分光光度计进行测量。

12.2.2　仪器分析方法

（1）气相色谱法

以惰性气体作为流动相、以固定液或固体吸附剂作为固定相的色谱法称为气相色谱法（GC）。

（2）高效液相色谱法

以经典液相色谱法为基础，引入了气相色谱的理论与实验方法，流动相用高压泵输送，采用高效固定相和在线检测等手段发展而成的分析方法。

（3）原子吸收法

待测元素通过原子化装置产生自由基态原子，并将之置于该元素的特征谱线中。测定其平衡时通过光路吸收区的平均基态原子数。

12.2.3　常用水质检测仪表

（1）表层温度计

表层温度计用于井水、江河水、湖泊水、水库水以及海水水温的测定，如图 12-1 所示。表层温度计的金属套管内装有一只水银温度计，套管开有可供温度计读数的窗孔，

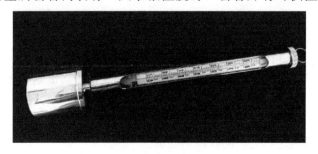

图 12-1　表层温度计

套管上端有一提环，以供系住绳索，套管下端有一只有孔的盛水金属圆筒，温度计的球部位于金属圆筒的中央。

1）测量原理

在水样采集现场，利用专门的水银温度计，直接测量并读取水温。

2）使用步骤

使用时应先将金属套管上端的提环用绳子拴住，放入水层中，待与水样满足热平衡之后（约 5min 左右）迅速提出水面读数并记录。重复此步骤，再测量一次。当气温高于水温时，取两次读数中偏低的一次作为该表层水温的实测值；反之，取两次读数中偏高的一次作为该表层水温的实测值。水体风浪较大时，可用水桶取水测量，水桶应选用不易传热的材质，容量约 5~10L。读数完毕后，将金属圆筒内的水倒净。

【注意事项】　从温度计离开水面至读数完毕应不超过 20s。冬季测量的水样不应带有冰块和雪球。

（2）浊度仪

浊度仪用于测量水样的浑浊度，单位为 NTU。常见的有实验室用台式浊度仪及现场用便携式浊度仪。浊度是表征水清澈或浑浊的程度，是衡量水质良好程度的重要指标之一。

1）测量原理

浊度表现为水中的悬浮物对光线透过时的阻碍程度。一束平行光在透明液体中传播，如液体中无任何悬浮颗粒存在，那么光束在直线传播时不会改变方向；若有悬浮颗粒，光束在遇到颗粒时就会改变方向，这就形成了所谓的散射光。浊度仪采用 90° 散射光原理，由光源发出的平行光束通过某溶液时，一部分被吸收和散射，另一部分透过溶液，符合雷莱公式：

$$I_s = KNV^2/\lambda \cdot I_0 \tag{12-1}$$

式中　I_s——散射光强度；

　　　I_0——入射光强度；

　　　N——单位溶液中微粒数；

　　　V——微粒体积；

　　　λ——入射光波长；

　　　K——系数。

在一定的浊度范围内，入射光恒定的条件下，散射光强度 I_s 与溶液的浑浊度成正比。公式（12-1）可表示为：

$$I_s/I_0 = K'N \tag{12-2}$$

式中　K'——常数。

根据公式（12-2），利用一束红外线穿过含有待测样品的样品池。传感器处在与入射光线垂直的位置上，通过测量样品中悬浮颗粒散射的光量，微电脑处理器再将该数值转化为浊度值。

2）干扰及消除

当出现漂浮物和沉淀物时，读数将不准确。

气泡和震动会破坏样品的表面，得出错误的结论。

样品瓶若有划痕或沾污会影响测定结果。为了将样品瓶带来的误差降到最低,在校准和测量过程中应使用同一样品瓶。

3) 使用步骤

按下电源开关键,待仪器自检完毕后进入测量状态。将混匀的水样倒入干净的样品瓶中,擦净样品瓶外壁。

将样品瓶放入测量池内,盖上遮光盖,按下"测量"键,直接读出浊度值。

测量完毕后应将样品瓶洗净放回仪器盒原位。仪器存放于干燥、清洁、阴凉、通风的环境下。

【注意事项】 测量前应去除样品瓶中的气泡。当测量温度较低时,样品瓶会出现冷凝水滴,此时须放置片刻,使水温接近室温再进行测量。测量时应保持测量位置的一致性,样品瓶瓶体的刻度线应与试样座定位线对齐。

(3) 便携式余氯仪

便携式余氯仪用于快速测定水中游离余氯的含量,单位为 mg/L。液氯是水处理行业中常用的消毒剂,游离余氯是指液氯与水接触一定时间后,除与水中的微生物、有机物、部分无机物等作用消耗掉一部分氯外,还余留在水中的次氯酸($HOCl$)、次氯酸根离子(ClO^-)及溶解的氯(Cl_2)。生活饮用水会含有游离余氯,用来保证持续的杀菌能力,防备供水管网受到外来污染。

1) 测量原理

便携式余氯仪相当于一台小型的分光光度计。显色剂 DPD(二乙基对苯二胺)与水中的游离余氯迅速反应并产生红色,显色反应和水中游离余氯的含量成比例关系。将待测样品放入已调零的光电比色座中,于 528nm 波长下测定其吸光度,并与仪器的内置曲线进行对比,从而得出水中游离余氯的浓度。便携式余氯仪利用微电脑光电比色检测原理取代传统的目视比色法,消除了人为误差,大大提高了分辨率。

2) 干扰及消除

气泡和震动会破坏样品的表面,得出错误的结论。

样品瓶若有划痕或沾污会影响测定结果。

调零和测量用的样品瓶应进行成套性检查,避免瓶间偏差较大影响结果。

3) 使用步骤

将 10mL 待测水样加入样品瓶中,擦净样品瓶外壁。

按下电源开关键,将样品瓶放入测量槽中,盖上遮光盖。按下"调零"键,当屏幕显示"0"时,打开遮光盖取出样品瓶。

另取一只样品瓶,加入 10mL 待测水样,再加入一袋 DPD 指示剂,盖上瓶盖充分摇匀。20s 后,水样中的游离余氯使水样显示红色,擦净样品瓶外壁。

将样品瓶放入测量槽中,盖上遮光盖,按下"测量"键,屏幕显示的数据即为水中游离余氯的实际含量。

(4) 便携式二氧化氯仪

便携式二氧化氯仪用于快速测定水中二氧化氯的含量,单位为 mg/L。二氧化氯是高效氧化剂,易溶于水,杀菌能力强,是国际上公认的安全、无毒的消毒剂。二氧化氯与水接触后参与除臭、脱色反应并杀灭细菌、病毒而被消耗,余留在水中的二氧化氯可以长时间维持灭菌作用，消灭原生动物、孢子、霉菌、水藻和生物膜，氧化有机物，降低水的毒性和诱变性质。

1）测量原理

便携式二氧化氯仪相当于一台小型分光光度计，测定时依次加入甘氨酸溶液及显色剂N，N-二乙基对苯二胺（DPD）。甘氨酸可将水中的氯离子转化为氯化氨基乙酸而从避免氯离子的干扰；显色剂 DPD 与水中的二氧化氯反应并产生粉色，显色反应和水中二氧化氯的含量成比例关系。将待测样品放入已调零的光电比色座中，于 528nm 波长下测定其吸光度，并与仪器的内置曲线进行对比，从而得出水中二氧化氯的浓度。

2）干扰及消除

气泡和震动会破坏样品的表面，得出错误的结论。

有划痕或沾污的样品瓶都会影响测定结果。

调零和测量用的样品瓶应进行成套性检查，避免瓶间偏差较大影响结果。

3）使用步骤

将 10mL 待测水样加入样品瓶中，擦去样品瓶外的液体及手印。

按下电源开关键，将样品瓶放入测量槽中，盖上遮光盖。按下"调零"键，当屏幕显示"0"时，打开遮光盖取出样品瓶。

另取一只样品瓶，加入 10mL 待测水样，立即加入 4 滴 10％的甘氨酸溶液，充分摇匀后再加入一袋 DPD 指示剂，盖上瓶盖充分摇匀。20s 后，水样中的二氧化氯使水样显示粉红色，擦净样品瓶外壁。

将样品瓶放入测量槽中，盖上遮光盖，按下"测量"键，屏幕显示的数据即为水中二氧化氯的实际含量。

（5）便携式臭氧仪

便携式臭氧仪用于快速测定水中臭氧的含量，单位为 mg/L。臭氧的氧化能力极强，它不但能杀灭一般的细菌，而且对病毒、芽孢等也有很好的杀灭效果，是公认的绿色高效的消毒灭菌剂。但臭氧极不稳定，在常温常压下就会自行分解为氧气。

1）测量原理

便携式臭氧仪相当于一台小型的分光光度计。在 pH 值＝2.5 的条件下，水中的臭氧与靛蓝试剂发生蓝色褪色反应，然后于 600nm 波长下进行测定，并与仪器的内置曲线进行对比，从而得出水中臭氧的浓度（氯会对结果产生干扰，含靛蓝试剂的安瓿瓶中含抑制干扰的试剂）。

2）使用步骤

取 40mL 空白样（不含臭氧的去离子水）于 50mL 烧杯中，将含靛蓝试剂的安瓿瓶倒置于烧杯中（毛细管部分朝下），用力将毛细管部分折断，待水完全充满后，盖好盖子，快速将安瓿瓶颠倒数次混匀，擦净样品瓶外壁。

按下电源开关键，把安瓿瓶放入测量槽中，盖上遮光盖。按下"调零"键，待屏幕显示"0"时，打开遮光盖取出安瓿瓶。

另取 40mL 待测水样于 50mL 烧杯中，重复空白样测定步骤。

将安瓿瓶放入测量槽中，盖上遮光盖。按下"测量"键，屏幕显示的数据即为水中臭氧的实际含量。

【注意事项】 臭氧在水中稳定性很差（10～15min 即可衰减一半，40min 后浓度几乎衰减为零），故应现场取样立即测定。

12.2.4 在线水质监测仪表

随着社会经济水平的不断发展，人民群众对城市供水系统水质的要求也在不断提高，为了更好地应对城市供水系统存在的水质风险，并对突发性水质污染事件实现预警预报，近年来在线水质监测仪表因具有监测自动化、数据实时传送等特点而得到了大规模应用。

（1）在线水质监测仪表选配原则

在选择在线自动监测仪表时应该分析环境管理的需要和水质监测的目的，确定监测项目，从而根据监测项目选择相应监测仪表。

目前国内应用比较广泛的在线水质监测仪表有水温分析仪、pH 值分析仪、电导率分析仪、溶解氧分析仪、浊度分析仪、化学需氧量（COD）分析仪、高锰酸盐指数分析仪、总有机碳（TOC）分析仪、氨氮分析仪、总氮分析仪以及总磷分析仪等。

住房和城乡建设部于 2017 年 11 月 28 日发布的《城镇供水水质在线监测技术标准》CJJ/T 271—2017 中，对于水源、水厂及管网水质在线监测指标都做出了相应规定。其中水源水质在线监测的指标主要包括 pH 值、浊度、水温、电导率、溶解氧、氨氮、高锰酸盐指数、紫外（UV）吸收等指标。水厂净化工序、出水及管网水质在线监测的指标主要包括浊度、pH 值、消毒剂余量、紫外（UV）吸收、高锰酸盐指数、电导率、水温、色度等。

（2）在线水质监测仪表原理

目前在线水质监测仪表一般具有如下功能：数据自动存储，自动量程转换，标准输出接口和数字显示，自动清洗、状态自检和报警功能（如液体泄漏、管路堵塞、异常值、仪器内部温度过高、试剂用完、高/低浓度、断电等），干运转和断电保护，来电自动恢复。

1）水温

水温测定为温度传感器法，即通过检测热敏电阻的电阻值来测量水温。

2）pH 值

pH 值测定为玻璃或锑电极法，即通过检测水中氢离子浓度所产生的电极电位测定 pH 值。

3）溶解氧

溶解氧测定为膜电极法或荧光法。膜电极法是利用分子氧透过薄膜的扩散速率与电极上发生还原反应产生的电流成正比的原理测定溶解氧浓度。荧光法是利用蓝光照射到荧光物质激发其产生红光的时间和强度与氧分子的浓度成反比的原理测定溶解氧浓度。

4）电导率

电导率测定为电极法。通过测定一定电压下水中的两个电极之间的电流值，根据欧姆定律测定电导率。

5）浊度

浊度测定为光学法。采用 90°散射光原理，通过观测由悬浮物质产生的散射光的强度来测定浊度。

6）余氯

余氯测定为比色法或电极法。比色法是利用指示剂和水样反应产物的显色强度与余氯成正比的原理测定余氯浓度。电极法是利用电极产生的电流强度与余氯浓度成正比的原理测定余氯浓度。

7）氨氮

氨氮在线监测技术原理主要有 3 种：分光光度法、氨气敏电极法和铵离子选择电极法。分光光度法是水样中的氨氮与次氯酸盐、水杨酸盐反应后，通过检测水样于 697nm 波长的吸光度测定氨氮浓度。氨气敏电极法是水样中的游离态氨或铵离子在强碱性条件下转换成氨气，氨气透过半透膜进入氨气敏电极并改变其内部电解液的 pH 值，通过检测 pH 值变化测定氨氮浓度。铵离子选择电极法是水样中的游离态氨在酸性条件下转化为铵离子，铵离子通过电极表面的选择透过性膜产生电位差，利用检测电位差测定氨氮浓度。

8）高锰酸盐指数

高锰酸盐指数测定是采用过量的高锰酸钾将水样中的还原性物质氧化，反应后加入过量的草酸钠还原剩余的高锰酸钾，再用高锰酸钾标准溶液回滴过量的草酸钠，最后计算得出高锰酸盐指数。

9）紫外（UV）吸收

紫外（UV）吸收在线监测技术是通过波长 254nm 或多个波长下水样的紫外吸光度测定水样中有机物的浓度。

10）COD

COD 在线监测技术是通过水样与重铬酸钾、硫酸银溶液、浓硫酸混合，在消解装置中被加热到一定高温，消解过程中铬离子被还原而改变颜色，颜色的深浅变化与样品中有机化合物的含量成对应关系。可以通过比色换算直接得出水样中 COD 的浓度。

（3）在线水质监测仪表的校验及维护

应定期对水质在线监测仪表进行校验，可采用经检定合格或校准后的设备、有证标准物质或自行配制的标准样品进行校验。当校验结果超出限值时，应分析原因，并对上次校验合格到本次校验不合格期间的数据进行确认。应定期对在线水质监测仪表进行检查和维护，以保证仪表正常稳定运行。

（4）水质在线自动监测系统

在线水质监测仪表是水质在线自动监测系统的一部分。水质在线自动监测系统是一套以在线水质监测仪表为核心，运用现代传感技术、自动检测技术、自动控制技术、计算机技术以及相关的专用分析软件和通信网络组成的一个从取样、分析、数据处理到存储的完整系统。水质在线自动监测系统具有监测自动化、监测数据实时传送等特点，因此可以尽早发现水质的异常变化，对水污染进行预警预报，并且可以为管理者快速决策提供一定的依据。

12.3　自来水厂常用试验

12.3.1　加矾量试验

（1）概述

加矾量试验，又称搅拌试验，是在一定的原水水质、水处理工艺条件下，以沉淀后的浊度为主要目标，确定某一混凝剂合理投加量的试验。在净水处理过程中，投加混凝剂是不可缺少的工艺环节，为了获得合理的投加量，须对原水进行加矾量试验，以判断混凝工艺所处的工作状态，从而为水厂生产服务，指导经济、合理地投加混凝剂。

加矾量试验的另一作用是可以通过试验结果来判断和评估混凝剂本身的产品性能。如《水的混凝、沉淀试杯试验方法》GB/T 16881—2008，该标准适用于确定水的混凝、沉淀过程的工艺参数，包括混凝剂、絮凝剂的种类、用量，水的 pH 值、温度以及各种药剂的投加顺序等。

（2）试验原理

原水中的悬浮颗粒，由于投加于水中混凝剂的作用而脱稳，发生凝聚，凝聚的颗粒在一定的水力条件下形成矾花，这一过程叫做絮凝。絮凝所需的外力可以是机械的，也可以是水力的。絮凝还要有足够的时间，以保证絮体长大。

烧杯搅拌试验就是模拟絮凝的过程，包括快速搅拌、慢速搅拌和静止沉降三个步骤。投加的混凝剂、絮凝剂经快速搅拌而迅速分散并与水样中的胶粒接触，胶粒开始凝聚产生微絮体。通过慢速搅拌，微絮体进一步相互接触长成较大的颗粒。停止搅拌后，形成的胶粒聚集体依靠重力自然沉降至容器底部。

由于搅拌机桨板宽度、烧杯内径、杯内水深度等都是常数，故速度梯度 G 只与搅拌机转速 n 及水的黏度有关，而当水温一定时，水的黏度也是常数，则 G 只与 n 有关，随着 n 的增加而增加。

（3）仪器、试剂

1）六联搅拌器，配有 6 只尺寸和外形相同的 2000mL 烧杯。

2）浊度仪。

3）计时器。

4）药剂：新配制的混凝剂、絮凝剂（浓度为 1% 或参照实际生产情况确定）。

（4）分析步骤

1）分别量取 1000mL 水样装入所配烧杯中，并将烧杯定位。然后把搅拌桨片放入水中。测量并记录试验开始时的水温。

2）将不同量的混凝剂、絮凝剂装入试剂架试管中。投药前，用纯水将各试管中的药剂稀释至 10mL。若某一试管中的药剂量大于 10mL，则其他试管也应补水，直至体积与用量最大的药剂体积相等。

3）设定搅拌器参数（此步骤非常关键）。按实际生产情况确定搅拌器的工作条件，模拟生产。即按混凝剂混合方式（如静态混合器混合）、沉淀池（或澄清池）反应速度梯度 G、絮凝反应时间 T 等，分段设定不同的转速 n、搅拌时间 T。

【注意事项】 由于混合是快速剧烈的，通常在 10～30s 即告完成，一般 G 值在 700～1000s^{-1}。在絮凝阶段，水流速度逐渐减小，G 值也应逐渐减小，平均 G 值在 20～70s^{-1} 范围内，平均 GT 值在 $1 \times 10^4 \sim 1 \times 10^5$ 范围内。搅拌器转速和搅拌时间的设定应根据当时实际生产情况做相应调整，不可照搬其他工艺参数或长期固定不变，否则会造成试验结果与生产实际相差很大。

4）开动搅拌器，同时向各个烧杯中投加药剂，搅拌开始（可通过控制器控制搅拌桨片的工作条件，速度由快到慢）。观察和记录烧杯中矾花生成情况。

5）完成搅拌后，根据实际生产情况确定适当的沉淀时间。

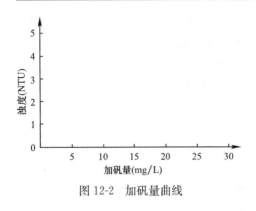

图 12-2　加矾量曲线

6）在液面下 5cm 处虹吸取样或在放水孔取样 200mL。按照《生活饮用水标准检验方法》GB/T 5750—2006 中的方法，依次测定各水样的浊度。

（5）结果报告

根据试验后测得的浊度以及混凝剂投加量，报告试验结果。可采用以浊度为纵坐标，对应的加矾量为横坐标的方法，绘制曲线图，如图 12-2 所示。根据沉淀池出水浊度指标的要求，在图上可查得对应的加矾量。

12.3.2　水中余氯的测定（目视比色法）

（1）原理

在 pH 值小于 2 的酸性溶液中，余氯与 3，3′，5，5′-四甲基联苯胺（以下简称四甲基联苯胺）反应，生成黄色的醌式化合物，用目视比色法定量。

（2）试剂

重铬酸钾-铬酸钾溶液：称取 0.1550g 经 120℃干燥至恒重的重铬酸钾（$K_2Cr_2O_7$）及 0.4650g 经 120℃干燥至恒重的铬酸钾（K_2CrO_4），溶解于氯化钾-盐酸缓冲溶液中，并稀释至 1000mL。此溶液的颜色相当于 1mg/L 余氯与四甲基联苯胺反应生成的颜色。

永久性余氯标准比色管（0.005～1.0mg/L）：按表 12-1 所列用量分别吸取重铬酸钾-铬酸钾溶液注入 50mL 具塞比色管中，用氯化钾-盐酸缓冲溶液（pH 值＝2.2）稀释至 50mL 刻度。

0.005～1.0mg/L 永久性余氯标准系列的配制　　　　　表 12-1

余氯（mg/L）	重铬酸钾-铬酸钾溶液（mL）	余氯（mg/L）	重铬酸钾-铬酸钾溶液（mL）
0.005	0.25	0.40	20.0
0.01	0.50	0.50	25.0
0.03	1.50	0.60	30.0
0.05	2.50	0.70	35.0
0.10	5.0	0.80	40.0
0.20	10.0	0.90	45.0
0.30	15.0	1.0	50.0

（3）测量

于 50mL 具塞比色管中，先加入 2～3 滴盐酸溶液（1＋4），再加入澄清水样至 50mL 刻度，混匀，加入 2.5mL 四甲基联苯胺溶液（0.3g/L），混合后立即比色，所得结果为游离余氯；放置 10min 比色，所得结果为总余氯。总余氯减去游离余氯即为化合余氯。

12.3.3　需氯量试验

（1）概述

需氯量试验，也称耗氯试验，是指水在进行加氯消毒处理时，用于消灭细菌和氧化所有能与氯起反应的物质所需的氯量。等于投加的氯量和接触期终时剩余游离氯数量的差。

水中能消耗氯的物质有很多，如无机还原物中的亚铁、亚锰、亚硝酸盐、硫化物和亚硫酸盐，氨和氰化物亦可消耗一定量的氯，氯与酚类化合形成氯的衍生物，大量的氯可氧化有机芳香族化合物等，氯与氨或某些氮化合物则形成氯胺，而破坏氯胺需加大剂量的氯，因此，氯和耗氯物质的作用很复杂。

需氯量随加氯量、接触时间、pH 值和温度的不同而不同。实验室测定水的当日当时需氯量，对指导净水消毒工作有一定的参考价值，并可作为评价水质好坏的指标之一，可配合生物指标的检验结果，来研究改进消毒效果。

（2）试验方法

1）试剂

碘化钾溶液：100g/L。

硫酸溶液：1+9。

淀粉：5g/L，临用现配。

零耗氯蒸馏水：在无氨蒸馏水中加入少量漂粉液或氯水，使水中约含 0.5mg/L 余氯，加热煮沸去除氯气，冷后使用。

硫代硫酸钠标准溶液：$c(Na_2S_2O_3 \cdot 5H_2O) = 0.1000mol/L$。

氯水标准：漂粉液或氯水配制（1.0mL=0.10mg 有效氯）。

制备方法：将 1g 漂白粉溶于 500mL 蒸馏水中，待沉淀静置后，吸取澄清液 50mL 置于 250mL 三角烧瓶中，加入 10mL 碘化钾溶液和 10mL 硫酸溶液，在暗处放 5min，用 0.0500mol/L 硫代硫酸钠标准溶液滴定，加淀粉指示液，滴定至终点，计算出氯水的浓度 c'。

$$c' = \frac{V \times c \times 35.46}{50} \tag{12-3}$$

式中　　　　c'——氯水的浓度，mg/mL；

$c(Na_2S_2O_3)$——硫代硫酸钠标准溶液的浓度，mol/L；

　　　　　　V——硫代硫酸钠标准溶液的用量，mL。

调整浓度：再用零耗氯蒸馏水将以上漂粉液稀释至 1.0mL=0.10mg 有效氯。稀释量为 100mL。

【注意事项】　氯水标准的浓度会逐渐降低，应在每次做需氯量试验时重新标定后再行稀释。

2）试验步骤

① 玻璃器皿的准备

测量所需玻璃器皿应在至少 10mg/L 余氯的水中浸泡 3h，在使用前用无需氯量的水冲洗。

② 取水样

取 250mL 碘量瓶（棕色为好）至少 10 只，每只瓶中加入 200mL 水样。

③ 加入氯水并测定需氯量

向所有碘量瓶中分别加入 1.00mL=0.10mg 的氯水标准 0.50mL、0.60mL、0.70mL、0.80mL、0.90mL、1.00mL、1.10mL、1.20mL、1.30mL、1.40mL，摇匀，放置 30min 或其他适当的时间后，依次测定余氯。

需氯量测定方法一：接触时间终止时，以《生活饮用水标准检验方法》GB/T 5750—

2006 方法测定游离性余氯和化合性余氯并记录。尽量保持接触温度一致。绘出余氯-投氯量曲线。一般以投氯量为横坐标，余氯为纵坐标，并记录测试的温度、接触时间。

需氯量测定方法二：每瓶中分别加入碘化钾固体几粒和 1mL 淀粉溶液，摇匀。水样中如有余氯则显示蓝色，以首先出现蓝色的水样作为水样的需氯量。需氯量以 ρ 表示，按下式计算：

$$\rho = \frac{V_1 \times 0.10 \times 1000}{V} \qquad (12\text{-}4)$$

式中 ρ——水中耗氯量的质量浓度，mg/L；

V_1——加入有效氯的漂粉液体积，mL；

V——水样体积，mL。

【注意事项】 需氯量试验的测定对象是未加氯的水样。在第 1 份水样中加入的氯量以在接触时间终止时，水样中不留余氯为准。其他各份水样加入的氯量，要依次递增。测定低需氯量时，各份之间递增的投氯量为 0.1mg/L。测定高需氯量时，各份之间递增的投氯量可达 1.0mg/L，加氯时要混匀。加氯时间要错开，以便能在预定的接触时间内测定余氯。试验要在理想的接触时间内进行，必要时可作若干不同接触时间，如 15min、30min、60min 等的需氯量。通过投氯（最少每升 1mg 有效氯），使余留量等于投氯量的一半，就能概算出最后的需氯量。

12.3.4 石英砂滤料检测

（1）概述

石英砂（或以含硅物质为主的天然砂）外观呈多棱形、球状，具有机械强度高、截污能力强、耐酸性能好、滤后水浊度低、反冲洗容易下沉等特点。石英砂滤料为坚硬、耐用、密实的颗粒，是目前使用最为广泛的滤料，起到过滤作用，主要针对水中细微的悬浮物进行阻拦。

《水处理用滤料》CJ/T 43—2005 是对石英砂产品进行检测和验收的依据。其检验项目及项目限值见表 12-2。

《水处理用滤料》CJ/T 43—2005 指标要求 表 12-2

项目	石英砂滤料
密度（g/cm³）	2.5～2.7
含泥量（%）	<1
盐酸可溶率（%）	<3.5
破碎率和磨损率（%）	<2
含硅物质（%）	≥85
灼烧减量（%）	≤0.7

（2）主要检测指标

本节主要介绍石英砂中破碎率和磨损率、含泥量、筛分的检测方法。

1）破碎率和磨损率

① 操作步骤

称取经洗净干燥并截留于筛孔径 0.5mm 筛上的样品 50g，置于内径 50mm、高

150mm 的金属圆筒内。加入 6 颗直径 8mm 的轴承钢珠，盖紧筒盖，在行程为 140mm、频率为 150 次/min 的振荡机上振荡 15min。取出样品，分别称量通过筛孔径 0.5mm 而截留于筛孔径 0.25mm 筛上的样品质量，以及通过筛孔径 0.25mm 的样品质量。

② 结果计算

破碎率和磨损率分别按公式（12-5）和公式（12-6）计算：

$$破碎率(\%) = \frac{G_1}{G} \times 100 \tag{12-5}$$

$$磨损率(\%) = \frac{G_2}{G} \times 100 \tag{12-6}$$

式中　G_1——通过筛孔径 0.5mm 而截留于筛孔径 0.25mm 筛上的样品质量，g；

　　　G_2——通过筛孔径 0.25mm 的样品质量，g；

　　　G——样品质量，g。

2）含泥量

① 操作步骤

称取干燥的滤料样品 500g，置于 1000mL 洗砂筒中，加入水，充分搅拌 5min，浸泡 2h，然后在水中搅拌淘洗样品，约 1min 后，把浑水慢慢倒入孔径为 0.08mm 的筛中。测定前，筛的两面先用水润湿。在整个操作过程中，应避免砂粒损失。再向筒中加入水，重复上述操作，直至筒中的水清澈为止。用水冲洗截留在筛上的颗粒，并将筛放在水中来回摇动，以充分洗除小于 0.08mm 的颗粒。然后将筛上截留的颗粒和筒中洗净的样品一并倒入已恒量的搪瓷盘中，置于 105～110℃ 的干燥箱中干燥至恒重。

② 结果计算

含泥量按下式计算：

$$含泥量(\%) = \frac{G - G_1}{G} \times 100 \tag{12-7}$$

式中　G——淘洗前样品的质量，g；

　　　G_1——淘洗后样品的质量，g。

3）筛分

① 操作步骤

称取干燥的滤料样品 100g，置于一组试验筛（按筛孔由大至小的顺序从上到下套在一起）的最上一只筛上，底盘放在最下部。然后盖上顶盖，在行程 140mm、频率 150 次/min 的振荡机上振荡 20min，以每分钟内通过筛的样品质量小于样品总质量的 0.1% 作为筛分终点。然后称出每只筛上截留的滤料质量，按表 12-3 填写和计算所得结果，并以表 12-3 中筛的孔径为横坐标，以通过该筛孔样品的百分数为纵坐标绘制筛分曲线。根据筛分曲线确定石英砂滤料的有效粒径（d_{10}）、均匀系数（K_{60}）和不均匀系数（K_{80}）。

筛分记录表　　　　　表 12-3

筛孔径（mm）	截留在筛上的样品质量（g）	通过筛的样品	
		质量（g）	百分数（%）
d_1	g_1	g_7	$g_7 \times 100/G$
d_2	g_2	g_8	$g_8 \times 100/G$

续表

筛孔径（mm）	截留在筛上的样品质量（g）	通过筛的样品	
		质量（g）	百分数（%）
d_3	g_3	g_9	$g_9 \times 100/G$
d_4	g_4	g_{10}	$g_{10} \times 100/G$
d_5	g_5	g_{11}	$g_{11} \times 100/G$
d_6	g_6	g_{12}	$g_{12} \times 100/G$

注：G 表示滤料样品总质量，g。

② 结果计算

a. 有效粒径 d_{10}

查筛分记录表，找出通过滤料质量 10% 的筛孔孔径。

b. 均匀系数 K_{60} 和不均匀系数 K_{80}

$$K_{60} = \frac{d_{60}}{d_{10}} \tag{12-8}$$

$$K_{80} = \frac{d_{80}}{d_{10}} \tag{12-9}$$

式中　d_{10}——有效粒径；

d_{60}——通过滤料质量 60% 的筛孔孔径；

d_{80}——通过滤料质量 80% 的筛孔孔径。

【注意事项】　滤料的粒径范围、d_{10}、K_{60} 和 K_{80} 由用户确定。

第三篇 安全生产知识

건강주택환경 제三부

第13章 安 全 生 产

13.1 安全生产相关法律知识

13.1.1 安全生产的重要性

（1）安全生产的目的

安全生产是指在劳动过程中，要努力改善劳动条件，克服不安全因素，防止伤亡事故的发生，使劳动生产在保护劳动者的安全健康和国家财产及人民生命财产安全的前提下进行。总的来说，安全生产的目的就是保护劳动者在生产中的安全和健康，促进经济建设的发展。具体包括以下几个方面：1）积极开展控制工伤的活动，减少或消灭工伤事故，保障劳动者安全地进行生产建设。2）积极开展控制职业中毒和职业病的活动，防止职业中毒和职业病的发生，保障劳动者的身体健康。3）搞好劳逸结合，保障劳动者有适当的休息时间，经常保持充沛的精力，更好地进行经济建设。4）针对女性员工的特点，对她们进行特殊保护，使其在经济建设中发挥更大的作用。

（2）安全生产的意义和任务

搞好安全生产工作对于巩固社会的安定，为国家的经济建设提供稳定的政治环境具有现实的意义；对于创造社会财富、减少经济损失具有实际的意义；对于员工则关系到个人的生命安全与健康，家庭的幸福和生活的质量。

（3）劳动保护及其意义

劳动保护是指保护劳动者在劳动过程中的安全与健康。劳动保护的工作内容包括：不断改善劳动条件，预防工伤事故和职业病的发生，为劳动者创造安全、卫生、舒适的劳动条件；合理组织劳动和休息；实行女职工的特殊保护，解决她们在劳动中由于生理关系而引起的一些特殊问题。做好劳动保护工作对于保护劳动生产力，均衡发展各部门、各行业的经济劳动力资源具有重要的作用。

（4）安全生产的效益

做好劳动保护工作、保障企业安全生产除了具有重要的政治意义和社会效益外，对于企业来说，还具有现实的经济意义。从事故损失的角度来看，发生生产事故不但有直接的经济损失，而且会带来工效、劳动者心理、企业商誉、资源无益耗费等间接损失。因此，从安全经济学的角度，通常有这样的指标：1元的直接损失伴随着4元的间接损失；安全上有1元的合理投入，能够有6元的经济产出。安全的"全效益"应该包括：保护人的生命安全与健康的直接社会效益及企业间接经济效益；避免环境危害的直接社会效益；减少事故损失造成的企业直接经济效益；保证企业正常生产的间接经济效益；促进生产作用的直接经济效益等。

安全的生产力作用表现在如下方面：首先，职工的安全素质就是生产力。由于劳动力是生产力，劳动力的安全素质的提高，使劳动力的直接和间接生产潜力得以保障和提高。因此，围绕劳动安全素质提高的安全活动（安全教育、安全管理等）具有生产力意义。其次，安全装置与设施是生产资料（物的生产力）的重要组成部分，生产资料是生产力，而安全装置与设施是生产资料不可缺少的组成部分。最后，安全环境和条件保护生产力作用的发挥，体现了安全间接的生产力作用。

13.1.2　相关法律法规

"安全第一，预防为主，综合治理"是我国安全生产工作的基本方针。这在《中华人民共和国安全生产法》中有明确规定。安全第一、预防为主、综合治理是开展安全生产管理工作总的指导方针，是一个完整的体系，是相辅相成、辩证统一的整体。安全第一是原则，预防为主是手段，综合治理是方法。相关法律法规较多，本节仅罗列部分常用法律法规，企业安全生产工作应按照相关规定执行。

为了加强安全生产监督管理工作，保障人民群众的生命财产安全，有效遏制安全生产事故的发生，我国颁布了以《中华人民共和国安全生产法》为代表的一系列法律法规。其中常用的如下：《中华人民共和国安全生产法》、《中华人民共和国消防法》、《中华人民共和国职业病防治法》、《中华人民共和国劳动法》、《中华人民共和国环境保护法》、《中华人民共和国清洁生产促进法》、《中华人民共和国突发事件应对法》、《中华人民共和国劳动合同法》、《危险化学品安全管理条例》、《使用有毒物品作业场所劳动保护条例》、《特种设备安全监察条例》、《安全生产许可证条例》、《易制毒化学品管理条例》、《工伤保险条例》、《国务院关于进一步加强安全生产工作的决定》、《国务院关于进一步加强企业安全生产工作的通知》、《国务院关于坚持科学发展安全发展促进安全生产形势持续稳定好转的意见》、《国务院办公厅关于集中开展安全生产领域"打非治违"专项行动的通知》、《女职工劳动保护规定》、《女职工劳动保护特别规定》、《企业事业单位内部治安保卫条例》、《国务院办公厅关于印发安全生产"十三五"规划的通知》、《国务院办公厅关于印发国家职业病防治规划（2009—2015 年）的通知》、《建设工程安全生产管理条例》、《公路安全保护条例》。

13.2　安全防护用品、用具

为了保证自来水厂工作人员在生产中的安全和健康，通常使用的一般性防护安全用品、用具有安全帽、安全带、梯子、工作服（帽）、劳保手套、护目镜、标志牌、接地线等。

（1）安全帽

安全帽是保护使用者头部免受外物伤害的个人防护用具，受到冲击荷载时，头部和帽顶的空间位置构成一个冲击能量吸收系统。安全帽可将冲击传递分布在头盖骨的整个面积上，起缓冲作用，以减轻或避免外物对头部的打击伤害。

安全帽广泛用于基建施工和生产现场，凡是须预防高处落物（器材、工具等）或有可能使头部受到碰撞而受伤害的情况，无论高处、地面工作工作人员还是其他配合工作人员都应戴安全帽。按使用场合性能要求不同，分别采用普通型或电报警型安全帽。

（2）安全带

安全带由带子、绳子和金属配件组成，是高处作业人员预防坠落伤亡的防护用具。在进行高空安装施工、高空检修、架空线或变电所户外构架作业时，都应系安全带。严格遵守安全规程规定：在没有脚手架或者没有栏杆的脚手架上工作，高度超过 1.5m 时，应使用安全带，或采取其他可靠的安全措施。安全带按作业性质不同，分为围杆作业安全带、悬挂作业安全带两种。

安全带使用前应做外观检查，发现变质及金属配件有断裂者，严禁使用；使用时必须做到高挂低用，至少水平拴挂，人和挂钩保持绳长的距离；切忌低挂高用，并应将活梁卡子系紧；安全带上各部件不得任意拆掉，更换新绳时要注意加绳套，带子使用期 3～5 年，发现缺陷提前报废。

（3）梯子

梯子有靠（直）梯和人字梯两种，前者可用于户外，后者宜用于户内不太高的登高作业。梯子可用木料、竹子及铝合金制作，其强度应能承受作业人员和携带工具总重量。

在光滑坚硬的地面上使用梯子时，梯脚应加装胶套或胶垫；在泥土地面上使用时，梯脚最好加铁尖；人字梯加防滑拉绳。为避免靠梯翻倒，梯脚与墙的距离不得小于梯子长的 1/4；但也不得大于梯子长的 1/2，以免梯子滑落；使用时最好有人扶梯。作业人员凳梯高度，腰部不得超过梯顶，切忌站在梯顶或顶上一、二级横档上作业，以防朝后仰面摔下，站立姿势要正确，不准以骑马方式在人字梯上作业，以免开滑摔伤。每月对梯子做外观检查，应无断裂、腐蚀、松动等缺陷，每半年做静荷重试验并持续 5min。

（4）工作服（帽）

工作服（帽）是工作时穿着的服装。穿着合适的工作服（帽），除有利于工作外，一旦发生意外，还有减轻对工作人员伤害的保护作用。《电业安全工作规程　第 1 部分：热力和机械》GB 26164.1—2010 明确规定，工作人员的工作服不应有可能被转动的机器绞住的部分，工作时衣服和袖口必须扣好，禁止戴围巾和穿长衣服。工作服禁止用尼龙、化纤或其他混纺布料制作，以防工作服遇火燃烧和加重烧伤程度。女工作人员禁止穿裙子，辫子最好剪掉，否则必须盘在帽内。穿戴合适而扣上袖口的服装和工作帽，就不易被转动机械绞住伤人，偶尔触及热源体，至少可减轻对皮肤的烫伤程度。

（5）劳保手套

劳保手套是一种用来保护工作人员手部安全的器具，手套的材料种类及制作方法不同使其具有不同的防护功能，工作中应根据不同的使用场所选择相应功能的劳保手套。选购和使用时应考虑到使用者的手部尺寸、工作环境要求的防护作用、外观完好无破损、避免尖锐物体接触、定期检查等因素。

（6）护目镜

凡在烟灰尘粒和金属屑末飞扬的场所或在强光刺射肉眼的环境下工作，为保护眼睛不受外来伤害，应戴相应性能的护目镜。例如，在砂轮机磨削金属时，工作人员应戴平光镜；焊工在进行焊割操作时，应戴专用防护墨镜。在清扫烟道、煤粉仓时也应使用护目镜。

（7）标志牌

标志牌是出于安全考虑而设置的指示牌，起到警告、允许、提示和禁止的作用。一般按用途可分为安全标志牌、电力标志牌、消防标志牌、卡通标志牌、疏散标志牌等，不同用途的标志牌对形态、材质、颜色以及悬挂的位置和数量均有要求。

如电力标志牌用来警告工作人员不准接近设备带电部分，提醒工作人员在工作地点应采取的安全措施，以及表明禁止向某设备合闸送电，告知为工作人员准备的工作地点等。标志牌用木质或绝缘材料制作，不得用金属板制作，标志牌悬挂和拆除应按照《电力安全工作规程》进行，悬挂位置和数量应根据具体情况和安全要求确定。

（8）接地线

在高压电气设备停电检修或进行清扫等工作之前，必须在停电设备上设置接地线，以防设备突然来电或因邻近高压带电设备产生感应电压对人体造成触电危害，也可用来放尽停电设备的剩余电荷。

接地线应经验电确认断电后，由两人戴上绝缘手套用绝缘棒操作。装拆顺序为：装设接地线要先接接地端、后接导体端，拆除接地线顺序与此相反。夹头必须夹紧，以防短路电流较大时，因接触不良熔断或因电动力作用而脱落，严禁用缠绕的办法短路或接地。禁止在接地线和设备之间连接刀闸、熔断器，以防工作过程中断开而失去接地作用。

13.3 安全用电

电力是自来水生产过程的动力来源，但也会因各种故障或不正常因素对设备、人身造成损害。在生产运行中，为避免危害，自来水行业需要遵循国家相关规程、标准及制度，采取严密的措施，积极推动电气管理工作规范化、科学化、现代化。

13.3.1 触电防范

一般把人体和电源接触及电流通过人体造成的各种生理和病理的伤害称为触电；触电又分为电击和电伤。

电击时，电流通过人体内部，由于电流的热效应、化学效应和机械效应等，造成人体内部组织的破坏，影响呼吸、心脏和神经系统，严重的将导致死亡。电击者有刺痛、痉挛、昏迷、心室颤动或停跳、呼吸困难或停止等现象。

电伤是电流对人体外部造成的伤害。电伤虽使人遭受痛苦，甚至失明、被截肢，但一般很少造成死亡。

电击和电伤经常同时发生，特别是在大电流触电（安培数量级）、高压触电或雷击时。此外，电气事故还包括因触电引起的高空坠落、跌伤等间接性伤害。

触电的方式主要可分为直接触电和间接触电两种。

（1）直接触电

人体直接接触或过分靠近带电体而受到的电击，包括单相触电、两相触电、电弧放电触电。

1）单相触电

指人体在地面或接地体上，人体某一部位触及一相带电体的触电。

2）两相触电

人体同时触及带电的任何两相导体引起的触电称为两相触电。

3）电弧放电触电

除上述单相触电、两相触电外，当人体过分靠近高压带电体，或者带大负荷合闸、拉闸时，均会引起电弧放电，这样电流通过导电气体就会对人造成伤害，人体将同时受到电击和电伤。这种情况也属于直接触电，后果仍相当严重。

（2）间接触电

一般分为接触电压触电和跨步电压触电。两种均与电气设备发生接地故障有关。当电气设备发生碰壳短路、漏电或遭雷击时，或因线路击穿而导致单相接地故障时，接地体将流过较大电流。当电力系统发生故障、带电体接地（如导线断裂落地）时，也有较大电流流入大地。

1）接触电压触电

当出现接地故障时，人体两部分（如手和脚）同时触及设备外壳（接地体）和地面时，人体这两个部分的电位不相同，两点间的电位差就称为接触电压。人体承受接触电压的触电称为接触电压触电。

2）跨步电压触电

当人行走于接地体电流入地点周围有电位分布的区域内时，两脚将处于不同的电位点上。这时，两脚间存在的电位差称为跨步电压，这种触电称为跨步电压触电。

发生跨步电压触电时，触电者会因脚发麻、抽筋以致跌倒，使电流改变路径（如人头到手或脚）增加危险。经验证明，人倒地后，只要电压持续作用 2s 以上，就足以致命。一般距接地体 20m 以外，地面已是零电位，不再考虑跨步电压。故发觉跨步电压触电时，可用一只脚或双脚并拢着跳出危险区，就可以减轻事故危害。

当人穿有绝缘靴（鞋）时，靴（鞋）与地面还存在一定的绝缘电阻，可使人体减小接触电压和跨步电压，降低危险性。因为生产和生活中，人触及漏电设备外壳而触电的比率占很大，所以，规定禁止赤脚或裸臂去操作电气设施。

3）其他形式触电

① 高压电场

在超高压输电线路和配电装置周围存在着强大的电场，使处于电场中的物体因静电感应也带有电压。人触及这些物体时，就有电流通过人体而造成伤害。在高压下，0.1mA 的电流就能使人有明显的感觉。避免的措施是降低人体高度范围内的电场强度。如提高线路及设备安装高度、装设比人高的接地围栏等。

② 电磁感应电压

一条运行中的导体周围存在着交变磁场，在附近另一条（与其平行）导体上存在感应电压。运行中电流越大，两导体平行部分越长，距离越近，感应电压就越高。避免感应触电的措施就是在对有感应电压的停电线路进行检修作业时，必须将同杆架设的其他线路或邻近的平行线路同时停电。

③ 静电

金属物体受到静电感应或绝缘体间相互摩擦都会产生静电。静电的特点是电压高（可达数万伏）、能量小，人体遭受静电电击时，一般不会有生命危险，但可能会使触电者从高处坠落或摔倒，造成二次事故。

④ 高频电磁场

高频电磁场辐射的能量被人吸收后，人的器官组织及神经系统功能将受到伤害，如头晕、头疼、失眠、健忘、心悸、血压变化、心区疼痛等。这种伤害是随时间逐渐累积的，并具有滞后性的特点。一般来说，离开高频电磁场后就会慢慢消失。频率＞0.1MHz 的电磁场就称为高频电磁场。高频电磁场存在于广播电视发射地、雷达站、微波治疗机、高频感应炉等环境中。避免的方法一般是采取屏蔽措施，其中屏蔽体的一点接地。

13.3.2　触电急救

（1）基本原则

紧急救护的基本原则是在现场采取积极措施保护伤员生命，减轻伤情，减少痛苦，并根据伤情需要，迅速联系医疗部门救治。急救成功的条件是动作快，操作正确。任何拖延和操作错误都会导致伤员伤情加重或死亡。

要认真观察伤员全身情况，防止伤情恶化。发现呼吸、心跳停止时，应立即在现场就地抢救，用心肺复苏法支持呼吸和循环，对脑、心等重要脏器供氧。应当记住，只有在心脏停止跳动后分秒必争地迅速抢救，救活的可能性才较大。

现场工作人员都应定期进行培训，学会紧急救护法。会正确解脱电源、会心肺复苏法、会止血、会包扎、会转移搬运伤员、会处理急救外伤或中毒等。

生产现场和经常有人工作的场所应配备急救箱、存放急救用品，并应指定专人经常检查、补充或更换。

（2）触电急救的方法

触电急救，首先要使触电者迅速脱离电源，越快越好。因为电流作用的时间越长，伤害越重。

脱离电源就是要把触电者接触的带电设备的开关、刀闸或其他断路设备断开，或设法将触电者与带电设备脱离。在脱离电源中，救护人员既要救人，也要注意保护自己。

触电者未脱离电源前，救护人员不准直接用手触及伤员，因为有触电的危险。

如触电者处于高处，脱离电源后会自高处坠落，因此，要采取相应的防护措施。

如果电流通过触电者入地，并且触电者紧握电线，可设法将干木板塞到其身下，使之与地隔绝，也可用干木把斧子或有绝缘柄的钳子等将电线剪断。剪断电线要分相，一根一根地剪断，并尽可能站在绝缘物体或干木板上操作。

触电者触及高压带电设备时，救护人员应迅速切断电源，或用适合该电压等级的绝缘工具（戴绝缘手套、穿绝缘靴并用绝缘棒）解脱触电者。救护人员在抢救过程中应注意保持自身与周围带电部分有必要的安全距离。

如果触电者触及断落在地上的带电高压导线，且尚未确认线路无电，救护人员在未做好安全措施（如穿绝缘靴或临时双脚并紧跳跃地接近触电者）前，不能接近至断线点 8～10m 的范围内，防止跨步电压伤人。触电者脱离带电导线后，亦应迅速带至 8～10m 以外后再立即开始触电急救。只有在确认线路已经无电时，才可在触电者离开触电导线后立即就地进行急救。

救护触电伤员切除电源时，有时会同时使照明电消失。因此应考虑事故照明、应急灯等临时照明的准备。临时照明要符合使用场所防火、防爆的要求，但不能因此延误切除电源和进行急救。

触电急救必须分秒必争，立即就地迅速用心肺复苏法进行抢救，并坚持不断地进行，同时及早与医疗部门联系，争取医务人员接替治疗。在医务人员未接替救治前，不应放弃现场抢救，更不能只根据没有呼吸或脉搏，擅自判定伤员死亡，放弃抢救。只有医生有权做出伤员死亡的诊断。

（3）触电者脱离电源后的抢救

应立即根据具体情况对症救治，同时通知医生前来抢救。

如果触电者神志尚清醒，则应使之就地躺平，或抬至空气新鲜、通风良好的地方让其躺下，严密观察，暂时不要让他站立或走动。

如果触电者已神志不清，则应使之就地仰面躺平，且确保空气通畅，并用5s左右时间，呼叫伤员，或轻拍其肩部，以判定其是否丧失意识。禁止摇动伤员头部呼叫伤员。

如果触电者已失去知觉、停止呼吸，但心脏微有跳动，应在通畅气道后，立即施行口对口或口对鼻的人工呼吸。

1）人工呼吸法

人工呼吸法有仰卧压胸法、俯卧压背法和口对口（鼻）吹气法等，这里只介绍现在公认简便易行且效果较好的口对口（鼻）吹气法。

首先迅速解开触电者衣服、裤带，松开上身的紧身衣、胸罩、围巾等，使其胸部能自由扩张，不致妨碍呼吸。

应使触电者仰卧，不垫枕头，头先侧向一边，清除其口腔内的血块、假牙及其他异物。如果舌根下陷，应将舌根拉出，使气道畅通。如果触电者牙关紧闭，救护人员应以双手托住其下颌骨的后角处，大拇指放在下颌角边缘，用手将下颌骨慢慢向前推移，使下牙移到上牙之前；也可用开口钳、小木片、金属片等，小心地从口角伸入牙缝撬开牙齿，清除口腔内的异物。然后将其头扳正，使之尽量后仰，鼻孔朝天，使气道畅通。

救护人员位于触电者一侧，用一只手捏紧鼻孔，不使漏气；用另一只手将下颌拉向前下方，使嘴巴张开。可在其嘴上盖一层纱布，准备进行吹气。

救护人员作深呼吸后，紧贴触电者嘴巴，向他大口吹气，如图13-1（a）所示。如果掰不开嘴，也可捏紧嘴巴，紧贴鼻孔吹气。吹气时，要使其胸部膨胀。

救护人员吹完气换气时，应立即离开触电者的嘴巴（或鼻孔）并放松紧捏的鼻孔（或嘴巴），让其自由排气，如图13-1（b）所示。

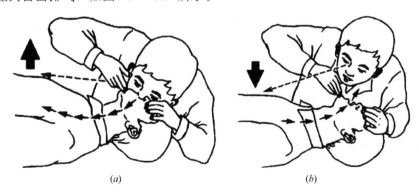

图13-1　口对口吹气的人工呼吸法

(a) 贴紧吹气；(b) 放松换气（气流方向）

按照上述操作要求对触电者反复地吹气、换气，每分钟约12次。对幼小儿童施行此法时，鼻子不必捏紧，任其自由漏气，而且吹气也不能过猛，以免其肺包胀破。

2）胸外按压心脏的人工循环法

按压心脏的人工循环法，有胸外按压和开胸直接挤压两种。后者是在胸外按压心脏效果不大的情况下，由胸外科医生进行的一种手术。这里只介绍胸外按压心脏的人工循环法。

与上述人工呼吸法的要求一样，首先要解开触电者的衣服、裤带、胸罩、围巾等，并清除口腔内的异物，使气道畅通。

使触电者仰卧，姿势与上述口对口吹气法一样，但后背着地处的地面必须平整牢固，为硬地或木板之类。

救护人员位于触电者一侧，最好是跨腰跪在触电者腰部，两手相叠（对儿童可只用一只手），手掌根部放在心窝稍高一点的地方，如图 13-2 所示。

救护人员找到触电者的正确压点后，自上而下、垂直均衡地用力向下按压，压出心脏里面的血液，如图 13-3（a）所示。对儿童，用力应适当小一些。

按压后，掌根迅速放松（但手掌不要离开胸部），使触电者胸部自动复原，心脏扩张，血液又回流到心脏里来，如图 13-3（b）所示。

图 13-2　胸外按压心脏的正确压点

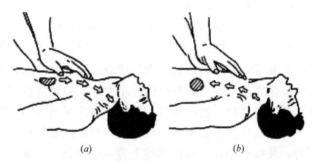

图 13-3　人工胸外按压心脏法

(a) 向下按压；(b) 放松回流（回流方向）

按照上述操作要求对触电者的心脏反复地进行按压和放松，每分钟约 60 次。按压时，定位要准确，用力要适当。

在施行人工呼吸和心脏按压时，救护人员应密切观察触电者的反应。只要发现触电者有苏醒征象，例如眼皮闪动或嘴唇微动，就应终止操作几秒钟，以让触电者自行呼吸和心跳。

对触电者施行心肺复苏法——人工呼吸和心脏按压，对于救护人员来说是非常劳累的，但为了救治触电者，还必须坚持不懈，直到医务人员前来救治为止。事实说明，只要正确地坚持施行人工救治，触电假死的人被抢救成活的可能性非常大。

13.4　危险化学品的安全管理

13.4.1　危险化学品的储存

储存危险化学品必须遵照国家法律、法规和其他相关规定，《危险化学品安全管理条例》对危险化学品的储存进行了相关规定。

(1) 储存方式、设施的要求

危险化学品必须储存在专用仓库、专用场地或者专用储存室。剧毒化学品以及储存数量构成重大危险源的其他危险化学品必须在专用仓库内单独存放。

储存、使用危险化学品的，应当根据化学品的种类、特性，在车间、库房等作业场所设置相应的监测、通风、防晒、调温、防火、灭火、防爆、泄压、防毒、消毒、中和、防潮、防雷、防静电、防腐、防渗漏、防护围堤或者隔离操作等安全设施、设备，并按照国家标准和国家有关规定进行维护、保养，保证符合安全运行要求。

(2) 储存安排

危险化学品储存安排取决于危险化学品的分类、分项、容器类型、储存方式和消防要求。

爆炸物品不准和其他类物品一同储存，必须单独隔离限量储存。

压缩气体和液化气体必须和爆炸物品、氧化剂、易燃物品、自燃物品、腐蚀性物品隔离储存。易燃气体不得与助燃气体、剧毒气体一同储存；氧气不得与油脂混合储存。盛装液化气体的容器属于压力容器，必须要有压力表、安全阀、紧急切断装置，并定期检查，不得超装。

腐蚀性物品，包装必须严密，不允许泄漏，严禁与液化气体和其他物品一同储存。

(3) 危险化学品的养护

危险化学品入库时，应严格检验物品质量、数量、包装情况、有无泄漏。

危险化学品入库后应采取适当的养护措施，在储存期内定期检查，做到一日两检查，并做好检查记录。发现其品质变化、包装破损、渗漏、稳定剂短缺等，应及时处理。

库房温度、湿度要严格控制、经常检查，发现变化及时调整。

(4) 危险化学品储存安全操作

储存危险化学品的操作人员，搬进或搬出物品必须按不同商品性质进行操作，在操作过程中应遵守相关规定，穿戴相关的防护用具，操作中轻搬轻放，防止摩擦撞击。

13.4.2　危险化学品登记、出入库管理

(1) 危险化学品登记管理

《危险化学品登记管理办法》为加强危险化学品的安全管理，规范危险化学品登记工作，事故预防和应急救援的技术、信息支持提供了法律依据，适用于《危险化学品目录》所列危险化学品的登记和管理工作。

(2) 危险化学品出入库管理

储存危险化学品的仓库，必须建立严格的出入库管理制度。危险化学品出入库必须核查登记。

入库前，均应按照合同进行检查、验收、登记。

进入危险化学品储存区域的人员、机动车辆和作业车辆，必须采取防火措施。

装卸过程应该轻装、轻卸，严禁摔、碰、撞、拖等，操作过程必须穿戴相关防护用品。

13.4.3　危险化学品的防火防爆

失去控制的燃烧和爆炸会引起火灾和爆炸事故，威胁人身安全，造成巨大的经济损失。

因此，要贯彻"预防为主、防消结合、综合治理"的方针，积极预防火灾爆炸事故的发生。防范措施分为消除导致火灾爆炸灾害的物质条件以及消除导致火灾爆炸灾害的能量条件两大类。

（1）消除导致火灾爆炸灾害的物质条件主要有：

1）尽量不使用或少使用可燃物；

2）生产设备及系统尽量密闭化；

3）采取通风除尘措施；

4）在可能发生火灾爆炸灾害的场所设置可燃气体（蒸气、粉尘）浓度检测报警仪器；

5）惰性气体保护；

6）对燃爆危险品的使用、储存、运输等都要根据其特性采取针对性的防范措施。

（2）消除导致火灾爆炸灾害的能量条件主要有：

1）防止撞击、摩擦产生火花；

2）防止因可燃气体绝热压缩而着火；

3）防止高温表面引起着火；

4）防止热射线（日光）；

5）防止电气火灾爆炸事故；

6）消除静电火花；

7）防止雷电火花引起火灾爆炸事故；

8）防止明火。

（3）消防措施

根据危险化学品特性和仓库条件，必须配置相应的消防设备、设施和灭火剂，并配备经过培训的兼职或专职人员。

储存建筑内应按照要求安装自动监测和火灾报警系统，若条件允许应安装灭火喷淋系统（遇水燃烧的危险化学品、不可用水扑救的火灾除外）。

13.4.4 废弃危险化学品的处置

《危险化学品安全管理条例》规定，环境保护主管部门负责废弃危险化学品处置的监督管理并组织进行环境危害性鉴定和环境风险程度评估，确定实施重点环境管理的危险化学品，负责危险化学品环境管理登记和新化学物质环境管理登记；依照职责分工调查相关危险化学品环境污染事故和生态破坏事件，负责危险化学品事故现场的应急环境监测。

废弃危险化学品的处置，是指将废弃危险化学品焚烧和用其他改变其物理、化学、生物特性的方法，达到减少已产生的废物数量、缩小固体废物体积、减少或消除其危险成分的活动，或者将废弃危险化学品最终置于符合环境保护规定的场所或者设施并不再回收的活动。目前，处置办法主要有地质处置和海洋处置两大类。

13.5 压力容器的安全管理

13.5.1 压力容器的基本情况

（1）压力容器的分类

压力容器是一种能承受压力荷载的密闭容器。其主要作用是储存、运输有压力的气体或液化气体，或者为这些流体的传热、传质反应提供一个密闭的空间。按照压力等级可分为：低压容器、中压容器、高压容器、超高压容器。按照危险性和危害性可分为：一类压力容器、二类压力容器、三类压力容器。

（2）压力容器的安全附件

压力容器的安全附件包含直接连接在压力容器上的安全阀、爆破片装置、紧急切断装置、安全连锁装置、压力表、液位计、测温计等。

13.5.2　压力容器安全管理要求

压力容器是一种容易发生事故的特殊设备。一旦发生事故不仅是容器本身遭到破坏，而且还会引起一连串的恶性事故，如破坏其他设备及建筑物、危害人员生命安全、污染环境等，还会给国民经济造成重大损失。所以《压力容器安全技术监察规程》的制定是必要及必须的。

（1）压力容器的断裂模式

压力容器用钢的断裂模式有两种：韧窝型断裂模式和剪切型断裂模式。决定这两种断裂模式转变的因素是应力三轴度。

（2）压力容器的破坏形式

因材料屈服或断裂引起的压力容器失效称为强度失效，包括韧性断裂、脆性断裂、疲劳断裂、蠕变断裂、腐蚀断裂等。

（3）压力容器的安全规范

2016 年 2 月 22 日国家质量监督检验检疫总局颁布了自 2016 年 10 月 1 日起正式实施的《固定式压力容器安全技术监察规程》TSG 21—2016。

（4）压力容器使用单位管理要点

1）贯彻执行与压力容器有关的安全技术规范。

2）建立健全压力容器安全管理制度，制定压力容器安全操作规程。

3）办理压力容器使用登记，建立压力容器技术档案。

4）负责压力容器的设计、采购、安装、使用、改造、维修、报废等全过程管理。

5）组织开展压力容器安全检查，至少每月进行一次自行检查，并做好记录。

6）实施年度检查并出具检查报告。

7）编制压力容器的年度定期检验计划，督促安排落实特种设备定期检验和事故隐患的整治。

8）向主管部门和当地质量技术监督部门报送当年压力容器数量和变更情况的统计表、压力容器定期检验计划的实施情况、存在的主要问题及处理情况等。

9）组织开展压力容器作业人员的教育培训。

10）制定事故救援预案并组织演练。

13.6　安全管理制度及事故隐患的处理

供水企业的安全稳定运行极其重要，这是由供水企业的性质所决定的。水是生命之源，是城市的命脉。作为一个生产企业，建立一个稳定、高效的管理机构是做好安全工作的前提。

13.6.1 安全生产规章制度与安全检查制度

企业应根据国家法律、法规，结合企业实际，建立健全各类安全生产规章制度。安全生产规章制度是安全生产法律、法规的延伸，也是在企业能够贯彻执行的具体体现，是保证安全生产各方面的标准和规范。企业安全生产规章制度是保障人身安全与健康以及财产的最基础的规定，每一位企业职工都必须严格遵守。

安全生产规章制度是长期实践经验和无数事故教训的总结，是用鲜血和生命换来的，如果违反安全生产规章制度，就将导致事故的发生。实践表明，伤亡事故中百分之六十以上是由于违章指挥、违章操作、违反劳动纪律造成的，这方面的实例不胜枚举，遵守安全生产规章制度是每一位企业职工保证安全的前提和条件。

（1）安全生产规章制度

不同企业所建立的安全生产规章制度也不同，应根据企业特点，制定出具体且操作性强的规章制度，作为供水企业都应建立健全以下几类规章制度：

1）综合管理方面

安全生产责任制，安全教育和培训制度，安全检查制度，安全隐患管理、事故管理、重大事项上报制度。

2）安全技术方面

企业在制定安全生产规章制度时应该注意：要包括企业生产活动的各个方面，形成体系，不出现死角和漏洞；要密切结合本企业的特点，力求使之具有先进性、可行性；规章制度一经制定，就不得随意改动，要保持相对稳定性，但要注意总结实践经验，不断完善。

对生产经营活动中出现的任何一起事故，要紧抓不放，认真分析事故原因，总结教训，确定在哪个环节出现问题，制度、规程上是否存在漏洞，及时修订完善相关制度、规程。

（2）安全检查制度

安全检查制度是一项综合性的安全生产管理措施，是建立良好的安全生产环境、做好安全生产工作的重要手段之一，也是企业防止事故发生的重要措施。作为供水企业更是确保民生、保持社会稳定的基础。

安全检查包括企业安全生产管理人员的日常检查，企业领导进行的安全督查，一线操作人员对本岗位的设备、设施和工艺流程进行的定时检查，各类专业人员定期深入作业现场进行的安全检查。

1）安全检查的分类

安全检查可分为日常性检查、专业性检查、季节性检查、节假日前后的检查和不定期检查。

① 日常性检查即经常的、普遍的检查，由厂级组织，每年进行四次左右；厂级分管领导及主管科室每月至少进行一次检查，班组每天每班次都应进行检查。专职安技人员及专业人员应该有计划地针对重点部位进行周期性的检查。

一线生产班组的班组长和当班人员应严格履行交接班检查和当班过程中定时巡回

检查。

各级领导和各级安全生产管理人员应在各自业务范围内，经常深入现场进行安全检查，发现不安全问题及时督促有关部门解决。

② 专业性检查是针对特种作业、特种设备、特殊厂所进行的检查，如针对起重设备、压力容器、危险化学品使用厂所、配电设施设备、易燃易爆场所进行的检查。

③ 季节性检查是根据季节特点，为保障安全生产的特殊要求所进行的检查，夏季高温多雨多雷电，要着重防暑、降温、防雷击、防汛、防触电、防设备过热、加强通风等。冬季着重防冻、防止小动物对电气设备的危害。

④ 节假日前后的检查包括节日前进行安全生产综合检查、节日后进行遵章守纪检查。

⑤ 不定期检查是指在装置、设备检修过程中，工艺流程处于高负荷运转时，异常高温时的安全检查。

2）安全检查的基本做法

安全检查要深入一线，深入关键节点、关键部位，要紧紧依靠一线员工，坚持领导督查与一线员工现场巡查相结合。

① 建立检查的组织领导，配备适当的检查力量，挑选技术业务能力强、认真负责的专业人员参加；

② 明确检查的目的和要求，分清重点、关键点，要做到全覆盖，不留死角；

③ 根据各工艺流程、各主要设备、各关键节点运行参数制定正常范围加以对照，及时发现设备的异常；

④ 制定和建立检查档案，对检查中发现的任何问题要建立健全检查档案，实现事故隐患及危险点的动态管理，尤其是对发现的事故隐患，一时无法整改的，要专人监控，随时注意参数的变化，确保不发展成事故。

13.6.2　事故隐患的处理

由于供水企业的生产要求连续稳定，在生产运行过程中，难免由于设备自身缺陷、外部条件的变化，使得设备的性能、运行参数会发生劣化，存在一定的发生设备事故的风险，但与设备发生事故还有一定距离，在此情况下，允许设备带着缺陷运行，在此过程中，就需要对事故隐患加强管理。

（1）事故隐患的分类

事故隐患分类非常复杂，它与事故分类有密切关系，但又不同于事故分类，为便于操作和管理，综合事故性质和分类，优先考虑事故起因，就供水企业而言，将事故隐患分为以下几类：

1）火灾事故隐患；

2）中毒和窒息；

3）泄漏（有毒气体泄漏）；

4）触电（高压电）；

5）坠落；

6）泵房水倒灌、电缆沟进水；

7）机电设备性能、参数严重下降。

（2）事故隐患的确认、评估

1）事故隐患调查确认

为切实掌握本单位事故隐患的现状，督促相关部门、班组采取有效的监控措施，防止事故隐患因失管失控而酿成事故，安全管理部门及专职安全员要对本企业内部所有的安全隐患进行调查、分析、确认。对所认定的每一个事故隐患点或存在缺陷的设备事故隐患都应该建立台账，制定隐患控制、巡视、突发处理的程序及应急预案，做到对每个隐患都了如指掌，以确保隐患不至于导致事故的发生。

2）事故隐患评估

企业内部一旦发现事故隐患的存在，隐患所在班组应立即向部门及厂级分管领导报告，所在部门须在第一时间迅速组织相关专业人员对隐患进行评估分级，确认属重大事故隐患的报上一级部门，并研究提出消除隐患方案。隐患按严重程度以及对企业安全生产的影响分为以下几类：

① 极度危险，随时会发生严重事故；

② 高度危险，一旦条件变化随时会发生事故；

③ 有一定危险，长期恶化可能会发生事故；

④ 存在危险，自身运行条件或外界环境条件变化，可能发生设备故障及相关设施存在缺陷。

（3）重大事故隐患的管理及整改

1）重大事故隐患的管理

存在重大事故隐患的企业应成立事故隐患管理小组，小组由企业安全负责人负责，事故隐患管理小组应履行下列职责：

① 掌握重大事故隐患的具体状况、发生事故的可能性及其程度，负责重大事故隐患的现场管理。

② 制定应急计划。

③ 对员工进行安全教育，组织模拟重大事故发生时应采取的紧急处置措施；必要时组织救援设施、设备调配和人员疏散演习。

④ 随时掌握重大事故隐患的动态变化。

2）重大事故隐患的整改

存在重大事故隐患的企业，应立即采取相应的整改措施，难以立即整改的，应采取防范、监控措施。

对在短时间内即可发生重大事故的隐患，应立即向上级部门申请停产整改，消除隐患。

重大事故隐患整改工作非常重要，是隐患管理的重中之重，各级部门一定要高度重视，不能有丝毫马虎。

对其他事故隐患也要采取相应措施，确保对事故隐患的监控，有条件的要及时整改，一时不会造成事故后果的，要密切关注各项运行参数、外界条件的变化。

13.7　自来水厂突发供水事故应急预案

为规范自来水厂安全生产事故应急管理，提高处置安全生产事故能力，在事故发生后，能迅速有效、有序地实施应急救援工作，最大限度地减少人员伤亡和财产损失，维护正常的生产秩序，自来水厂需要编制安全生产事故应急预案，并按照应急预案要求定期进行安全培训及应急演练。

13.7.1 概述

自来水厂应急预案应形成体系，针对各级、各类可能发生的事故和所有危险源制定专项应急预案和现场处置方案，并明确事前、事发、事中、事后的各个过程中相关部门和有关人员的职责。应急预案体系主要由综合应急预案、专项应急预案和现场处置方案构成。自来水厂应根据本厂组织管理体系、生产规模、危险源的性质以及可能发生的事故类型确定应急预案体系，并可根据本厂的实际情况，确定是否编制专项应急预案。

（1）相关术语

1）应急预案：为有效预防和控制可能发生的事故，最大限度地减少事故及其造成的损害而预先制定的工作方案。

2）应急准备：针对可能发生的事故，为迅速、科学、有序地开展应急行动而预先进行的思想准备、组织准备和物资准备。

3）应急响应：针对发生的事故，有关组织或人员采取的应急行动。

4）应急救援：在应急响应过程中，为最大限度地降低事故造成的损失或危害，防止事故扩大，而采取的紧急措施或行动。

5）应急演练：针对可能发生的事故情景，依据应急预案而模拟开展的应急活动。

（2）应急预案的编制

自来水厂安全生产事故应急预案的编制应当遵循以人为本、依法依规、符合实际、注重实效的原则，以应急处置为核心，明确应急职责、规范应急程序、细化保障措施。安全生产事故应急预案的编制可以参照《生产经营单位生产安全事故应急预案编制导则》GB/T 29639—2013，该标准规定了生产经营单位编制生产安全事故应急预案的编制程序、体系构成和综合应急预案、专项应急预案、现场处置方案以及附件。

13.7.2 自来水厂应急预案种类

自来水厂的应急预案大体上可以分为以下几个类型：供水水质工艺事故应急预案、供水电气事故应急预案、供水管道事故应急预案以及其他专项工作应急预案等。

供水水质工艺事故主要指原水、过程水及出厂水水质异常，各单体水处理构筑物运行异常，各工艺生产设备、设施故障等。

供水电气事故主要指高峰限电、全厂失电、各单体构筑物失电、电网波动等。

供水管道事故主要指水厂内部输配水管井、管渠渗漏，输配水管道断裂，各种管道堵塞等。

其他专项工作主要指水厂防恐、反恐工作，防汛工作，消防安全工作，特殊时期的安全保供工作等。

13.7.3 突发供水事故现场处置步骤

突发供水事故现场处置方案是发生突发供水事故时现场人员的基本操作指南，在编制时务必强调现场处置方案的实效性、可操作性。正确、及时、有效的处置方案可保障人的安全、减轻设备的损伤，遏制事故的发展、控制事故的范围，防范次生事故的产生，同时日常生产管理中加强应急预案的演练，通过演练分析应急预案存在的瑕疵，进一步完善应急预案，提高人员的应急处置能力。自来水厂突发供水事故现场处置步骤一般设置如下：

（1）汇报程序：制定科学、合理的汇报程序，现场人员可按照汇报程序及时向上级汇报（必要时可以越级汇报），防止现场人员进行应急操作时发生不必要的意外，同时也有利于其他相关人员及时做出正确的生产调整。

（2）分析判断：现场人员根据事故发生的现象快速做出正确的判断，一种事故现象可能是多种原因造成的，一种原因也可以造成多种事故现象，正确的事故现象分析方可判断出事故产生的原因。

（3）合理处置：根据事故产生的原因，现场人员进行正确的且力所能及的应急操作，防止不恰当的或者错误的应急操作造成事故进一步扩大或次生事故产生乃至不必要的人身伤害。

（4）恢复生产：正确处置后应按照操作规程及时恢复正常的生产运行并加强巡检频次，不能立即恢复生产运行的应做好恢复生产运行前的各项准备工作。

（5）事故记录：详实记录事故发生的时间、地点、现象及原因分析，便于进一步完善该类突发供水事故应急处理预案。

以上突发供水事故现场处置步骤并不是完全独立的，通常存在几个步骤同步进行的情况，在实际操作中应根据突发供水事故的实际情况、水厂的人员结构及配置等灵活应用。

13.7.4　突发供水事故现场处置方案简单实例

鉴于各自来水厂水源不同、生产工艺各异、水处理设备及设施配置有所差别，以下实例仅供参考。

（1）突发性油污染事故

1）现场介绍

某水厂接环保、海事等部门通报上游有船舶事故等可能造成水源油污染或水厂巡检人员例行巡检时发现取水口、水处理构筑物或水处理生产工艺过程中存在油污染等。

2）处置原则

水厂在发生水源水质污染期间应加强各生产工艺的生产管理，并启动相应应急措施进行处置，确保出厂水水质安全。如出厂水水质受到影响，须报上级主管部门批示。

3）处置步骤

① 汇报

水厂巡检人员例行巡检时发现存在油污染应及时按汇报流程向上级汇报；或水厂接环保、海事等部门通报上游有船舶事故等可能造成水源油污染，厂部按汇报流程向上级部门汇报。

注：水源发生突发性油污染事故时，通常是在上级领导的统一指挥下成立由各相关部门组成的水源油污染应急处理小组，启动应急预案。

② 判断与处置

a. 如取水口有油污，一般在取水口设置隔油栏，水厂安排专人巡视、监测，并启动粉末活性炭等应急投加系统；

b. 若油已进入沉淀池，在沉淀池出口处加设隔油栏，组织人力用吸油棉去除池面油污；

c. 若油已进入滤池，则立即关闭滤池，对滤池进行反冲洗，在沉淀池出口处加设隔油栏，组织人力用吸油棉去除池面油污；

d. 若油已进入清水池，报告上级部门，根据实际情况进行处理，如提高清水池水位使油污从溢流口漫溢，避免油污进入供水管网等。

③ 检测工作

自发现起，定期用玻璃瓶采集原水、出厂水水样，连续采集并保留水样。在此期间应增加检测频率和检测项目，随时掌握水质变化情况，为现场处理方案提供依据。

④ 处置终止与恢复生产

经处置与检测，突发性油污染得到有效处置，本厂制水与供水水质符合国家或内控要求时，处置终止，恢复日常生产运行。在处置过程中使用的应急物质应立即撤离现场，回收利用或进行销毁等无害化处置。

（2）加氯间失电

1）现场介绍

某水厂加氯间配置液态及气态两套投加系统，日常生产采用液态投加系统，在加氯间失电后，液态投加系统中水射器压力水正常、蒸发器停止、减压阀自动关闭，其余设备保持原状，应急照明系统启动。

2）处置原则

加氯间失电后启动相应应急措施进行处置，确保人员及设备安全，防止因失电后的错误操作造成氯气泄漏，有备用的气态投加系统的前提下，启用备用设备确保出厂水水质安全。如出厂水水质受到影响，须报上级主管部门批示。

3）处置步骤

① 汇报

现场人员按汇报流程及时向上级汇报。

② 判断与处置

a. 切断蒸发器电源（注：切勿关闭氯瓶出氯总阀、切换器阀门及蒸发器进液阀）；

b. 按照操作规程启用氯气气态投加系统（启用过程中保证部分加氯机运行，将液态投加系统减压阀后的剩余氯气抽空）；

c. 手动控制加氯机运行，根据清水池进水量及时调整氯气投加量，确保出厂水水质；

d. 加强氯气液态投加系统的巡检，密切关注蒸发器与切换器压力变化；

e. 巡查各设备有无漏氯现象。

③ 恢复生产

若短时间失电，在来电后，按照操作规程恢复蒸发器的正常运行，进一步恢复氯气液态投加系统，停运气态投加系统。

若长时间失电，在蒸发器和切换器压力下降至瓶压且蒸发器温度降至环境温度后，方可关闭出氯总阀，手动缓慢开启减压阀，利用加氯机抽空出氯总阀至减压阀之间的剩余氯气，停运整套氯气液态投加系统。

　　注：若加氯间仅配置一套气态投加系统，在失电后可以通过手动操作实现氯气的正常投加；若加氯间仅配置一套液态投加系统，在失电后可以通过切换氯瓶出氯总阀、手动控制减压阀实现气态投加，还需要综合考虑蒸发器温度、压力及出氯总阀的切换时机，操作难度较大，存在一定风险。

参 考 文 献

[1] 严煦世，范瑾初. 给水工程 [M]. 第 4 版. 北京：中国建筑工业出版社，1999.

[2] 陈卫，张金松. 城市水系统运营与管理 [M]. 第 2 版. 北京：中国建筑工业出版社，2010.

[3] 李圭白，蒋展鹏，范瑾初，等. 城市水工程概论 [M]. 北京：中国建筑工业出版社，2002.

[4] 中国城镇供水协会编. 净水工 [M]. 北京：中国建材工业出版社，2005.

[5] 李孟，张倩. 给水处理原理 [M]. 武汉：武汉理工大学出版社，2013.

[6] 崔玉川. 给水厂处理设施设计计算 [M]. 北京：化学工业出版社，2012.

[7] 王烨. 水力学 [M]. 北京：中国建筑工业出版社，2014.

[8] 李家星，赵振兴. 水力学 [M]. 第 2 版. 南京：河海大学出版社，2001.

[9] 姜乃昌. 泵与泵站 [M]. 第 5 版. 北京：中国建筑工业出版社，2007.

[10] 中国城镇供水协会. 机泵运行工 [M]. 北京：中国建材工业出版社，2005.

[11] 刘介才. 工厂供电 [M]. 第 5 版. 北京：机械工业出版社，2009.

[12] 李小洁. 电工基础常识入门 [M]. 北京：中国电力出版社，2008.

[13] 周杏鹏. 传感器与检测技术 [M]. 北京：清华大学出版社，2010.

[14] 林景星，陈丹英. 计量基础知识 [M]. 北京：中国计量出版社，2001.

[15] 国家安全生产监督管理总局宣传教育中心. 危险化学品经营单位主要负责人和安全管理人员培训教材（复训）[M]. 北京：冶金工业出版社，2007.

[16] 洪觉民，王乃新，王静争. 中小自来水厂管理维护手册 [M]. 北京：中国建筑工业出版社，1990.

[17] 中国市政工程西南设计研究院. 给水排水设计手册 第 1 册：常用资料 [M]. 第 2 版. 北京：中国建筑工业出版社，2000.

[18] 上海市政工程设计研究院. 给水排水设计手册 第 3 册：城镇给水 [M]. 第 2 版. 北京：中国建筑工业出版社，2004.

[19] 中国市政工程西北设计研究院. 给水排水设计手册 第 11 册：常用设备 [M]. 第 2 版. 北京：中国建筑工业出版社，2002.

[20] 中国疾病预防控制中心环境与健康相关产品安全所等. 生活饮用水标准检验方法：GB/T 5750—2006 [S]. 北京：中国标准出版社，2007.

[21] 中国城镇供水排水协会等. 城镇供水厂运行、维护及安全技术规程：CJJ 58—2009 [S]. 北京：中国建筑工业出版社，2010.

[22] 国疾病预防控制中心环境与健康相关产品安全所等. 生活饮用水卫生标准：GB 5749—2006 [S]. 北京：中国标准出版社，2007.

[23] 中国环境科学研究院. 地表水环境质量标准：GB 3838—2002 [S]. 北京：中国环境科学出版社，2002.

[24] 国中国地质调查局等. 地下水质量标准：GB/T 14848—2017 [S]. 北京：中国标准出版社，2017.

[25] 中国建筑标准设计研究院. 建筑给水排水制图标准：GB/T 50106—2010 [S]. 北京：中国建筑工业出版社，2011.

[26] 中国建筑标准设计研究院. 建筑制图标准：GB/T 50104—2001 [S]. 北京：中国建筑工业出版社，2011.